U0310786

国家自然科学基金和江苏省优秀青年基金资助
南京航空航天大学学术著作出版基金资助

大型冷却塔抗风设计原理与工程应用

柯世堂　侯宪安　著

科学出版社
北京

内 容 简 介

本书总结了作者在国内外大型冷却塔工程抗风设计的研究成果，系统地阐述了大型冷却塔的结构抗风设计原理，并将其应用于国内外重大工程实例，主要包括风荷载特性、群塔干扰效应、结构风致响应、风振系数取值、等效静力风荷载以及结构稳定性等一系列问题，涉及基础理论、计算方法、试验方法及研究结果等，同时结合国内外拟建、在建和已建大型冷却塔工程给出大量抗风设计研究实例。

本书可供从事大型冷却塔抗风及结构设计等方面的专业技术人员使用，亦可作为高等院校相关专业研究生和本科生的参考教材。

图书在版编目（CIP）数据

大型冷却塔抗风设计原理与工程应用/柯世堂，侯宪安著. —北京：科学出版社，2017.6

ISBN 978-7-03-052349-5

Ⅰ. ①大… Ⅱ. ①柯… ②侯… Ⅲ. ①冷却塔–抗风结构–建筑设计 Ⅳ. ①TQ051.5

中国版本图书馆 CIP 数据核字（2017）第 062054 号

责任编辑：许　健　高慧元 / 责任校对：杜子昂
责任印制：谭宏宇 / 封面设计：殷　靓

科学出版社 出版
北京东黄城根北街 16 号
邮政编码：100717
http：//www.sciencep.com
苏州市越洋印刷有限公司印刷
科学出版社发行　各地新华书店经销
*
2017 年 6 月第　一　版　开本：720 × 1000 1/16
2017 年 6 月第一次印刷　印张：22
字数：442 000

定价：150.00 元

（如有印装质量问题，我社负责调换）

前　　言

随着我国电力工业的飞速发展，大容量高参数发电机组已成为建设的主流，与600MW和1000MW级燃煤及核电机组相配套，大型、超大型自然通风冷却塔不断涌现，一些冷却塔的规模已处于世界领先地位。对于大型冷却塔，风致振动安全性是实现跨越式发展亟待解决的瓶颈问题。大型冷却塔主体是典型的高耸空间薄壁壳体结构，具有柔度大、自振频率低且分布密集的特点，风荷载是冷却塔结构设计的主要控制荷载之一，风荷载设计参数选取不当可能会引起结构的风致破坏。作为火/核发电厂重要构筑物之一，一旦冷却塔遭受破坏，势必会造成严重的后果。

大型冷却塔的抗风安全性分析涉及风荷载特性、干扰效应、风致动力响应、风振系数、等效静力风荷载、结构稳定性和极限承载能力等一系列问题。本书以国家重大工程实例为背景，以理论知识为基础，以科学实用为准则，致力于大型冷却塔结构抗风设计研究，其中涉及基础理论、计算方法、试验方法及研究结果等各个环节，并给出国内外拟建、在建和已建大型冷却塔的若干实际工程案例。本书可供从事大型冷却塔抗风及结构设计等方面的专业技术人员使用，亦可作为高等院校相关专业研究生和本科生的参考教材。

本书共分九章。第1章介绍大型冷却塔结构抗风设计的基本内容及国内外相关研究现状与不足；第2章分别针对冷却塔单塔、施工期、导风装置影响、风热耦合效应及不同透风率等工况下的风荷载取值进行研究；第3章针对双塔组合、三塔组合、四塔组合以及复杂塔群组合在常见塔间距、不同布置形式及不同影响因素作用下的风荷载与干扰效应进行研究；第4章分别对脉动风作用下的大型冷却塔风振时域和频域响应的基本概念与计算方法进行研究及验证；第5章对比分析结构基频、阻尼比、周边干扰、导风装置、水平加劲环、外表面子午肋条、支柱类型和子午向母线型等因素对大型冷却塔风致响应和抗风性能的影响；第6章针对常规冷却塔、开孔排烟冷却塔、带导风装置冷却塔以及不同施工阶段的冷却塔进行整体、局部、屈曲稳定性能和线弹性临界风速分析；第7章归纳总结出大型冷却塔风振系数计算的时域和频域理论，并结合规范条款深入探讨不同塔型、塔高和等效目标下一维、二维及三维风振系数的合理取值及其预测方法，并进行影响参数分析及内吸力风振系数初探；第8章以一致耦合法（CCM）的理论框架为指导，推导并求解大型冷却塔等效静力风荷载背景、共振及交叉项分量，总结出不同塔型、不同等效目标和位置下二维和三维等效静力风荷载分布特性，并提出 CCM 简化算法；第 9 章采用 ANSYS 二次开发语言 APDL、UIDL 及 MATLAB 设计语言，开发完成大型冷却塔风致静动力计算模块，实现大型双曲冷却塔参数化、可视化建模及风致静动力计算分析。此外，本书分别对风洞试验、数值模拟、当前国内外大型冷却塔抗风设计规范、典型工程案例以及南京航空航天大学风洞实验室进行介绍，详见附录 A～附录 E。

本书是南京航空航天大学冷却塔结构研究团队对国内外大型冷却塔工程抗风设计研究的成果和工作的总结。撰写过程中得到了同济大学葛耀君和赵林教授、西北电力设计院姚友成教授级高级工程师、华东电力设计院高玲和王振宇教授级高级工程师、华北电力设计院王宝福教授级高级工程师、东北电力设计院丛培江高级工程师、山东电力工程咨询院孙文教授级高级工程师、广东省电力设计研究院马兆荣和刘东华教授级高级工程师、内蒙古电力勘测设计院初建祥和陈剑宇教授级高级工程师、江苏省电力设计院卢红前教授级高级工程师等专家学者的指导和审核，同时要特别感谢南京航空航天大学艾军教授和本人的研究生朱鹏、王浩、杜凌云、余玮、余文林、徐璐、王晓海和梁俊的大力支持与帮助，在内容章节编排和文字排版方面提出了诸多宝贵的意见。正是在他们的通力协作下，本书才得以与各位读者见面，在此表示衷心的感谢。封面照片来自华能陕西发电厂，一并表示感谢。

感谢国家自然科学基金（51208254、50978203）、中国博士后科学基金（2013M530255、2015T80551）、江苏省优秀青年基金（BK20160083）、江苏省自然科学基金青年基金（BK2012390）和江苏省博士后科学基金（1202006B）的联合资助，同时感谢南京航空航天大学学术著作出版基金的资助。

由于作者水平有限，书中疏漏之处在所难免，谨盼各界人士赐予指正，再版时加以修正。

作　者

2017 年 2 月

目　录

第1章 绪　论

随着电力建设技术水平的发展，电力工程（主要是火电、核电工程）多采用高效率、大容量的发电机组，与其匹配的超大型自然通风冷却塔（淋水面积大于10000m^2）被广泛采用。但由于相关规范[1-4]的滞后性，近几年拟建和在建的火/核电大型自然通风冷却塔（塔高突破200m）抗风设计技术已成为影响超大容量发电机组发展的技术难点。现有冷却塔设计的相关规范已不能完全满足其设计需要，亟需开展相关研究。

大型冷却塔主体是典型的高耸薄壳结构，具有柔度大、自振频率低等特点，风荷载是整体结构设计的主要控制荷载之一[5, 6]。此类结构典型的三维绕流特性使得其表面风荷载的脉动随机特性和风振作用尤为复杂，且国内外尚无相关工程经验可以借鉴，设计参数选取不当可能会引起结构的风致破坏。作为核电和火电重要构筑物之一，一旦冷却塔遭受破坏，影响巨大且后果不堪设想。

1.1　冷却塔介绍

1.1.1　冷却塔工作原理

冷却塔被广泛地应用到日常生活中，大到电力、石油、化工和钢铁等重工业领域，小到社区、商场和影院等场所。目前已建成的世界最高超大型冷却塔高度达 210m（宁夏方家庄电厂），单塔冷却水流量高达 300m^3/s，小容量的有几十吨的玻璃钢冷却塔。工业生产或制冷工艺过程中产生的废热，一般通过冷却水导走。

冷却塔是将循环水在其中喷淋，使之与空气直接接触，通过蒸发和对流把携带的热量散发到大气中的冷却装置。以火电厂为例，图 1.1 描述了大型冷却塔和电厂水循环过程。由图可知，锅炉①将水加热成高温、高压蒸汽，推动汽轮机②做功使发电机③发电。经汽轮机②做功后的乏汽排入冷凝器④，与冷却水进行热交换凝结成水，再用水泵打回锅炉循环使用。这一热力循环过程中，乏汽的废热在冷凝器④中传给了冷却水，使水温升高。挟带废热的冷却水在冷却塔⑤中将热量传给大气，升温后的空气密度减小，自然升腾至塔筒上部出口，排入大气，循环水泵将冷却水送入冷凝器④，循环使用。

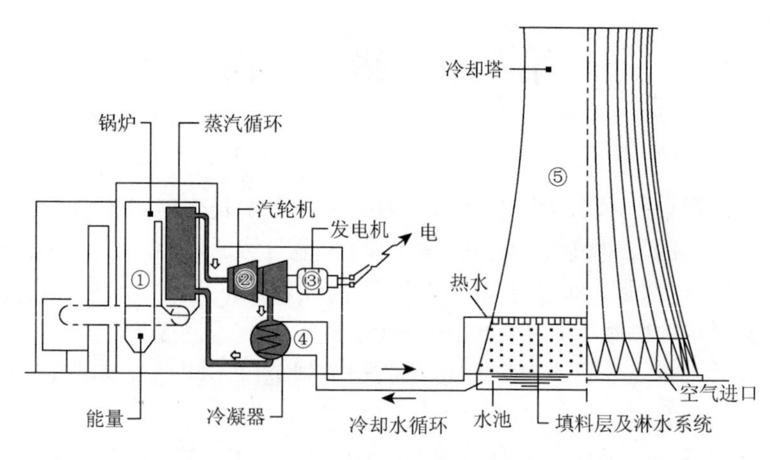

图 1.1　电厂循环水冷却系统示意图

冷却塔在电厂水循环过程中的地位和作用不可或缺，塔外冷空气进入冷却塔后，吸收由热水蒸发和接触散失的热量，温度增加、湿度变大、密度变小；塔外空气温度低、湿度小、密度大；由于塔内外空气密度差异，在进风口内外产生压差，致使塔外空气源源不断地流进塔内而无需通风机械提供动力，故称为自然通风。为满足热水冷却需要的空气流量，塔内外要有足够的压差，但塔内外空气密度差是有限的，因此自然通风冷却塔需要配套建造高大的塔筒。自然通风冷却塔建造费用高，运行费用低，随着国际能源价格的提高，机械运行费用相应增加，自然通风冷却塔显得尤为经济，被越来越多的国民经济部门采用。

大型双曲冷却塔是一种母线为双曲线型的钢筋混凝土旋转薄壁壳体结构，具有较好的结构力学和流体力学特性[7-11]。工程实践证明此类塔筒是最为经济合理的结构形式，其筒壁在垂直和水平方向均有一定曲率，与圆锥形、圆筒形冷却塔相比，筒壁下半部应力较小，可以减小壁厚，节约钢筋和混凝土材料用量。为保证壳体受压稳定，塔体在喉部处直径最小、壳壁最薄，由此向上直径逐渐增大构成气流出口扩散段，塔顶处设有刚性环以避免冷却塔受力时整体倾覆振型在前几阶被激发。喉部以下按双曲线型逐渐扩大，下段壳壁也相应逐渐加厚，形成具有一定刚度的下环梁，壳体下部边缘支承在 I 形、人形、V 形或 X 形斜支柱上，壳体的荷载经斜支柱传至基础。基础多做成环形基础以承受由斜支柱传来的部分环拉力，也可做成分离的单个基础或桩基础。图 1.2 给出了双曲冷却塔主要结构组成示意图。

目前，典型的大型冷却塔高 160～190m，底部直径一般为塔高的 0.6～0.85 倍，喉部高度约在塔高的 3/4 处偏上，喉部处的壳体厚度是整个塔筒上的最小值，为 25～30cm。如果将冷却塔成比例地缩小到鸡蛋壳直径大小，则比鸡蛋壳还要薄，仅及鸡蛋壳厚度的 1/3。

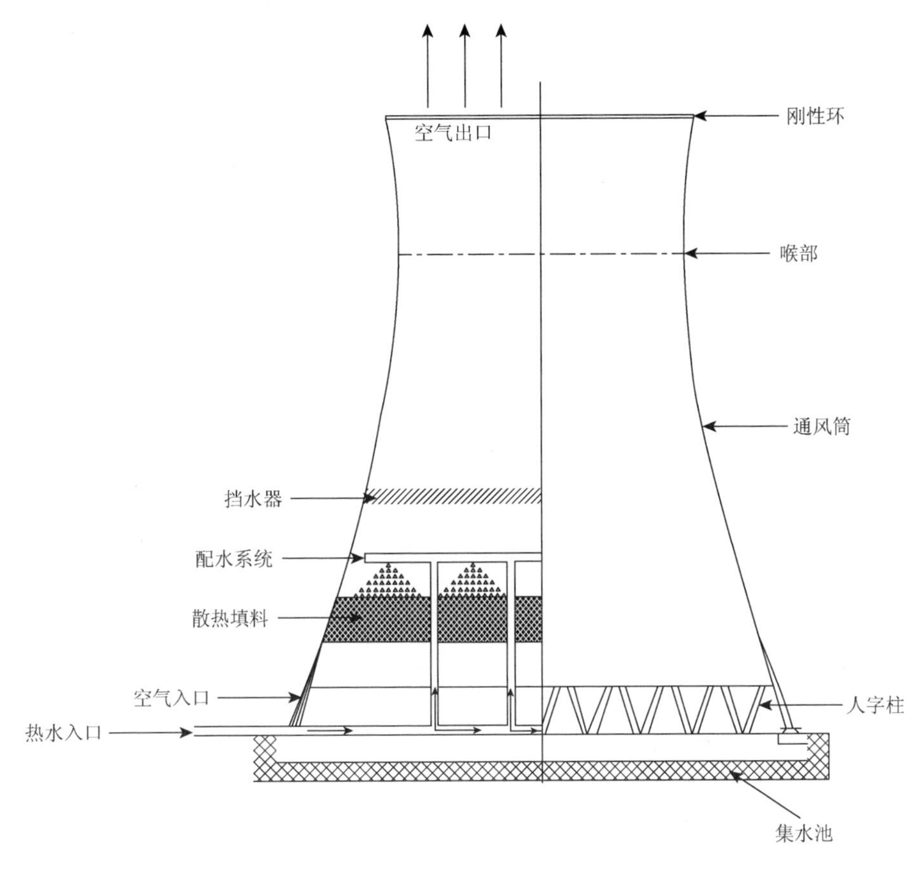

图 1.2 双曲冷却塔结构组成示意图

1.1.2 冷却塔分类

冷却塔可按以下多种方式进行分类。

（1）按应用领域分为工业型冷却塔和空调型冷却塔；

（2）按水和空气是否直接接触分为湿式自然通风冷却塔和间接空冷冷却塔；

（3）按外形分为双曲线型冷却塔、筒式冷却塔和鼓形冷却塔；

（4）按热空气和水的流动方向分为横流（直交流）式冷却塔、逆流式冷却塔和混流式冷却塔；

（5）按噪声级别分为普通型冷却塔、低噪型冷却塔、超低噪型冷却塔和超静音型冷却塔；

（6）按通风方式分为机械通风冷却塔、自然通风冷却塔和混合通风冷却塔。

图 1.3 给出了国内外常见冷却塔类型示意图，本书研究的冷却塔类型主要是大型双曲线型自然通风逆流湿式冷却塔和间接空冷冷却塔。

(a) 自然通风湿式冷却塔

(b) 带导风装置自然通风湿式冷却塔

(c) 间接空冷冷却塔

(d) 带子午向肋条间接空冷冷却塔

(e) 高位收水冷却塔

(f) 双曲线型钢结构冷却塔

图 1.3　不同类型冷却塔示意图

1.1.3 国内外建设现状

冷却塔的用途和结构发展经历了很多变革，最早主要作为煤矿开发的配套设施而存在，形式多为圆筒或多边形柱体，材料多选用木材或钢材。

1902 年，Limburg 成立了荷兰国家矿业部，随着国内采矿业的迅速发展，人们对冷却塔的工作容量和效率有了更高的要求，纷纷提出了新的创意和方法。当时的土木设计师 Frederik van Iterson 提出采用八边形钢结构外壳冷却塔。

1915 年，人们发现最初的冷却塔结构已经无法承受由塔内热力学效应产生的荷载作用，此时亟需一种新型的冷却塔建造形式来代替现有的结构形式。与此同时，Iterson 正在试图融合混凝土和钢筋两种材料来建造一个混凝土薄壳结构，其灵感来源于“鸡蛋壳”。他认为采用混凝土材料必定比传统的木材更经济实用，因为木材暴露于自然环境中，会受到各种因素的腐蚀，维护成本太高。随后，Iterson 先后两次建议采用钢筋混凝土薄壳方案来建造冷却塔，但都遭到了否定。

1918 年，Iterson 的第三次建议终于被荷兰国家矿业部采纳，冷却塔结构形式采用双曲抛物旋转薄壳结构。之所以采用这一建议，一部分是因为这种新的结构形式有利于空气在塔内的流通并提高了冷却塔的运行效率，另一部分是因为钢筋在布置时不需要弯曲，即放置位置平行于旋转壳体的空间斜向直线的位置，并且混凝土薄壳结构可以抵御多种自然因素的腐蚀。在之后的近 100 年里这一结构形式在电力、石油、化工、钢铁和轻纺等领域都发挥着巨大的作用。

1936 年，双曲冷却塔的设计和建造技术被 Mouchel & Partners 公司引入了英国，该公司深入学习 Iterson 采用的双曲冷却塔设计方案，并以此成功建造了塔底直径为 55m，塔高约 68m 的双曲冷却塔。

1938 年，冷却塔建造技术迅速在德国普及，到第二次世界大战末期（1945 年），德国中心工业区已经建成了 21 座双曲冷却塔。

第二次世界大战后，德国冷却塔技术发展迅速，1964 年，Heitkamp 公司在德国第一次建造了近 100m 高的自然通风冷却塔，为当时此类大型双曲冷却塔结构的计算、设计和施工开辟了新天地。

随着电力工业的迅速发展，单机容量不断增大，用于冷却塔循环水的大型双曲自然通风冷却塔的淋水面积越来越大，塔体也越来越高。到 20 世纪 70 年代中期，冷却塔的建造高度已达到了 150m。

1986 年，Isar II 核电厂内高达 165.5m，底部直径为 152.2m 的巨型体量冷却塔的建成，标志着超大容量冷却塔时代的到来。但在当时，高度突破 200m 仍然是许多冷却塔设计师的梦想。

1999年，德国Niederaussem电厂建成200m高度的冷却塔才使得这一梦想得以实现，其底部直径为143.5m，冷却水流量为91000m^3/h。

1973年，我国首次自行设计的冷却塔在山东辛店电厂兴建，高度为90m。以此为契机，北京大学成立以孙天风教授为首的研究小组[12]，在20世纪70年代末和80年代初进行了冷却塔的风洞试验和现场实测研究，最终形成了我国较早的火力发电厂冷却塔设计的相关规范条款，即《火力发电厂水工设计技术规定》(NDGJ 5—88)。在随后的大约20年里，这些成果一直指导了相应冷却塔的设计[13]，为我国电力事业的发展起到了积极作用。

从2000年开始，随着发电机组容量的增加和电力行业"上大压小"项目的实施，冷却塔淋水面积和高度也随之增加。在这一期间，涌现出一批超出规范高度限值的冷却塔工程[14-18]，如已建成的宁夏方家庄电厂超大型冷却塔工程（塔高210m），在建的山西潞安长子高河电厂特大型冷却塔工程（塔高220m）等。此外，新增核电厂大型冷却塔建筑日益表现出如下特征：超高大尺寸（高度≥200m），群塔组合形式复杂多变，周边建筑施扰效应愈加突出。

综上所述，表1.1归纳总结了不同时期和阶段大型冷却塔建设的高度和规模及在冷却塔发展史上的意义。

表1.1 不同时期和阶段建设的典型大型冷却塔

年份	国家	电厂名称	高度/m	意义
1915	荷兰	Emma	45～50	世界上第一个混凝土冷却塔结构
1936	英国	—	68	英国第一个双曲混凝土冷却塔
1964	德国	—	100	冷却塔高度首次突破100m
1965	英国	渡桥	115	高度突破100m，且塔群复杂
1970	德国	—	150	首次高度突破150m
1973	中国	山东辛店	90	中国第一个自主设计的冷却塔
1999	德国	Niederaussem	200	首次突破200m
2009	中国	江苏徐州	167	烟塔合一冷却塔
2014	中国	安徽平圩	181	中国已建成最高湿冷塔
2015	中国	山东寿光	191	中国已建成最高高位收水塔
2016	中国	宁夏方家庄	210	中国已建成最高间冷塔（目前世界第一）
2017	中国	山西潞安	220	火电，间冷塔，高度突破200m
拟建	中国	江西彭泽	215	核电，湿冷塔，高度突破200m

续表

年份	国家	电厂名称	高度/m	意义
拟建	中国	内蒙古土默特	210	火电，间冷塔，高度突破 200m
在建	中国	陕西彬长	210	火电，间冷塔，高度突破 200m
在研	中国	内陆某电厂	240	火电，间冷塔，高度突破 200m

1.1.4　历年风毁事件及分析

在 1964 年德国建造第一个突破 100m 高度的冷却塔结构之前，由于塔高较低，结构刚度较大，风振响应并不明显，因此较少考虑风振响应的影响，只是简单地采用风效应放大系数进行设计，并且没有相关的风毁事故报道。

关于冷却塔遭受风荷载而倒塌的第一手资料通常不易获得，因为这种破坏具有突发性，相关的文献报道也较少。以下介绍的一些倒塌实例都具有较为完整的过程和分析，从这些实例中得到的宝贵经验教训至今仍具有指导意义。

1965 年 11 月，英国渡桥（渡桥）电厂 8 座高 114.3m 的冷却塔群中处于背风向的 3 座塔在五年一遇的大风中发生倒塌，如图 1.4 所示。

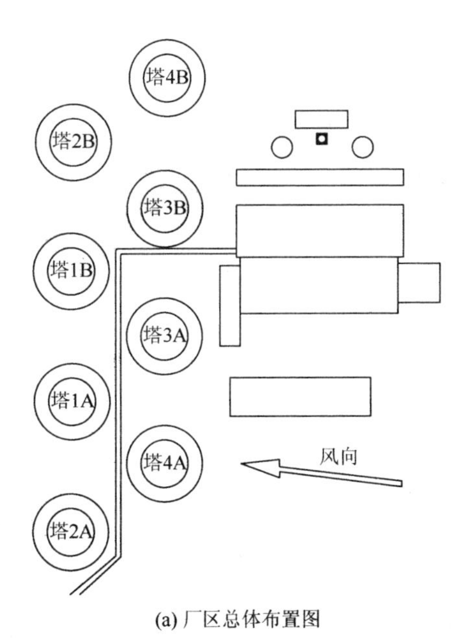

(a) 厂区总体布置图

(b) 事故后整体遗迹

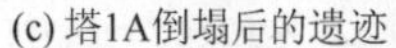
(c) 塔1A倒塌后的遗迹

(d) 塔2A倒塌过程

图 1.4 渡桥电厂厂区布置和冷却塔风毁示意图

该事故引起了人们对冷却塔风荷载的极大关注，并专门成立了事故调查委员会进行研究，经过调查分析认为风毁原因存在以下几种可能：

（1）设计中并没有采用英国规范中应有的设计风速，以致塔顶的设计风压比规范中规定的小 19%；

（2）设计风速采用时均风速，而实际上，建筑物很容易遭受短期的阵风荷载，使得按平均风压设计的子午向受拉钢筋无法承受实际风荷载的作用而屈服；

（3）风荷载取值是基于单塔情况下的风洞试验结果，群塔中处于背风侧的冷却塔会受到迎风塔的干扰作用而产生附加的作用力，该事故中倒塌的 3 座塔均处于背风侧。

可见当时人们对脉动风[19-22]和塔群效应[23, 24]缺乏足够的了解，设计时没有采用足够的安全系数又使得情况进一步恶化。根据调查委员会的建议，英国中央电力产业董事会出资进行了一系列冷却塔模型风洞试验，使人们对脉动风荷载引起的塔体动力效应有了初步的了解。

1973 年，苏格兰西南海岸边 Ardeer Nylon 电厂 137m 高的冷却塔在中等风速中倒塌。调查结果表明，结构在长期风荷载作用下形成的子午向几何缺陷是引起倒塌的主要原因，正是这种缺陷使得环向应力大大增加，引起横向钢筋屈服，从而导致塔体开裂倒塌。几年后，一些学者深入研究了微小的几何变形对于冷却塔应力分布的影响程度，研究结果也证实了 Ardeer Nylon 电厂调查组结论的正确性。

1979 年，法国 Bouchain 一座已服役 10 年的冷却塔在微风中倒塌。事后分析其倒塌原因发现，该塔在建设初期就存在严重的几何缺陷，推测风毁原因可能是这种缺陷在冷却塔服役过程中的进一步恶化引起的。

1984 年，英国 Lancashire 郡 Fiddlers Ferry 电厂的冷却塔倒于一阵大风（风速达到 34.7m/s）。该塔在渡桥电厂冷却塔风毁之前就已经开建，鉴于渡桥电厂冷却塔风毁的经验教训曾一度改善设计方案，但仍无法满足渡桥电厂调查小组建议的设计标准，因为该塔在渡桥电厂发生事故时，其底部结构已经浇筑完成，且只配置了单层钢筋。事故后，调查小组也很快找到了风毁发生的主要原因，在底部环梁以上区域的壳体存在向外凸出的几何缺陷使得壳体产生了明显的应力集中，从而引起了倒塌。

2016 年，江西丰城电厂三期在建项目冷却塔施工平台发生坍塌，该事故[25]被国务院认定为“这是今年死亡人数最多的事故，也是近十几年来电力行业伤亡最为严重的一次事故，影响恶劣，教训惨痛”。事故调查专家组初步分析认为施工期混凝土强度未达标是造成冷却塔施工平台坍塌的原因之一。图 1.5 给出了事故现场相关示意图。

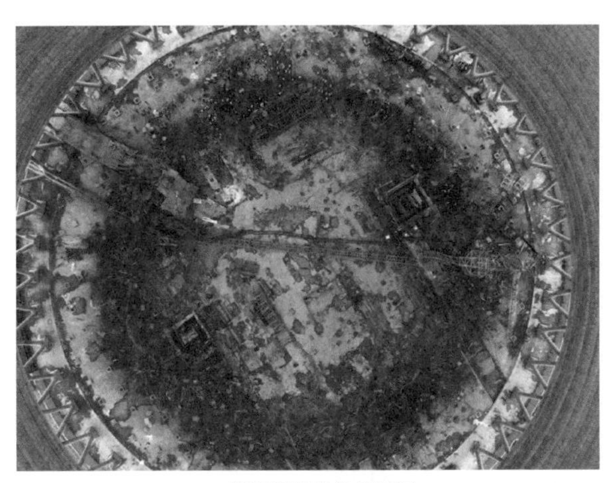

(a) 倒塌事故现场俯视图

(b) 事故平台倒塌现场

图 1.5 丰城电厂施工平台倒塌现场示意图

值得注意的是，历史上冷却塔因长期受风荷载和其他形式荷载作用倒塌或无法继续运行而被人为拆毁的事例远比本书提及得多。目前，全世界每年都有近百座大型冷却塔面临倒塌和拆毁的命运，直接经济损失高达数亿美元。因此，必须对大型冷却塔结构的抗风研究予以高度重视。

1.2　风荷载研究

1.2.1　研究方法

在结构风工程领域，对于风荷载特性的研究主要通过现场实测、风洞试验及数值模拟三种方法来进行。

1. 现场实测

现场实测是风工程研究中最直接、最有效的方法，实施代价昂贵，费时费力，同时实测对外界环境和自身建筑条件要求苛刻。但实测的数据极具参考价值，是检验模型试验和理论分析方法准确与否的重要标准。

2. 风洞试验

关于冷却塔风荷载的风洞试验研究手段主要有刚体测力、测压和气弹测振试验三种。其中，刚体测力试验可以直接获取结构整体的气动力信息，是群塔干扰效应研究时最常用的试验手段。刚体测压风洞试验是目前冷却塔表面风荷载研究最常用的分析手段，模型制作较为简单，不需要考虑材料强度和模型的动力特性，按照一定的缩尺比对表面风压分布进行测定，实施较现场实测方便快捷，且理论和技术都比较成熟。通过风洞试验测得的数据较为全面，可以整体把握结构风压分布特征，对各个位置的时域和频域特性进行分析，极大地弥补了实测获得信息量小的不足。气弹模型测振试验可以直接获取冷却塔结构的风振响应，但由于气弹模型设计方法复杂、制作加工困难，目前只有极少数研究者实现了气弹模型测振试验研究。风洞试验详细步骤及方案见附录 A。

3. 数值模拟

计算风工程（CWE）是一门崭新的交叉学科，其核心内容是计算流体动力学（CFD），其发展得益于计算方法的改进和硬件技术的发展。CFD 较传统的风洞试验有以下优点：成本低，速度快，周期短，可任意改变试验中的各参数；具有模拟真实和理想条件的能力，可进行足尺模拟，不受“缩尺效应”的影响，克服了风洞试验难以同时满足相似准则的缺点；可以得到整个计算流域内任意位置的流场信息，包括流线图、矢量图及各种变量云图，后处理可视化，形象直观，便于设计人员参考。CFD 数值模拟详细步骤及方案见附录 B。

1.2.2 主要国家冷却塔设计规范介绍

我国的冷却塔设计起始于20世纪70年代，远远落后于英、德等欧洲国家，其中关于风荷载的相关规范条款也大多是采用80年代北京大学和西安热工所实测结果，鉴于当时的塔高和测量仪器限制，并不能完全考虑结构自身动力特性和表面风荷载的脉动特性。

为保证结构设计安全，有必要对我国冷却塔结构设计规范中对于风荷载的规定与其他国家规范进行对比。同时，随着国内外建筑市场的开放以及工程设计国际化趋势的发展，了解其他国家规范所使用的荷载参数取值原则和计算方法尤为必要，对我国规范的改进也有重要借鉴意义。

针对冷却塔结构设计，中国有《工业循环水冷却设计规范》(GB/T 50102—2014)和《火力发电厂水工设计规范》(DL/T 5339—2006)，德国有“VGB-R 610Ue: 2010”，英国有“BS4485-4: 1996”。附录C给出了中、德和英三国规范关于风荷载条款的详细对比列表。

1.2.3 研究现状及发展动态

大型双曲冷却塔承受的主要荷载有自重荷载、风荷载、温度作用、地震作用及地基不均匀沉降带来的荷载，其中风荷载是整体结构设计的主要控制荷载。大型冷却塔典型的三维绕流特性使得表面风荷载的脉动随机特性和风振作用非常复杂，且没有任何工程经验可以借鉴，风荷载设计参数选取不当可能会引起结构的风毁破坏。最具代表性的事件是1965年11月英国渡桥电厂双排菱形布置的八座高115m的冷却塔在五年一遇的大风中倒塌了三座，国际上对该次风毁事故进行了多方面的研究，尽管见解不一，但得到了一些较有说服力的解释：设计风压取值偏小、对风振效应及群塔干扰效应考虑不足、结构设计安全因子偏低。在此之后，1973年英国Ardeer Nylon电厂、1979年法国Bouchain电厂和1984年英国Fiddlers Ferry电厂的大型冷却塔前后也发生了风毁事故。以此为契机，国内外风工程界较为系统地开展了冷却塔结构风工程研究，主要研究方向有：风压分布及干扰效应、风振计算方法及作用机理、风致局部与整体稳定性、风致极限承载能力和等效静力风荷载等。研究成果为同时期我国大型冷却塔建设提供了可靠的抗风技术支撑，但较少涉及超规范（190m）高度限值的超大型冷却塔动态风荷载特性、风振作用机理与稳定性能研究，而这正是目前此类超大型冷却塔结构设计领域亟需关注并澄清机理的共性问题。

风压分布与干扰效应是大型冷却塔抗风研究的基础，早期国内外许多学者都曾进行过原型观测和风洞试验研究，当时实测对象塔的高度大多在 80～120m，通过大量研究对大型双曲冷却塔表面平均风压分布也形成了较为一致的认识，各国冷却塔设计规范所给出的分布形式也基本一致。然而对脉动风压的分布形式国际上并没有统一认可的结论，而且由于脉动风压分布受湍流强度、周边干扰及塔型本身尺寸的影响明显，很难通过类似平均风压分布的三角级数拟合公式给出。超大型冷却塔表面风荷载特性研究更多是通过风洞试验进行的，包括其平均风压、脉动风压、极值风压、风谱特性、相关性、非平稳和非高斯特性等内容。群塔干扰效应作为渡桥电厂冷却塔倒塌的原因之一，始终是冷却塔抗风研究的热点，特别是在典型塔群组合形式下风荷载与风效应的干扰机理研究，但目前对于干扰效应的评价指标还没有统一的认识。典型测点极值风压、整体极值阻力系数、位移、子午向应力等响应指标都曾被选做评价指标，由于干扰效应对不同指标的干扰机理并不相同，所得干扰系数也各不一致。即使针对响应本身，同一内力在不同塔筒位置的干扰效应也不一致，不同内力的干扰效应差异更大。因此，选择合理评价指标进行群塔干扰效应研究，提出方便实用的干扰系数表达式，仍将是后续风荷载研究的重点。

1.3　风振响应研究

1.3.1　计算方法介绍

冷却塔的风致振动属于典型的线性或弱非线性振动问题，目前在脉动风的频域求解问题上主要有两种方法：一是直接根据随机振动理论采用模态叠加法进行求解；另一种是根据结构的振动特性和脉动风荷载的频谱特性，将脉动风响应分解为背景和共振分量，再分别对两者进行求解。

1. 模态叠加法

模态叠加法概念清晰、计算简便，在各种结构的随机响应分析中都得到了广泛的应用，其计算误差主要来源于参振模态的合理选取及各阶模态响应的组合方式。在以往的研究中，为了得到较高的计算效率，通常计算前若干阶模态的响应，并通过振型组合（SRSS）方法组合得到随机响应标准差，SRSS 方法忽略了模态与模态之间的耦合效应，因而与完全二次项组合（CQC）法相比，其计算量大大减少，但对频率密集和阻尼比较大的结构，用 SRSS 方法求解会带来相当大的误差。

然而对于一些自由度数目较大且受到的激励点数较多的结构，采用 CQC 法求解时计算量太大、耗时过多。由此引入了一些简化求解的手段，比较成功的有虚拟激励-模态叠加法和POD-模态叠加法。

虚拟激励法的提出使得模态叠加法的计算效率大大提高，而精度与CQC法完全相同，事实上，虚拟激励法与CQC法相比，求解物理意义一致，计算量大大减少的原因是虚拟激励法求解的数学过程是先求和再相乘，而CQC法是不求和而展开求各项之积后再相加，因而当参与模态很多且激励不相关时，其计算量相差大约为参与模态数的平方倍。随后，学者对虚拟激励法进行了更广更深入的研究，并把它运用到各种类型的结构在风、地震、海浪等作用下的响应计算中。

本征正交分解（POD）就是把一个多变量随机过程展开为一系列与空间有关的正交向量线性组合，其组合系数是不相关的，仅与时间有关的单一变量随机过程。

POD-模态叠加法是联合运用经典模态分析法（CMA）和本征正交分解法来对运动方程进行解耦，通过经典模态分析法把物理坐标表示为一系列主坐标的线性组合，通过本征正交分解法把风力场表示为一系列正交模态坐标的线性组合。

2. 频域分析法

由结构频响函数特性可知，当激励频率接近结构自振频率时，结构发生共振；而激励频率远离结构自振频率时，激励对结构表现为静力作用。在结构风工程领域，这两者分别称为共振响应和背景响应，两者占脉动风总响应的比重取决于脉动风荷载的频谱特性和结构自振频率的大小。

背景响应发生在结构几乎所有的频率上，属于准静态响应，与结构的动力特性无关；而共振响应仅发生在结构的各阶自振频率上，其大小与结构动力特性如模态、阻尼等密切相关。两者的产生机理不同，其求解方法也不相同。

对于背景响应，采用Kasperski和Niemann提出的基于荷载和响应相关性的荷载-响应相关（load response correlation，LRC）法，这一方法的提出是结构风振响应和等效静力风荷载发展过程中的一个里程碑。

根据静力学原理，结构在脉动风荷载作用下的拟静力响应$\{r(t)\}$由式（1-1）求得：

$$\{r(t)\}=[I]\{F(t)\} \tag{1-1}$$

式中，$[I]$为影响系数矩阵，可以通过有限元软件的静力二次开发获得。式（1-1）两端同时乘以各自的转置，并对时间取平均，可得

$$[C_r]=[I][C_F][I]^{\mathrm{T}} \tag{1-2}$$

式中，$[C_r]$和$[C_F]$分别为拟静力响应和脉动风荷载的协方差矩阵。

背景响应为

$$\{\sigma_{r,B}\}=\sqrt{\mathrm{diag}(C_r)} \tag{1-3}$$

式中，diag(·)表示由矩阵的对角线元素组成列向量。

LRC 法的最大优点是考虑了脉动风荷载的空间相关性以及结构各模态之间的耦合项，因此同样适用于大型冷却塔结构的背景响应分析。

共振响应发生在结构的各阶自振频率处，需要根据结构动力学方程来求解。将运动方程变换到模态坐标系，可得结构某响应 r 对应的第 i 阶共振分量：

$$\{\sigma_{r,i}^2\}=\frac{1}{K_i}\frac{\pi f_i}{4\zeta}S_{Q,i}(f_i)\{R_i^2\} \tag{1-4}$$

式中，f_i、ζ、K_i 分别为第 i 阶模态的自振频率、阻尼比和广义刚度；$S_{Q,i}$ 为第 i 阶广义模态力的自谱，其中 R_i 按式（1-5）计算：

$$\{R_i\}=\omega_i^2[I][M]\{\psi_i\} \tag{1-5}$$

式中，$[I]$为影响系数矩阵；$[M]$为质量矩阵；ω_i、ψ_i 分别为第 i 阶模态的圆频率和振型向量。

总的共振响应可由各阶模态的共振分量通过 SRSS 组合得到：

$$\{\sigma_{r,R}\}=\sqrt{\sum_i\{\sigma_{r,i}^2\}} \tag{1-6}$$

最后，脉动风总响应由背景和共振分量通过 SRSS 组合得到：

$$\{\sigma_r\}=\sqrt{\{\sigma_{r,B}^2\}+\{\sigma_{r,R}^2\}} \tag{1-7}$$

3. 完全瞬态法

完全瞬态法的核心是使用隐式方法 Newmark 和 HHT 来直接求解瞬态问题。瞬态动力学的基本运动方程式：

$$[M]\{\ddot{u}\}+[C]\{\dot{u}\}+[K]\{u\}=\{F^a\} \tag{1-8}$$

Newmark 方法使用有限差分法，在一个时间间隔内，有

$$\{\dot{u}_{n+1}\}=\{\dot{u}_n\}+[(1-\delta)\{\ddot{u}_n\}+\delta\{\ddot{u}_{n+1}\}]\Delta t \tag{1-9}$$

$$\{u_{n+1}\}=\{u_n\}+\{\dot{u}_n\}\Delta t+\left[\left(\frac{1}{2}-\alpha\right)\{\ddot{u}_n\}+\alpha\{\ddot{u}_{n+1}\}\right]\Delta t^2 \tag{1-10}$$

式中，α 和 δ 为 Newmark 积分参数。

为了求解 u_{n+1}，将式（1-9）和式（1-10）重新排列得

$$\{\ddot{u}_{n+1}\}=a_0(\{u_{n+1}\}-\{u_n\})-a_2\{\dot{u}_n\}-a_3\{\ddot{u}_n\} \tag{1-11}$$

$$\{\dot{u}_{n+1}\}=\{\dot{u}_n\}+a_6\{\ddot{u}_n\}+a_7\{\ddot{u}_{n+1}\} \tag{1-12}$$

$$(a_0[M]+a_1[C]+[K])\{u_{n+1}\}=\{F^a\}+[M](a_0\{u_n\}+a_2\{\dot{u}_n\}+a_3\{\ddot{u}_n\})+[C](a_1\{u_n\}+a_4\{\dot{u}_n\}+a_5\{\ddot{u}_n\}) \quad (1\text{-}13)$$

式中，$a_0=\dfrac{1}{\alpha\Delta t^2}$；$a_1=\dfrac{\delta}{\alpha\Delta t}$；$a_2=\dfrac{1}{2\alpha}$；$a_3=\dfrac{1}{2\alpha}-1$；$a_4=\dfrac{\delta}{\alpha}-1$；$a_5=\dfrac{\Delta t}{2}\left(\dfrac{\delta}{\alpha}-2\right)$；$a_6=\Delta t(1-\delta)$；$a_7=\Delta t\delta$。

对于初始施加于节点的速度或加速度可以利用位移约束计算得到。

1.3.2 研究现状及不足

早在1969年，Carte采用有限元方法对冷却塔的自振频率和模态进行了研究，给出了各阶自振频率下相应位移的模态特征。

1974年，Abu-sitta和Hashish分析和处理了冷却塔模型风洞试验的数据，总结了其表面各点的风压分布特征，给出了自功率谱和各点间的相关性，还拟合了互谱的互相干系数关于两点间位置分布的函数关系。最后，采用CQC法得到频域内结构表面某处的响应功率谱特征。

1976年，Singh采用概率统计方法，将风压转化为谱的形式，在频域内推导了冷却塔位移响应谱的计算公式，并利用公式计算得到了冷却塔响应的标准差，最后对响应阵风因子进行了讨论。

1983年，Juhasova讨论了如何采用试验方法来检测冷却塔结构的动力特性，并采用有限元方法对冷却塔自振频率进行了计算，计算结果与试验结果吻合较好。

2005年，Kang对三维双曲旋转壳体结构的自振特性进行了分析，通过变换双曲壳体的各种参数来研究各参数指标对其自振频率的影响。

2008年，许林汕等采用频域内的虚拟激励法并结合风洞试验数据，对冷却塔的结构响应在频域内的分布特性进行了分析，并和气弹模型风洞试验的结果进行了对比，认为采用前30阶模态即可得到较好的计算精度。

2009年，鲍侃袁等基于CQC法和虚拟激励法的基本理论进行了某大型冷却塔的风致响应计算，其考虑了前50阶模态效应，计算结果与有限元分析结果基本一致。并给出了一种类似Kaimal风速谱的拟合公式形式来表示冷却塔表面风压自功率谱特征。

2012年，柯世堂等基于加载试验获得的两种气动力参数进行风振响应分析，探讨了自激力效应对大型冷却塔表面风压和风振响应的影响，分析表明自激力对于平均风压影响较小，但对脉动风压的分布形式和数值影响较大。

2013年，柯世堂等基于一致耦合计算方法，结合风洞测压试验获得表面气动力模式，分析了结构本身因素和外界干扰对强风作用下冷却塔结构风致振动的影响，发现了特征尺寸、阻尼比和周边干扰对冷却塔风振响应的影响规律，为避免不利共振的产生及采取相应的控制措施提供了参考。

综上可知，对于冷却塔的风致响应研究大多基于模态叠加法，没有深入地分析冷却塔不同区域的风振机理。而大型冷却塔结构的刚度沿着高度不断变化，脉动风荷载能量随着环向角度不同而变化，其风致响应存在多荷载形态、多参与振型等特点，亟需对其进行精细化的风振响应研究。

然而，对于大型冷却塔结构的风致抖振问题，目前还没有合理成熟的理论，在工程中体现为缺乏一套理论相对准确、使用较为简便的规范来指导实际的设计工作。设计人员一般根据风洞试验结果或参考规范得到结构的平均风荷载体型系数，然后对于 190m 高度以下的冷却塔根据规范选取相应场地下的风振系数，对于超规范高度的冷却塔则基于气弹模型测振试验结果得到位移风振系数来考虑脉动风的动力放大作用，以此来得到结构上的总等效静力风荷载。事实上，这种做法是不恰当的。首先，冷却塔筒体随着高度的增加其刚度呈现先减小再变大的规律，对于不同的高度和环向区域由脉动风荷载引起的结构准静力效应和共振效应相差较大，若采用统一的风振系数来考虑整个结构的脉动风响应放大作用有待商榷；其次，由于气弹模型测振试验获得的节点平均位移大多数值较小，而 Davenport 提出的阵风荷载因子（gust loading factor，GLF）法的最大缺陷在于处理均值较小的节点处结果失真；最后，对于高度在 200m 以上的超大塔，结构与气流的自激力效应是否可以忽略，并且其带来的影响是利是弊，随着大型冷却塔的发展，这些问题的解决迫在眉睫。

1.4 等效静力风荷载研究

1.4.1 计算方法介绍

从风洞试验获取冷却塔结构表面风荷载气动力信息，到求得结构的风振响应整个过程来看，计算过程中涉及风洞试验和随机振动分析等复杂过程，不易为工程设计人员所掌握，因此迫切需要研究简便的冷却塔结构抗风设计方法。

等效静力风荷载理论就是在这一背景下提出的，其基本思想是将脉动风的动力效应以其等效的静力形式表达出来，从而将复杂的动力分析问题转化为易于被设计人员所接受的静力分析问题。等效静力风荷载是联系风工程研究和结构设计的纽带，是结构抗风设计理论的核心内容，近年来一直是结构风工程师研究的热点之一。

等效静力风荷载的物理意义可以用单自由度体系的简谐振动来说明，如图 1.6 所示。

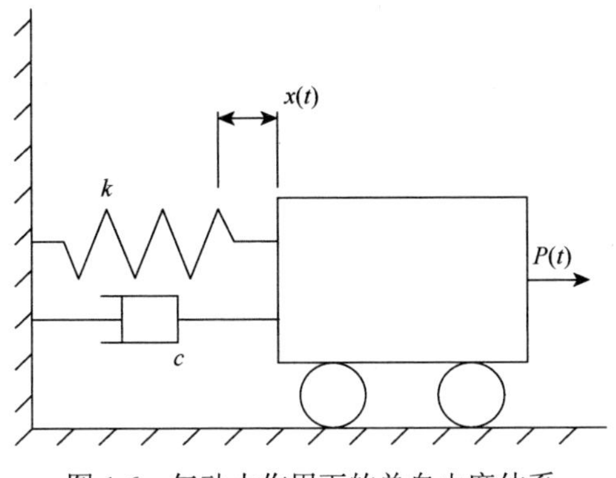

图 1.6　气动力作用下的单自由度体系

单自由度体系在气动力 $P(t)$作用下的振动方程为

$$m\ddot{x}+c\dot{x}+kx=P(t) \tag{1-14}$$

考虑黏滞阻尼系统，振动方程简化为

$$\ddot{x}+2\xi(2\pi f_0)\dot{x}+(2\pi f_0)^2 x=\frac{P(t)}{m} \tag{1-15}$$

式中，$f_0=\dfrac{\left(\dfrac{k}{m}\right)^{0.5}}{2\pi}$为该系统的自振频率；$\xi=\dfrac{c}{2(km)^{0.5}}$为振动系统的临界阻尼比。

假设气动力为频率为 f 的简谐荷载，即 $P(t)=F_0\mathrm{e}^{\mathrm{i}2\pi ft}$，那么其稳态响应为

$$x(t)=\frac{F_0/k}{1-(f/f_0)^2+\mathrm{i}(2\xi f/f_0)}\mathrm{e}^{\mathrm{i}2\pi ft} \tag{1-16}$$

简化为

$$x(t)=A\mathrm{e}^{\mathrm{i}(2\pi ft-\psi)} \tag{1-17}$$

式中，A 为振幅，$A=\dfrac{F_0/k}{\sqrt{[1-(f/f_0)^2]^2+(2\xi f/f_0)^2}}$；$\psi$ 为气动力和位移响应之间的相位角，$\psi=\arctan\dfrac{2\xi f/f_0}{1-(f/f_0)^2}$。

假设该系统在某静力 F 作用下产生幅值为 A 的静力响应，那么该静力为

$$F=kA=\frac{F_0}{\sqrt{[1-(f/f_0)^2]^2+(2\xi f/f_0)^2}} \tag{1-18}$$

如果不考虑相位关系，静力 F 与简谐气动力 $P(t)$将产生一致的幅值响应，这两种荷载之间存在一种“等效”的关系，那么 F 可称为 $P(t)$的“等效静力风荷载”。

1. 阵风荷载因子法

在风工程研究领域，对等效静力风荷载的系统研究始于高层建筑。Davenport

于 1967 年提出了估算高层建筑顺风向风致响应的经典方法：阵风荷载因子法。

阵风荷载因子法定义峰值响应与平均响应之比——“阵风荷载因子”G 来表征结构对脉动荷载的放大作用。作用在结构上以某个响应等效的等效风荷载可用式（1-19）计算：

$$\hat{p}(z)=G(z)\overline{p}(z) \tag{1-19}$$

式中，$\overline{p}(z)$ 为平均风荷载，阵风荷载因子 $G(z)$ 由式（1-20）确定：

$$G(z)=\frac{\hat{r}(z)}{\overline{r}(z)} \tag{1-20}$$

式中，$\hat{r}(z)$ 表示峰值响应；$\overline{r}(z)$ 为平均响应。$\hat{r}(z)$ 可以表示为

$$\hat{r}(z)=\overline{r}(z)+g\sigma_r(z) \tag{1-21}$$

式中，g 为峰值因子；$\sigma_r(z)$为计算得到的某个响应的均方根值。将式（1-21）代入式（1-20）得到

$$G(z)=1+g\frac{\sigma_r(z)}{\overline{r}(z)} \tag{1-22}$$

这种简单可行的方法经过很多学者的完善和发展并运用到实际工程中，成为各国制定高层建筑风荷载规范的主要依据。尽管阵风荷载因子法使用简便，但有很大的局限性。由式（1-19）可知，该方法给出的静力等效风荷载是与平均风荷载同分布的。冷却塔结构的阵风响应因子通常差别较大，可能导致某响应对应静力等效风荷载作用下的该响应大小，并不是所有等效静力风荷载作用下的最大响应，这样易导致设计人员的误解。此外，如果结构的平均响应（荷载）为零时，阵风荷载因子法给出的阵风荷载因子将会出现无穷大（零）的情况。

2. 惯性风荷载法

实际上，保证控制点响应等效的静风荷载分布形式存在无穷多个，Davenport 提出的阵风荷载因子法及其改进方法都是假定等效静力风荷载的分布形式同平均风荷载，并没有体现响应出现极值时结构真实的最不利荷载分布。

惯性风荷载（IWL）法从结构动力方程出发研究等效静力风荷载的分布，认为脉动风对应的等效静力风荷载可以用结构的惯性力表示，其分布形式是真实的最不利荷载分布。其主要思想是：如果结构第 j 阶振型 $\phi_j(z)$ 在结构上的模态坐标标准差为 σ_j，则相应于该振型的惯性力为 $m(z)\omega_j^2\sigma_j\phi_j(z)$。下面证明在惯性力 $m(z)\omega_j^2\sigma_j\phi_j(z)$ 作用下结构产生的响应为 $\sigma_j\phi_j(z)$。

在此惯性力下的广义力为（因振型对质量的正交性，其他阶振型的广义力均为零）：

$$\int_0^L\phi_j(z)m(z)\omega_j^2\sigma_j\phi_j(z)\mathrm{d}z=M_j^*\sigma_j\omega_j^2 \tag{1-23}$$

而在此广义力作用下的广义模态坐标为

$$M_j^* \sigma_j \omega_j^2 / K_j^* = \sigma_j \tag{1-24}$$

由此可以证明惯性力 $m(z)\omega_j^2\sigma_j\phi_j(z)$ 作用下结构产生的响应为 $\sigma_j\phi_j(z)$。

惯性风荷载法实际上也是一种阵风荷载因子法，只不过其阵风荷载因子由惯性力来表示。中国《建筑结构荷载规范》GBJ 中采用此方法，因而惯性风荷载法习惯上也称为 GBJ 法。在中国《建筑结构荷载规范》中，对于主要为第一阶振型起作用的结构（对于多阶模态作用的结构可用相同的方法计算阵风荷载因子），阵风荷载因子（中国规范称风振系数）为

$$G(z) = 1 + g\frac{m(z)\omega_1^2\sigma_1\phi_1(z)}{\overline{p}(z)} \tag{1-25}$$

式中，ω_1 为第一阶自振圆频率。

显然，GBJ 法给出的阵风荷载因子与结构的质量分布和动力特性有关，其静力等效风荷载与平均风荷载的分布是不同的，GBJ 法赋予了等效静力风荷载明确的物理意义。但 GBJ 法也有不足，虽然它给出的共振等效风荷载和响应与实际值是相同的，但背景等效风荷载和其他响应则与实际情况不同，另外，GBJ 法无法处理多模态的耦合情况，因而不适用于冷却塔结构。类似于阵风荷载因子法，如果结构的平均荷载为零，GBJ 法给出的风振系数也将会出现无穷大的情况。

阵风荷载因子法和惯性风荷载法都用阵风荷载因子来反映总等效风荷载和平均风荷载之间的关系。不同之处在于对阵风荷载因子的计算，前者认为阵风荷载因子等于动力响应与平均响应的比值，而后者则将风振惯性力与平均风荷载的比值作为阵风因子来反映风荷载的脉动放大作用。以上根据“阵风荷载因子”思想提出的静力等效风荷载方法写入了许多国家的高层建筑结构抗风规范。使用阵风荷载因子法虽然简单方便，但直接将研究高层结构的方法应用到冷却塔结构显然不合适，因为冷却塔结构相对于高层结构而言，无论荷载还是响应特性均较为复杂。

3. 三分量法

等效静力风荷载的脉动分量可以分解为背景和共振等效静力风荷载，分别采用 LRC 和惯性力法进行求解，然后引入权值因子进行线性组合获得总等效静力风荷载。

阵风荷载因子法刚开始发展时，就有学者提出质疑：当平均响应或平均风荷载接近于零时，阵风荷载因子法不能合理地给出等效风荷载，并且当平均响应为零时，阵风荷载因子就无法定义。

1992 年，Kasperski 在研究低矮房屋的等效静力风荷载时，重新审视了阵风荷载因子法的优缺点，提出了适用于刚性屋面的荷载-响应相关法。这种方法利用荷

载和响应之间的相关系数来确定实际可能发生的最不利等效风荷载。实际上，LRC法就是背景等效风荷载的计算方法，简要推导如下。

响应 r_i 的背景响应为

$$\sigma_{ri}=[I_i][C_F^2][I_i]^{\mathrm{T}}/\sigma_{ri} \tag{1-26}$$

式中，$[I_i]$为影响系数矩阵的第 i 行向量，令

$$\{F_{e,B}\}=[C_F^2][I_i]^{\mathrm{T}}/\sigma_{ri} \tag{1-27}$$

则

$$\sigma_{ri}=[I_i]\{F_{e,B}\} \tag{1-28}$$

由此可见，式（1-27）中定义的$\{F_{e,B}\}$即为响应 r_i 对应的背景等效静力风荷载。

对于共振等效静力风荷载可以这样理解：第 i 阶模态的等效静力风荷载定义为模态位移共振响应的惯性力，即

$$\{F_{ei,R}\}=\omega_i^2[M]\{\psi_i\}\sigma_{qi,R} \tag{1-29}$$

式中，$\sigma_{qi,R}$ 为第 i 阶广义共振位移响应。

脉动风静力等效荷载由背景和共振等效风荷载组合得到，这两者的组合方法经历了一段逐步发展的过程。周印和顾明于 1998 年在分析高层建筑的等效静力风荷载时，首次澄清了背景响应和共振响应对应等效静力风荷载的计算方法。Holmes 在 2002 年针对三种不同的结构给出具体的等效风荷载组合方法：①考虑背景响应和一阶共振响应（如格构式塔架）；②考虑多阶共振响应（如桥梁）；③考虑背景响应和多阶共振响应的情况（如大跨度空间和冷却塔结构）。

考虑某一响应 r_i，可以改写成如下形式：

$$\sigma_{ri,R}=\sum_j w_{j,R}\sigma_{qj,R} \tag{1-30}$$

$$\sigma_{ri}=w_B\sigma_{ri,B}+w_R\sigma_{ri,R} \tag{1-31}$$

式中，$w_{j,R}$、w_B 和 w_R 分别为第 j 阶共振模态响应、背景响应和共振响应的加权系数，具体表达式为

$$w_{j,R}=R_{j,i}^2\sigma_{qj,R}/\sigma_{ri,R},\quad w_B=\sigma_{ri,B}/(\sigma_{ri,B}^2+\sigma_{ri,R}^2),\quad w_R=\sigma_{ri,R}/(\sigma_{ri,B}^2+\sigma_{ri,R}^2) \tag{1-32}$$

根据各等效静力风荷载和响应的线性关系，脉动风总等效荷载为

$$\{F_e\}=w_B\{F_{e,B}\}+\sum_j w_R w_{j,R}\{F_{ei,R}\} \tag{1-33}$$

1.4.2 研究现状及不足

等效静力风荷载是供大型冷却塔工程设计人员使用的拟静力荷载，我国冷却塔设计规范正是引入“阵风荷载因子”这一基本思路，采用单塔、单一风振系数来考虑冷却塔脉动风荷载的动力放大效应，但目前规范给出的适用最大高度不超

过 190m。针对国内已建和在建的高度远超规范限值的超大型冷却塔，作者基于一致耦合法给出了某大型冷却塔基于子午向内力和喉部最大位移的单一目标等效静力风荷载分布模式；探讨了中、德两国冷却塔规范等效静力风荷载条款的适用性与计算误差，已有研究表明超大型冷却塔等效静力风荷载存在多荷载形态、多振型响应、多耦合效应和多目标等效等特点。此时若仍直接套用高层建筑的研究方法必然会出现设计安全问题，但国内对于大型冷却塔等效静力风荷载领域的研究几乎为空白。因此，进一步探究大型冷却塔的等效风荷载迫在眉睫。

1.5 本书的目的和主要内容

大型冷却塔的抗风安全性分析涉及风荷载特性、干扰效应、风致响应、风振系数、等效静力风荷载、结构稳定性和线弹性临界风速等主要问题。因此本书进行了大量国内外拟建、在建和已建大型冷却塔的实际工程抗风算例分析，研究结论可供从事冷却塔抗风及结构设计等方面专业技术人员参考。

本书共分九章：

第 1 章介绍大型冷却塔结构抗风设计的基本内容及国内外相关研究现状与不足；

第 2 章分别针对冷却塔单塔、施工期、导风装置影响、风热耦合效应及不同透风率等工况下的风荷载取值进行研究；

第 3 章针对双塔组合、三塔组合、四塔组合以及复杂塔群组合在常见塔间距、不同布置形式及不同影响因素作用下的风荷载与干扰效应进行研究；

第 4 章分别对脉动风作用下的大型冷却塔风振时域和频域响应的基本概念与计算方法进行研究及验证；

第 5 章对比分析结构基频、阻尼比、周边干扰、导风装置、水平加劲环、外表面子午肋条、支柱类型和子午向母线型等因素对大型冷却塔风致响应和抗风性能的影响；

第 6 章针对常规冷却塔、开孔排烟冷却塔、带导风装置冷却塔以及施工不同阶段的冷却塔进行整体、局部、屈曲稳定性能和线弹性临界风速分析；

第 7 章归纳总结出大型冷却塔风振系数计算的时域和频域理论，并结合规范条款深入探讨不同塔型和等效目标下一维、二维及三维风振系数的合理取值及其预测方法，并进行影响参数分析及内吸力风振系数初探；

第 8 章以一致耦合法（CCM）的理论框架为指导，推导并求解大型冷却塔等效静力风荷载背景、共振及交叉项分量，总结出不同塔型、不同等效目标和位置下二维和三维等效静力风荷载分布特性，并提出 CCM 简化算法；

第 9 章采用 ANSYS 二次开发语言 APDL、UIDL 及 MATLAB 设计语言，开发完成大型冷却塔风致静动力计算模块，实现大型双曲冷却塔参数化、可视化建模及风致静动力计算分析。

此外，本书分别对风洞试验、数值模拟、当前国内外大型冷却塔抗风设计规范、典型工程案例以及南京航空航天大学风洞实验室进行介绍，详见附录 A、B、C、D 和 E。

本书系统论述了作者在大型冷却塔结构抗风研究方面所取得的阶段性成果，以期为有关研究和工程实践提供参考。

参考文献

[1] DL/T 5339—2006. 火力发电厂水工设计规范[S]. 北京：中国电力出版社，2006.

[2] GB/T 50102—2014. 工业循环水冷却设计规范[S]. 北京：中国计划出版社，2014.

[3] BS4485-4. Code of Practice for Structural Design and Construction-water Cooling Tower[S]. London：British Standard Institution，1996.

[4] VGB-R 610Ue. VGB-Guideline：Structural Design of Cooling Tower-technical Guideline for the Structural Design，Computation and Execution of Cooling Towers[S]. Essen：BTR Bautechnik Bei Kuhlturmen，2010.

[5] Davenport A G. The Relationship of Wind Structure to Wind Loading[M]. WE-BE：National Physical Laboratory，1963.

[6] 艾・汉佩. 冷却塔[M]. 胡贤章，译. 北京：电力工业出版社，1980.

[7] 张相庭. 工程结构风荷载理论和抗风计算手册[M]. 上海：同济大学出版社，1990.

[8] 柯世堂. 大型冷却塔结构风效应和等效风荷载研究[D]. 上海：同济大学，2011.

[9] 武际可. 大型冷却塔结构分析的回顾与展望[J]. 力学与实践，1996，18（6）：1-5.

[10] Davenport A G. Gust loading factors[J]. Journal of the Structural Division，ASCE，1967，93（3）：11-34.

[11] 柯世堂，陈少林，赵林，等. 超大型冷却塔等效静力风荷载精细化计算及应用[J]. 振动、测试与诊断，2013，33（5）：824-830.

[12] 孙天风，周良茂. 无肋双曲线型冷却塔风压分布的全尺寸测量和风洞研究[J]. 空气动力学学报，1983，4（12）：12-17.

[13] 卢红前. 大型双曲线冷却塔施工期风筒强度及局部稳定验算[J]. 武汉大学学报（工学版），2007，40（s1）：414-419.

[14] 柯世堂，侯宪安，姚友成，等. 大型冷却塔结构抗风研究综述与展望[J]. 特种结构，2012，29（6）：5-10.

[15] 柯世堂，赵林，葛耀君. 超大型冷却塔结构风振与地震作用影响比较[J]. 哈尔滨工业大学学报，2010，42（10）：281-287.

[16] Ke S，Ge Y，Zhao L. A new methodology for analysis of equivalent static wind loads on super-large cooling towers[J]. Journal of Wind Engineering and Industrial Aerodynamics，2012，111（3）：30-39.

[17] Ke S，Ge Y. The influence of self-excited forces on wind loads and wind effects for super-large cooling towers[J]. Journal of Wind Engineering and Industrial Aerodynamics，2014，132：125-135.

[18] 柯世堂，葛耀君，赵林. 基于气弹试验大型冷却塔结构风致干扰特性分析[J]. 湖南大学学报（自然科学版），2010，37（11）：18-23.

[19] 沈国辉，鲍侃袁，孙炳楠，等. 单塔和双塔情况下大型冷却塔的表面风压研究[J]. 华中科技大学学报（自然科学版），2011，39（7）：104-108.

[20] 邹云峰，牛华伟，陈政清. 基于完全气动弹性模型的冷却塔干扰效应风洞试验研究[J]. 湖南大学学报（自然科学版），2013，40（12）：1-7.

[21] 柯世堂，朱鹏. 基于大涡模拟增设气动措施冷却塔风荷载频域特性[J]. 浙江大学学报（工学版），2016，50（11）：2143-2149.

[22] 朱鹏，柯世堂. 大型双曲冷却塔支柱结构选型研究[J]. 应用力学学报，2016，33（1）：116-122.

[23] 柯世堂，陈少林，赵林，等. 超大型冷却塔等效静力风荷载精细化计算及应用[J]. 振动、测试与诊断，2013，33（5）：824-830.

[24] 柯世堂，侯宪安，姚友成，等. 强风作用下大型双曲冷却塔风致振动参数分析[J]. 湖南大学学报（自然科学版），2013，40（10）：32-37.

[25] 中国经济周刊. 江西丰城发电厂事故调查[EB/OL]. http：//news.163.com/16/1205/18/C7HRF2R2000187VE.html [2016-12-05/2016-12-10].

第2章　大型冷却塔单塔风荷载分布特性

大型冷却塔具有典型的空间三维绕流特征，其类圆柱的断面形式使得人们对于壳体表面平均风压分布认识比较统一，并在相关设计规范[1-4]中给出了明确的表达式。随着对表面脉动风荷载特性研究的不断深入，冷却塔抗风的研究者把重心大多集中在：①各测点的风压频谱特征，以及各断面间的阻力和升力特性；②沿环向和子午向的测点间风压相关和相干特性，并给出了建议的函数表达式；③风压的频谱特性随着塔高、塔底直径、喉部直径、进风口高度等参数变化的影响，并且取得了丰富的研究成果。本章系统针对单塔结构风荷载随机特性、施工全过程风荷载分布特性、考虑导风装置风荷载分布特性、考虑风热耦合效应内吸力风荷载取值及考虑散热器不同透风率风荷载取值等相关研究展开介绍。

2.1　成塔脉动风荷载随机特性

2.1.1　非高斯特性

风对结构的作用是一个十分复杂的现象[5]，受到风的自然特性、结构的动力性能以及风与结构的相互作用三方面的制约。在结构随机风振响应分析中，脉动风荷载的确定为关键环节，其中包括风压谱、概率密度函数和风压的空间相关性等。迄今为止，相关研究[6-8]仍主要采用高斯（正态）风压模型，很多学者对于大跨度屋盖、低矮房屋的表面脉动风压进行了研究，并发现存在大量的间歇性脉冲特性，概率密度分布明显偏离高斯假定，并对非高斯的形成机理进行了深入的研究。

1. 非高斯特性的指标

中心极限定理表明，在大量随机变量相互独立的前提下，只要有足够多的变量相加，则随机变量之和的分布将会趋于高斯分布。可见，各随机变量相互独立是中心极限定理成立的前提。工程中很多类型的信号均认为服从高斯分布，其理论基础是中心极限定理。

大气中包含许多不同尺度的涡旋，而空间每一点都可能是强度随机变化的涡旋中心点，并由该点向周围传送能量，同时在接触到的壁面上产生压力，这是空气动力学中点涡模型的基本思想。而作用在冷却塔壳体表面的风压可以看做壳体上面大量的点涡作用叠加的结果，对于大面积上的风荷载，由于流场中空间相关性衰减较快，其相关性较小，因此可以认为空间每个点涡的作用是独立同分布的，其作用之和则体现为高斯分布的性质。相反，如果作用在局部区域的风压由于其上方存在有组织的涡旋结构，空间相关性很强，此时中心极限定理的前提条件已经不满足，因而风压信号就会表现出非高斯的特性。

通常高斯信号的概率密度函数可以完全由前两阶统计矩（数学期望和方差）来描述。而对于非高斯信号，要获得其概率密度函数往往比较困难，通常采用信号的高阶统计矩（主要是三阶和四阶统计量）对概率密度函数的特征进行描述。三阶和四阶统计量分别称为斜度（skewness）及峰态（kurtosis），分别用于描述风压随机过程概率分布的偏离度和凸起程度，表达式为

$$C_{\mathrm{pisk}}=\langle (X-\mu)^3\rangle/\sigma^3 \tag{2-1}$$

$$C_{\mathrm{piku}}=\langle (X-\mu)^4\rangle/\sigma^4 \tag{2-2}$$

对于高斯信号，其斜度值为 0，峰态值为 3。斜度值体现概率分布的非对称性，当斜度值小于 0 时是左偏态，即概率分布较之高斯分布偏向负值；斜度值大于 0 时则为右偏态，概率分布较之高斯分布偏向正值。峰态值是用来描述概率分布曲线较之高斯分布表现的尖削或平坦的程度，峰态值大于 3 时分布曲线较正态分布曲线尖削；相反，峰态值小于 3 时曲线相对平坦。综上所述，斜度值和峰态值是非高斯信号区别于高斯信号的有效手段，可对信号的非高斯特性进行描述。

2. 脉动风压的概率密度

以内陆拟建的某核电超大型冷却塔为例，高度为 215m，详细工程参数见附录 D 工程 1。

通过对冷却塔环向断面 36 个测点绘制频率直方图来得到概率密度分布，并和均值为 0、方差为 1 的标准高斯分布曲线进行比较，可知环向断面上风压既有高斯分布又包含非高斯分布。限于篇幅，本节仅针对性地给出冷却塔下部、中部和上部三个不同断面上环向典型测点的风压时程曲线和概率密度分布曲线(图 2.1)。其中测点 *a-b* 为塔筒由下至上第 *a* 层环向第 *b* 个测点。

从图 2.1 中可以明显地看到，对于单体冷却塔壳体表面的风压分布，由于迎风面上测点风压主要为来流紊流，不受分离流的影响，风压信号基本是围绕平均值对称波动，计算可得其斜度值为 0.08，峰态值为 3.18，近似表现为高斯分布（见图中迎风面测点 1）。在负压极值及分离区域的测点信号表现出强烈的非高斯特性（见图中测点 8 和 12），从风压时程曲线看具有明显的不对称性，带有许多间歇性出现的脉冲信号，使得风压出现很大的风吸力，正是由于这些大幅

值的脉冲信号，风压信号的统计特性偏离了高斯分布，特别是概率密度分布曲线较之标准高斯分布表现出尖削特征，并且其衰减过程比高斯分布要快，从而造成了明显的偏态非高斯特性。分析风压信号的高阶统计矩得到其斜度值分别为–1.86 和 0.86，峰态值分别为 13.00 和 4.11，极大地偏离标准高斯分布下的斜度值（0.00）和峰态值（3.00）。

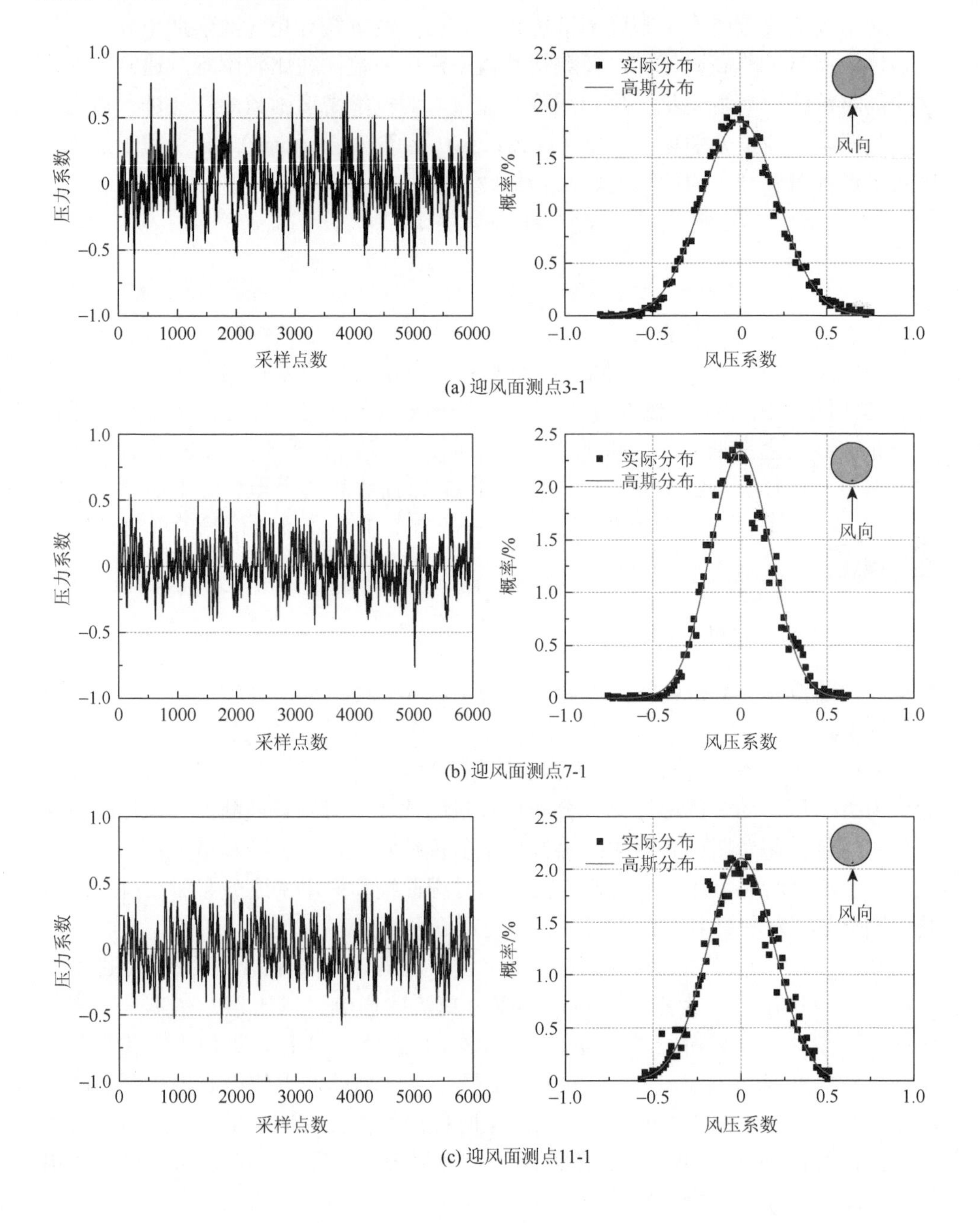

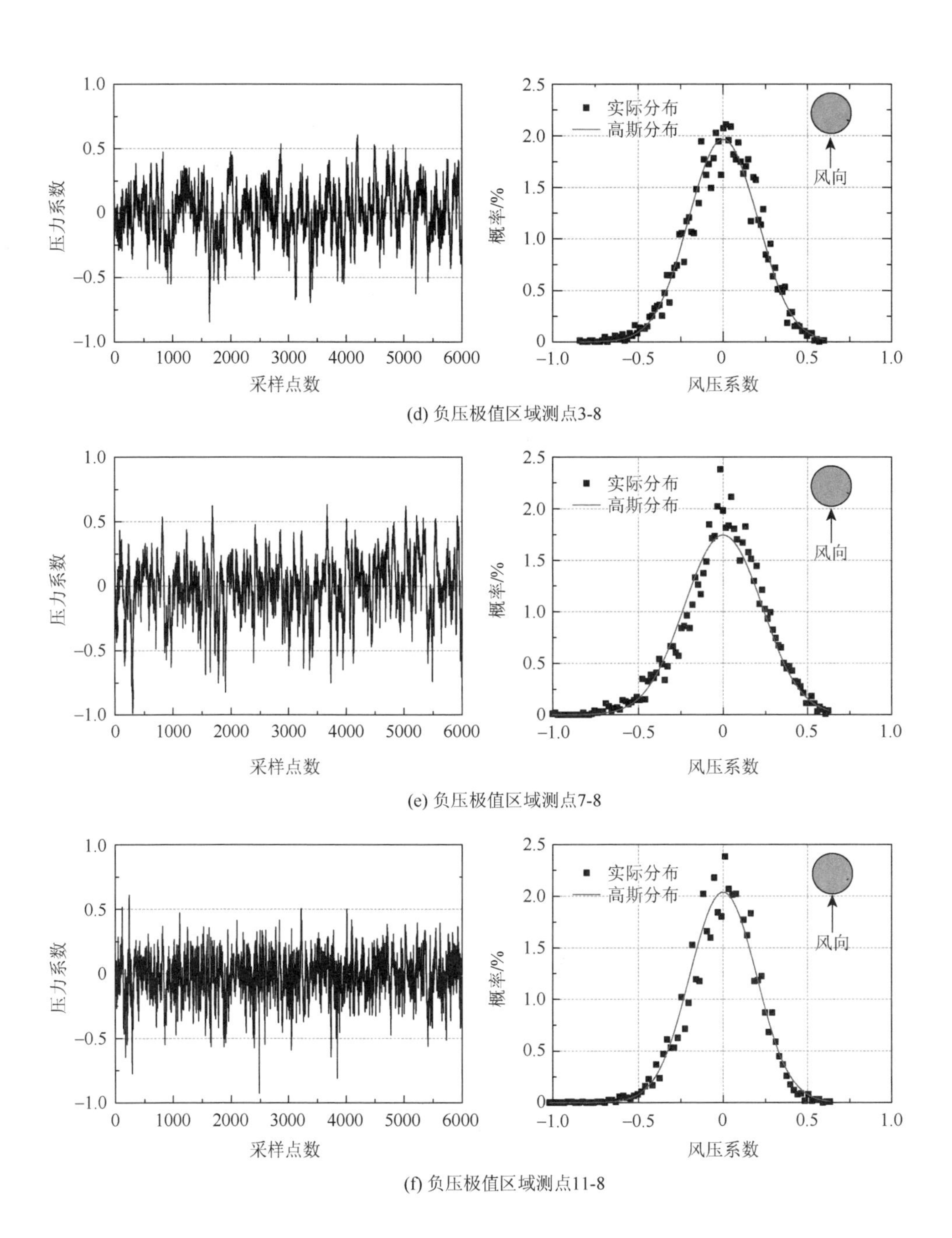

(d) 负压极值区域测点3-8

(e) 负压极值区域测点7-8

(f) 负压极值区域测点11-8

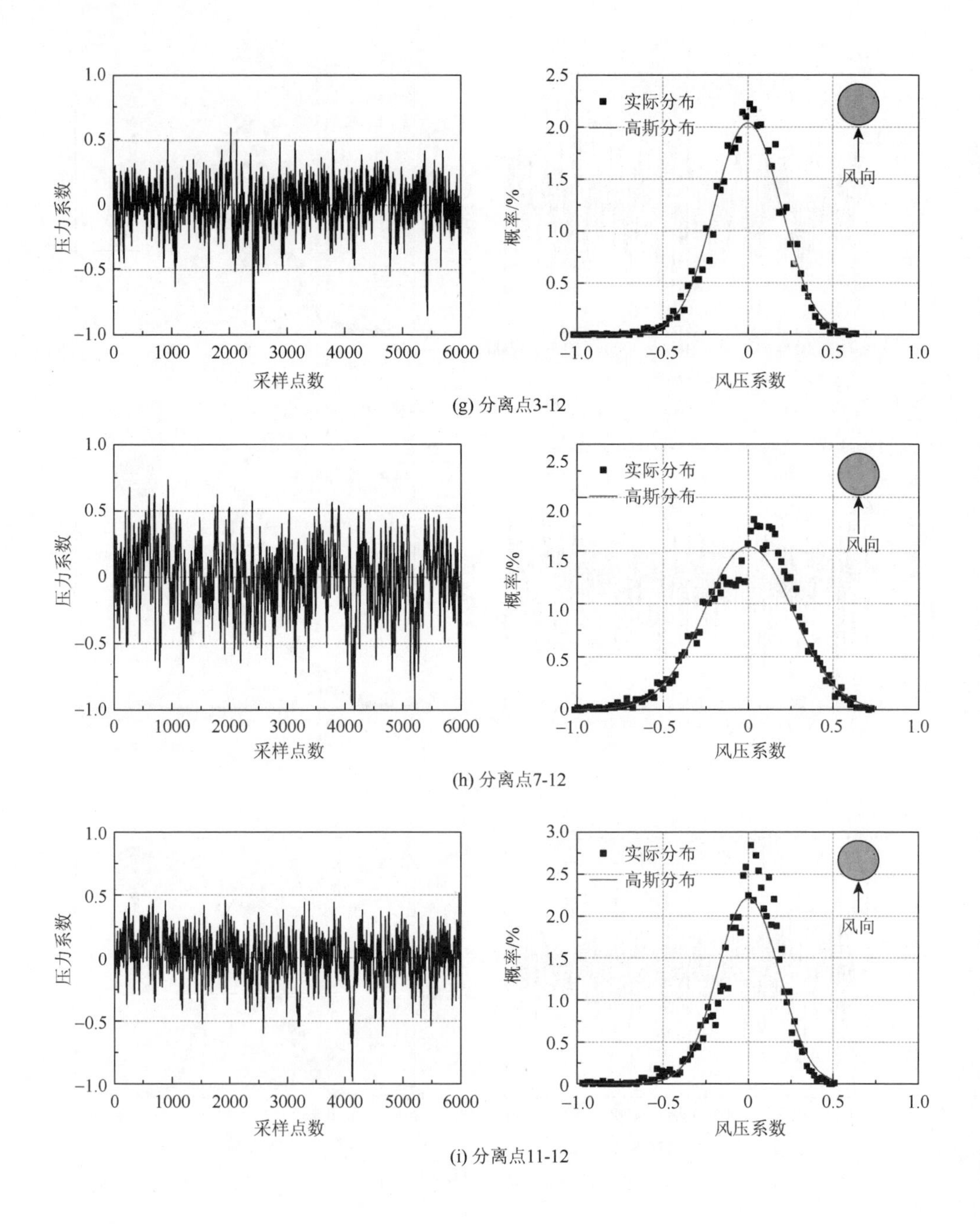

(g) 分离点3-12

(h) 分离点7-12

(i) 分离点11-12

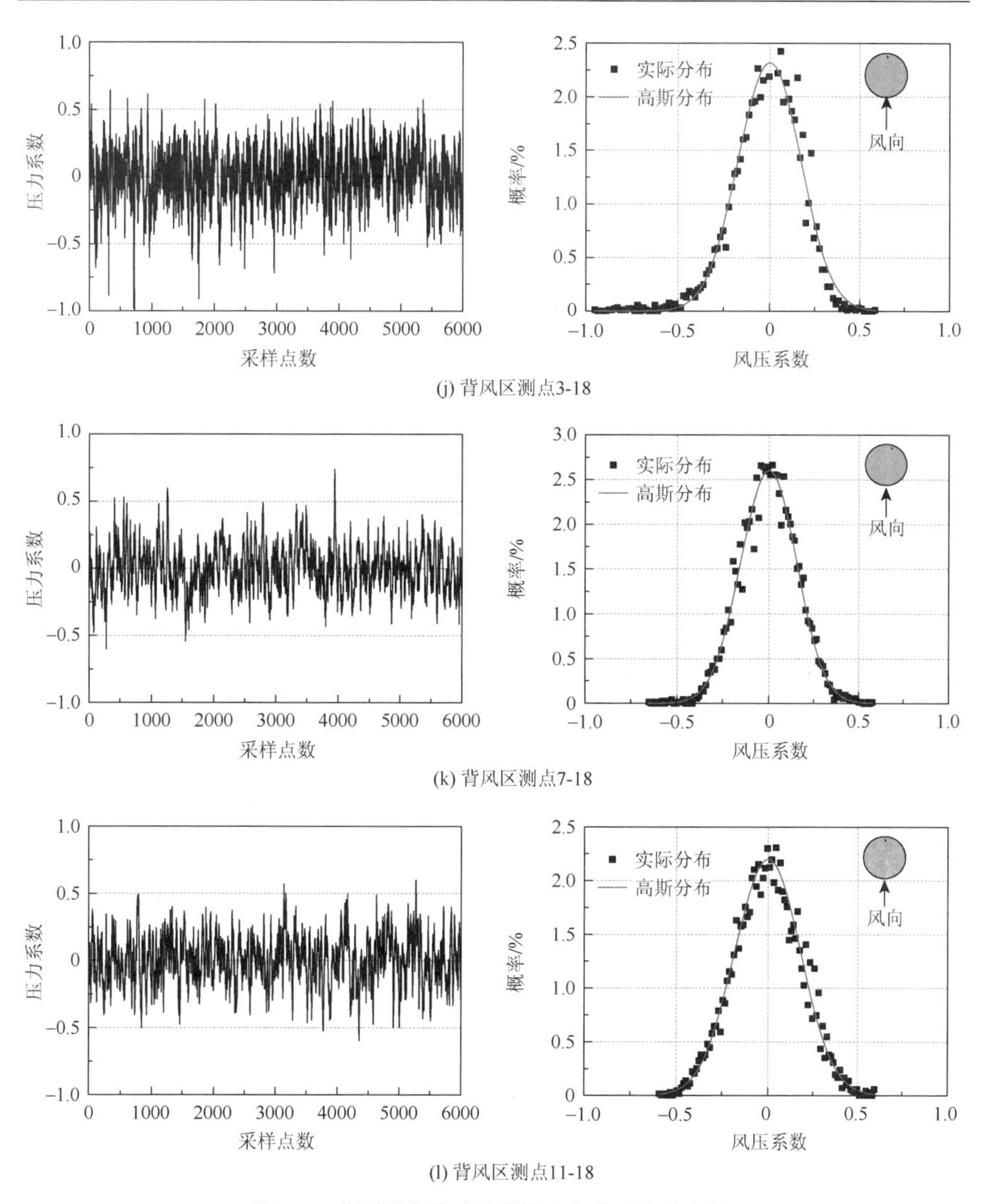

图 2.1　典型测点脉动风压概率密度函数分布图

根据 Jeong 等[9]对湍流的研究可知，风压脉冲同有组织、相关性好的大尺度涡旋结构有关，而冷却塔在负压极值区域已经产生了微型涡旋脱落，并且随着微小涡旋不断地积累在分离点附近产生了大的涡旋脱落，这种由于结构形状影响所产生的涡旋作用称为特征湍流。因而冷却塔表面风压信号的非高斯特性产生的原因可能归结为特征湍流的影响。为了进一步讨论特征湍流对于冷却塔非高斯信号的影响，下面从风压空间相关性上进行分析。

3. 各测点间的空间相关特性

风压脉冲与有组织的大尺度涡旋有关，表现为该区域的风压空间相关性较强。相关性系数是考察任意两个测点间相关性的重要指标，能够反映冷却塔表面空间流场结构及其传播方式。规定相关性系数绝对值大于 0.5 时属于强相关，而小于 0.2 时则视为弱相关。

对于冷却塔表面环向风荷载分布，最关心的区域主要是迎风区、负压极值区和分离区域，图 2.2 分别给出了塔底、喉部和塔顶三个典型断面中测点 1、8 和 13 与环向所有测点的相关性结果示意图。

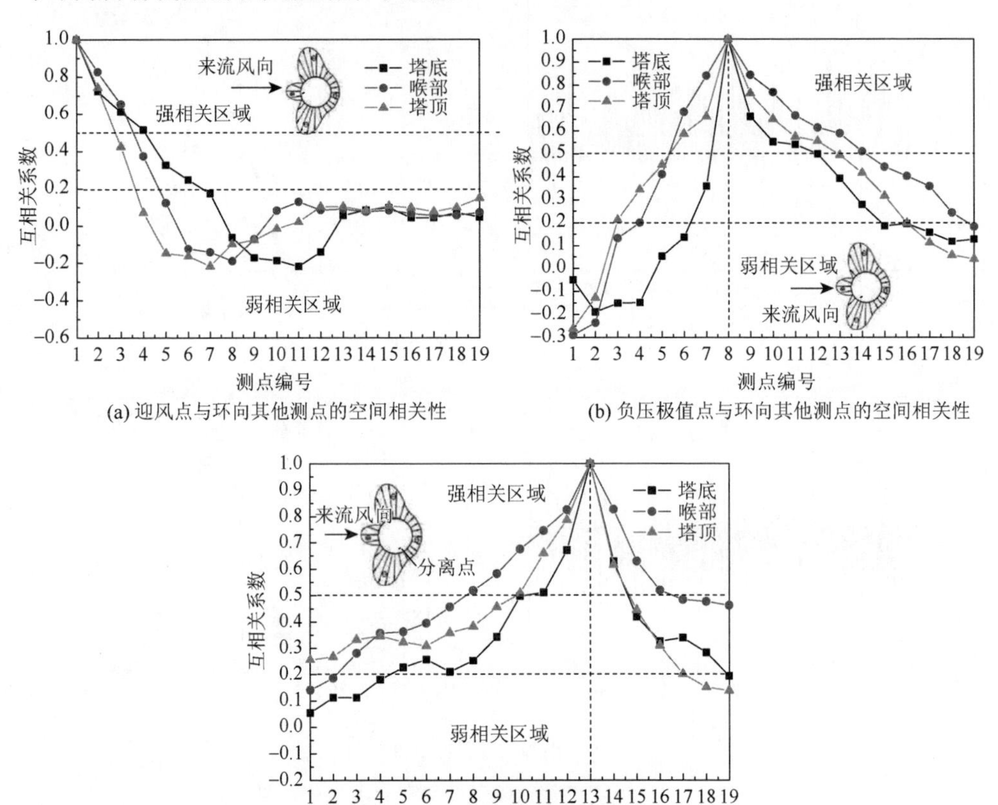

(a) 迎风点与环向其他测点的空间相关性

(b) 负压极值点与环向其他测点的空间相关性

(c) 分离点与环向其他测点的空间相关性

图 2.2　典型测点间空间相关性示意图

从图中可以发现，由于塔底和塔顶受到三维端部效应影响，其风压信号相关性明显没有喉部区域强，特别是塔底断面，其相关性衰减速度很快，大部分测点都显示出高斯特性，这在图 2.1 中也可以验证。对于环向断面中三个不同区域，迎风面的测点风压相关性衰减很快，除去测点1和2属于强相关之外，其余都属于（较）弱相关，其区域内风压信号基本都呈现高斯特性；而在负压极值和分离区域，其互相关性都比较强，喉部断面2/3以上的测点均处在弱相关区域之外，塔顶断面也有1/3测点属于强相关，并且在负压极值和分离点之间存在很强的相关性，而随着环向角度的增加，在背风区其相关性逐渐衰减。正是由于负压极值区和分离区存在这一较强的相关性，其表面风压信号分布不满足中心极限定理，特征湍流的影响更加明显，这个区间的测点风压脉动不满足高斯分布条件。

4. 非高斯的简单判定与区域划分

通过对风压信号的非高斯特性及其与空间流场关系的探讨，对于冷却塔表面测点风压信号的非高斯特征有了一定的认识，但要区分测点是否属于非高斯分布单从风压时程上是很难准确判定的，而基于概率密度函数分布图判断较复杂，因此需寻找一种简洁、有效的非高斯分布划分的办法。

表2.1～表2.3给出了冷却塔下部、中部和上部三个典型断面下所有测点的均值、根方差、斜度、峰态和概率密度分布特征。

表2.1　断面3上环向测点风压系数时程统计值

测点号	均值	根方差	斜度	峰态	概率密度
1	0.835	0.216	0.064	3.153	G
2	0.514	0.222	0.168	3.058	G
3	0.514	0.222	0.127	3.158	G
4	0.218	0.210	0.053	3.219	G
5	−0.231	0.219	0.218	3.550	G
6	−0.639	0.208	0.045	3.344	G
7	−1.005	0.197	−0.219	3.252	G
8	−1.341	0.191	−0.288	3.526	NG
9	−1.658	0.202	−0.221	3.351	G
10	−1.511	0.204	−0.157	3.408	G
11	−1.193	0.265	0.319	3.373	G
12	−0.732	0.250	−0.360	3.802	NG
13	−0.811	0.195	−0.379	3.529	NG
14	−0.685	0.227	−0.212	3.308	G
15	−0.647	0.252	−0.142	3.178	G
16	−0.685	0.222	−0.097	3.055	G
17	−0.634	0.172	−0.138	3.287	G
18	−0.511	0.129	−0.139	3.481	G
19	−0.572	0.132	−0.075	3.374	G

注：G代表高斯分布；NG代表非高斯分布。

表 2.2　断面 8 上环向测点风压系数时程统计值

测点号	均值	根方差	斜度	峰态	概率密度
1	0.997	0.225	0.105	2.940	G
2	0.923	0.211	0.048	2.934	G
3	0.725	0.180	0.040	2.896	G
4	0.218	0.175	−0.019	3.252	G
5	−0.242	0.208	−0.128	3.374	G
6	−0.626	0.225	−0.282	3.425	G
7	−1.099	0.254	−0.400	3.518	NG
8	−1.588	0.276	−0.403	3.653	NG
9	−1.465	0.276	−0.360	3.590	NG
10	−1.290	0.324	0.254	3.992	NG
11	−0.675	0.175	−0.272	3.837	NG
12	−0.397	0.194	−0.466	4.082	NG
13	−0.316	0.184	−0.501	4.182	NG
14	−0.350	0.120	−0.165	3.409	G
15	−0.379	0.135	−0.068	3.345	G
16	−0.347	0.124	−0.150	3.267	G
17	−0.349	0.109	−0.128	3.285	G
18	−0.319	0.105	−0.192	3.153	G
19	−0.335	0.099	−0.159	3.272	G

表 2.3　断面 11 上环向测点风压系数时程统计值

测点号	均值	根方差	斜度	峰态	概率密度
1	1.000	0.190	0.044	2.628	G
2	0.849	0.184	−0.009	2.979	G
3	0.569	0.181	−0.017	2.814	G
4	0.163	0.198	0.086	3.168	G
5	−0.318	0.193	0.143	2.859	G
6	−0.873	0.211	0.113	2.801	G
7	−1.177	0.219	−0.223	3.628	NG
8	−1.431	0.223	−0.357	3.704	NG
9	−1.616	0.259	−0.301	3.774	NG
10	−1.234	0.224	−0.344	3.654	NG
11	−0.703	0.241	−0.246	3.835	NG
12	−0.476	0.180	−0.733	4.398	NG
13	−0.402	0.124	−0.411	3.772	NG
14	−0.408	0.126	−0.174	3.279	G
15	−0.426	0.120	−0.230	3.556	NG

续表

测点号	均值	根方差	斜度	峰态	概率密度
16	−0.421	0.113	−0.135	3.050	G
17	−0.453	0.108	−0.031	3.257	G
18	−0.441	0.100	−0.102	3.102	G
19	−0.453	0.092	−0.097	3.491	G

从表 2.1～表 2.3 中可以看出，对于三个不同的断面，其斜度和峰态值所属的区域差异较大，同时发现大偏斜（$C_{pisk}>0.2$）及高峰态（$C_{piku}>3.5$）情况较少出现。塔底断面除去少数几个测点存在大偏斜和高峰态之外，大部分测点都属于小偏斜和低峰态区域，说明测点分布大多近似为高斯分布，各测点间的相关性较弱，正与前面关于相关性分析的结论吻合；而对于喉部和塔顶断面，1/3 测点均分布在大偏斜和高峰态区域，发现迎风面测点基本都呈现高斯分布特性，在负压极值区至分离点附近测点大多都表现明显的非高斯特性，而在背风区测点相关性逐渐减弱，测点又呈现出高斯特性。

鉴于此，本节给出冷却塔表面划分高斯及非高斯区域的标准：偏斜值$|C_{pisk}|>0.2$ 且峰态值$|C_{piku}|>3.5$ 的风压信号为非高斯分布。

综上所述，由于单体冷却塔塔底断面存在明显的三维端部效应，其测点间的相关性较弱，主要呈现出高斯分布特性。对于中部和塔顶区域，迎风面不存在表面特征湍流的影响，其互相关性衰减极快，测点表现出高斯分布特性，在负压极值至分离区域，由于涡旋脱落引起的表面特征湍流的影响，测点间的相关性较强，并存在明显的大偏斜和高峰态现象，风压信号也随之表现出非高斯特性，进入背风区其测点的相关性随之衰减，高斯特性又逐渐明显。图 2.3 给出了冷却塔中上部断面的环向高斯与非高斯区域的划分图，能够直接反映不同区域风压分布特性。

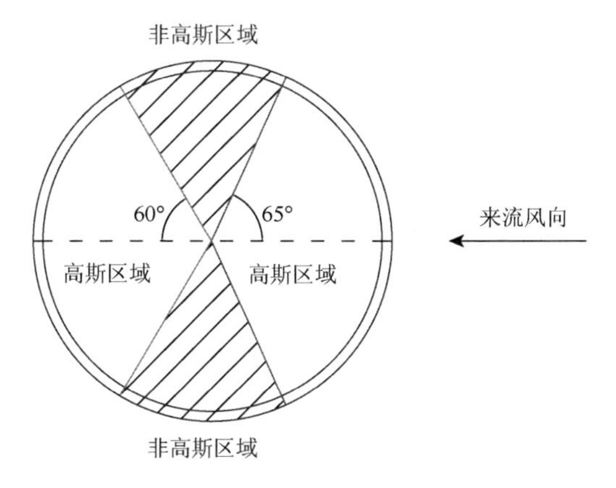

图 2.3　冷却塔表面非高斯区域划分

2.1.2 非平稳特性

Hilbert-Huang 变换（HHT）是一种较好的非平稳、非线性信号分解方法，可以对这些信号进行时频谱联合特性分析、分解、重构和变异性分析。相比传统的傅里叶变换和小波分析，Hilbert-Huang 变换有着自身的特点。因此，本节基于这一方法对冷却塔表面脉动风压进行了多个方面的研究。

1. Hibert-Huang 变换

HHT 方法主要由 EMD 分解和 Hilbert 变换两部分组成，其核心是 EMD 分解[6]。下面详细介绍这两个部分。

1）EMD 分解

EMD 方法即 Huang 变换，是 Huang 于 1998 年提出的一种非线性、非平稳信号分析方法，其认为所有信号均由一些不同的固有振动模式构成，这些振动模式既可以是线性的也可以是非线性的，并据此将信号分解为若干固有模式函数（intrinsic mode function，IMF）的和。而这个 IMF 分量必须满足以下两个条件：

（1）在整个数据序列中，极值点的数量 N_e（包括极大值点和极小值点）与过零点的数量 N_z 必须相等，或最大相差不多于一个，即

$$N_z - 1 \leqslant N_e \leqslant N_z + 1 \tag{2-3}$$

（2）在任一时间点 t_i 上，信号局部极大值确定的上包络线 $f_{\max}(t)$和局部极小值确定的下包络线 $f_{\min}(t)$的均值为零。即

$$[f_{\max}(t_i) + f_{\min}(t_i)]/2 = 0, \quad t_i \in [t_a, t_b] \tag{2-4}$$

式中，$[t_a, t_b]$为一段时间区间。

满足以上两个条件的基本模式分量，在连续两个过零点之间只有一个极值点，没有复杂的叠加波存在。需要注意的是，如此定义的基本模式分量并不被限定为窄带信号，可以是具有一定带宽的平稳信号。

每个 IMF 根据信号自身相邻极值点间的延时来定义和区分，并通过一个称为筛选的步骤来完成分解（是 EMD 方法的核心）。经过 EMD 方法可将信号 f（t）分解为 n 个 IMF 及余量之和：

$$f(t) = \sum_{j=1}^{n} c_j(t) + r_n(t) \tag{2-5}$$

可以将上述分解看做按照不同的时间尺度对 $x(t)$所进行的时域滤波。其中 c_j 表示第 j 个 IMF 分量，r_n 表示提取了 n 个 IMF 分量后的余量，第一个 IMF 分量 c_1 包含信号的最细尺度或最短周期的成分，余量 r_n 中包含频率最低的成分（如信号中的直流分量或变化趋势）。

2）Hilbert 变换

信号经分解后得到多个 IMF 分量组合，对每个 IMF 信号进行 Hilbert 变换，即可得到每个 IMF 分量的瞬时频率，综合所有 IMF 分量的瞬时频谱就可获得 Hilbert 谱。先对信号 $f(t)$的 IMF 分量 $c(t)$作 Hilbert 变换得到解析信号：

$$z(t)=c(t)+\mathrm{i}H[c(t)]=a(t)\mathrm{e}^{\mathrm{i}\Phi(t)} \tag{2-6}$$

幅值函数 $a(t)$和相位函数 $\Phi(t)$分别为

$$a(t)=\sqrt{c^2(t)+H^2[c(t)]},\quad \Phi(t)=\arctan\frac{H[c(t)]}{c(t)} \tag{2-7}$$

再对 $\Phi(t)$进行求导即可得到瞬时频率 $\omega(t)$为

$$\omega(t)=\mathrm{d}\Phi(t)/\mathrm{d}t \tag{2-8}$$

对每一个 IMF 分量进行 Hilbert 变换之后进行组合，则可把 $f(t)$表示成 Hilbert 谱形式，如式（2-9）所示：

$$f(t)=\mathrm{Re}\sum_{j=1}^{n}a_j(t)\mathrm{e}^{\mathrm{i}\int_R \omega_j(t)\mathrm{d}t} \tag{2-9}$$

式中，Re 表示实部。式（2-9）描述了信号各分量幅值 $a_j(t)$及频率 $\omega_j(t)$随时间的变化关系，这种对信号幅值（能量）在时-频域上的描述称为 Hilbert 幅值谱，简称 Hilbert 谱，并记为 $H(\omega, t)$。

3）HHT 方法的优缺点

HHT 方法是对信号通过 EMD 分解得到的 IMF 分量进行时频域分析，而衡量时频分布方法好坏的一个主要性能指标就是时间和频率分辨率的高低。

HHT 方法中，Hilbert 变换时采用的时间分辨率是根据采样间隔时间确定的，如果信号采样间隔为 Δt，n 是用 Δt 来精确定义数据最高频率所需的最小数目（$n\geqslant 2$），则从数据中获得的最高频率就为 $1/(n\Delta t)$。由于 EMD 分解具有根据信号自身特性进行的自适应特性，频率高的 IMF 频率分辨率低，而频率低的 IMF 分量频率分辨率高。从小波基函数的表达式及图 2.4 所示的小波变换时-频窗示意图中可以发现，

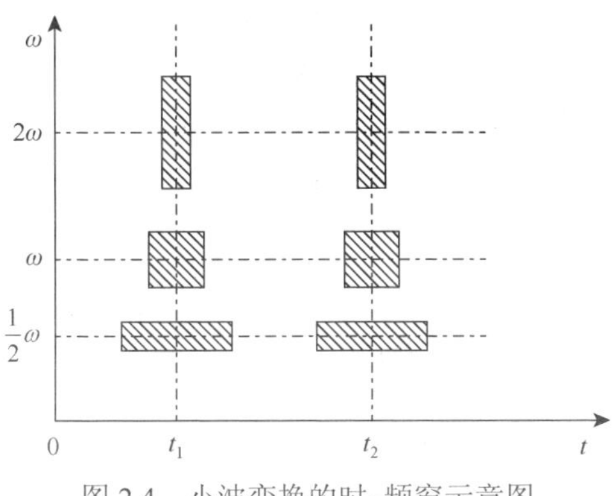

图 2.4　小波变换的时-频窗示意图

尺度因子影响窗口在频率轴上的位移和窗口的形状；平移因子仅仅响应窗口在平面时间轴上的位置。当需要分析检测信号高频分量特性时，尺度因子减小，时间窗自动变窄，频率窗口高度增加，分析低频信号特性时反之。但由于受到 Heisenberg 测不准原理限定，意味着在提高时间分辨率的同时必然要降低频率分辨率。

从信号分解基函数理论角度来说，不同的基函数可以对信号实现不同的分解，从而得到性质迥然的结果。如果用单位脉冲函数作为基函数对信号分解，得到的仍然是信号本身，此时的分解结果只有时域的描述，缺乏频域的任何信息。如果采用在时域中持续等幅振荡的不同频率正余弦函数作为基函数对信号分解，就是傅里叶分解，可以得到频域的详细描述，但是丧失了时域的所有信息。小波变换的出现使得同时在时-频两个方面描述信号成为可能，它在低频部分具有较高的频率分辨率和较低的时间分辨率，在高频部分具有较高的时间分辨率和较低的频率分辨率。这些方法的一个共同特点就是采用具有有限支撑的振荡衰减的波形作为基函数，而基函数的选取必须要预先设定，并且不同的基函数带来的结果差异较大。而 EMD 方法得到了一个自适应的广义基，没有统一的表达式，不同的信号分解会得到不同的基函数。

值得注意的是，HHT 中存在着一个不容忽视的问题，即端点效应问题。作者采用 Huang 提出的利用原始数据序列端点处极值点的形状特征和原极值点序列的平均值对端点外的极值点进行延拓，这种方法既参照了原始数据序列两端极点的变化趋势，又考虑了信号内部极值点大小对延拓的影响，充分利用了已知极值点信息，能较好地消除信号分解中的端点效应。

2. 脉动风压的分解与变异性

采用 EMD 方法对冷却塔中部和喉部两个断面上的迎风区、负压极值区、分离区和背风区四个典型区域共八个测点的脉动风压信号进行分解（图 2.5）。

从图中可以发现，非高斯信号经 EMD 分解后会得到的一系列 IMF 分量，每一个 IMF 分量都有不同的振幅和频率（时间特征尺度），分解顺序是按频率从高至低进行的。其代表的物理意义为：c_1 表现为信号中的最高频信号，其一般为包含的噪声或其他干扰的信号；c_n 表示信号经 EMD 分解后的第 n 个频率分量，其按高频到低频顺序依次排列；r_n 为分解到最后的余量。

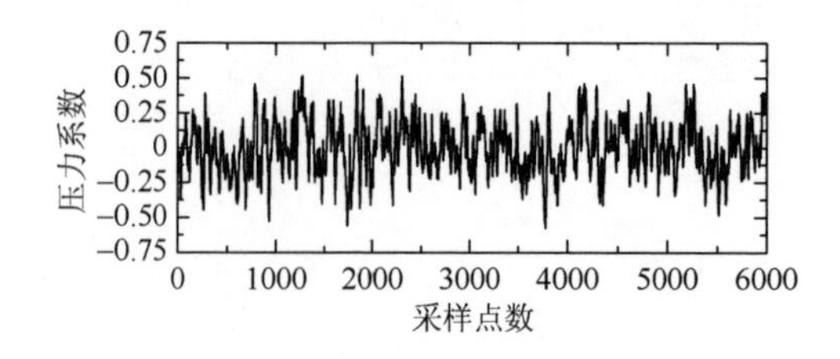

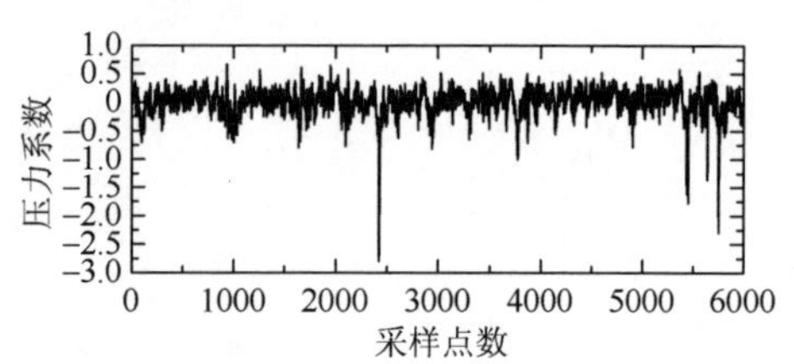

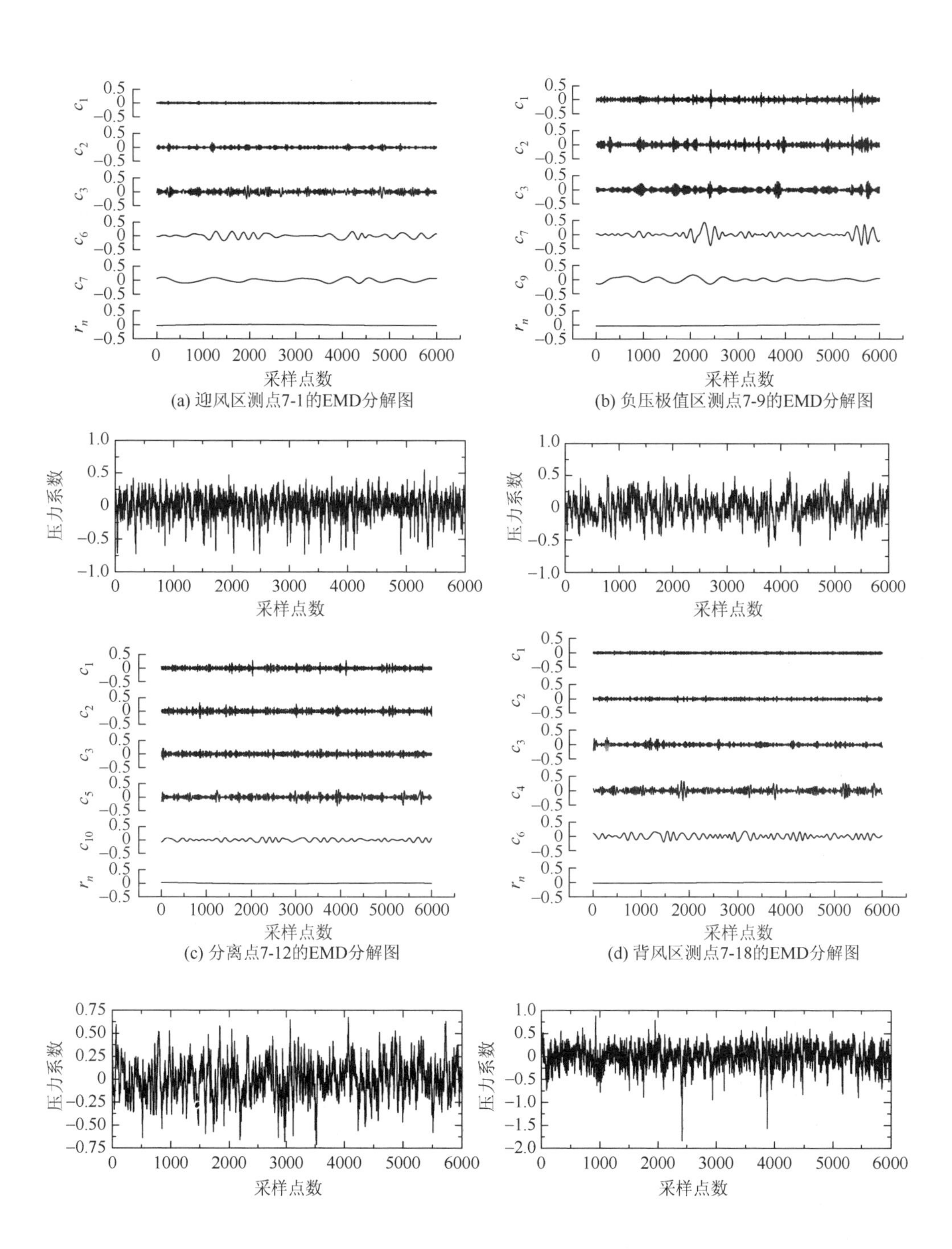

(a) 迎风区测点7-1的EMD分解图

(b) 负压极值区测点7-9的EMD分解图

(c) 分离点7-12的EMD分解图

(d) 背风区测点7-18的EMD分解图

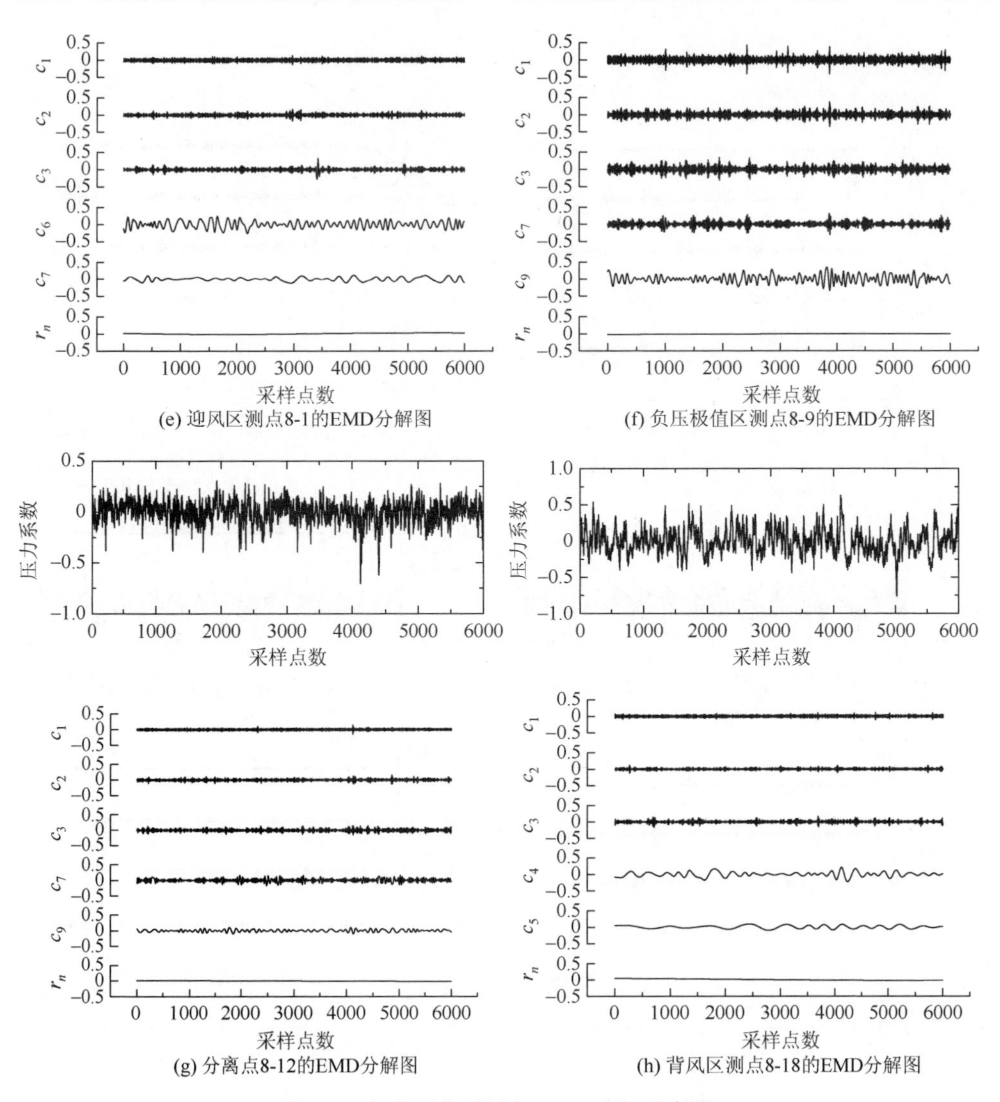

(e) 迎风区测点8-1的EMD分解图

(f) 负压极值区测点8-9的EMD分解图

(g) 分离点8-12的EMD分解图

(h) 背风区测点8-18的EMD分解图

图 2.5　各截面典型测点 EMD 分解示意图

经过 EMD 分解的每一个 IMF 分量基本围绕一个主频率上下微小浮动。从图 2.5 中可以发现，在任一频段上信号的大脉冲随时间的变化特性，并判断出信号的变异性主要出现在该频段内，其在原始非高斯风压信号时程图中无法获取。

由图 2.5 可知，根据信号自身特性自适应分解后的 IMF 分量数目并不唯一，例如，在中部第 7 断面上的四个测点脉动风压信号分解的 IMF 分量数目分别为 8、10、11 和 7，在喉部第 10 断面上的四个测点脉动风压信号分解的 IMF 分量数目分别为 8、10、10 和 6。分解数目少的测点风压信号里包含的频率成分就少，重构时需要的 IMF 分量也相应变少。

再对比迎风面、背风区和负压极值区及分离点附近的风压信号分解图，会发现前两个区域的风压信号分解后的 IMF 分量中并没有出现明显的大脉冲特性，并且分解后的 IMF 分量数目也较少，而后两个区域中的风压信号经 EMD 分解后其 IMF 分量中包含了明显的大脉冲特性，并且分解后的 IMF 分量数目也明显增多。这也验证了 2.1.1 节中关于冷却塔表面非高斯风压划分区域的结论。

3. 脉动风压的时频谱特性

非高斯信号的出现总会伴随着大脉冲特性，这使得小波谱上的能量分散更加明显。而采用 Hilbert 能量谱可以很好地反映脉动风压能量随时间和频率的变化过程。这是小波谱和传统傅里叶谱所不具备的。

为了更好地对比说明 Hilbert 时频谱的优越性，数值模拟试验对如下的调制信号进行 HHT 分析，并和小波谱及快速傅里叶变换（FFT）谱结果进行对比探讨。试验模拟数据为

$$f(t)=\left[4\sin\left(\frac{2\pi}{10}\times t_1\right)+2\cos\left(\frac{2\pi}{25}\times t_1\right),4\sin\left(\frac{2\pi}{5}\times t_2\right)\right] \tag{2-10}$$

式中，变量 t 的变化频率为 200Hz，采样时间 t_1 为 0～5s，t_2 为 5～10s，总的样本数为 2000。

图 2.6 给出了采用传统傅里叶变换、小波变换和 HHT 得到的时-频-谱联合分布图。除了传统方法外，它们都能表现出良好的局部化特征，详细地描述了非高斯信号的时-频分布。但小波谱中能量分布比较散乱，而 Hilbert 能量谱能更清晰地表明能量随时-频的具体分布，具有更好的局部化控制能力，使其能量主要集中在有限的能量线上，而从二维 Hilbert 时-频谱中能更清晰地确定信号能量的集中频段和时间段，且 HHT 分析时不需要选择基函数。因此本节采用 HHT 方法分析冷却塔表面脉动风压信号的能量分布。

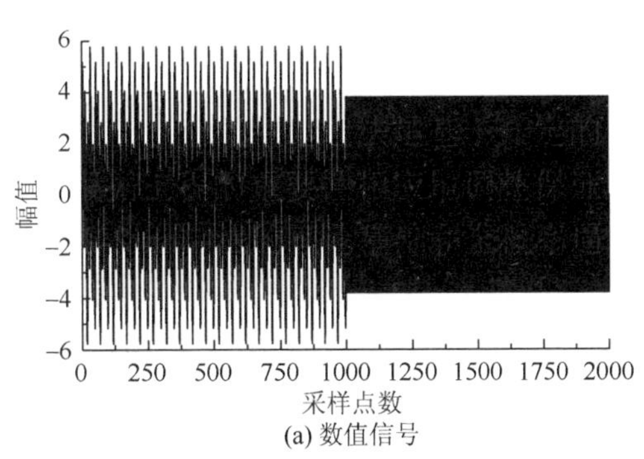

(a) 数值信号

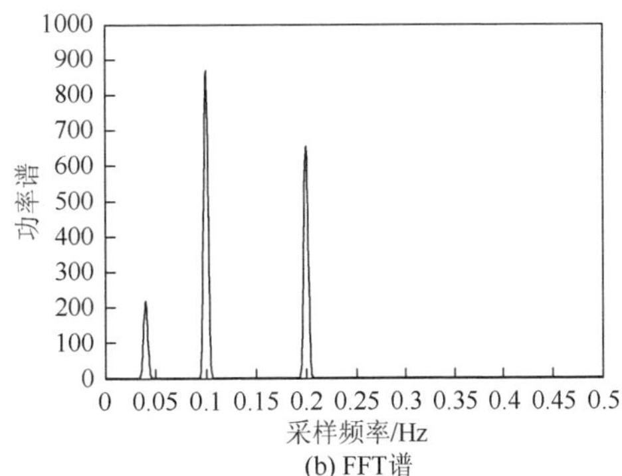

(b) FFT谱

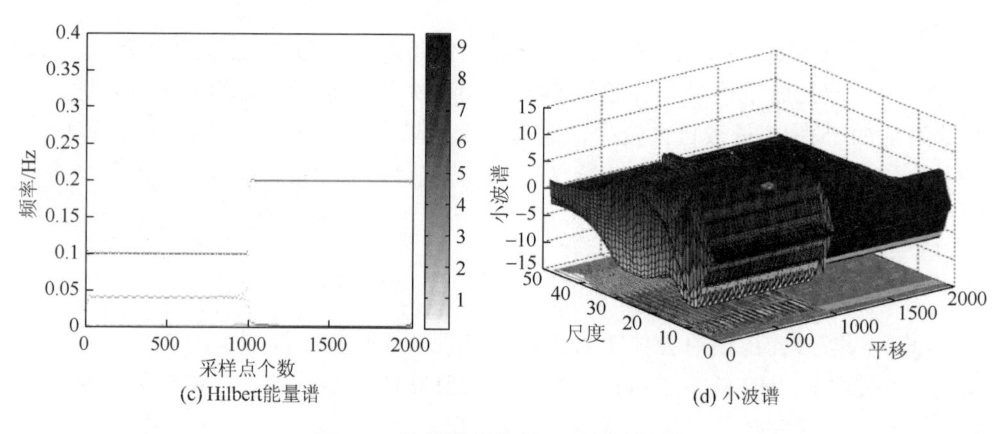

(c) Hilbert能量谱　　(d) 小波谱

图 2.6　数值模拟信号及频谱分析图

图 2.7 给出了冷却塔中部断面 7 和喉部断面 10 上环向迎风点、负压极值点、分离点和背风区四个典型测点的脉动风压时-频谱分布图。从图中可以得到以下结论：

（1）所有区域测点的表面脉动风压信号的能量主要集中在 0.05Hz 以下；

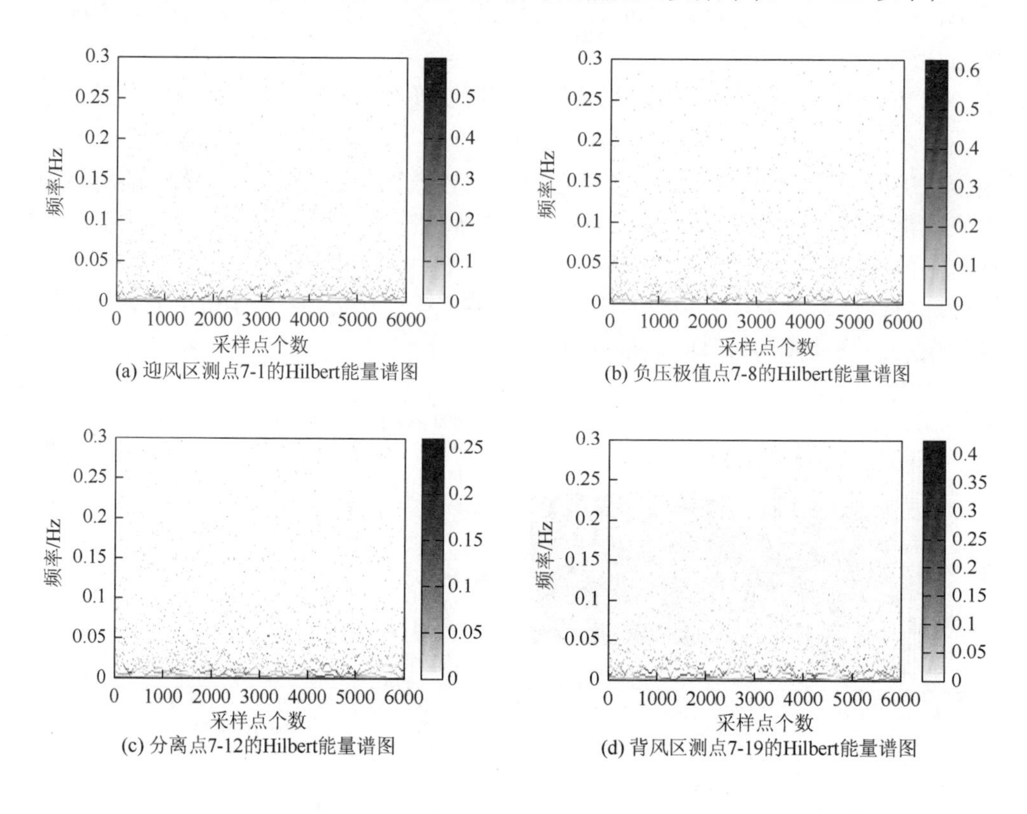

(a) 迎风区测点7-1的Hilbert能量谱图　　(b) 负压极值点7-8的Hilbert能量谱图

(c) 分离点7-12的Hilbert能量谱图　　(d) 背风区测点7-19的Hilbert能量谱图

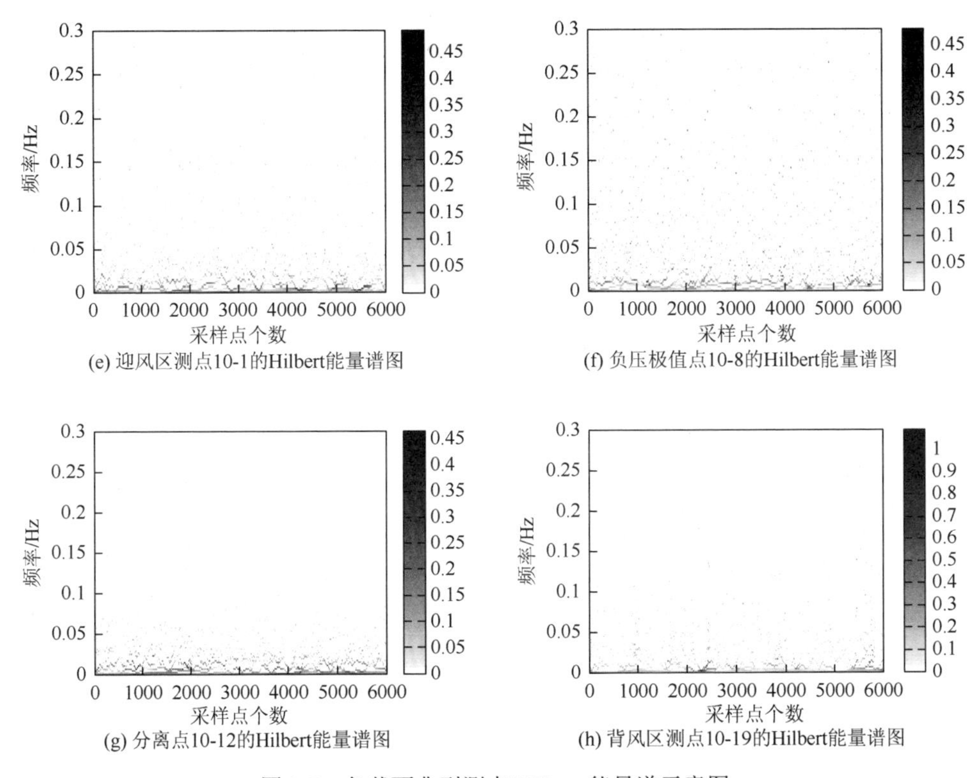

(e) 迎风区测点10-1的Hilbert能量谱图

(f) 负压极值点10-8的Hilbert能量谱图

(g) 分离点10-12的Hilbert能量谱图

(h) 背风区测点10-19的Hilbert能量谱图

图 2.7　各截面典型测点 Hilbert 能量谱示意图

（2）迎风区和背风区测点的风压信号能量分布比较集中，而负压极值点和分离点信号能量分布更加分散，从图中可以明显看出其黑点数目较为分散，这是由于这一区域的信号存在明显的非高斯特性，具有间断性的大脉冲特性；

（3）HHT 分析对冷却塔表面脉动风压能量分布特征具有很好的效果。

2.1.3　风压极值研究

工程设计时，脉动风荷载和风致响应都应考虑一定的保证系数，总的风荷载或响应可表示为

$$R_a = \bar{R} + \mathrm{sign}(\bar{R}) g \sigma_r \tag{2-11}$$

式中，$\mathrm{sign}(\bar{R})$ 为平均响应或风荷载 $\bar{R}$ 的符号向量；σ_r 为脉动响应或脉动风荷载；g 为保证系数，又称为峰值因子。

早期以 Davenport 为代表的风工程研究人员为了分析方便，假设脉动风压服从高斯分布，并利用基于高斯过程的零值穿越理论给出一个峰值因子。由 2.1.1 节的分析可知对于冷却塔这类三维绕流效应明显，并且对于存在非高斯风压分布

区域的结构，传统的峰值因子求解方法可能并不适用，或者说计算结果偏于危险。在此背景下本节对于峰值因子的计算方法以及冷却塔结构表面风荷载的峰值因子和极值取值进行了详细的讨论。

1. 峰值因子计算方法

1）Davenport 法

考虑一个零均值的平稳高斯过程 x（t），其概率密度函数可以写为

$$p(x)=\frac{1}{\sqrt{2\pi}}\frac{\delta y}{\delta x}\exp\left(-\frac{x^2}{2}\right) \tag{2-12}$$

标准高斯过程所有极大值和极小值的概率密度函数为

$$p(x)=\frac{1}{2\pi}\left[\varepsilon\exp\left(-\frac{x^2}{2\varepsilon^2}\right)+\sqrt{1-\varepsilon^2}\,x\exp\left(-\frac{x^2}{2}\right)^{x\frac{\sqrt{1-\varepsilon^2}}{\varepsilon}}\int_{-\infty}^{\varepsilon}\exp\left(-\frac{\zeta^2}{2}\right)\mathrm{d}\zeta\right] \tag{2-13}$$

式中，$\varepsilon=\left(1-\dfrac{m_2^2}{m_0m_4}\right)^{1/2}$ 是高斯过程 $x(t)$的带宽参数，取值范围为（0, 1），当 ε 将近 1 时为宽带随机过程，当 ε 等于 0 时为窄带随机过程，m_i 为单侧谱密度的谱矩。

对于大于 N 个极大值的极值 x 的泊松模型分布函数为

$$F_{x_e}(x)=\exp[-N(1-p(x))] \tag{2-14}$$

式中，$N=[(m_4/m_2)^{1/2}T]/(2\pi)$，为时间长度 T 上峰值出现的数目。假设 x 很大，有 $p(x)$ 可以近似得到

$$1-p(x)\approx\sqrt{1-\varepsilon^2}\exp\left(-\frac{x^2}{2}\right)+o\left[\frac{1}{x^3}\exp\left(-\frac{x^2}{2\varepsilon^2}\right)\right]\approx\frac{m_2}{\sqrt{m_0m_4}}\exp\left(-\frac{x^2}{2}\right) \tag{2-15}$$

于是

$$F_{x_e}(x)=\exp\left[-\frac{1}{2\pi}\sqrt{m_2/m_0}\,T\exp\left(-\frac{x^2}{2}\right)\right] \tag{2-16}$$

即标准高斯过程 $x(t)$的极值 x_e 的概率分布函数。令

$$\mathrm{d}F_x(x)=\exp(-\psi)\mathrm{d}\psi,\quad \psi=v_0T\exp\left(-\frac{x^2}{2}\right),\quad v_0=\frac{1}{2\pi}\sqrt{m_2/m_0} \tag{2-17}$$

所以极值的均值可表达为

$$\overline{x}_e=\int_0^{\infty}x\mathrm{d}F_x(x)=\int_0^{\infty}x\exp(-\psi)\mathrm{d}\psi \tag{2-18}$$

联合上面几个公式，整理可得

$$
\begin{aligned}
x &= \sqrt{2\ln v_0 T - 2\ln\psi} = \sqrt{(\ln v_0 T)\left(1 - \frac{\ln\psi}{\ln v_0 T}\right)} \\
&= \sqrt{2\ln v_0 T} - \frac{\ln\psi}{\sqrt{2\ln v_0 T}} - \frac{1}{2}\frac{\ln^2\psi}{\sqrt{(2\ln v_0 T)^3}} + \cdots
\end{aligned}
\tag{2-19}
$$

应用标准极值积分：

$$
\int_0^\infty \ln\psi \exp(-\psi)\,\mathrm{d}\psi = -\gamma \tag{2-20}
$$

式中，$\gamma = 0.5772$，为欧拉常数。因此平均极值可以近似地表示为

$$
g = \bar{x}_e = \sqrt{2\ln(vT)} + \frac{\gamma}{\sqrt{2\ln(vT)}} \tag{2-21}
$$

以上关系为不少西方国家的荷载规范所引用，但对于时间 T 的取值方式略有不同，美国和加拿大规范中取 T=3600s，而 AIJ1996 则取为 600s 且明确 T 为观察时间，故 T 应理解为基本风压的平均时距，我国规范和 AIJ1996 的风压时距都为 10min，所以 T 应该取为 600s。v 可近似取结构的第一阶固有频率，对应于中国规范当在 $v = 0.0022$Hz 时，峰值因子达到最小值，为 1.52。当在 v=[0.1, 10]的常规范围内，峰值因子是关于 v 的单调增函数，数值大小主要位于[3.0, 4.5]。而中国的建筑结构荷载规范中峰值因子取为 2.2，明显低于实际值，此时对应的 $v = 0.01$Hz，明显与实际结构存在偏差。

2）Sadek-Simiu 法

考虑一个时距为 T 的平稳非高斯时程 $x(t)$，其概率密度函数为 $f_x(x)$，概率分布函数为 $F_x(x)$。首先由“转换过程法”将时程 $x(t)$映射成标准高斯时程 $y(t)$，其概率密度函数为 $f_y(y)$，概率分布函数为 $F_y(y)$。根据 Rice 的经典结论，时距 T 内，时程 $y(t)$的极值 $y_{pk,T}$ 概率分布函数可以表示为

$$
F_{Y_{PK,T}}(y_{pk,T}) = \exp[-v_{0,y} T \exp(-y_{pk,T}^2/2)] \tag{2-22}
$$

根据式（2-22）可以得到指定概率 $F^i_{Y_{PK},T}$ 下的极值：

$$
y_{pk,T}^{\max,i} = \sqrt{2\ln\frac{-v_{0,y}T}{\ln y^i_{pk,T}}} \text{ 或 } y_{pk,T}^{\min,i} = -\sqrt{2\ln\frac{-v_{0,y}T}{\ln y^i_{pk,T}}} \tag{2-23}
$$

式中，$v_{0,y}$ 为高斯过程 $y(t)$的零值穿越率，与峰值因子法的含义相同。因为在映射过程中并不能得到实际的高斯时程 $y(t)$，因此式（2-23）在计算时仍然由 $x(t)$的谱 $S_x(n)$代入计算。

一旦峰值累积分布函数 $F_{yoi,r}(y_{pi,T})$由式（2-22）得到，那么将高斯过程映射到非高斯过程上，就可以将非高斯分布的时间历程 $x(t)$的峰值累积分布估计出来，如图 2.8 所示。

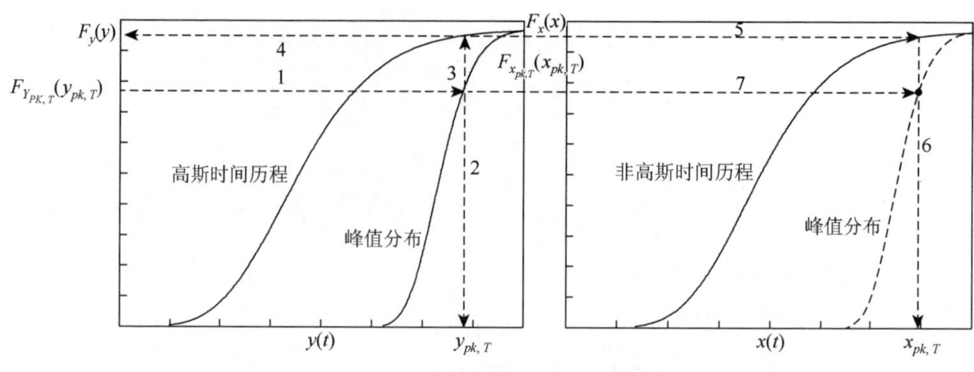

图 2.8　高斯过程映射到非高斯过程

3）全概率逼近法

已有研究提出了基于可靠度理论的目标概率收敛法，避开了对于风压概率为高斯分布的假定，但是得到的保证率是在整个单个样本下的统计，显然对于采样时程中极小值以下的样本是不合适的。鉴于此，本节对整个采样时程中的极大（小）值样本进行分析，可以在保证安全、经济的原则下恰当地得到一定保证率的设计极值风压。其原理为：通过设定的概率为目标，用逐步逼近法求得满足规定保证率的 g 值作为该测点的风压峰值因子。

令 P_{obj} 为工程上设定的目标保证率，如 85%、99%等；$C_P(i)$为某测点的风压系数时程值，i=1, 2, ⋯, N，N 为样本总数；$C_{Pt}(i)$为该采样时程中的极大（小）值，C_{Pa} 为该极大（小）值风压系数平均值；C_{Pr} 为该极大（小）值风压系数均方根值；令 C_{pobj} 为该极大（小）值风压系数时程值满足目标保证率时的风压系数极值，有式（2-24）成立：

$$P\{|C_{Pt}(i)-C_{Pa}|\leqslant|C_{pobj}-C_{Pa}|\}=P_{obj} \tag{2-24}$$

令 $C_{probj}=|C_{pobj}-C_{Pa}|$，即为风压系数极值脉动量，式（2-24）变为

$$P\{|C_{Pt}(i)-C_{Pa}|\leqslant C_{probj}\}=P_{obj} \tag{2-25}$$

为了求得 C_{pobj}，采用逐步迭代法进行逼近。先对 C_{pobj} 给定一个较小的初值 C_{pobj0}，得到一个初始保证率 P_{obj0}，即

$$P\{|C_{Pt}(i)-C_{Pa}|\leqslant C_{probj0}\}=P_{obj0} \tag{2-26}$$

然后对 C_{pobj0} 按增量 δ（δ 取均方根值的 1/10000 倍即可满足计算要求）的倍数 k 不断增大，从而得到不断增大的保证率 C_{pobjk}，即

$$P\{|C_{Pt}(i)-C_{Pa}|\leqslant C_{probj0}+k\delta\}=P_{objk} \tag{2-27}$$

当 k 增大到某个数 M 时，$|P_{objM}-P_{obj}|\leqslant\varepsilon$（$\varepsilon$ 为设定的精度指标，一般取 10^{-5} 即可满足计算要求），即可认为 $C_{pobjM}\approx C_{pobj}$。则有

$$C_{probj}=|C_{pobj}-C_{Pa}|=|C_{probj0}+M\delta|=gC_{Pr} \tag{2-28}$$

从式（2-28）可得出峰值因子 g 的取值如下：

$$g=\frac{C_{probj}}{C_{Pr}}=\frac{|C_{pobj}-C_{Pa}|}{C_{Pr}}=\frac{|C_{probj0}+M\delta|}{C_{Pr}} \tag{2-29}$$

根据式（2-29）即可求出满足工程上规定的保证率下的峰值因子，继而求出极值。

2. 峰值因子取值探讨

考虑到塔顶的端部三维效应和塔底的进风口影响，选取冷却塔中部和喉部的5、7、9 和 11 四个断面中环向 1～19 个测点作为研究对象，先去掉风压时程曲线中的毛刺（滤去高频部分），再用 Davenport 法、Sadek-Simiu 法和本章提出的基于 95%保证率的全概率逼近法求得所有脉动风压的峰值因子，计算结果见表 2.4。

表 2.4　不同断面环向测点脉动风压峰值因子

测点编号	断面 5				断面 7			
	Davenport 法	Sadek-Simiu 法	全概率逼近法		Davenport 法	Sadek-Simiu 法	全概率逼近法	
			g	保证率			g	保证率
1	2.95	3.94	3.84		2.84	3.75	4.06	
2	3.06	3.99	3.69		3.12	3.71	3.46	
3	3.01	4.03	4.05		3.01	3.74	3.61	
4	2.98	3.96	3.86		2.82	4.04	4.20	
5	3.07	3.59	3.67		3.12	3.68	3.74	
6	3.22	3.85	3.81		3.37	4.14	4.18	
7	2.88	3.63	3.76		2.92	3.89	4.12	
8	3.17	3.84	4.10		3.11	3.65	3.57	
9	2.86	3.28	3.42		2.91	3.45	3.58	
10	2.94	3.68	3.58	95%	2.93	3.73	3.57	95%
11	3.19	3.68	3.53		3.05	3.92	3.74	
12	3.07	3.63	3.72		3.02	3.62	3.71	
13	3.12	4.21	4.12		3.07	4.24	3.98	
14	3.30	4.42	4.68		3.45	4.92	4.74	
15	3.03	3.92	3.75		3.01	3.81	3.71	
16	3.24	4.46	4.63		3.31	4.38	4.16	
17	2.97	3.91	3.76		2.92	4.18	3.95	
18	3.10	3.86	3.96		3.05	4.26	4.41	
19	3.07	4.1	4.34		2.76	4.33	4.58	

续表

测点编号	断面 9				断面 11			
	Davenport 法	Sadek-Simiu 法	全概率逼近法		Davenport 法	Sadek-Simiu 法	全概率逼近法	
			g	保证率			g	保证率
1	2.73	3.66	3.98	95%	3.14	3.91	3.75	95%
2	3.07	3.81	3.68		3.26	3.88	3.68	
3	3.14	3.95	4.14		2.88	3.49	3.36	
4	2.95	3.83	4.04		2.95	3.68	3.74	
5	3.21	3.68	3.75		3.05	3.71	3.59	
6	2.88	3.86	3.69		3.25	3.78	3.58	
7	3.18	3.68	3.58		2.93	3.85	4.05	
8	3.22	3.78	3.61		3.13	3.98	4.15	
9	3.46	3.94	3.87		3.43	3.85	3.71	
10	3.47	4.23	4.06		2.91	4.58	4.16	
11	3.41	4.25	4.29		3.23	4.38	4.08	
12	3.06	3.73	3.67		3.05	4.33	4.42	
13	3.45	3.87	3.96		3.23	4.25	4.31	
14	3.53	4.38	4.61		3.37	4.66	4.86	
15	2.89	3.81	3.75		3.19	4.21	4.35	
16	3.37	4.61	4.79		3.29	4.42	4.54	
17	2.96	4.52	4.36		2.98	3.84	3.70	
18	3.28	4.19	3.98		3.23	4.26	4.18	
19	3.10	4.64	4.48		3.12	4.31	4.17	

从表 2.4 中可以看出，不同的峰值因子计算方法结果差异较大，基于高斯分布假定的峰值因子法算出的风压极值普遍偏低，保证率基本都在 80%左右，对工程应用的安全度显然较低。对比 Sadek-Simiu 法和本节基于 95%保证率的全概率逼近法的计算结果可以发现，Sadek-Simiu 法得出的极值结果保证率基本在 95%左右，可以满足工程需要。由于全概率逼近法是基于一定的保证率下算出风压极值和峰值因子，因此可以根据工程的重要性相应地调整保证率的大小，这一算法的优点明显。但对比 Sadek-Simiu 法的理论基础和全概率逼近法的近似数值算法，后续所采用的峰值因子的计算都采用 Sadek-Simiu 算法。

为了进一步探讨冷却塔表面脉动风压峰值因子的合理取值，图 2.9 给出了四个不同断面环向测点峰值因子变化示意图。从图中可以发现，通常将峰值因子取为一个定值计算断面所有测点的极值风压是不尽合理的，实际上峰值因子取值波动较大，但这些断面上均存在一个共性，即在迎风面至分离点之间比较稳定，在背风区明显增大，建议应在不同的区域分别采用对应的峰值因子。

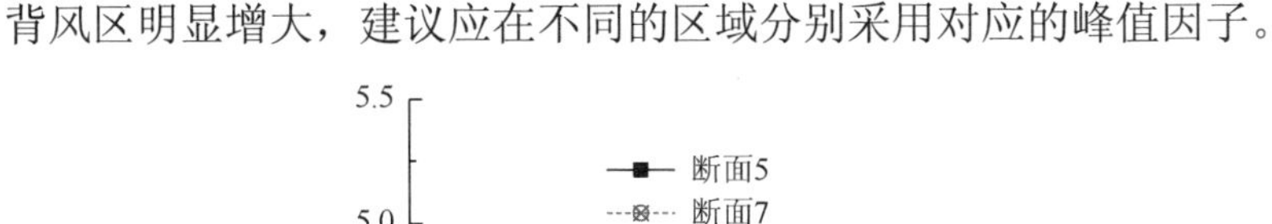

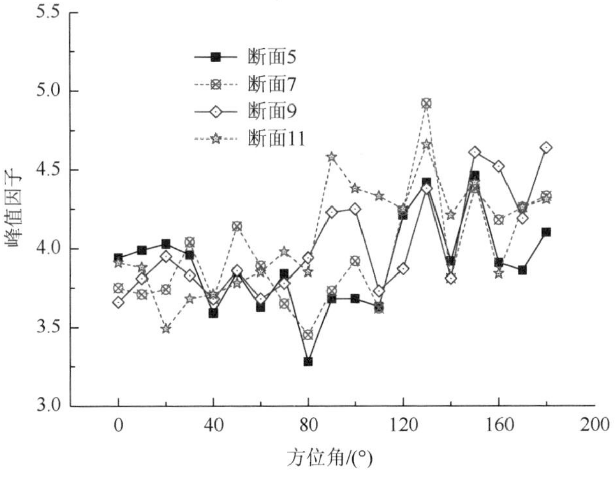

图 2.9　不同断面测点峰值因子曲线图

3. 表面风荷载极值分布

1）基于相关性的极值计算方法

冷却塔相关规范中仅给出了体型系数的均值分布，并规定在 B 类紊流场中采用风振系数 1.9 来考虑阵风效应。为了与规范规定的体型系数极值[10,11]进行比较，对各测点体型系数的试验值及其分布规律进行分析。风压信号以非高斯特性使得传统极值估计方法不再适用，考虑到壳体表面风荷载强三维空间效应和明显的非高斯特性，提出基于相关性的风压系数极值计算方法，公式如下：

$$\mu_p = \mu_m + \sigma_\mu g \rho_D \tag{2-30}$$

式中，μ_m 和 σ_μ 为体型系数均值和根方差；g 为峰值因子，采用 Sadek-Simiu 法计算；ρ_D 为各测点体型系数时程与结构阻力或升力时程的相关系数。

测点间的互相关系数按式（2-31）计算：

$$\rho_{xy} = \frac{E[(x-Ex)(y-Ey)]}{\sigma_x \sigma_y} \tag{2-31}$$

式中，$E[\cdot]$代表数学期望；Ex、Ey 和 σ_x、σ_y 分别是气动力随机序列 x（t）、y（t）的期望和方差。

2）相关系数的取值

从图 2.10 中不同断面测点与整体阻力和升力相关系数变化数值可以看出，迎风面测点相关系数较大，达到 0.6 以上，随着环向角度的增加其数值迅速衰减，在压力系数为零附近的相关性接近于零，在负压极值区域其相关性最强，进入背风区域后相关系数比较稳定，基本都在 0.45 左右。而从图 2.10（b）中发现，在分离点附近其相关性达到最强，随着向两边环向角度的增加其相关性逐渐变弱。由于背风区测点的风压均值较小，而脉动性能显著，与升力相关系数结果在背风区极小，不适合用于极值计算，故本节基于相关性的极值估计方法采用与整体阻力相关系数的结果进行计算。

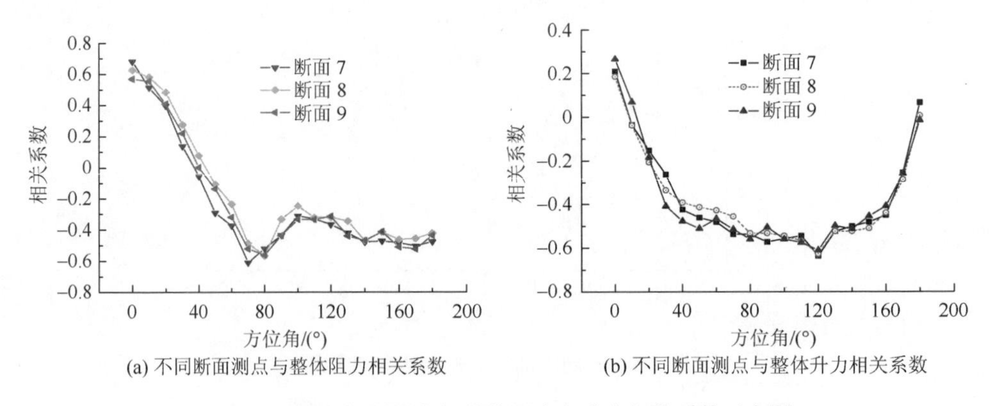

(a) 不同断面测点与整体阻力相关系数　　(b) 不同断面测点与整体升力相关系数

图 2.10　不同断面测点与整体阻力和升力相关系数示意图

3）表面风压系数极值分布

为了探讨峰值因子的取值和忽略相关性对于表面风荷载极值分布的影响，图 2.11～图 2.13 给出了断面 7、9、11 上环向风压系数的平均值和根方差，以及规范给出的 B 类流场下表面风荷载极值分布和按本节公式（2-24）计算出的实际风荷载极值分布对比图。

从图 2.11～图 2.13 中可以看出，采用基于相关性的极值计算方法得到的压力系数极值分布与规范结果相差较大，具体表现在：迎风区域的极值均低于规范值，负压极值区绝对值小于规范值，背风面尾流区绝对值大于规范极值。这一结论与表面脉动风压特性的理解是一致的，在迎风区和负压极值区内均值较大。

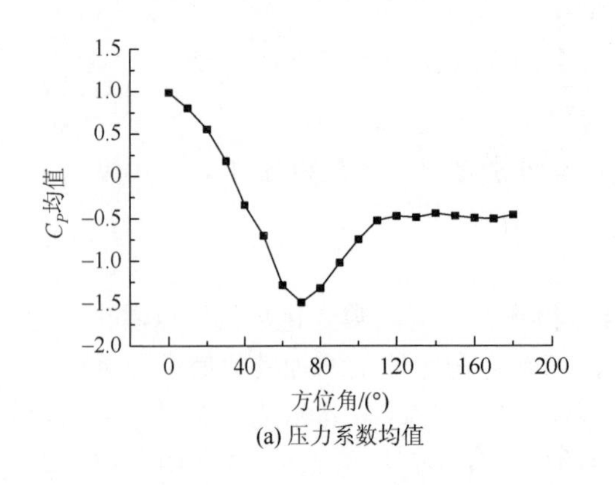

(a) 压力系数均值

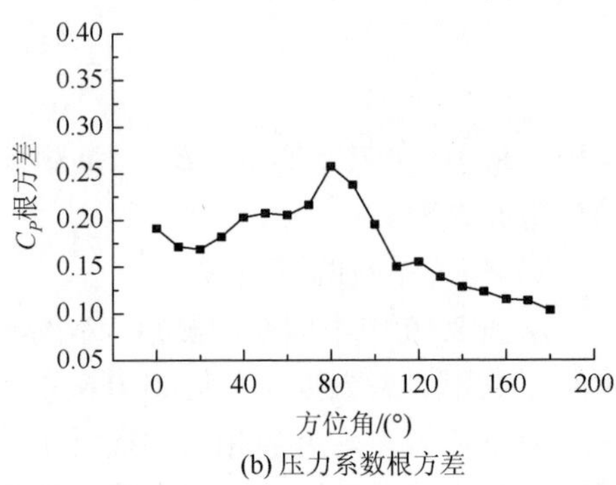

(b) 压力系数根方差

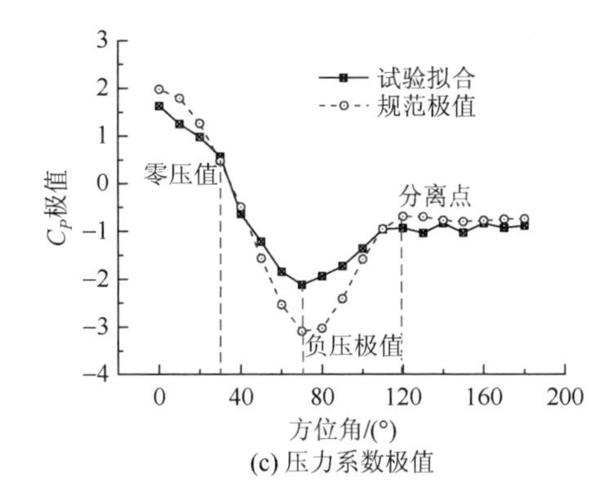

(c) 压力系数极值

图 2.11　第 7 层环向压力系数分布特征

在背风区域，风压系数的均值较小，其脉动特性更加明显，并且相关系数相对较大，因此在计算极值风荷载时，背风区域的放大效应更加明显。

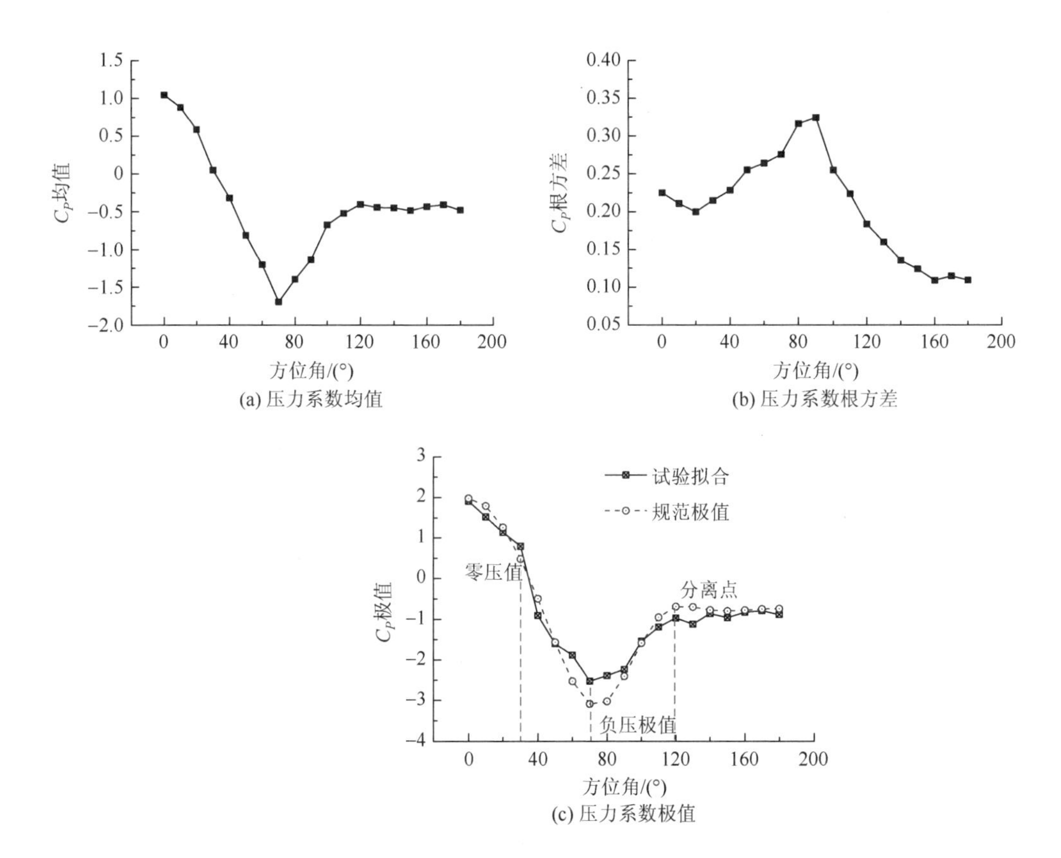

(a) 压力系数均值

(b) 压力系数根方差

(c) 压力系数极值

图 2.12　第 9 层环向压力系数分布特征

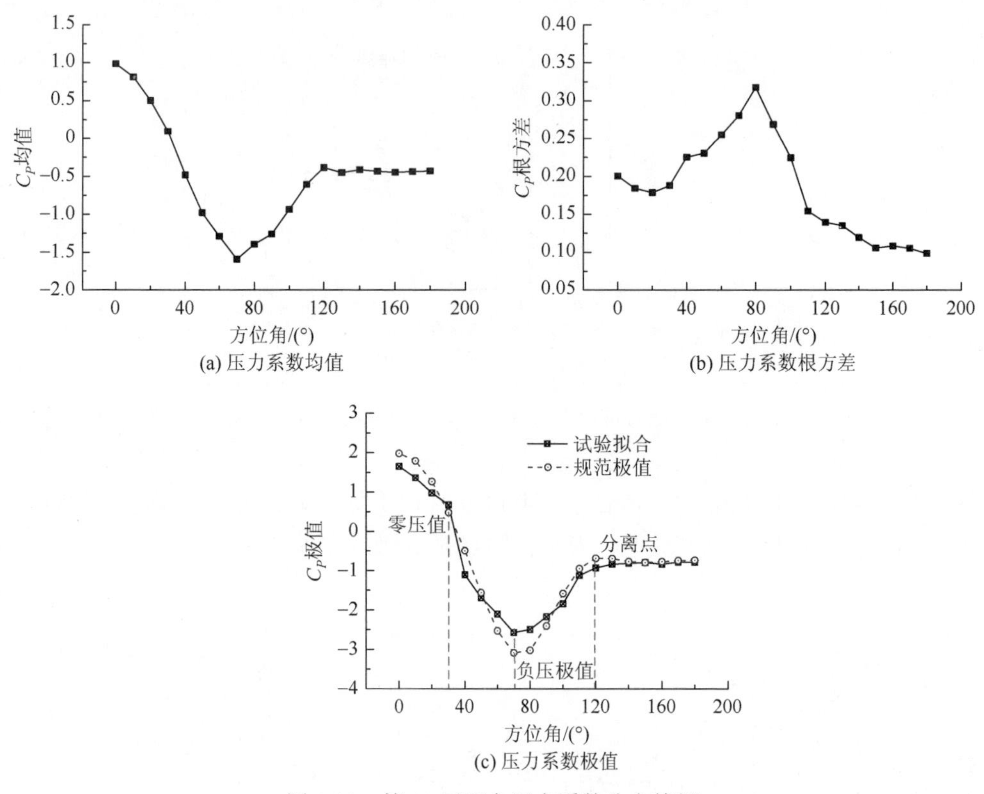

图 2.13　第 11 层环向压力系数分布特征

2.2　施工全过程风荷载分布特性

以内陆在建的某火电超大型冷却塔为例，高度为 220m，详细工程参数见附录 D 工程 2。为系统分析施工全过程大型冷却塔风荷载特性，基于工程实际与分析精度按照塔筒施工模板层选择了 6 个典型施工高度，依次为：施工工况一（15 层模板）、施工工况二（35 层模板）、施工工况三（55 层模板）、施工工况四（75 层模板）、施工工况五（95 层模板）和施工工况六（128 层模板），各典型工况相关参数如表 2.5 所示。

表 2.5　不同施工工况计算参数

	工况一	工况二	工况三	工况四	工况五	工况六
三维实体模型	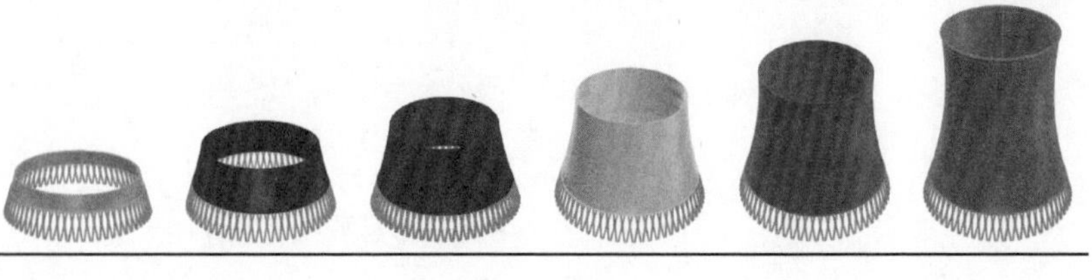					

续表

	工况一	工况二	工况三	工况四	工况五	工况六
模板编号	15	35	55	75	95	128
高度/m	50.90	80.07	109.60	139.43	169.41	218.84
最小半径/m	78.00	71.00	65.73	62.54	61.67	61.67

2.2.1　时域特性

1. 平均压力系数分布

图 2.14 给出了各工况下塔筒表面压力系数分布云图，分析得到各工况下塔筒

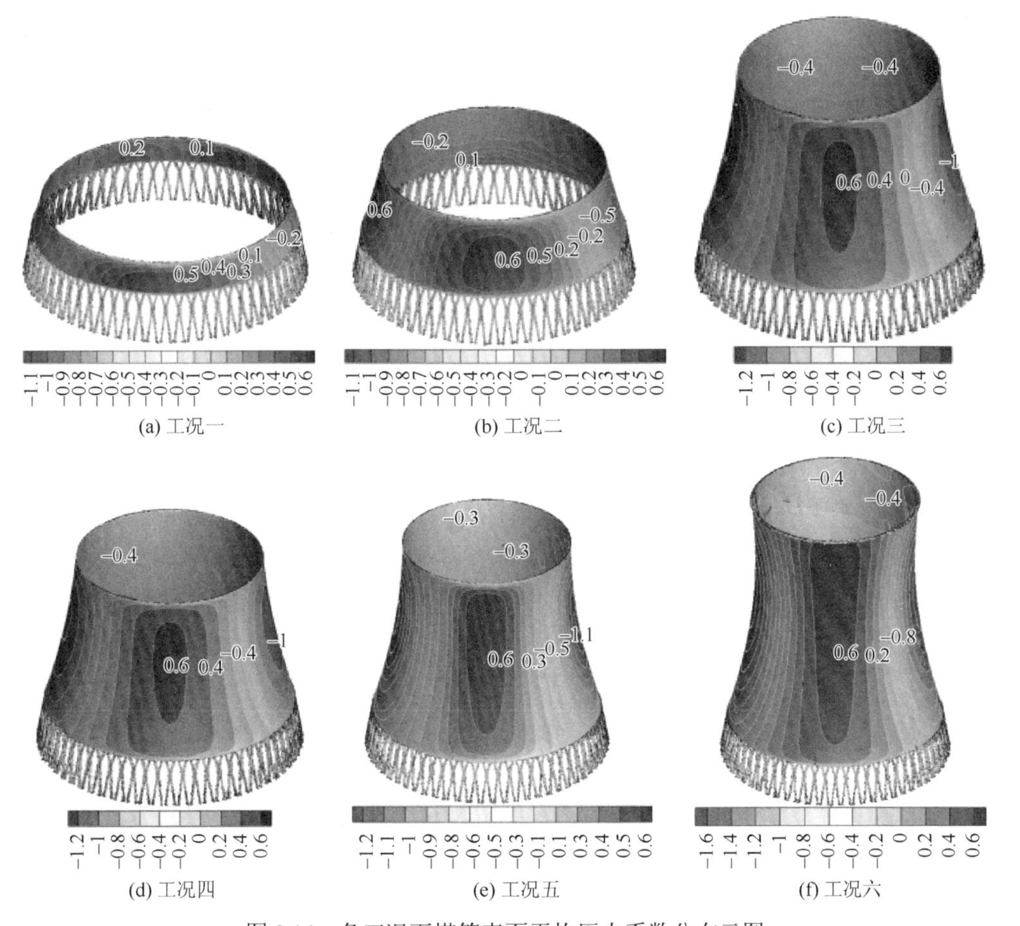

图 2.14　各工况下塔筒表面平均压力系数分布云图

迎风面均为正压，侧风面与背风面为负压，与沿环向的规范平均风压分布曲线规律一致，尤以工况六最为接近；随施工高度增加，迎风面正压中心区形状逐渐由“矮胖形”过渡到“高瘦形”，同时侧风面负压极值不断增大；随施工高度的增加平均压力系数变化显著。

2. 流场作用机理

为分析冷却塔不同高度处典型截面涡量变化，图 2.15 给出了各工况下 x-z 截面涡量变化图。由图可以看出，不同工况下涡量分布出现差异，随施工高度增加塔筒出风口位置附近出现明显的涡量区域，说明随施工高度增加涡旋脱落现象越明显。背风面涡旋增量区域出现在进风口高度处以及出风口位置附近，施工高度的增长使冷却塔下部进风口和上部出风口压差增大，涡旋由一个涡增至多个涡。此外，随施工高度增加上部出风口与下部支柱流出的气体逐渐分离，并且在塔筒背风面负压形成较为显著的附着涡。

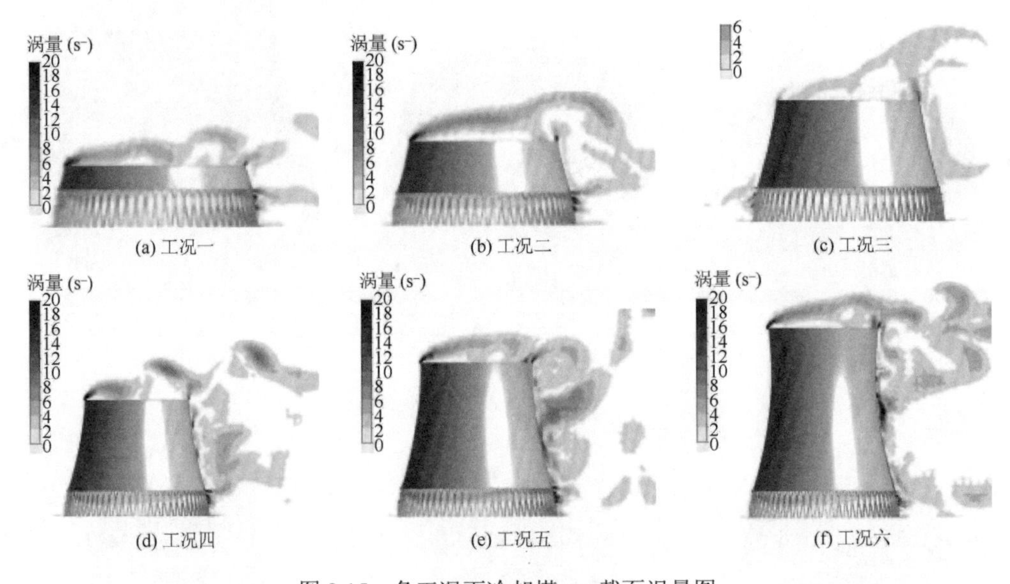

(a) 工况一　(b) 工况二　(c) 工况三

(d) 工况四　(e) 工况五　(f) 工况六

图 2.15　各工况下冷却塔 x-z 截面涡量图

表 2.6 给出了不同施工阶段典型高度速度流线图。对比发现：不同施工阶段对塔筒涡旋脱落开始位置及尾流发展影响显著，随施工高度的增加尾流发展区域逐渐由宽变窄再变宽，塔筒两侧速度增益区加速流动更加显著。此外，施工高度改变了塔内气体流动，在侧面及背风区形成涡旋，涡旋之间相互作用改变了流动在塔筒内壁背风区的位置，使流动方向倾斜，随施工高度增加倾斜越明显。

表 2.6　各工况下典型高度速度流线图列表

工况说明	Z=44m	Z=70m	Z=99m	Z=129m	Z=159m	Z=202m
工况一	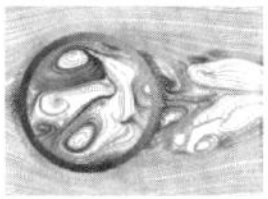					
工况二		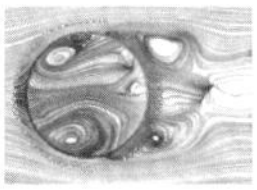				
工况三		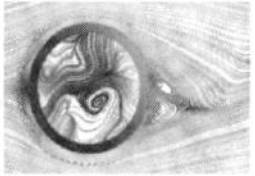				
工况四		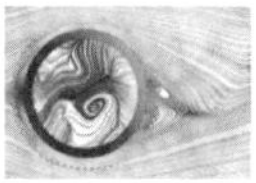		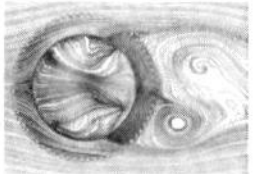		
工况五	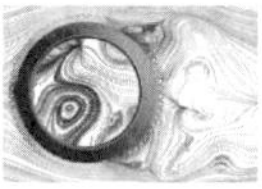		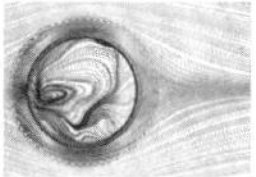	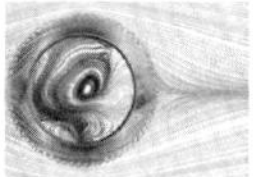	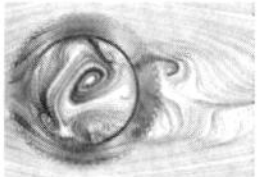	
工况六	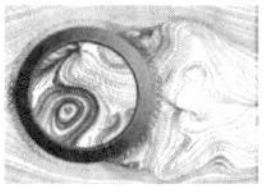	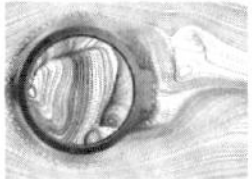	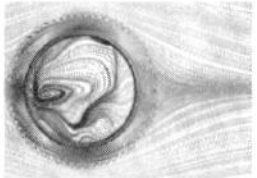	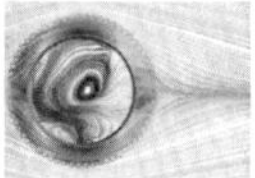	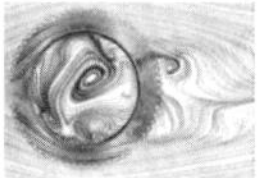	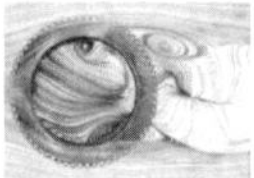

3. 升力和阻力系数特性

为更好地研究施工期冷却塔塔筒断面整体受力特性，对比给出不同工况下冷却塔测点层升力和阻力系数随施工高度增加的变化规律。其中阻力和升力系数式定义为

$$C_D = \frac{\sum_{i=1}^{n} C_{Pi} A_i \cos(\theta_i)}{A_T} \tag{2-32}$$

$$C_L = \frac{\sum_{i=1}^{n} C_{Pi} A_i \sin(\theta_i)}{A_T} \tag{2-33}$$

式中，C_D、C_L 分别为结构整体阻力和升力系数；A_i 为第 i 测点压力覆盖面积；θ_i 为第 i 测点压力与风轴方向夹角；A_T 为整体结构风轴方向投影面积。

图 2.16 给出了各工况下典型高度测点层升力和阻力系数曲线示意图。对比可知，升力系数受来流湍流和漩涡脱落的共同影响，其平均值沿高度变化规律与阻力系数沿高度的变化规律明显不同，随施工高度增加升力系数减小，相同测点层阻力系数则随施工高度的增加呈先减小后增大的趋势，这与迎风面正压分布模式规律一致。不同工况下各测点层阻力系数均大于升力系数，塔筒两侧负压减小导

致升力系数增加而阻力系数减小，不同工况塔筒中部显著干扰区段截面均出现阻力系数小于升力系数的情况。

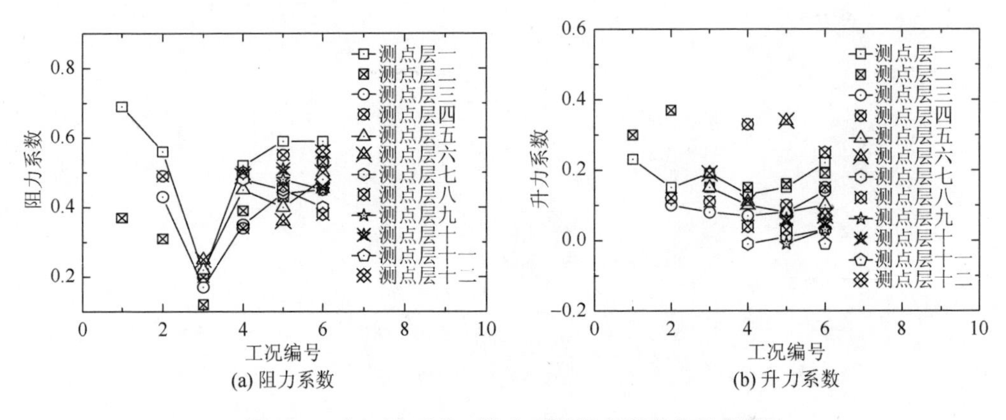

(a) 阻力系数　　(b) 升力系数

图 2.16　各工况下升、阻力系数沿高度变化示意图

4. 脉动风压相关性

由 2.1.1 节可知，冷却塔表面负压极值和分离点之间存在很强的相关性，且在侧风面存在较大的负相关性，因此本节选取负压极值区为对象探究施工高度对脉动风压相关性的影响。图 2.17 给出了各工况下偶数测点层负压极值点与环向所有测点的相关性分布曲线，通过对比获得如下结论。

（1）冷却塔底部和顶部受三维端部效应影响，其相关性明显弱于塔筒中部，各工况下相同测点层环向相关性随施工高度增加均呈由弱变强再减弱的趋势。

（2）不同工况下的各测点层风压相关性变化显著，工况一～工况三测点间的相关性接近，且大于工况四～工况六。工况一～工况三各测点层 2/3 以上测点都处于强相关区域，工况四～工况六测点层中 1/3 测点存在较大的负相关性，负相关系数的幅值甚至接近 0.5，此区域为弱相关区域。

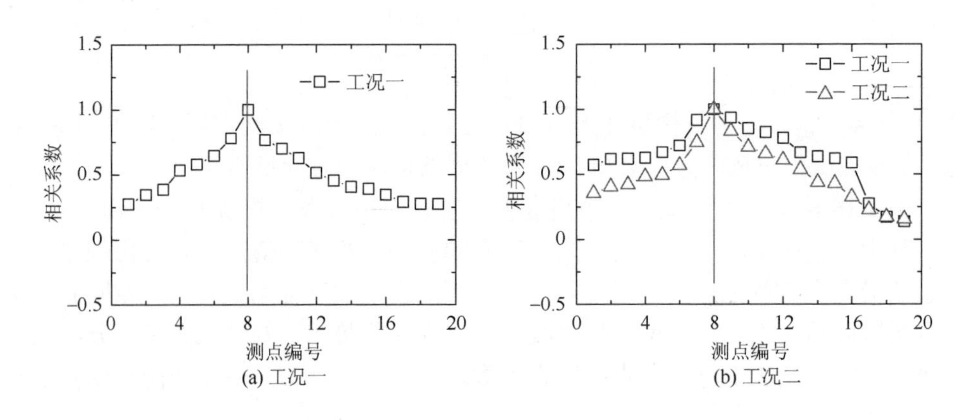

(a) 工况一　　(b) 工况二

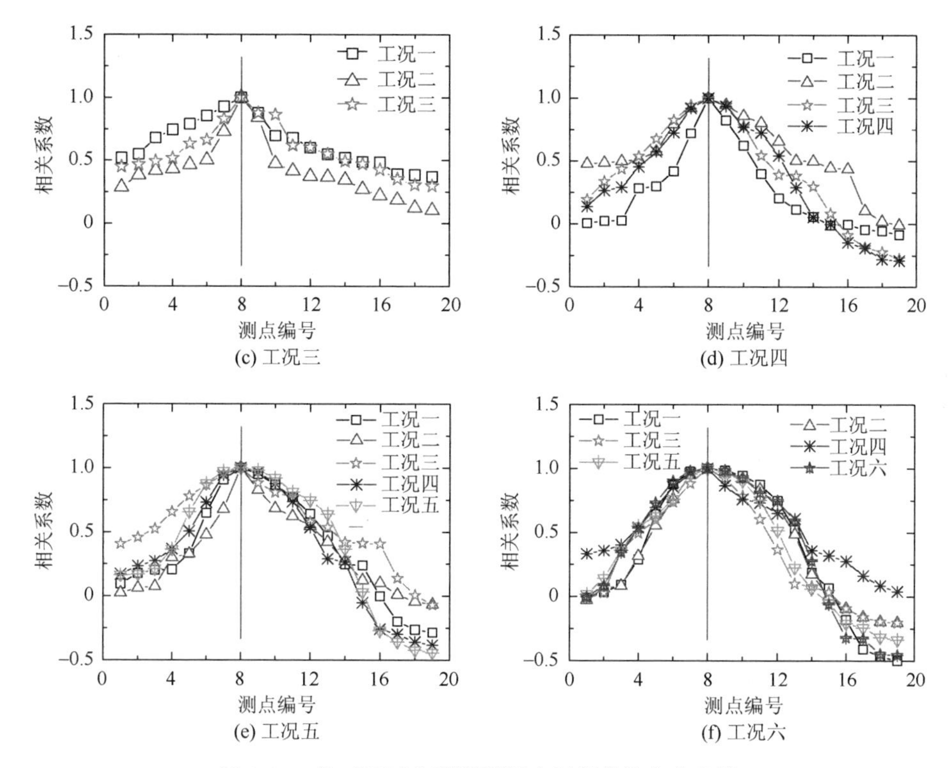

图 2.17　各工况下典型断面测点间相关性分布曲线

2.2.2　频域特性

1. 典型测点功率谱

图 2.18 给出了偶数测点层迎风面在不同工况下无量纲功率谱散点分布图，并拟合给出了功率谱密度曲线计算公式。公式具体定义为

$$f(x) = b_1x^7 + b_2x^6 + b_3x^5 + b_4x^4 + b_5x^3 + b_6x^2 + b_7x + b_8 \tag{2-34}$$

式中，$f(x)$表示随频率变化的功率谱密度函数；$b_i(i=1, 2, \cdots, 8)$为拟合系数，具体见表 2.7。

表 2.7　目标拟合公式系数列表

i	1	2	3	4	5	6	7	8
b_i	0.9122	−3.497	3.799	0.6914	−4.156	3.157	−1.061	0.1613

对比分析得出各测点层脉动风荷载能量主要集中在低频区，受三维端部效应影响塔筒底部和顶部散点分布较中部密集，说明低频区能量随施工高度增加

呈先减小后增大的趋势。不同工况下功率谱拟合曲线差别较大，工况四～工况六低频区均出现谱峰，随频率增加伴有多个小谱峰，且工况五峰值最大谱峰数量最多，说明该处除了具有较高的低频能量外，气流撞击形成的分离泡和大尺度、间歇性旋涡脱落使得功率谱在相应的主导频率处能量增加得越多，进而出现了多个峰值。

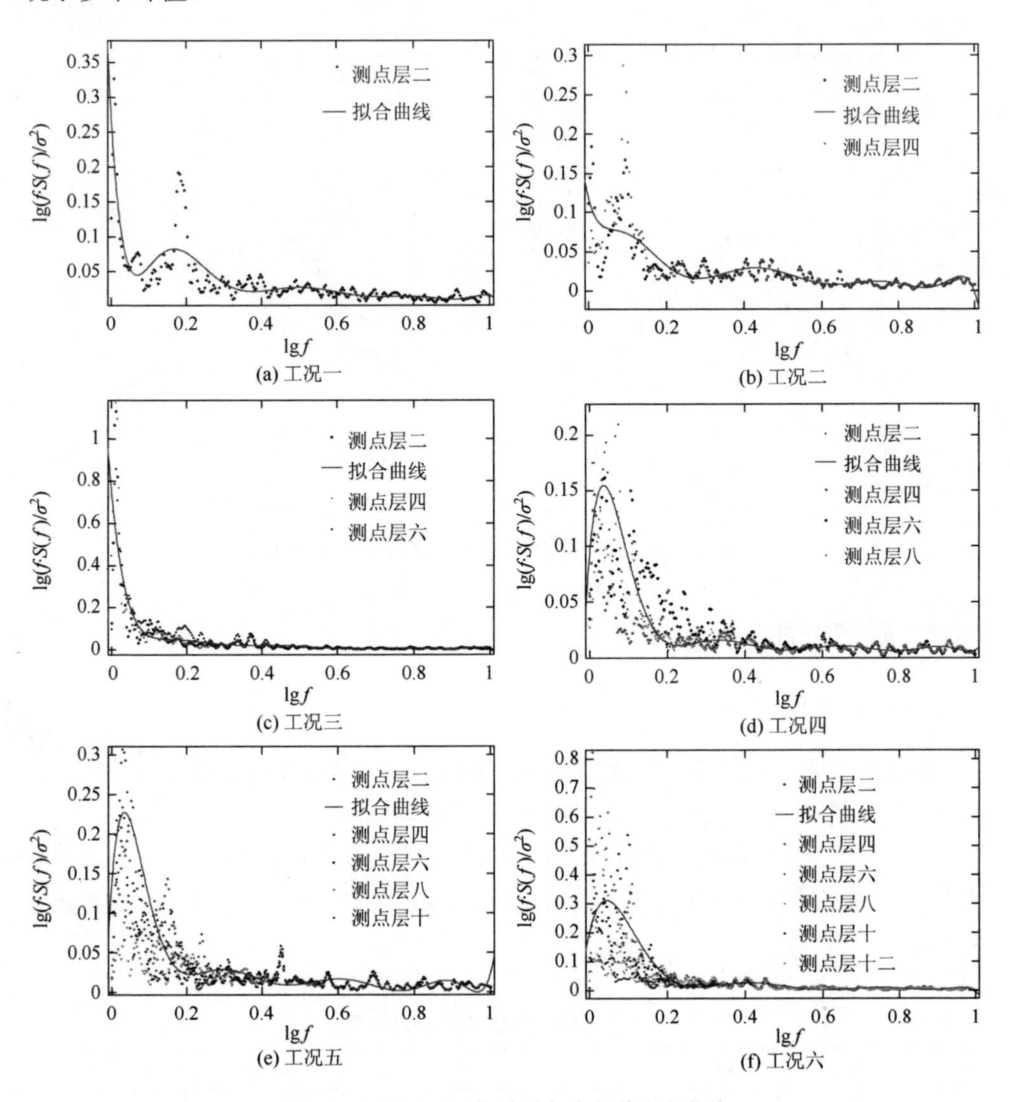

图 2.18　各工况下典型测点功率谱分布曲线

2. 升力和阻力功率谱特性

图 2.19 和图 2.20 分别给出了各工况下典型断面升力和阻力系数功率谱曲

线示意图。对比分析可知，层阻力系数功率谱随高度增加呈先减小后增大的趋势，此现象在工况四和工况六中最为显著；层升力系数功率谱则随施工高度增加逐渐减小并出现显著性分离。层阻力系数功率谱低频段带宽随施工高度增加逐渐减小，谱峰由一个增至两个或多个，高频区域塔筒中部功率谱衰减最快，说明此处受到的脉动风荷载较其他部位要弱；塔筒中下部层升力系数功率谱谱值较大而上部较小，在高频区衰减速率也随施工高度增加而逐渐增大。

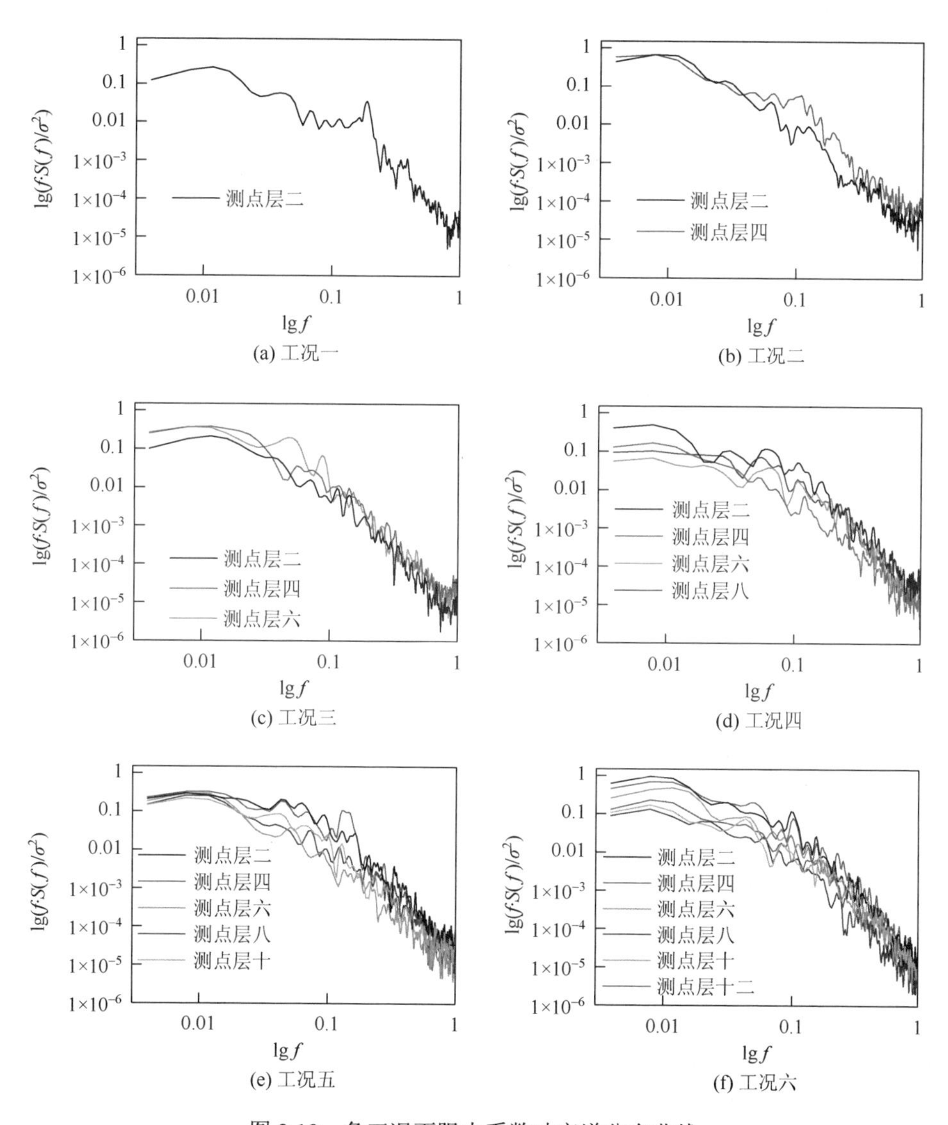

图 2.19　各工况下阻力系数功率谱分布曲线

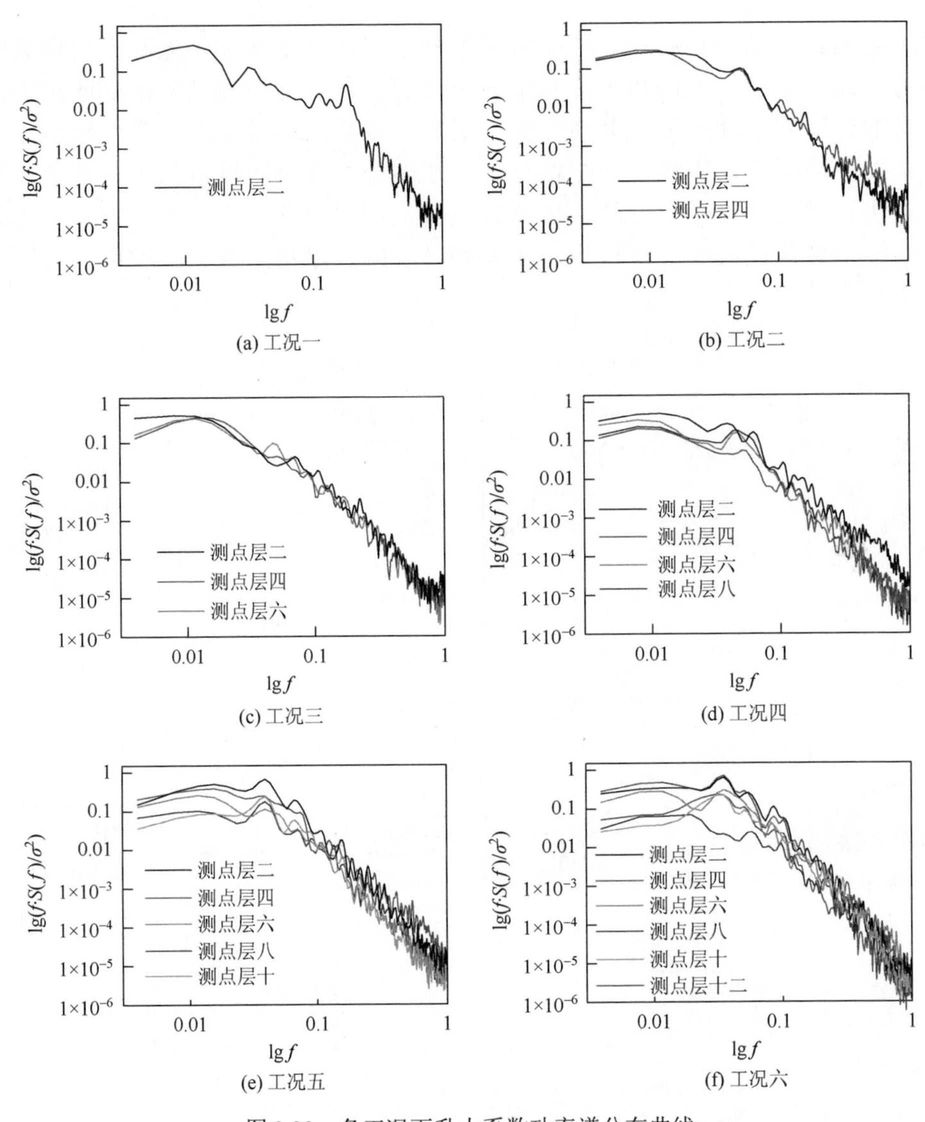

(a) 工况一　(b) 工况二

(c) 工况三　(d) 工况四

(e) 工况五　(f) 工况六

图 2.20　各工况下升力系数功率谱分布曲线

3. 典型测点间相干特性

图 2.21 给出了塔筒不同高度下表面偶数测点层测点间脉动风压的相干性函数分布曲线。对比发现，各工况下典型测点间相干函数曲线形状基本一致，不同测点间脉动风荷载相干性均表现出随频率增大呈先减小后增大的趋势，并且在高频段测点间相干函数已接近于 1。迎风点与背风点相干性变化显著，随施工高度增加逐渐减弱。各工况下相同测点层相干性差异显著，工况五时各测点层迎风点与背风点相干性最弱，工况六次之，工况二时相干性最强。

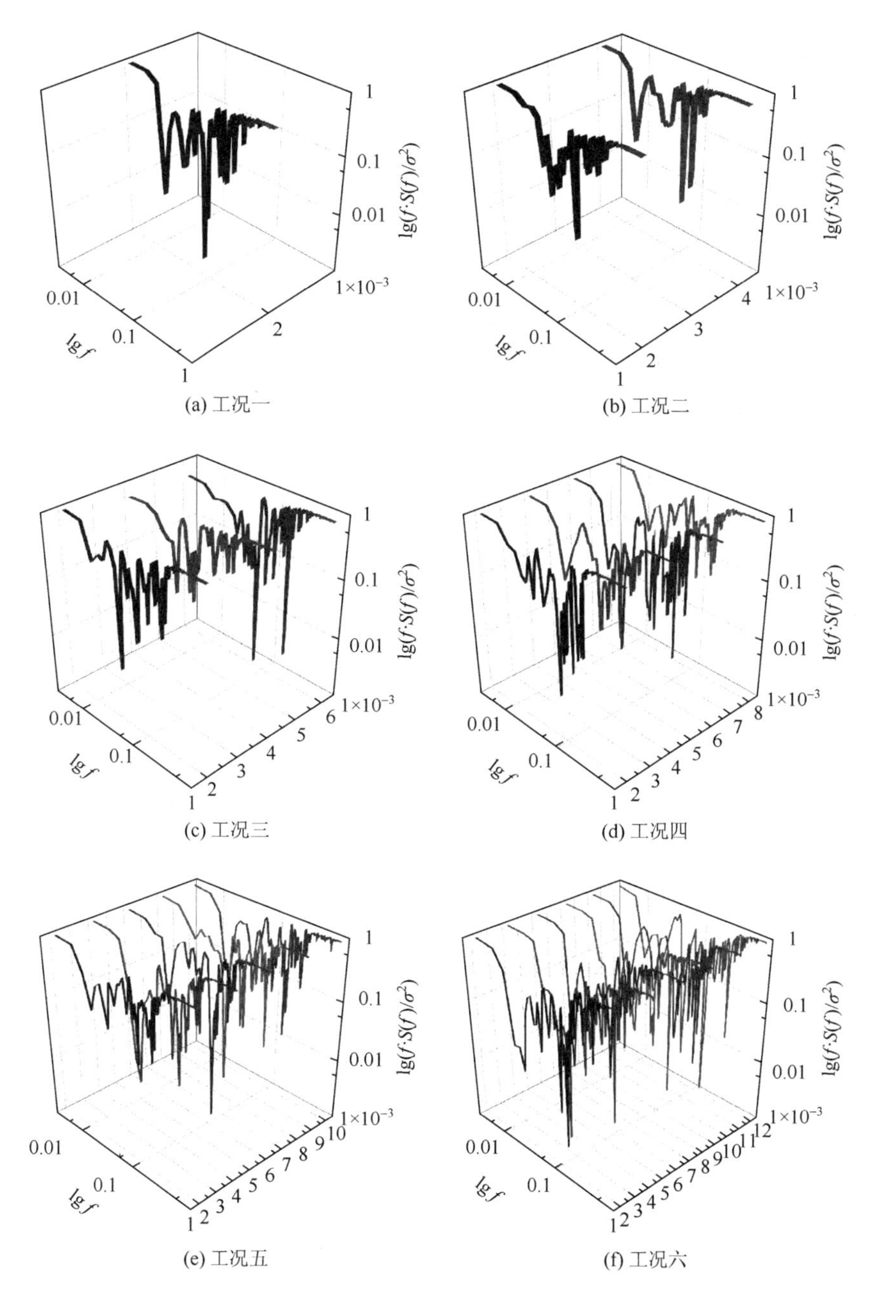

图 2.21　各工况下不同高度处典型测点间相干性分布曲线

4. 升力和阻力系数的竖向相干特性

图 2.22 和图 2.23 分别给出了各工况下不同断面升力和阻力系数沿高度的竖向

相干性分布曲线。对比发现，各工况下升力和阻力系数的竖向相干性随施工高度增加逐渐减小，低频段衰减速率逐渐增大，高频段增加速率逐渐减小。脉动风荷载的能量主要集中在低频段，施工高度较低时受脉动风荷载影响较大，各工况下升力系数相干性低频段衰减速率明显大于阻力系数。

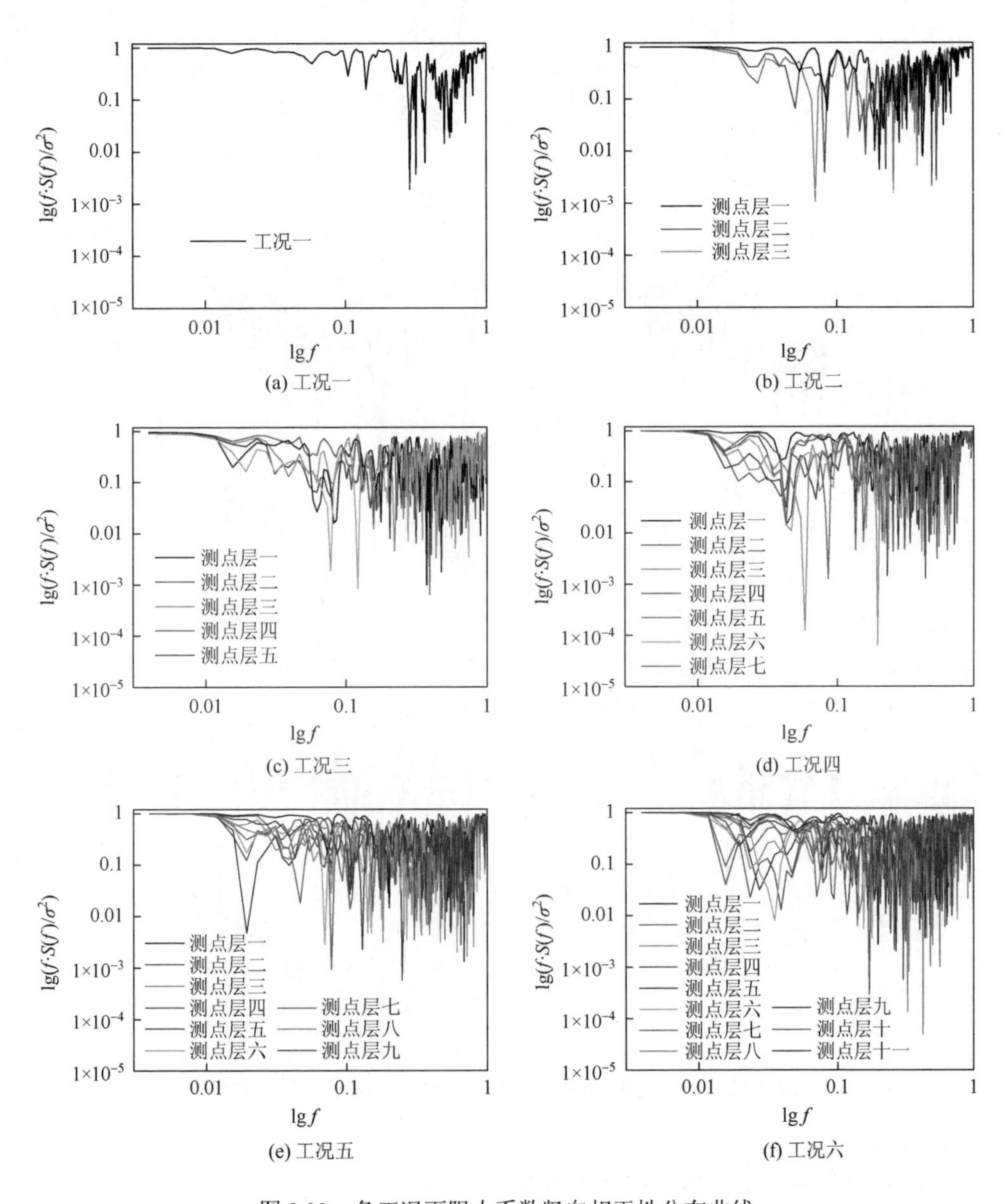

(a) 工况一　(b) 工况二

(c) 工况三　(d) 工况四

(e) 工况五　(f) 工况六

图 2.22　各工况下阻力系数竖向相干性分布曲线

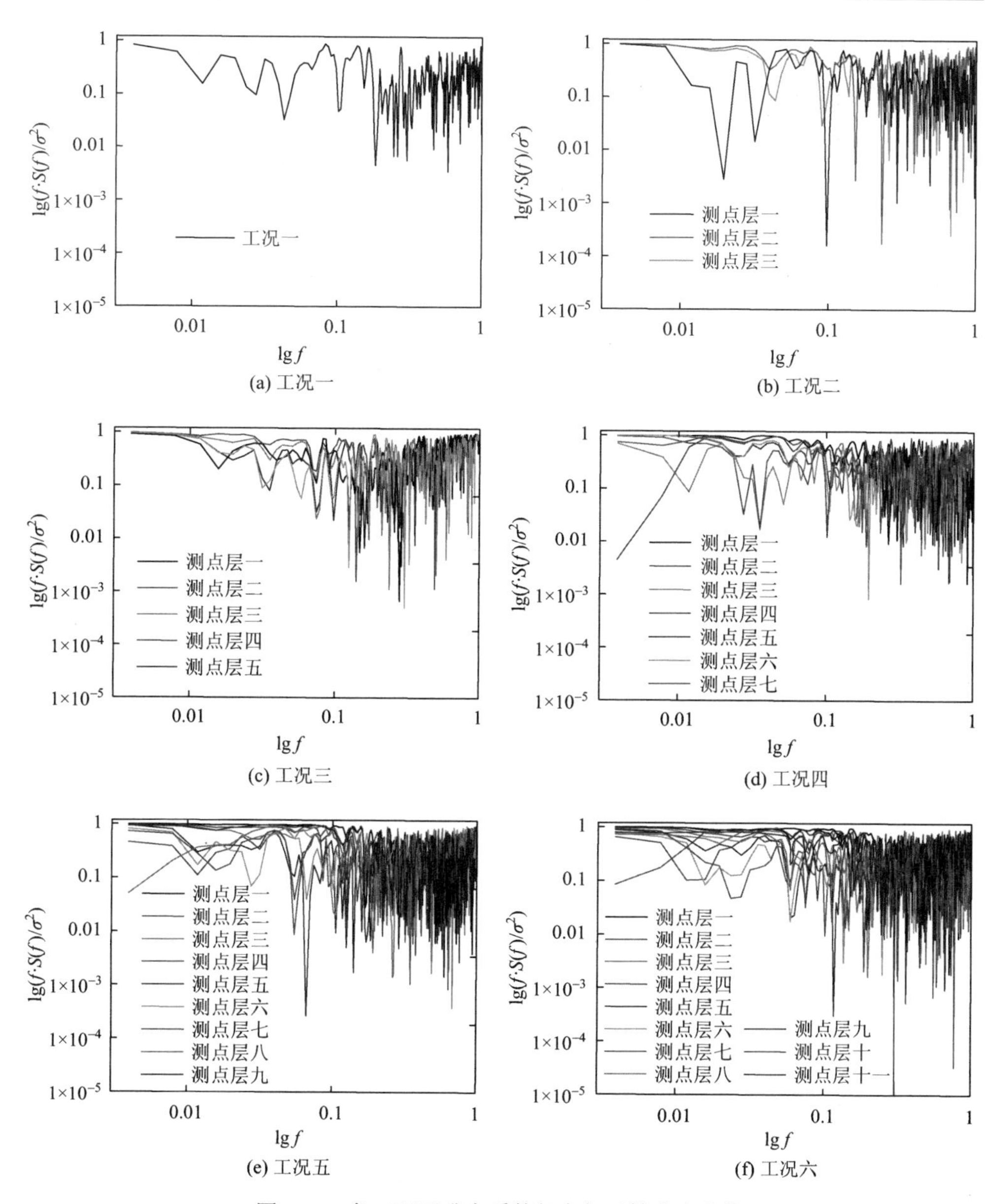

(a) 工况一 (b) 工况二 (c) 工况三 (d) 工况四 (e) 工况五 (f) 工况六

图 2.23 各工况下升力系数竖向相干性分布曲线

2.2.3 极值风压分布

图 2.24 给出了不同施工阶段极值风压沿高度变化曲线示意图。对比可知，各工况下冷却塔典型断面极值风压沿环向变化规律基本一致，随施工高度的增加相同高度断面负压极值变化显著，迎风面正压变化幅度较小。端部效应的存在使各

工况下冷却塔底部和顶部负压极值较大，最大负压极值分别为−3.91 和−2.28，中间断面负压极值较小，数值为−1.75。

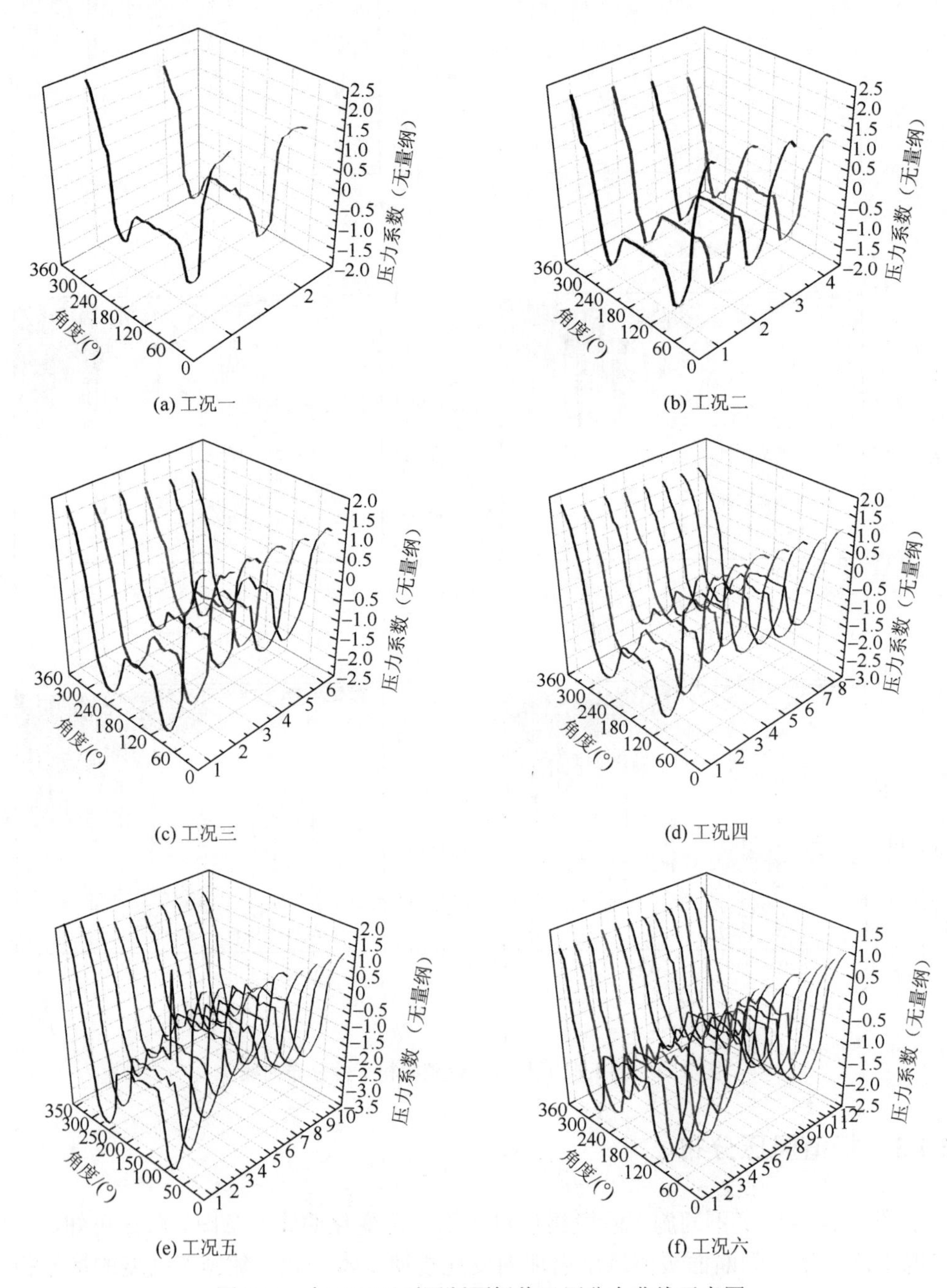

图 2.24　各工况下不同断面极值风压分布曲线示意图

大型冷却塔极值风压沿环向和子午向呈现典型的二维特性，而现有研究均以成塔为目标给出极值风压分布曲线，鲜有涉及施工全过程极值风压二维特性，与真实风压极值分布差异较大。为方便工程人员精确获得施工期极值风压，本节基于非线性最小二乘法原理，以子午向高度和环向角度为目标函数，拟合给出超大型冷却塔二维极值风压的计算公式。其中冷却塔沿环向和子午向各均分为 n_1 和 n_2 段，令 $N=n_1n_2$，公式具体定义为

$$M_{\theta,z}=(b_1\times I+b_2\times Z+b_3\times Z^{.2}+b_4\times\theta\cdot\times Z+b_5\times\theta^{.3}+b_6\times Z^{.3}+b_7\times\theta^{.4}+b_8\times Z^{.4}+b_9\times\theta\cdot\times Z^{.3}+b_{10}\times\theta^{.2}\cdot\times Z^{.2}+b_{11}\times\theta^{.5}+b_{12}\times Z^{.5})\cdot\div(I+b_{13}\times\exp(b_{14}\times\theta+b_{15}\times Z)) \tag{2-35}$$

式中，I 为元素全为 1 的 $A\times1$ 矩阵；θ 为以 n_1 个角度为循环单位且循环 n_2 次的 $A\times1$ 矩阵；Z 为以每 n_2 个相同的高度为循环单位且循环 n_1 次的 $A\times1$ 矩阵；$\cdot\times$ 为矩阵对应元素相乘；$\cdot\div$ 为矩阵对应元素相除；$\cdot^n$ 为矩阵对应元素的 n 次方；exp(·)为返回括号内矩阵每个元素作为以 e 为底的指数的矩阵；$M_{\theta,Z}$ 为以 n_1 个环向角度对应的风振系数为单位且沿子午向高度变化 n_2 次的 $A\times1$ 矩阵；$b_i(i=1, 2, \cdots, 15)$为拟合系数，具体见表 2.8。

表 2.8　目标拟合公式系数列表

i	1	2	3	4	5	6	7	8
b_i	345.45	−11.53	6.80	−0.17	23.32	−1.45	−5.13	0.13
i	9	10	11	12	13	14	15	
b_i	−0.16	0.80	7.57	−0.10	322	−10.67	1.00	

图 2.25 给出了大型冷却塔极值风压沿高度变化的分布曲面及拟合曲面对比图。图中散点数值为真实极值风压，曲面对应数值为根据二维拟合公式模拟得到的极值风压。由图可知，随施工高度增加极值风压在迎风面逐渐增大，而在侧风面则先减小后增大，大体沿塔筒中部呈中心对称。从整体极值风压分布来看，以高度为目标拟合得到的极值风压与真实的极值风压吻合性较好。

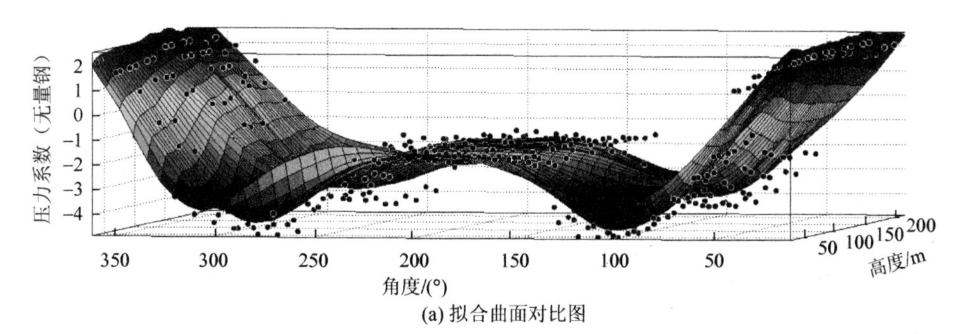

(a) 拟合曲面对比图

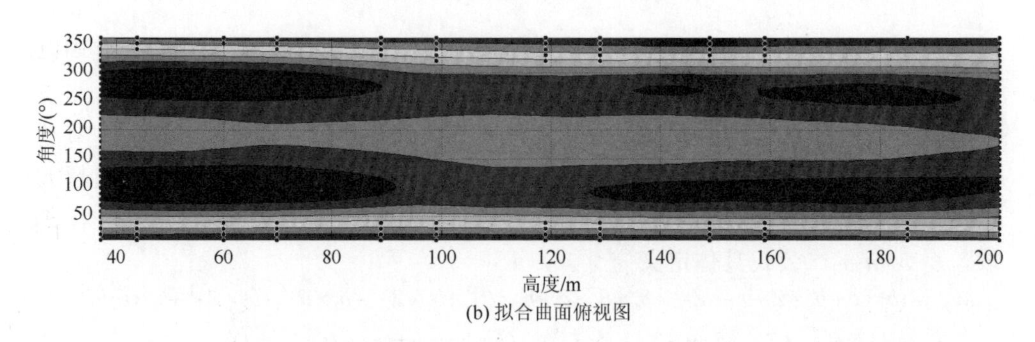

(b) 拟合曲面俯视图

图 2.25　以子午向高度和环向角度为目标的极值风压二维拟合曲面与真实值对比图

2.3　考虑导风装置风荷载分布特性

2.3.1　风洞试验与数值模拟

以内陆拟建的某核电超大型冷却塔为例，高度为 215m，详细工程参数见附录 D 工程 1。

图 2.26 给出了三种导风装置[12, 13]分别为外部进水槽、导风板和弧形导风板的详细尺寸示意图。简称无导风装置为工况一，外部进水槽为工况二，导风板为工况三，弧形导风板为工况四。

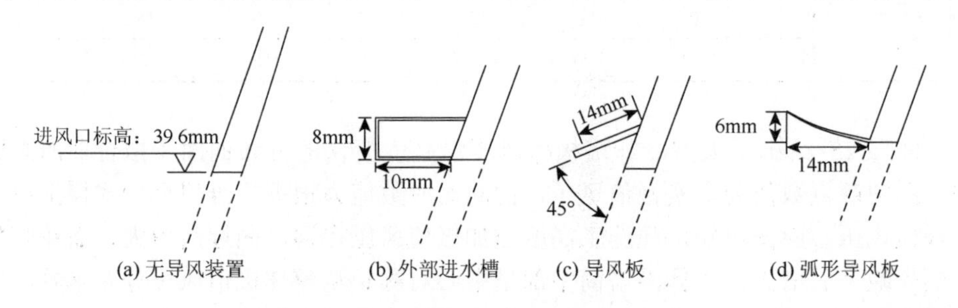

(a) 无导风装置　(b) 外部进水槽　(c) 导风板　(d) 弧形导风板

图 2.26　不同导风装置模型的详细尺寸示意图

针对四种导风装置冷却塔分别进行了刚体测压风洞试验和 CFD 数值模拟研究，试验和模拟方法详见附录 A 和 B。

按 1∶500 缩尺比制作冷却塔刚体测压模型，冷却塔外表面沿其子午向和环向布置 12×36 共 432 个表面压力测点。图 2.27 给出了无导风装置和增设三种导风装置冷却塔刚体测压模型示意图。

图 2.28 和图 2.29 分别给出了冷却塔数值模拟网格局部加密示意图和增设不同导风装置的冷却塔网格划分示意图。

(a) 无导风装置　(b) 外部进水槽　(c) 导风板　(d) 弧形导风板

图 2.27　不同导风装置冷却塔刚体测压模型示意图

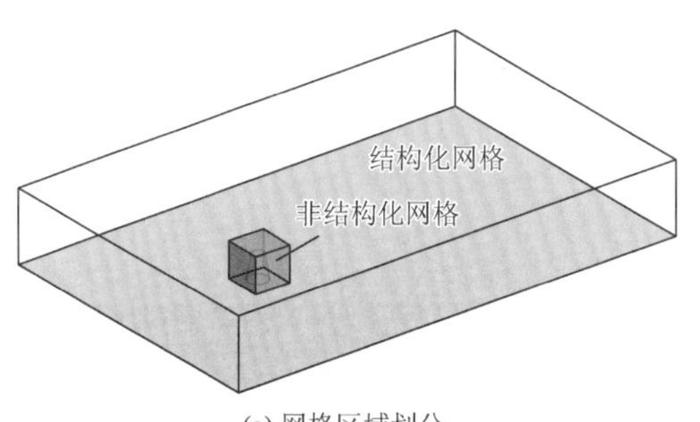

(a) 网格区域划分

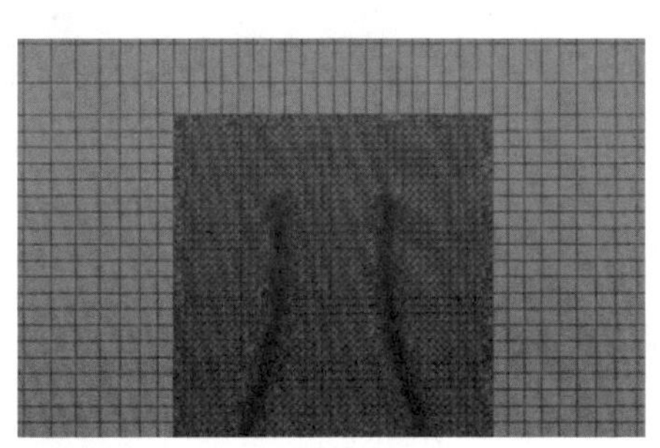

(b) 局部加密网格

图 2.28　冷却塔数值模拟网格局部加密示意图

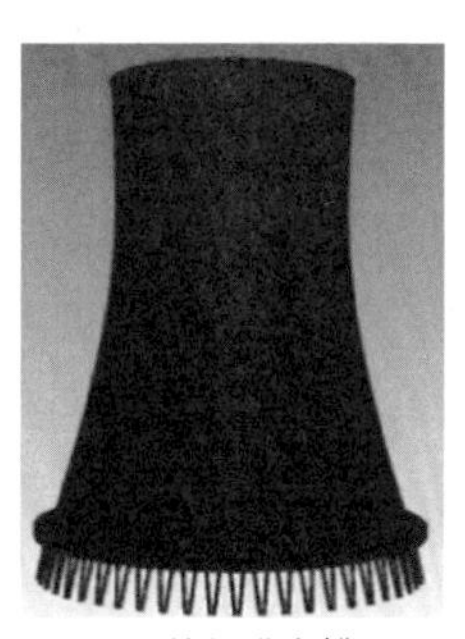

(a) 无导风装置　(b) 外部进水槽　(c) 导风板　(d) 弧形导风板

图 2.29　增设不同导风装置的冷却塔网格划分示意图

2.3.2　结果分析

1. 平均风压

图 2.30 分别给出了不同导风装置下 Y=0m，Z=64.8m，Z=154.9m 三个典型断面冷却塔风场涡量云图。由图可以发现，气流在进风口处受到导风装置的干扰，形成了明

显的分离，一部分沿导风装置下表面流动，在进风口处形成较强的漩涡，另一部分沿导风装置上表面流动，随后少部分气流沿塔筒子午向向上迅速爬升，导致增设导风装置后的塔筒迎风面气流涡量明显高于未增设导风装置的情况。在塔筒侧风面与背风面均出现明显的涡量增值区域，并且两个典型截面处塔筒下游区域形成的尾涡不同，喉部断面层涡量范围明显大于塔筒下部断面层；导风装置对于喉部断面涡量影响较小，对塔筒下部风场改变较大，导致塔筒下部断面层下游区域涡量明显减小。

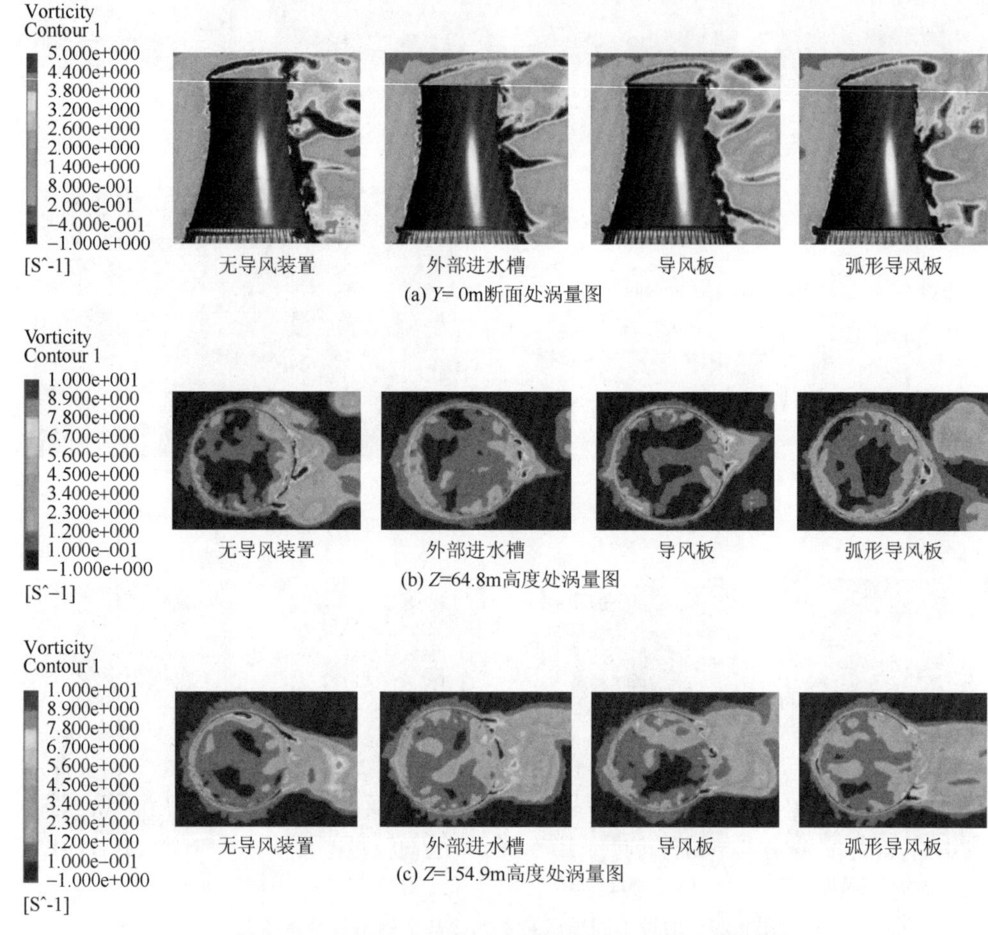

图 2.30　不同导风装置下冷却塔典型断面涡量分布图

图 2.31 给出了塔筒表面四个典型断面处的平均风压系数分布曲线。图 2.32 给出了塔筒在 0°、70°、120°和 180°四个典型角度的子午向体型系数分布曲线。对比发现，①不同导风装置对塔筒迎风面压力系数影响较小，但对侧面与背风面风压系数有明显影响；增加导风装置后冷却塔在 0°和 70°子午向的塔筒下部区域体型系数差别较小，但在 120°与 180°子午向处均增大了体型系数，其中对 180°子午向增大

效果最为明显，其增幅达到了 16.3%；②施加导风装置可有效减少塔筒中部区域 70°子午向处的体型系数，其中工况二可减少约 6.6%；③不同导风装置仅对塔筒上部区域 180°子午向处体型系数影响较大，对其他区域影响较小。分析表明增加导风装置对 70°子午向处表面平均风压改善效果最好，可有效减少负压极值区域体型系数。

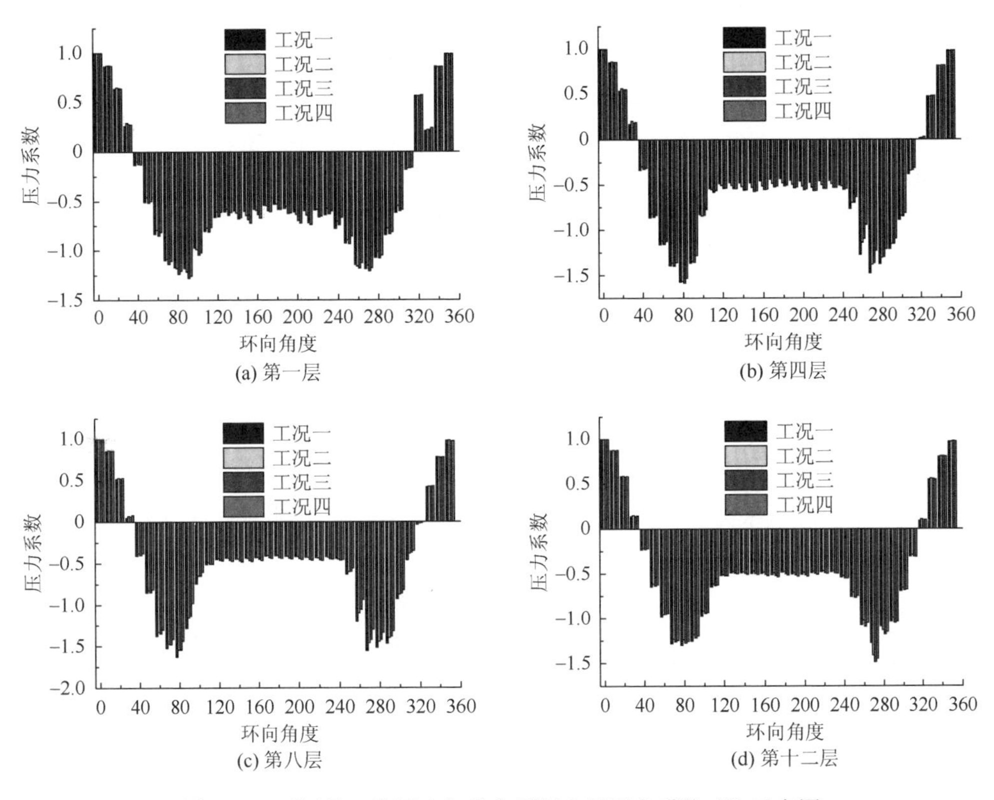

(a) 第一层　(b) 第四层　(c) 第八层　(d) 第十二层

图 2.31　不同导风装置冷却塔典型测点层压力系数对比示意图

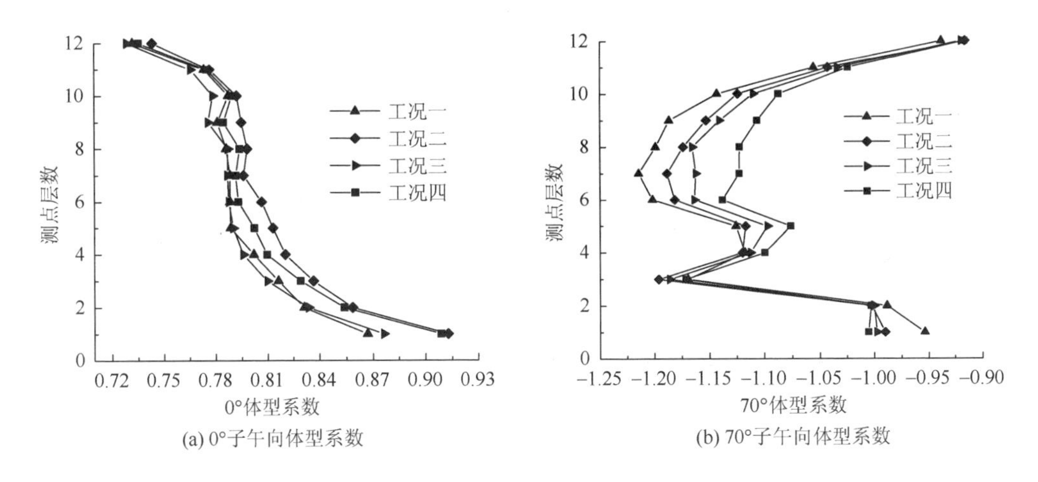

(a) 0°子午向体型系数　(b) 70°子午向体型系数

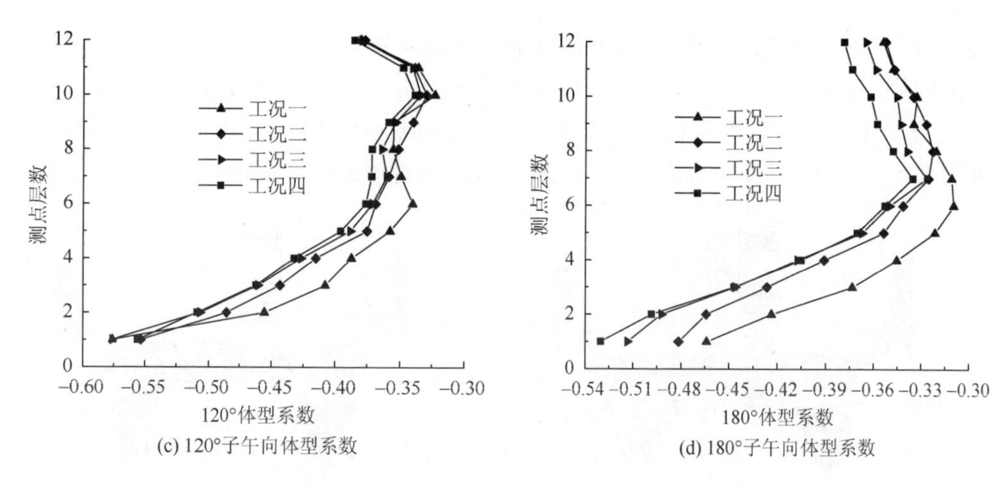

(c) 120°子午向体型系数　　(d) 180°子午向体型系数

图 2.32　不同导风装置冷却塔典型角度的子午向体型系数分布曲线

2. 脉动风压

图2.33给出了四个工况下冷却塔表面脉动风压均方根随环向角度与子午向高度变化云图。由图可知，脉动风压的分布规律与平均风压结果有较大差别。其中，工况一的脉动风压根方差沿子午向与环向分布较为均匀，随着环向角度的增大，

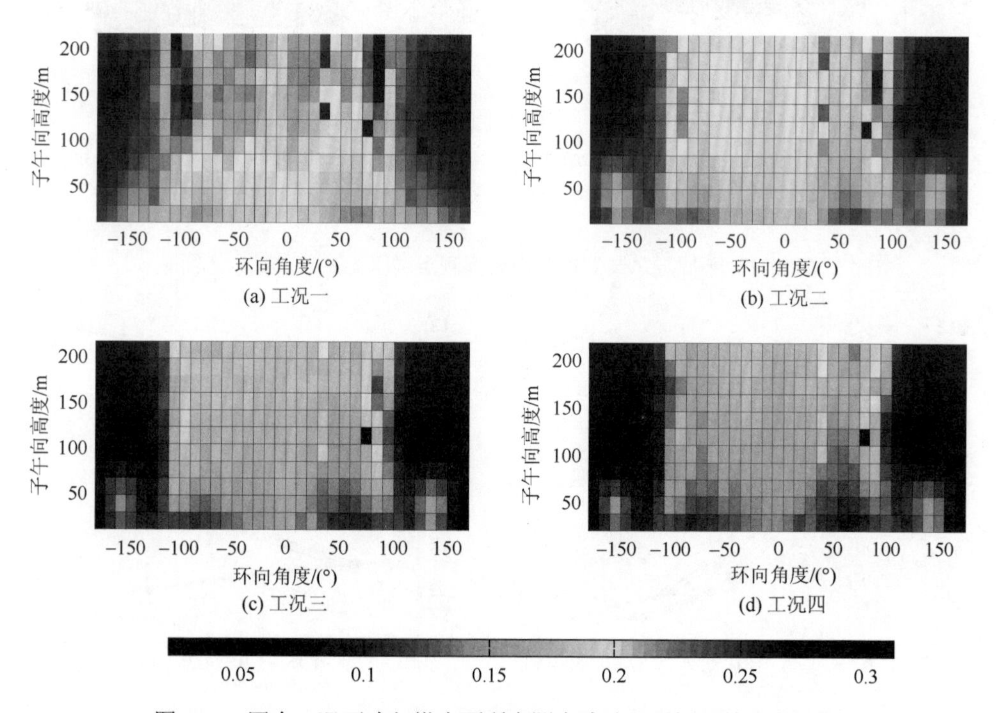

(a) 工况一　　(b) 工况二

(c) 工况三　　(d) 工况四

图 2.33　四个工况下冷却塔表面所有测点脉动风压根方差分布云图

脉动风压先减小再增大，最后再减小并逐渐稳定，脉动风压在塔筒两侧 80°～100°达到极大值；随着子午向高度的增大，迎风面脉动风压数值逐渐增大，但在背风面则较为平稳。四个工况脉动风压均方根具有相似的变化规律，其中背风面测点的脉动风压数值较接近；由于侧面为分离区，脉动风压系数明显增大，但是增加导风板后可有效减少脉动风压；不同导风装置对于减少塔筒迎风面中上部脉动风压根方差均有一定的效果，其中以工况四最为显著。

3. 峰值因子

已有文献通过对无导风装置的冷却塔脉动风压研究得出峰值因子的取值一般在 3.0～5.0，为了研究不同导风装置对冷却塔脉动风压峰值因子取值的影响，本节采用峰值因子法计算出各工况下每个测点的峰值因子，风压时距 T 取值为 600s，并最终给出冷却塔各工况峰值因子的参考取值。图 2.34 给出了不同导风装置下冷却塔表面所有测点峰值因子的分布区间。

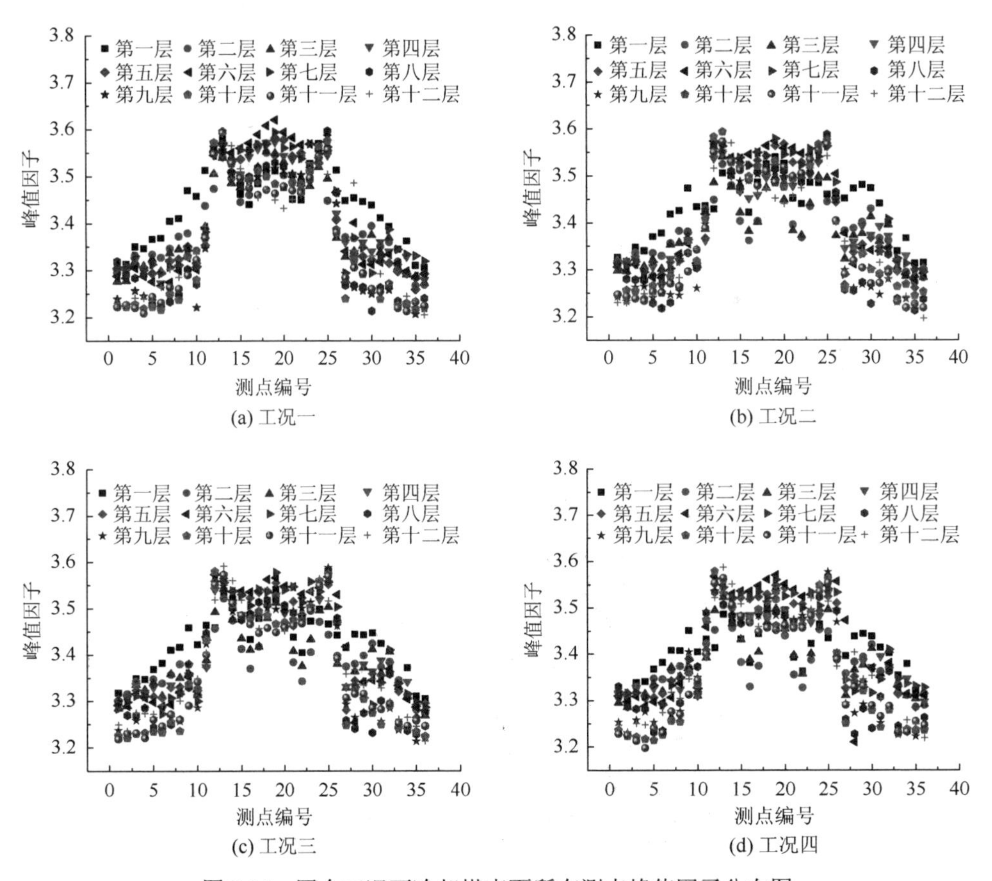

(a) 工况一　(b) 工况二

(c) 工况三　(d) 工况四

图 2.34　四个工况下冷却塔表面所有测点峰值因子分布图

对比得出，①不同工况下沿环向所有测点峰值因子的变化规律一致，且迎风面与背风面峰值因子数值差距明显，其中背风面峰值因子要明显大于环向其他区域，数值最大可达到 3.6；②迎风面下部导风装置的干扰作用使得大部分区域的峰值因子要大于其他高度的数值，随着子午向高度增加，峰值因子呈现逐渐下降的趋势，而背风面由于同时受到导风装置与漩涡脱落的影响，峰值因子分布比较分散，数值变化较大；③不同导风装置均可减小塔筒下部背风面的峰值因子。

为方便设计人员更合理选取峰值因子，表 2.9 给出了不同导风装置冷却塔表面不同区域峰值因子的平均值列表，同时图 2.35 给出冷却塔环向分区和相应的峰值因子取值。

表 2.9　四种工况下不同区域的峰值因子平均值

区域		工况一	工况二	工况三	工况四
A	1～4 层	3.33	3.34	3.34	3.34
	5～8 层	3.29	3.30	3.30	3.31
	9～12 层	3.24	3.26	3.26	3.25
	均值	3.29	3.30	3.30	3.30
B	1～4 层	3.43	3.43	3.42	3.41
	5～8 层	3.41	3.42	3.42	3.43
	9～12 层	3.40	3.41	3.410	3.42
	均值	3.41	3.42	3.48	3.42
C	1～4 层	3.51	3.46	3.46	3.44
	5～8 层	3.56	3.54	3.54	3.52
	9～12 层	3.20	3.51	3.49	3.48
	均值	3.52	3.50	3.50	3.48

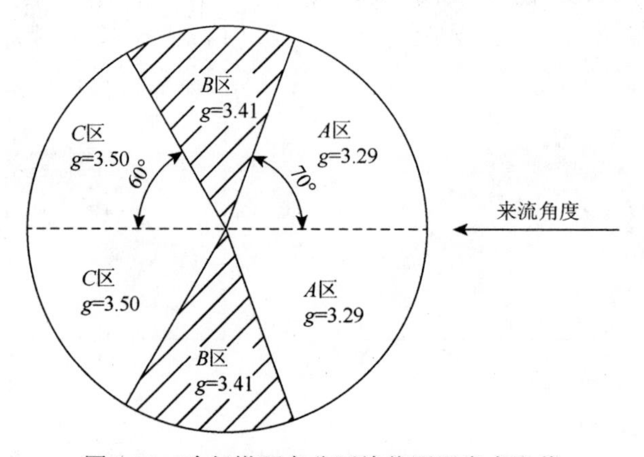

图 2.35　冷却塔环向分区峰值因子参考取值

4. 极值风压

图 2.36 和图 2.37 分别给出了四种工况下冷却塔表面风压系数极大值与极小值的等值线云图。对比发现，四种工况下风压系数最大值均发生在塔筒迎风面 0°角位置，增加导风装置对于塔筒上部风压系数极大值影响较小，但是对塔筒中下部影响明显；不同导风装置均减少了迎风面风压系数极大值，其中以工况二与工况四的效果最为明显；不同导风装置均可有效减少塔筒上部负压极值区域的压力系数极小值，以工况三效果较好；在负压极值区域，工况四塔筒下部由于脉动风压贡献的减少，风压系数极大值明显减少，而在背风面区域，由于涡旋脱落和尾流的影响，背风面的负压极值分布规律也变得紊乱。

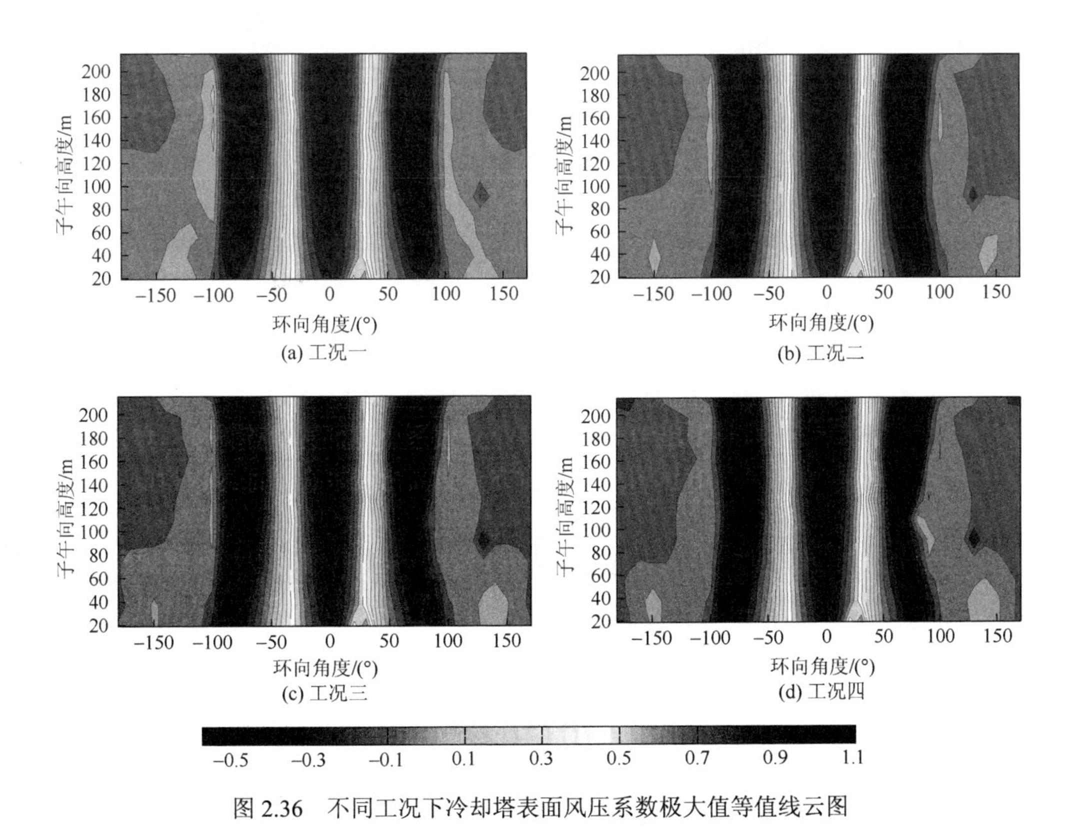

图 2.36　不同工况下冷却塔表面风压系数极大值等值线云图

综合四个工况下的平均风压系数，并考虑脉动风压的影响，基于最小二乘法原理，以傅里叶级数展开式对带导风装置冷却塔体型系数极值分布曲线进行拟合：

$$\mu_p(\theta)=\sum_{k=0}^{m}a_k\cos k\theta\pm\sum_{k=0}^{m}b_k\cos k\theta \tag{2-36}$$

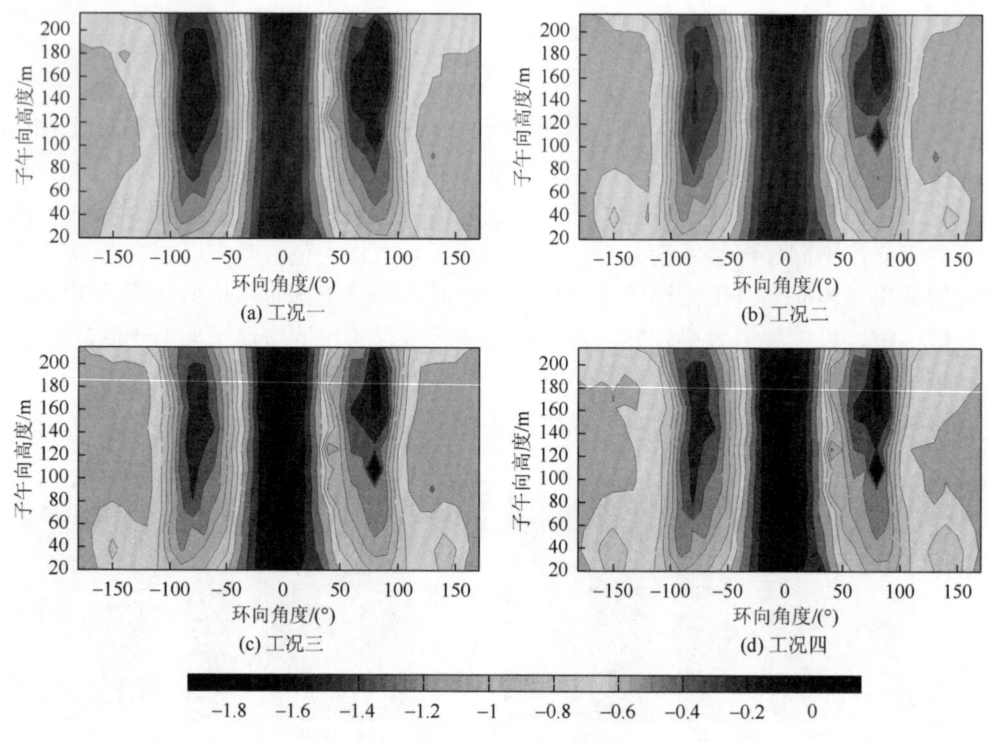

图 2.37　不同工况下冷却塔表面风压系数极小值等值线云图

计算发现当 $m \geqslant 7$ 时，能够取得良好的拟合效果，表 2.10 给出四种工况 $m=7$ 时拟合式中参数 a_k 和 b_k 的取值，图 2.38 给出了四种工况下拟合公式计算结果与试验数据的对比曲线。

表 2.10　拟合参数 a_k 和 b_k 数值列表

工况	工况一	工况二	工况三	工况四
a_0	−0.3594	−0.3570	−0.3602	−0.3504
a_1	0.3091	0.3309	0.3337	0.3452
a_2	0.6009	0.5877	0.5704	0.5518
a_3	0.3244	0.3254	0.3201	0.3209
a_4	−0.0475	−0.0375	−0.0318	−0.0175
a_5	−0.0660	−0.0702	−0.0703	−0.0718
a_6	0.04259	0.0413	0.0371	0.03114
a_7	0.0113	0.0108	0.0116	0.0123
b_0	0.4652	0.4760	0.4760	0.4754
b_1	0.1693	0.1587	0.1587	0.1413

续表

工况	工况一	工况二	工况三	工况四
b_2	−0.0765	−0.0550	−0.0550	−0.0508
b_3	0.0123	0.0036	0.0036	0.0045
b_4	0.0346	0.0276	0.0276	0.0239
b_5	−0.0255	−0.0223	−0.0223	−0.0159
b_6	−0.0272	−0.0386	−0.0386	−0.0400
b_7	0.0278	0.0339	0.0339	0.0320

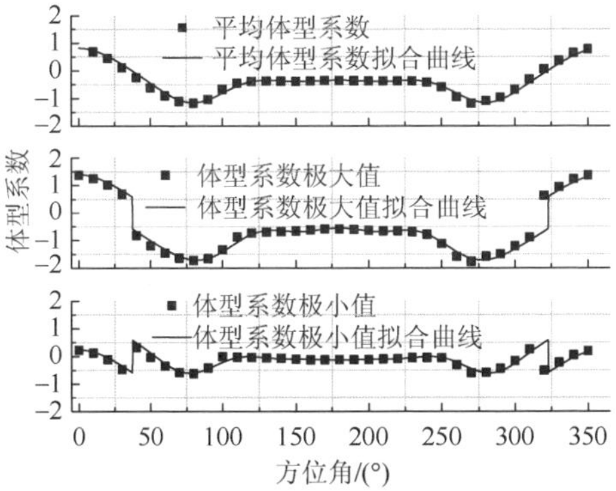

(a) 工况一

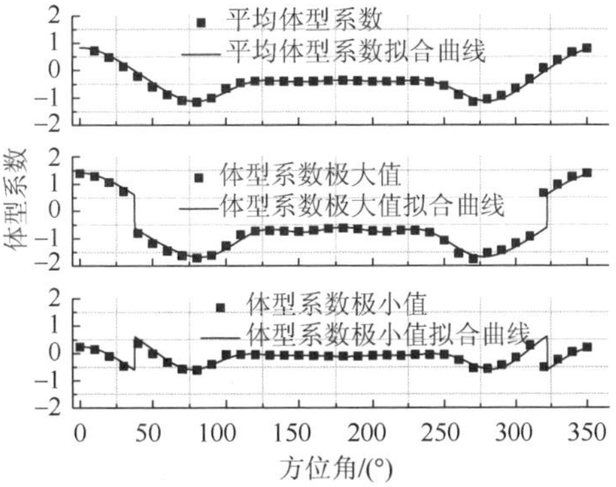

(b) 工况二

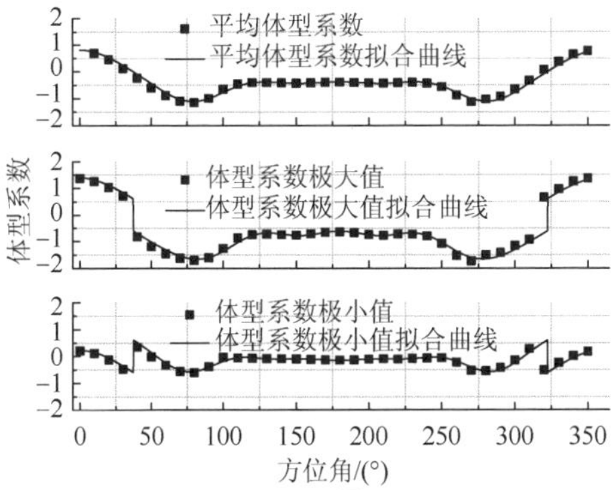

(c) 工况三

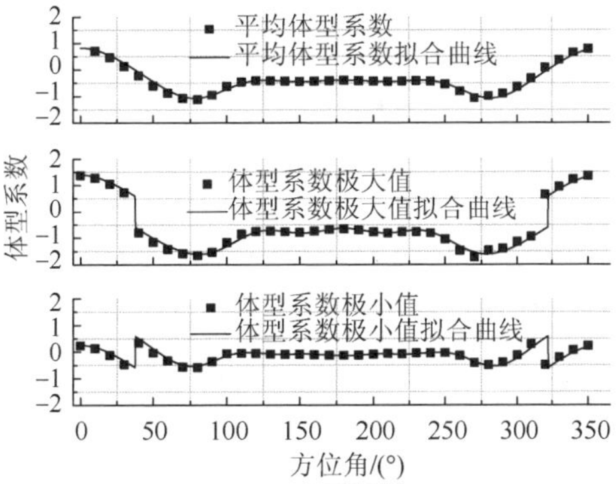

(d) 工况四

图 2.38　不同工况下原始数据与拟合后数据对比

2.4　考虑风热耦合效应内吸力取值

2.4.1　分析方法介绍

大型间接空冷系统皆采用自然通风干式冷却，主要依靠自然对流产生的浮升力作用驱动冷却空气流动，因此数值模拟过程中需考虑自然对流引起的浮升力影响。当流体进行传热时，流体密度因温度的变化而产生变化，密度变化加上重力作用可产生自然对流。可用格拉斯霍夫数与雷诺数之比来度量浮力在混合对流中的作用：

$$\frac{Gr}{Re^2}=\frac{\Delta\rho gh}{\rho v^2} \tag{2-37}$$

当此数值接近或者超过 1.0 时，浮力对流动产生的影响不可忽略。在纯粹的自然对流中，浮力诱导流动由瑞利数度量：

$$Ra=g\beta\Delta TL^3\rho/(\mu\alpha) \tag{2-38}$$

$$\beta=-\frac{1}{\rho}\frac{\partial\rho}{\partial T} \tag{2-39}$$

$$\alpha=\frac{k}{\rho c_p} \tag{2-40}$$

式中，β 为热膨胀系数；α 为热扩散率系数。瑞利数大于 10^8 表明浮力驱动的对流是层流。本书中激活能量方程，计入重力作用，并将气体密度设置为不可压缩力学气体即可正确模拟自然对流问题。间接空冷系统散热器等效置百叶窗内的热源，流动的计算考虑对流传热效应，定义热源热边界条件为对流热传导，温度设为恒温 80℃（353K），环境温度采用 15℃（288K）。

2.4.2　计算工况说明

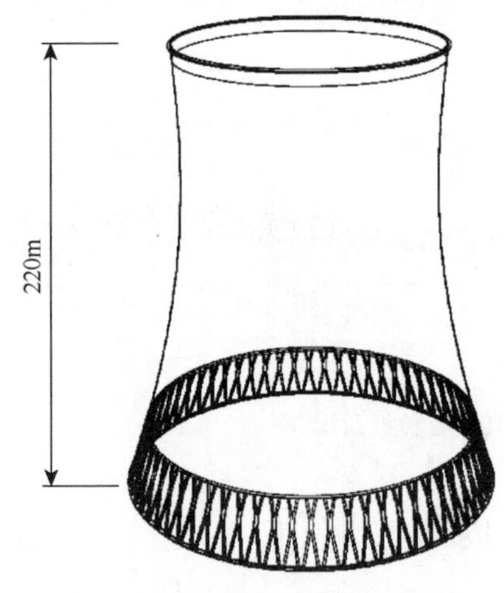

图 2.39　常规塔三维模型示意图

某双曲线自然通风间接空冷塔，塔高为 220m，详细工程参数见附录 D 工程 2。图 2.39 给出了该工程冷却塔设计方案的三维模型。

间接空冷塔采用混合式凝汽器进行工作，其空间薄壳结构内部是一个具有多结构部件的复杂系统，由于运行状态下的冷却塔存在空冷散热器和循环水的热量交换，故计入温度场对冷却塔内压取值的影响，因此根据散热面积等效原则，将周边设置的散热器等效成具有热源的长方体单元。为研究风热耦合作用对冷却塔内压的影响，本节共设置两个计算工况如表 2.11 所示。

表 2.11　内压计算工况列表

工况	冷却塔类型	环境条件
一	常规塔	外风场
二	常规塔	外风场+温度场

2.4.3　结果分析

1. 流场作用机理

图 2.40 给出了冷却塔内外流场的速度流线图。由图可知，来流流经塔筒在迎风面产生分流，沿塔筒两侧绕流至背风面形成不同尺寸大小的涡旋；部分来流通过百叶窗开启位置进入塔筒内部，气流在塔内弧形表面附着流动、撞击并向塔顶方向流动；塔顶出现明显的三维效应，来流从顶部掠过且与塔内上升气流相遇，此时带动塔内顶部气流的快速流动，在塔顶背风面区域形成大范围涡旋脱落现象；由于从百叶窗进入来流对塔筒内壁背风面的撞击以及近地面三维绕流，在近地面背风面形成大范围涡旋。

不考虑温度场情况下，常规塔内来流撞击塔筒背风面内壁并向上爬升至塔顶位置，近迎风面位置的上升气流受到外部来流阻碍改变了流动方向形成了回流，此时涡旋主要形成与喉部迎风面位置。考虑温度场时由于百叶窗内温度源的存在，常规塔内来流撞击背风面速度显著降低并形成了涡旋，此时塔内流动相较于不考虑温度情况下复杂。

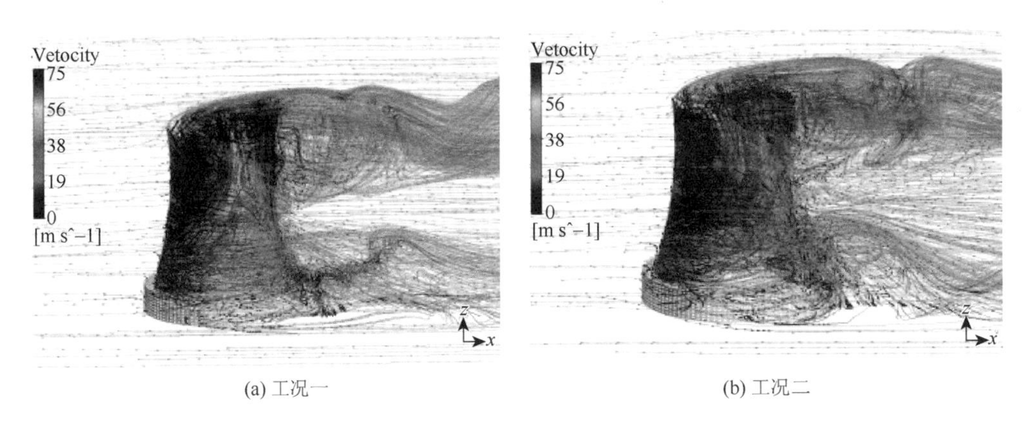

(a) 工况一　　(b) 工况二

图 2.40　不同工况下冷却塔内外流场速度流线图

图 2.41 给出了考虑温度作用下常规塔典型截面的温度分布云图。由图可

知，常规塔塔内由于外风场部分来流进入百叶窗带动了塔内热气流的流动且热量随着气流上升而逐渐耗散，迎风面百叶窗内温度较低且在进风口位置出现温度增值区域，在冷却塔塔内近背风面位置处温度较高。常规塔进风口位置温度增大区域出现在冷却塔侧面靠后，进风口截面温度均值为 305.6K，出风口截面为 304.9K。

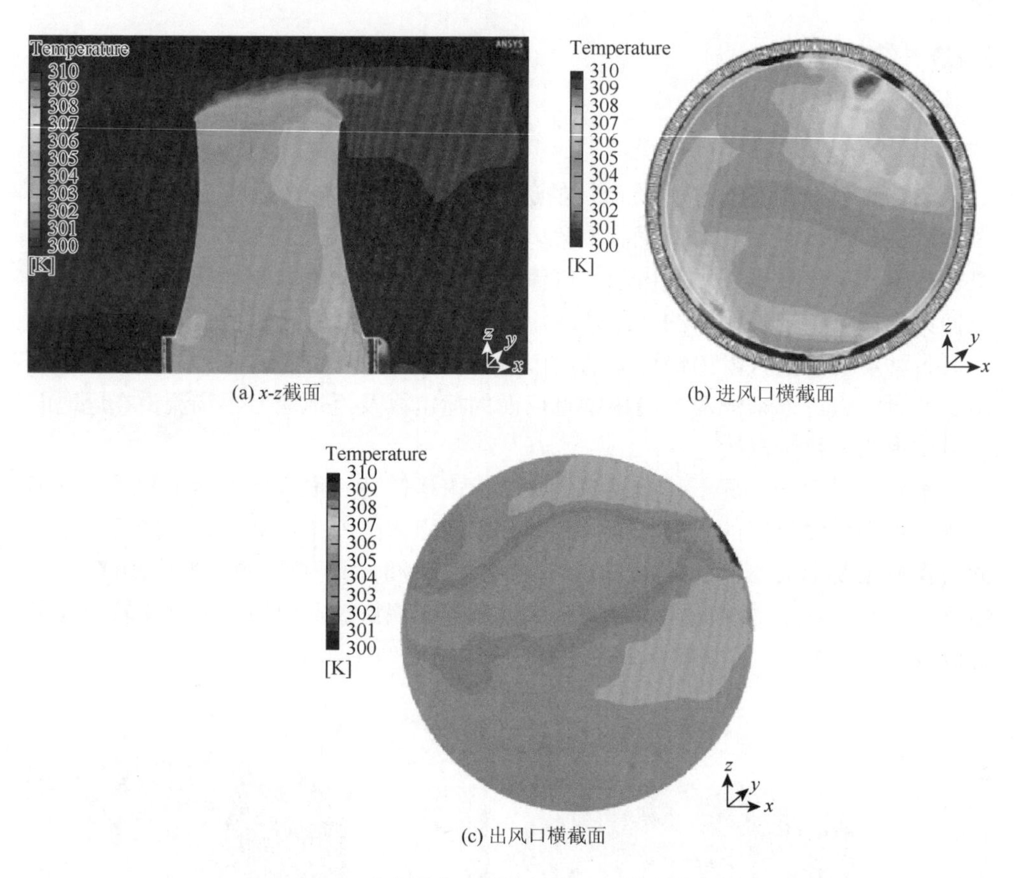

(a) x-z截面　(b) 进风口横截面

(c) 出风口横截面

图 2.41　常规塔考虑温度场作用下温度分布图

2. 内压系数分布

图 2.42 给出了外风场作用和风热耦合作用下冷却塔内表面风压系数云图。图中参考点高度为塔顶 220m。由图可以明显看出，温度场的存在使得冷却塔内压系数绝对值增大，考虑塔内温度场后内表面压力系数更趋于均匀分布，外风场作用下冷却塔内压系数分布范围主要在–0.3～–0.275，而风热耦合作用下冷却塔内压系数分布范围主要在–0.325～–0.3。

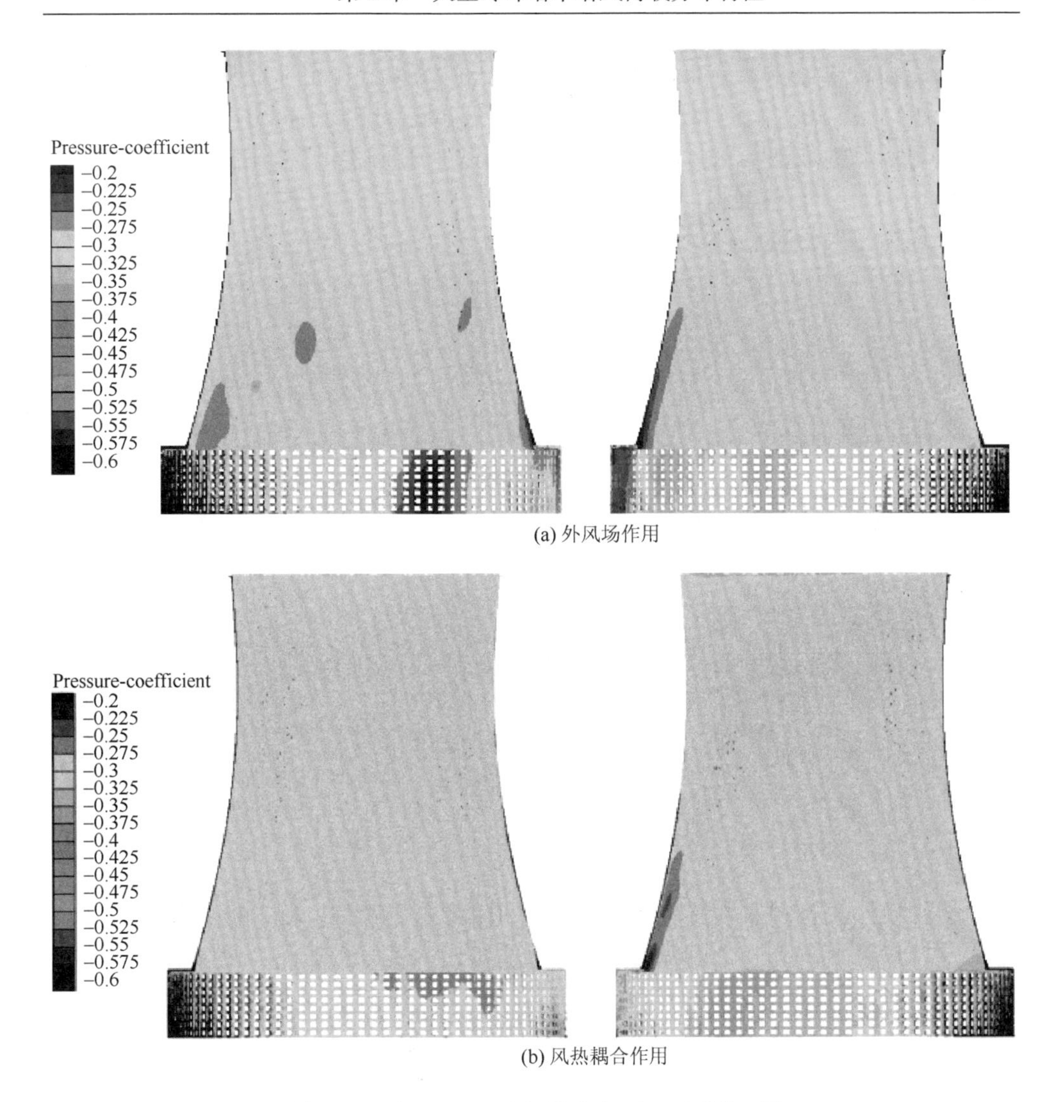

图 2.42 不同工况下冷却塔内表面风压系数云图

为研究内压系数沿冷却塔内表面环向及高度分布规律，图 2.43 给出了外风场作用及风热耦合作用下冷却塔不同横断面内表面风压系数沿环向及高度分布曲线。由图可知，内表面风压并非完全沿环向和子午向均匀分布，随着高度的增加内压沿环向分布更趋于均匀，z=0.15H 高度处由于外部来流由百叶窗进入撞击在塔筒内部背风面，此时该位置背风面负压达到最大值，即绝对值减小。外风场作用和风热耦合作用下内压系数沿环向分布规律基本一致，考虑温度场作用下的内压系数绝对值大于外风场作用下的内压系数绝对值；内压系数随着高度的增加而减小，同时风热耦合作用下内压系数与外风场作用下内压系数差异减小。外风场作用下冷却塔压力系数分布在−0.55～−0.32，风热耦合作用下冷却塔内压系数分布在−0.61～−0.30；不同高度内压系数均值分布在−0.55～−0.30，外风场作用下最大层内压系数取值为−0.51，风热耦合作用下内压系数层均值最大值为−0.54；外风场作用下冷却塔整体平均内压系数取值约为−0.41，风热耦合作用下冷却塔整体平均内压系数取值约为−0.43，相比较不考虑温度场情况下内压绝对值增大4.88%。

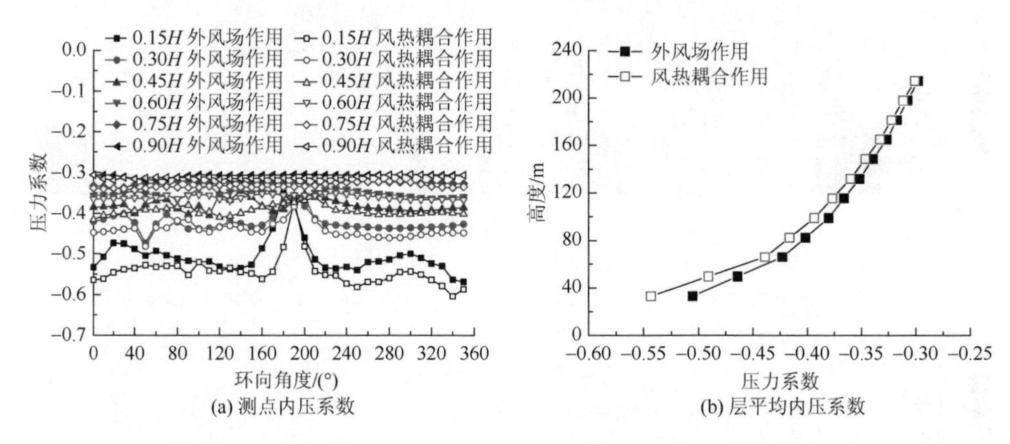

图 2.43　不同工况下冷却塔内表面风压系数沿高度及环向分布曲线

3. 内阻力系数

相比较外表面阻力系数，冷却塔内表面阻力系数较小。图 2.44 给出了外风场作用及风热耦合作用下冷却塔内表面阻力系数沿高度分布曲线。由图可知，两种

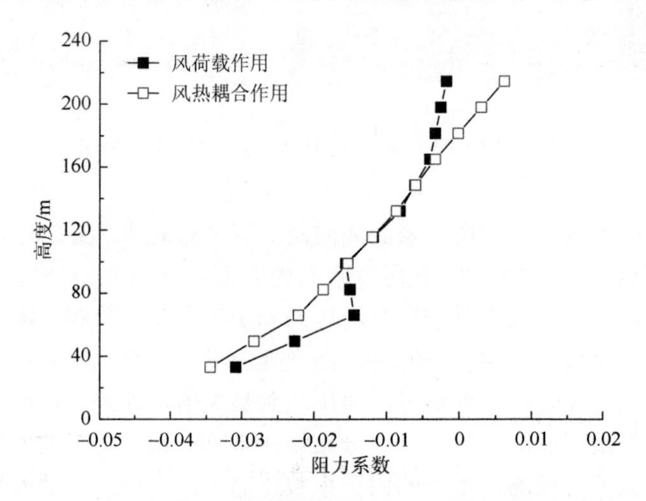

图 2.44　不同工况下冷却塔内表面阻力系数沿高度分布曲线

工况下内表面阻力系数较小，均分布在−0.05～0.05，随着高度的增加内表面阻力系数绝对值逐渐减小，冷却塔考虑温度场的影响时层阻力系数绝对值增大，外风场作用下最大阻力系数绝对值为−0.031，风热耦合作用下最大阻力系数绝对值为−0.034，相比不考虑温度场时绝对值增大约 11.76%。

图 2.45 和图 2.46 分别给出了外风场作用及风热耦合作用下冷却塔典型截面压力分布云图。由图可知，温度场的存在改变了塔内压力场的分布。风热耦合作用下塔内压力绝对值明显大于外风场作用下塔内压力绝对值，说明考虑温度场作用后塔内负压减小，即绝对值增加。在塔顶背风区域，风热耦合作用下压力绝对值明显小于外风场作用下。为研究温度场对塔内气流抬升的影响，此时考虑进风口与出风口的压力差，由于温度场的存在进风口处压力绝对值出现了明显增大，导致风热耦合作用下冷却塔进出口压差明显大于外风场作用下。外风场作用下进风口压力均值为−415.9Pa，出风口压力均值为−418.6Pa，此时压力差值为 2.7Pa；风热耦合作用下进风口的压力均值为−416.1Pa，出风口压力均值为−445.1Pa，此时压力差值为 29.0Pa。

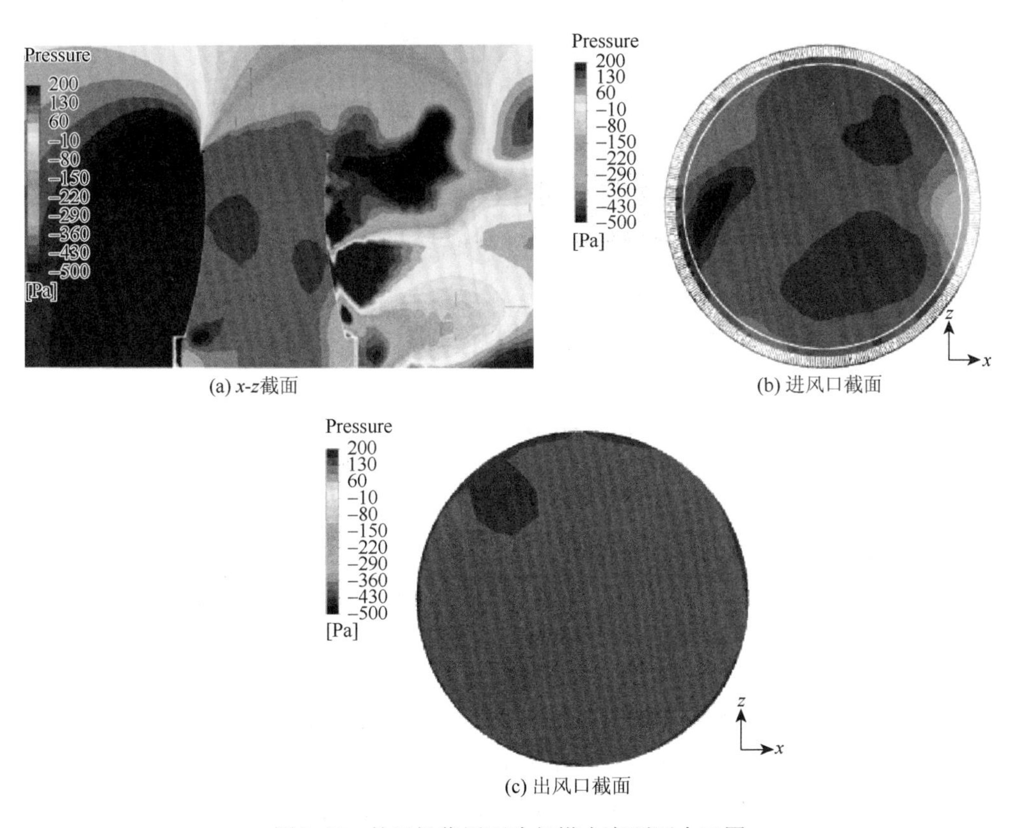

(a) x-z截面　(b) 进风口截面　(c) 出风口截面

图 2.45　外风场作用下冷却塔内表面压力云图

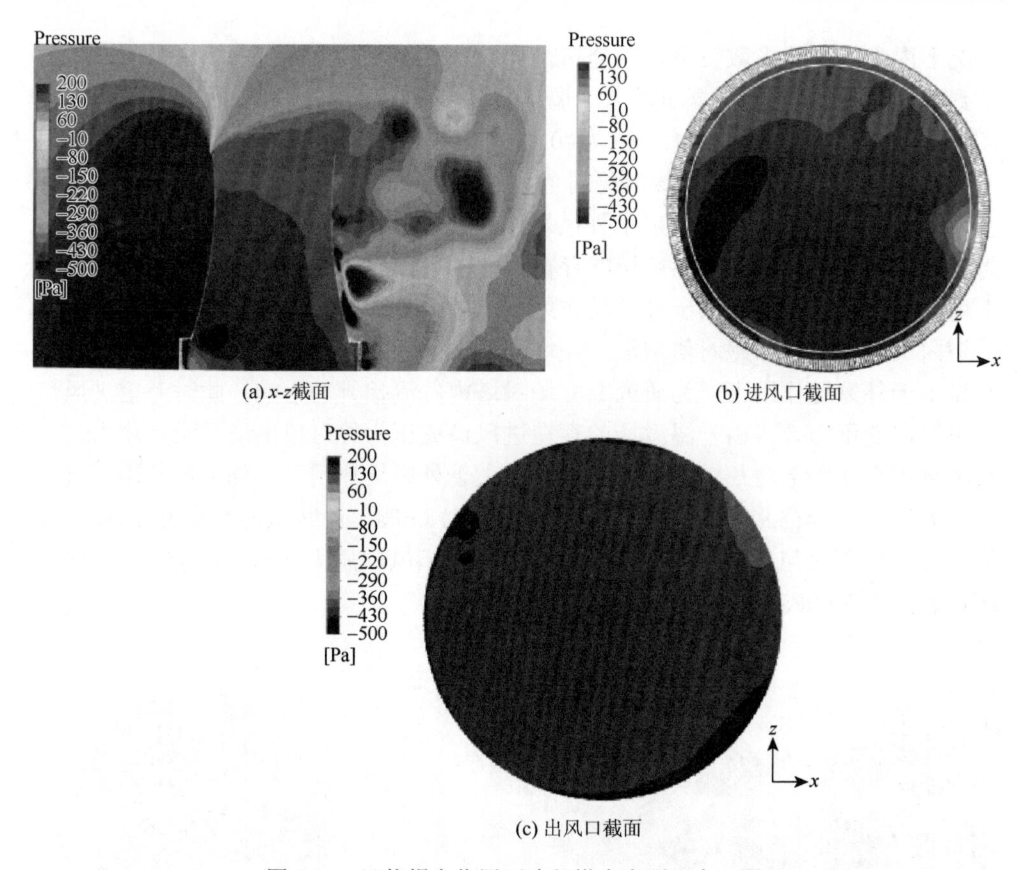

(a) x-z截面　　(b) 进风口截面

(c) 出风口截面

图 2.46　风热耦合作用下冷却塔内表面压力云图

2.5　考虑散热器不同透风率风荷载取值

间接空冷双曲冷却塔是火电或热电厂的重要构筑物之一，它和湿冷塔的最大区别在于间接空冷塔的外围布置有立式散热器和散热器顶至塔筒之间的密封展宽平台，且冷却塔底部进风口斜支柱更高、塔筒体型相对矮胖。

在间接空冷塔不同的阶段及不同的运行工况[14]下，冷却塔的进风口透风率是不同的，主要工况有：①施工期，完全透风，100%透风率；②运行期，设计风速以下综合透风率按 15%和 30%两种考虑；③运行期，冬季防冻工况下百叶窗完全封闭，0%透风率。

本节针对四种不同透风率工况（0%透风率、15%透风率、30%透风率、100%透风率）进行 CFD 数值模拟，给出百叶窗不同透风率下间冷塔整体阻力系数随风向角的分布。在此基础上总结出展宽平台和散热器百叶窗透风率对大型间冷塔单塔气动载荷的影响规律和机理。

2.5.1　计算工况说明

本节采用的间冷塔塔高 180m，详细工程参数见附录 D 工程 3。

针对四种不同透风率工况进行了 CFD 数值模拟研究，试验和模拟方法详见附录 B，数值模拟计算域与网格划分示意图如图 2.47 和图 2.48 所示。

图 2.47　冷却塔 CFD 计算域示意图

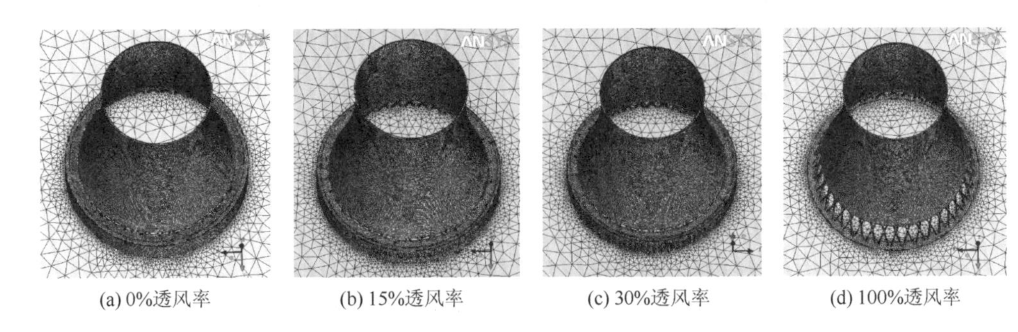

(a) 0%透风率　(b) 15%透风率　(c) 30%透风率　(d) 100%透风率

图 2.48　间冷塔数值模型网格划分

2.5.2　外表面风压分布

不同间冷塔单塔模型压力系数云图及等势线分布如图 2.49 所示。由图可以发现，不同透风率下压力系数整体分布规律趋于一致，迎风面为正压，背风面和侧风面为负压，但透风率会影响内压取值，透风率越大、内压越小。说明透风率和展宽平台对单个间冷塔外表面平均压力系数影响较小。

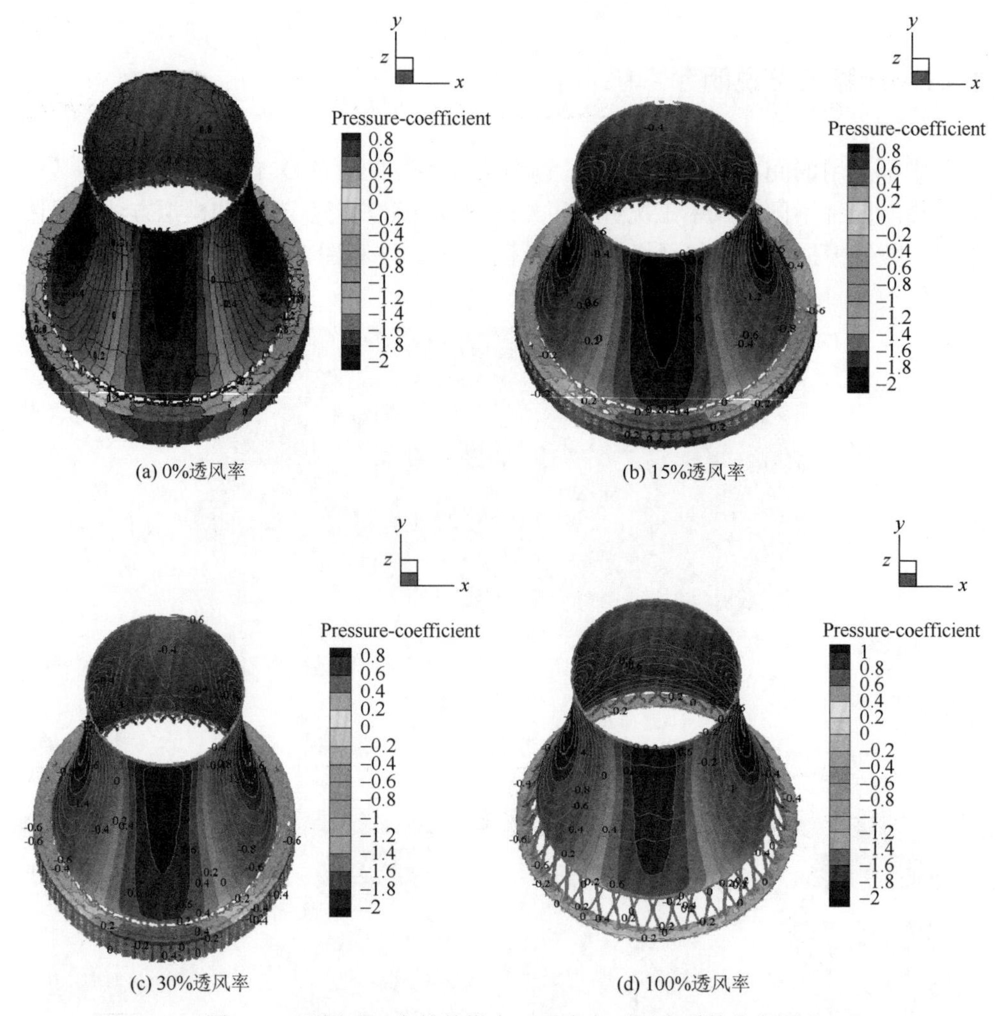

(a) 0%透风率　　(b) 15%透风率

(c) 30%透风率　　(d) 100%透风率

图 2.49　不同透风率的单塔在 0°风向角下压力系数分布图

图 2.50 给出四种不同透风率的间冷塔单塔在喉部高度处的压力系数沿纬度方向的变化情况，由于结构对称可仅考虑 0°～180°范围，同时与中国规范《工业循环水冷却设计规范》中加肋和无肋塔以及德国 VGB 规范 K1.6 曲线进行比较。

2.5.3　内表面风压分布

图 2.51 给出了不同透风率下各层测点内压系数的平均值沿高度变化曲线。对比发现，①各测点层内压绝对值以 0%透风率时最大，随着透风率的增大内压逐渐减小；②透风率为 100%时，间冷塔内压分布较为特殊，塔筒顶部内压小于 30%透风率，但随着高度的降低，局部测点层风压系数绝对值大于 30%透风率；③塔

底内压系数在背风区减小明显，并且透风率的增加其变化更为显著。

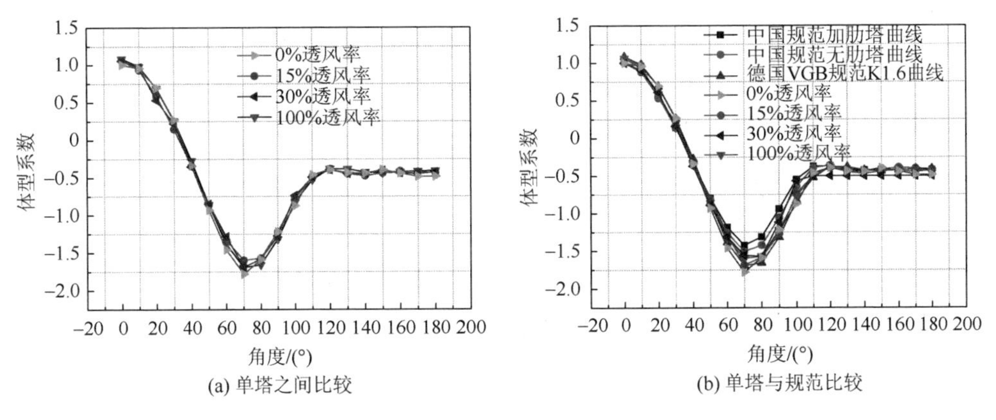

(a) 单塔之间比较　　(b) 单塔与规范比较

图2.50　不同透风率间冷塔单塔喉部断面体型系数随纬度角分布

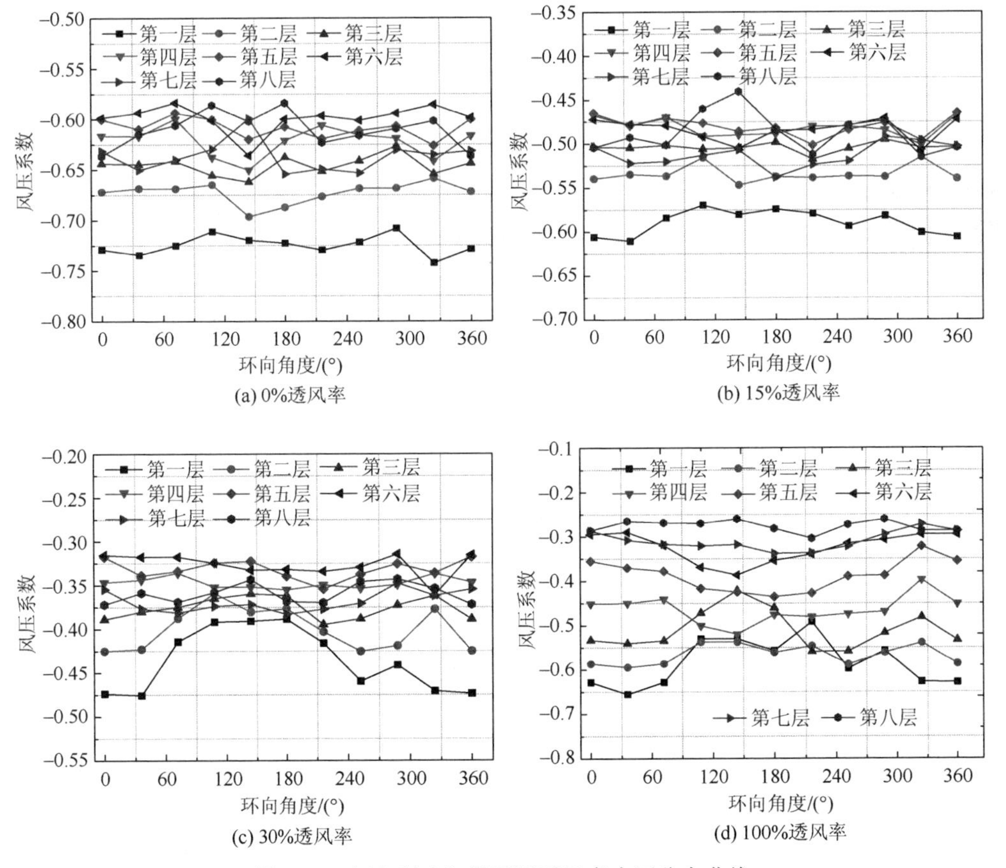

(a) 0%透风率　　(b) 15%透风率

(c) 30%透风率　　(d) 100%透风率

图2.51　超大型冷却塔不同透风率内压分布曲线

图 2.52 给出了超大型冷却塔不同透风率内压系数脉动根方差分布曲线。对比发现，随着塔筒内部测压点高度增加使得风压脉动根方差不断增长，同时在结构背风面风压脉动根方差波动更为明显。值得注意的是，100%透风率时下部测点层波动较为紊乱，这可能是因为少量气流直接由进风口下部横向穿越冷却塔对塔筒内壁背风面的撞击导致的。

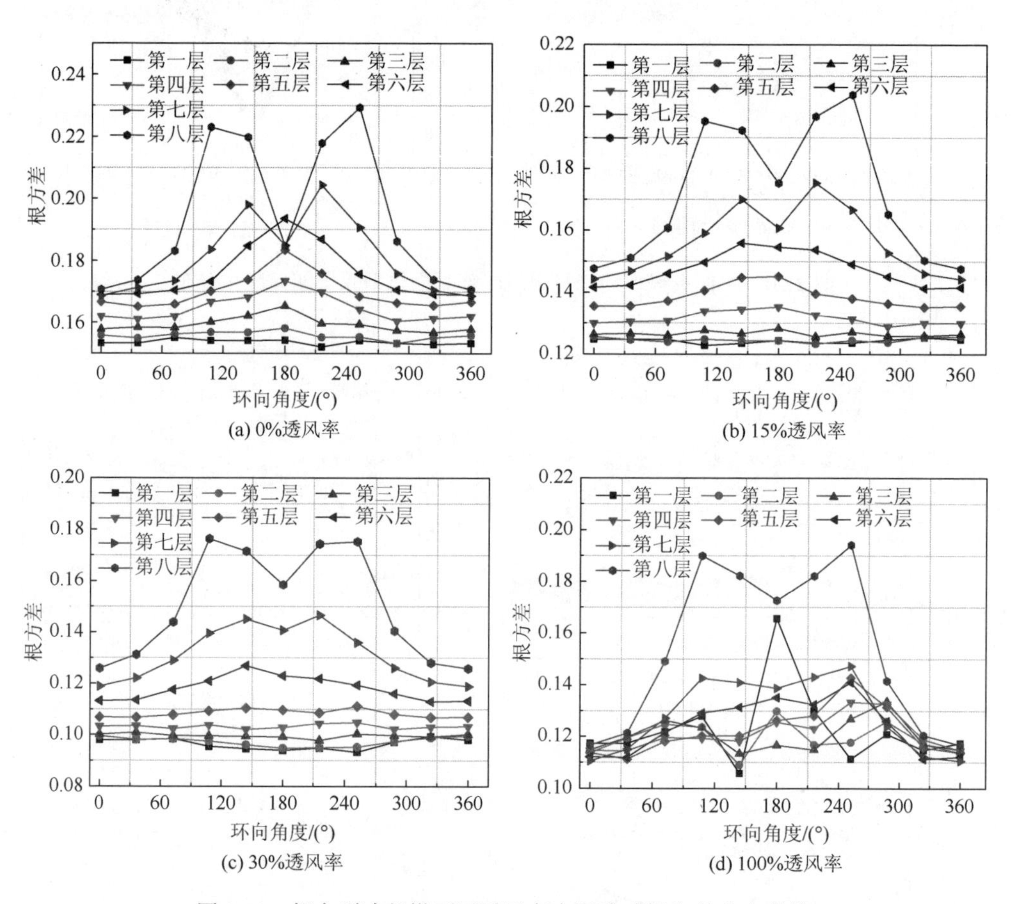

图 2.52　超大型冷却塔不同透风率内压脉动根方差分布曲线

2.6　小　　结

本章分别基于 CFD 数值模拟与风洞试验对大型冷却塔单塔风荷载特性进行了系统研究，具体包括：成塔风荷载非高斯、非平稳与风压极值分布特性，施工全过程风荷载时域和频域分布特性，考虑导风装置平均风压、脉动风压、峰值因子及极值风压分布特性，考虑风热耦合效应内压系数与内阻力等风荷载取值，考虑散热器不同透风率下内外表面风荷载取值。

参考文献

[1] DL/5339—2006. 火力发电厂水工设计规范[S]. 北京：中国电力出版社，2006.

[2] GB/T 50102—2014. 工业循环水冷却设计规范[S]. 北京：中国计划出版社，2014.

[3] BS4485（Part 4）. Code of Practice for Structural Design and Construction-water Cooling Tower[S]. London：British Standard Institution，1996.

[4] VGB-R610Ue. VGB-Guideline：Structural Design of Cooling Tower-technical Guideline for the Structural Design，Computation and Execution of Cooling Towers[S]. Essen：BTR Bautechnik Bei Kuhlturmen，2005.

[5] 徐华舫. 空气动力学基础[M]. 北京：北京航空学院出版社，1987.

[6] 柯世堂，赵林，邵亚会，等. Wavelet-Huang 和 Hilbert-Huang 方法用于非高斯风压信号分析的比较研究[J]. 土木工程学报，2011，44（6）：61-67.

[7] 柯世堂，葛耀君，赵林. 大型双曲冷却塔表面脉动风压随机特性—非高斯特性研究[J]. 实验流体力学，2010，24（3）：12-18.

[8] Ke S，Ge Y. Extreme wind pressures and non-Gaussian characteristics for super-large hyperbolic cooling towers considering aero-elastic effect[J]. Journal of Engineering Mechanics，2015，141（7）：04015010.

[9] Jeong S H，Bienkiewicz B. Application of autoregressive modeling in proper orthogonal decomposition of building wind pressure[J]. Journal of Wind Engineering & Industrial Aerodynamics，1997，71（4）：685-695.

[10] 柯世堂，赵林，葛耀君，等. 大型双曲冷却塔表面脉动风压随机特性—风压极值探讨[J]. 实验流体力学，2010，24（4）：7-12.

[11] Ke S，Ge Y，Zhao L，et al. Wind-induced responses characteristics on super-large cooling towers[J]. Journal of Central South University of Technology，2013，20（11）：3216-3227.

[12] 柯世堂，朱鹏. 不同导风装置对超大型冷却塔风压特性影响研究[J]. 振动与冲击，2016，35（22）：136-141.

[13] 柯世堂，杜凌云. 不同气动措施对特大型冷却塔风致响应及稳定性能影响分析[J]. 湖南大学学报（自然科学版），2016，43（5）：79-89.

[14] Ke S，Jun L，Zhao L，et al. Influence of ventilation rate on the aerodynamic interference for two IDCTs by CFD[J]. Wind and Structures，An International Journal，2015，20（3）：18-37.

第 3 章　大型冷却塔群塔组合风荷载干扰效应

群塔干扰效应是冷却塔抗风研究和结构设计中最为关注的问题之一，结构与风之间的相互作用会产生复杂的空气作用力，主要表现为冷却塔结构表面风压分布的随机性和局部脉动风动力放大作用。在实际工程中，冷却塔往往以群塔的形式出现，塔群之间的相互干扰加剧了这种复杂性。冷却塔群塔之间的相互作用使得风荷载与孤立单塔的风荷载有较大的差别，毗邻的高大建筑物（构筑物）对冷却塔的影响在某些条件下同样不可忽视。本章从双塔、三塔、四塔及复杂群塔组合角度研究了群塔干扰效应及作用机理。

3.1　双 塔 组 合

3.1.1　常见塔间距

对于干扰效应，我国规范[1]规定塔间干扰系数可通过风洞试验确定，英国规范[2]给出了 1.5 倍塔间距时脉动效应系数的修正因子，德国规范[3]基于气动弹性试验结果给出不同间距下的干扰因子。参考国内外已建塔的塔间距资料，受建设场地限制，塔间距基本控制在(1.4～1.6)D（D 为塔底直径）。

沈国辉等[4]着重研究了工程常见塔间距（(1.4～1.6)D）情况下的双塔干扰效应。图 3.1 给出了双塔平面布置示意图。针对双塔工况下 L/D（L 为两塔中心距）分别为 1.40、1.45、1.50、1.55 和 1.60 五种塔间距下干扰效应进行了研究，得出了双塔干扰与塔间距的关系：①塔间距对干扰效应存在一定的影响，风向角与干扰因子的变化规律密切相关；②当 0°≤θ≤30°时，测压塔处于干扰塔的上风向，五种塔间距下的干扰因子总体比较接近；③当 37.5°≤θ≤105°时，两塔型成一定的“狭缝效应”，干扰因子大于 1，此时塔间距越小，干扰因子越大，L/D=1.40 时取到最大值，说明狭缝效应和干扰效应随着塔间距的减小而显著；④当 112.5°≤θ≤180°时，测压塔位于干扰塔的下风向，塔间距越小，干扰因子越小，说明此时两塔越接近，后塔（测压塔）受到前塔（干扰塔）的遮挡效应越显著，后塔所受的风荷载越小，在 L/D=1.40 时干扰因子取最小值。

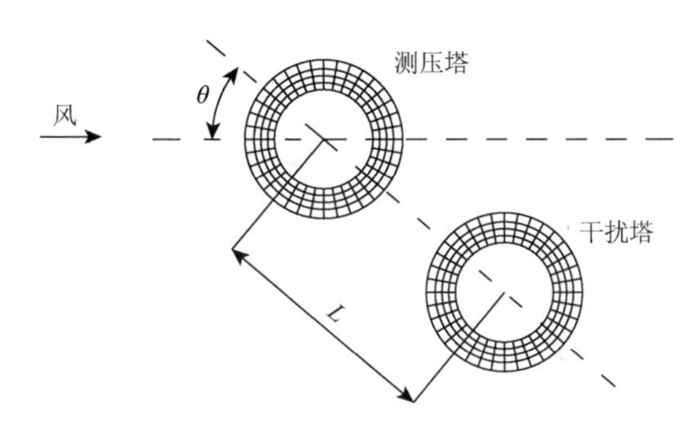

图 3.1　双塔风洞试验的平面布置示意图

针对工程常见塔间距下双塔干扰效应的研究表明，除了基于横风向塔底剪力和弯矩极大值的干扰因子会达到2.3以外，基于其他效应的干扰因子最大值在1.15附近。

3.1.2　考虑不同透风率的影响

为研究间接空冷塔展宽平台和散热器百叶窗不同透风率对双塔气动载荷的影响，采用数值模拟方法对实际工程冷却塔进行分析[5, 6]。本节算例间冷塔塔高180m，详细工程参数见附录 D 工程 3。

依据德国冷却塔设计规范规定的最小安全塔距，本节 CFD 数值建模两塔间距取为 1.5D 计算。自定义 0°风向角为两塔连线的轴向，数值模拟不同风向角为逆时针旋转依次得到，图 3.2 给出了双塔干扰模型风向角示意图，图 3.3 给出了 CFD 计算域及网格划分示意图。

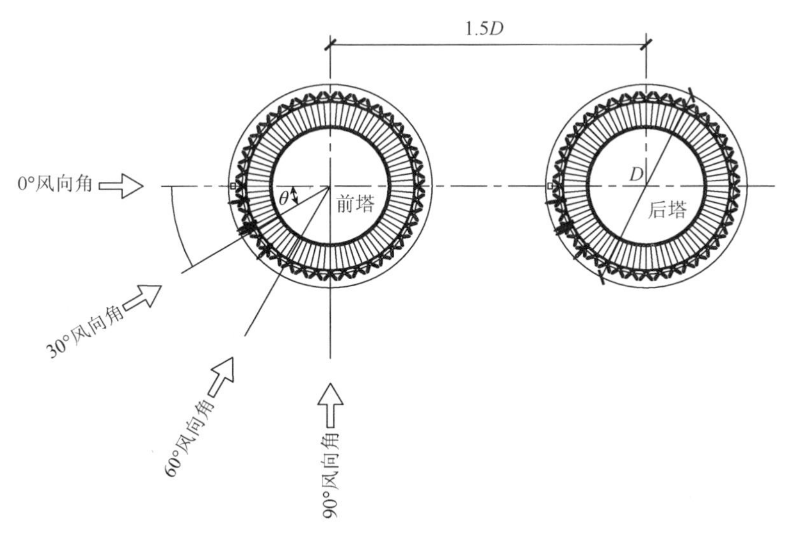

图 3.2　双塔干扰组合风向角示意图

图 3.3 间冷塔 CFD 计算域示意图

不同透风率下双塔干扰模型的压力系数云图分布如图 3.4 所示。双塔组合前塔相比 2.5.2 节中单塔压力系数整体分布趋于一致，且不同透风率前塔压力系数数值也比较接近，但透风率对后塔迎风面和前塔背风面压力系数影响较大，对后塔两侧压力系数影响较小，由于前塔的遮挡效应，后塔迎风面压力系数较前塔偏小；且随着透风率的增大，后塔迎风面压力系数由对称分布逐渐变为不均匀分布，且后塔迎风面正压较大值分布区域由间冷塔上部逐渐下移。

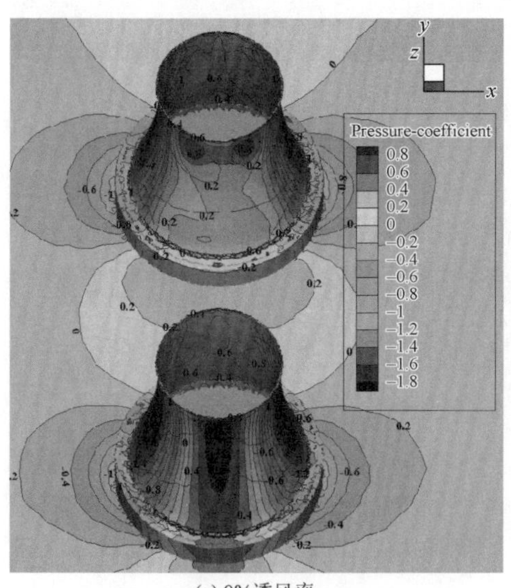

(a) 0%透风率

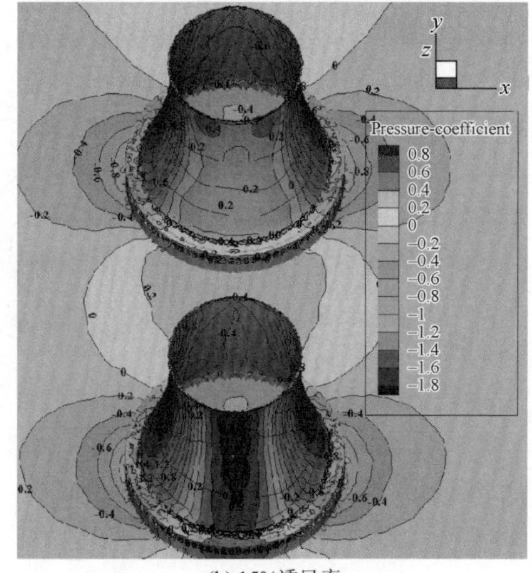

(b) 15%透风率

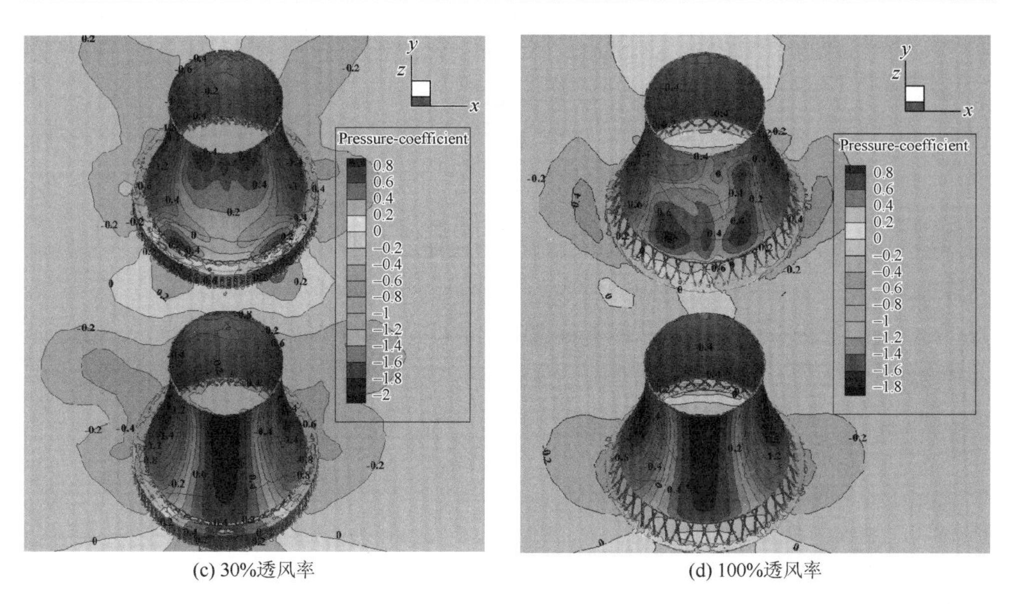

(c) 30%透风率　　(d) 100%透风率

图 3.4　不同透风率的双塔干扰组合 0°风向角下压力系数分布图

图 3.5 给出了不同透风率间冷塔双塔组合喉部断面体型系数和规范风压分布曲线对比图。从图中可以发现，不同透风率下的间冷塔单塔喉部断面体型系数与规范曲线接近，而对于数值模拟的双塔组合前塔和后塔体型系数曲线和规范比较有稍微偏差，后塔的偏差较前塔大，前塔对后塔产生遮挡效应导致后塔的断面压力系数分布较单塔偏离规范曲线。

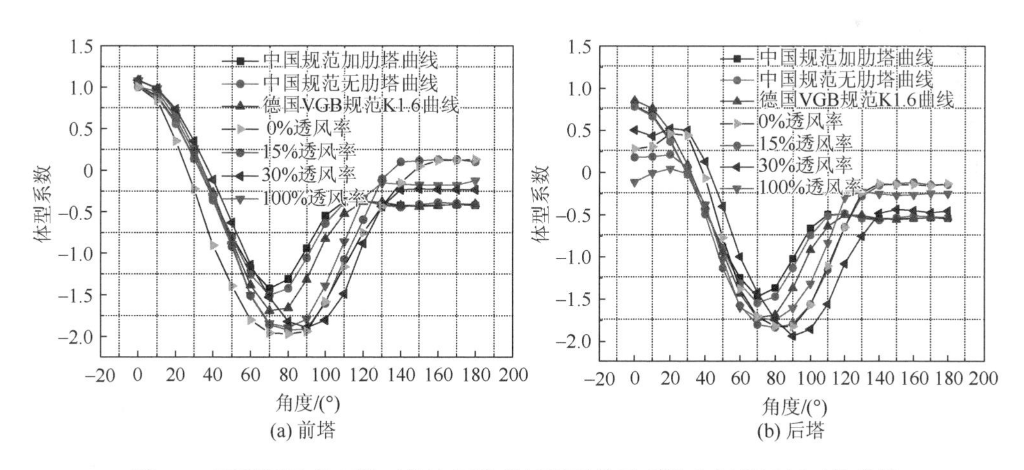

(a) 前塔　　(b) 后塔

图 3.5　不同透风率双塔干扰冷却塔喉部断面体型系数和规范风压对比曲线

图 3.6 给出了不同透风率下单塔和双塔干扰组合前塔在 0°风向角压力系数分布曲线。对比不同透风率下间冷塔单塔和双塔干扰组合前塔的压力系数结果可以

得出，不同透风率下双塔干扰组合的前塔迎风面和两个侧风面（环向角度 0°～90°和 270°～360°范围）压力系数分布曲线和单塔工况基本一致，说明双塔干扰下前塔的迎风面和侧风面压力系数分布基本不受影响，而前塔的背风面（环向角度 90°～270°范围）干扰双塔压力系数普遍较单塔工况大，且由负压逐渐趋向于正压，出现该现象是由于作用于后塔的气流受阻而反向作用于前塔的背风面。

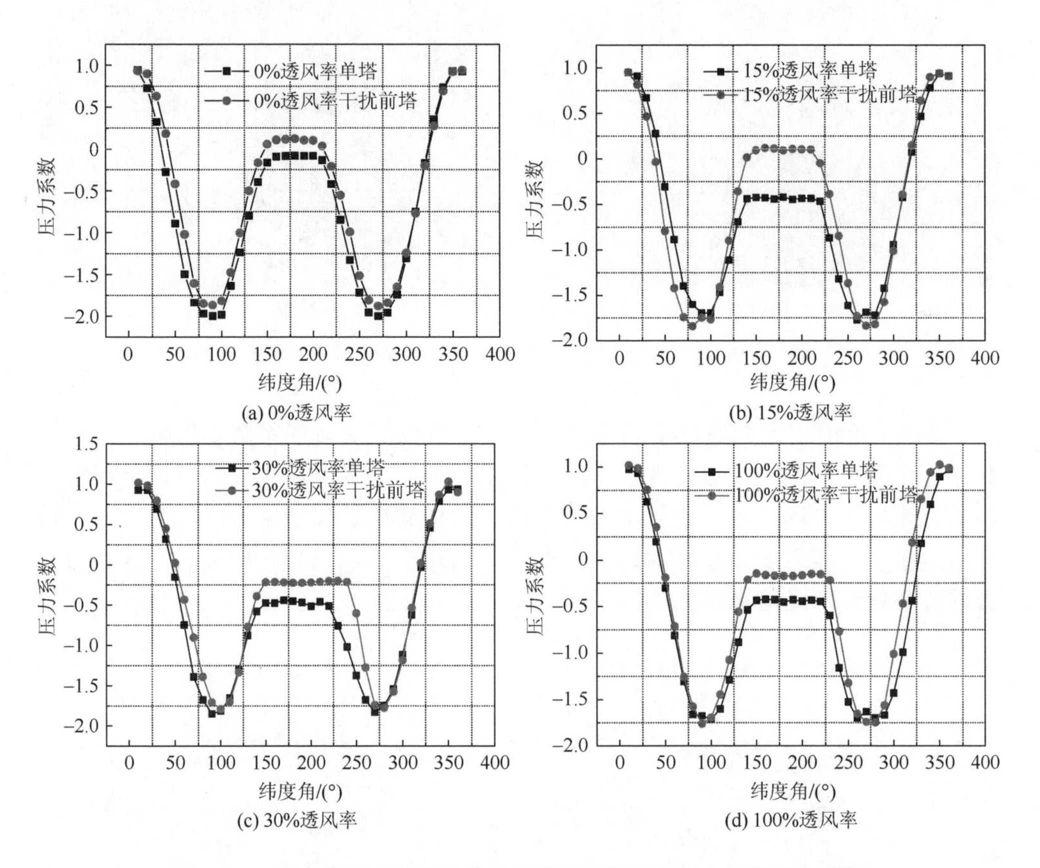

图 3.6　0°风向角下不同透风率的单塔和双塔干扰组合前塔压力系数

图 3.7 给出了不同透风率下 0°风向角时双塔组合后塔不同高度处压力系数变化曲线图。从图中可以看出，不同透风率下不同高度处双塔干扰组合后塔的压力系数分布基本呈对称趋势；同一透风率下，在环向角度 0°～90°和 270°～360°范围内压力系数随高度递增，压力系数 C_P 正值和负值均有增大趋势，而在背风面区域环向角度 90°～270°范围内，压力系数 C_P 值随高度递增负压略有增大现象；无展宽平台完全透风下间冷塔 40m 高度断面处的压力系数在 0°～90°和 270°～360°范围内普遍较其他透风率下同高度处 C_P 正压数值大。

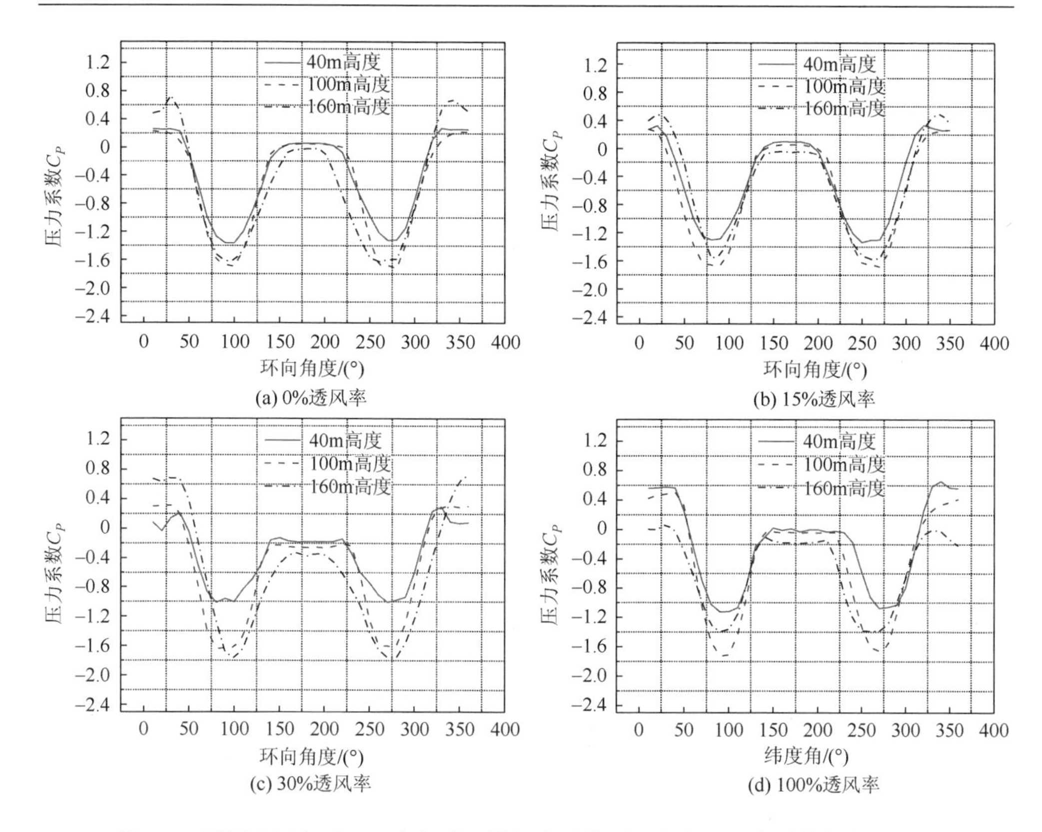

图 3.7　不同透风率下 0°风向角时双塔组合后塔不同高度处压力系数变化曲线图

图 3.8 给出了不同透风率和不同环向角度下 0°风向角时双塔组合冷却塔压力系数变化曲线图。由图对比可见，在 90°环向角度塔筒中部高度负压压力系数出现最大值，塔筒底部和顶部出现较小值，即中部区域出现较大风吸力；不同透风率下正压力系数分布范围在纬度 0°～30°和 150°～180°范围内；双塔干扰组合的后塔随透风率递增正压力系数沿高度分布呈现底部小上部大趋势，但在完全透风情况下正压沿高度呈现逐渐减小趋势，即较大正压下移现象；不同透风率下环向角度 150°～180°范围内前塔和后塔的背风面负压系数沿高度方向基本变化不大，且负压值较小。

图 3.9 给出了双塔干扰组合后塔阻力系数随风向角变化曲线。由于双塔干扰组合冷却塔结构双轴对称，只需研究 0°～90°范围即可，对每间隔 10°一个风向角下不同透风率的间冷塔提取不同断面高度处的压力系数值，最终得出整体结构阻力系数随风向角变化曲线。由图可见，不同透风率下阻力系数随风向角从 0°～90°范围变化逐渐增大，0°风向角阻力系数最小（两塔前后排列），90°风向角达到最大值（两塔平行排列），出现阻力最大可能是由于后塔逐渐偏离前塔的尾流干扰区，

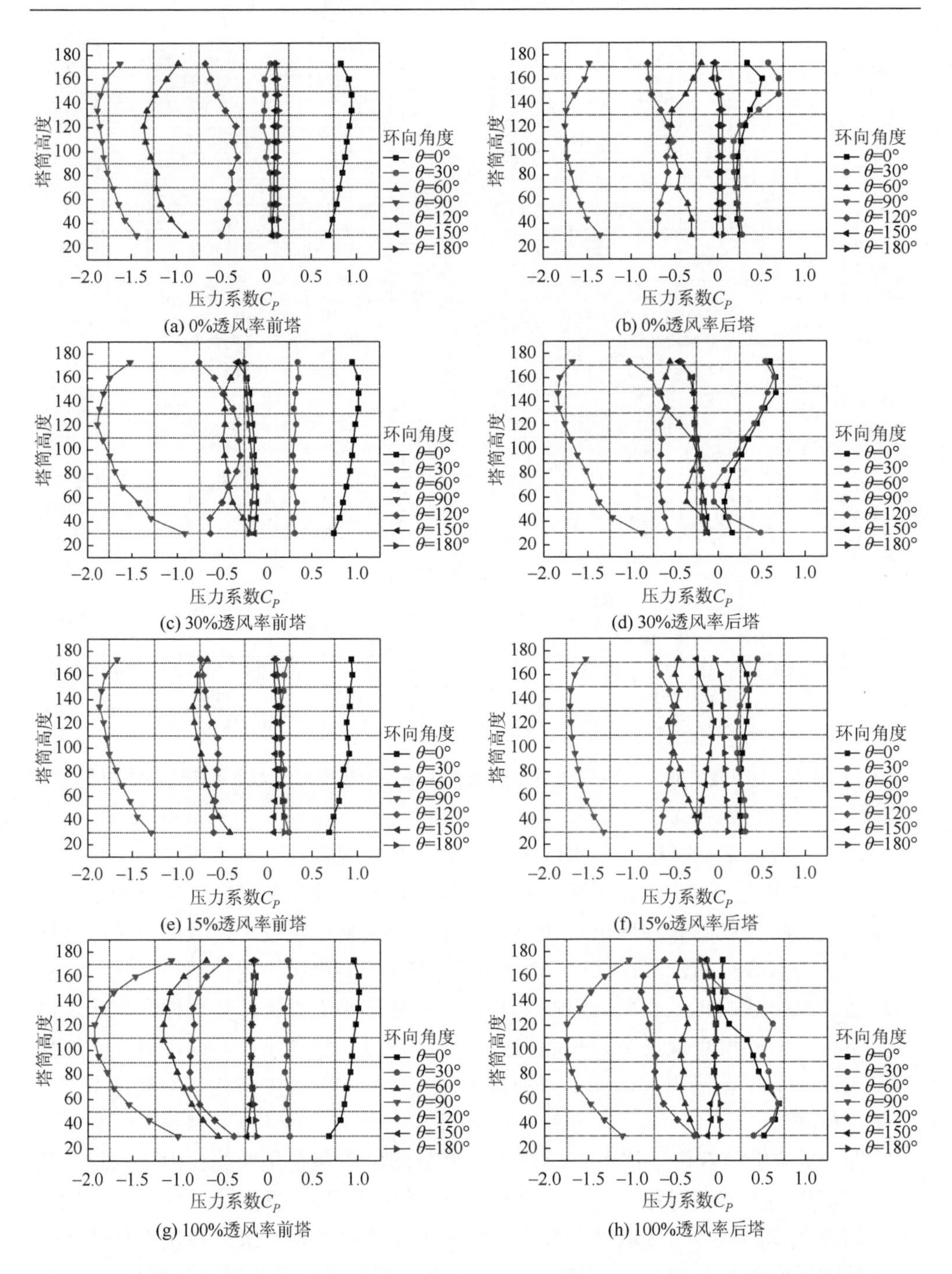

图 3.8　不同透风率和不同环向角度下 0°风向角时双塔组合冷却塔压力系数变化曲线图

遮挡效应随风向角变化逐渐变得不明显；在 0°～30°风向角范围内可以看出，曲线斜率比较接近，说明在该角度范围内透风率对后塔阻力系数影响较小；此外，随透风率的增加阻力系数递增，完全透风情况下间冷塔后塔阻力系数最大值比完全不透风情况下大 11%左右。

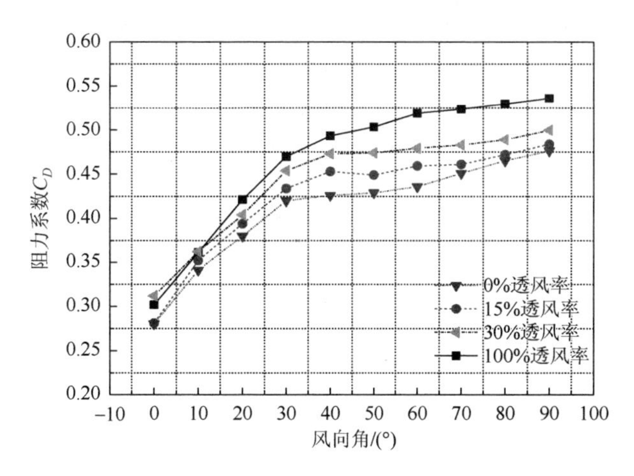

图 3.9　不同透风率下双塔干扰组合后塔阻力系数随风向角变化曲线图

综上所述，展宽平台和散热器透风率对间冷塔风压分布和阻力系数影响不可忽略，建议在冷却塔群塔风洞试验与抗风设计时应予以重视和考虑。

3.1.3　考虑复杂山形的影响

大型冷却塔属于典型的风敏感结构[7, 8]，常见双塔布置下冷却塔群的风荷载研究极为重要，现有研究和规范均详细给出了不同塔间距双塔布置冷却塔的干扰因子取值[9-11]。考虑到可能存在的周边复杂山形影响[12]，国内外鲜有学者对复杂山形和冷却塔群之间的干扰效应进行系统研究，从而导致设计人员不能充分预估周边山形干扰效应的影响。

以国内在建复杂山形下双塔布置特大型冷却塔为工程背景，对考虑复杂山形双塔布置冷却塔的表面流场信息和风压分布模式进行了系统研究。该工程冷却塔塔顶标高为 210m，详细工程参数见附录 D 工程 4。

双塔采用东西方向平行布置，塔中心距为冷却塔塔底直径的 1.5 倍，综合考虑复杂山形及构筑物的干扰能力和试验的便捷性，选取冷却塔周边高度大于 30m 的结构考虑其干扰效应。电厂周边存在环绕塔群的复杂山形，且山顶最大高度达 135m，已接近冷却塔的喉部高度，理论上可能存在显著的山地干扰效应。

定义冷却塔 A 和 B 的中垂线方向为 0°风向角，逆时针每隔 22.5°为一个工况，共计 16 个工况。考虑到冷却塔百叶窗的常规工作状态，按 30%透风率考虑百叶窗开启效应。图 3.10 给出了冷却塔平面布置示意图。

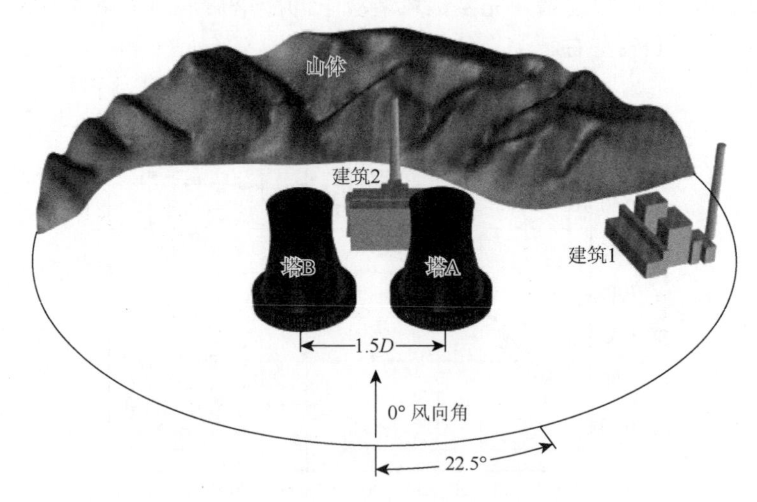

图 3.10　冷却塔双塔平面布置示意图

针对本工程实际场地进行了刚体测压风洞试验和 CFD 数值模拟研究，试验和模拟方法详见附录 A 和 B，风洞试验和数值模拟模型示意图如图 3.11 所示。

(a) 风洞试验

(b) 数值模拟

图 3.11　冷却塔风洞试验和数值模拟示意图

已有文献研究表明，冷却塔外表面最大负压能直接反映群塔受风荷载的最不利干扰情况，可作为指导复杂环境下群塔风荷载设计的干扰参数。故本节中干扰因子 F_{I} 定义如下：

$$F_{\mathrm{I}}=\frac{\max\{C_{pq}(\theta,z)\}}{\max\{C_{pd}(\theta,z)\}} \tag{3-1}$$

式中，F_{I} 为干扰因子；C_{pq} 和 C_{pd} 分别代表群塔和单塔的表面风压系数；θ 和 z 分别为冷却塔的环向角度和子午向高度。

表 3.1 给出了考虑复杂山形双塔布置时不同风向角下各塔最大负压值。图 3.12 给出了各冷却塔干扰因子值及对应角度示意图。由图、表可知：

（1）基于数值模拟和风洞试验得到的塔 A 和塔 B 的最不利来流风向角下最大负压值对应高度与山顶高度较为接近，此时塔 A 的最大干扰因子分别为 1.459 和 1.586，对应的最不利风向角均为 247.5°，塔 B 的最大干扰因子分别为 1.230 和 1.292，对应的最不利风向角均为 225°；

（2）各冷却塔在不同风向角下的干扰因子数值均有不同，表明了复杂山形对冷却塔群来流湍流和风压分布模式的影响显著；

（3）同一冷却塔基于数值模拟和风洞试验两种方法计算得到的各风向角干扰因子数值有所差异，但分布规律一致，且最不利风向角完全相同，塔 A 和塔 B 的最大干扰因子分别相差 8%和 5%，证明了基于 CFD 数值模拟方法对考虑复杂山形环境群塔组合特大型冷却塔的干扰效应进行研究是可行的。

表 3.1　各冷却塔不同风向角下最大负压值

角度/(°)	最大负压			
	塔 A		塔 B	
	数值模拟	风洞试验	数值模拟	风洞试验
0	1.848	1.669	1.628	1.366
22.5	1.792	1.471	1.732	1.289
45	1.736	1.209	1.789	1.262
67.5	1.679	1.067	1.684	1.581
90	1.591	0.968	1.418	0.897
112.5	1.652	1.054	1.497	1.370
135	1.679	1.314	1.575	1.616
157.5	1.707	1.476	1.653	1.581
180	1.734	1.579	1.732	1.786
202.5	1.831	1.613	1.750	1.883
225	1.909	1.786	1.980	1.912
247.5	2.349	2.347	1.785	1.518
270	1.837	0.940	1.586	1.009
292.5	2.009	2.248	1.729	1.376
315	1.843	1.644	1.765	1.501
337.5	1.847	1.658	1.802	1.455

注：阴影部分表示该角度为最不利工况。

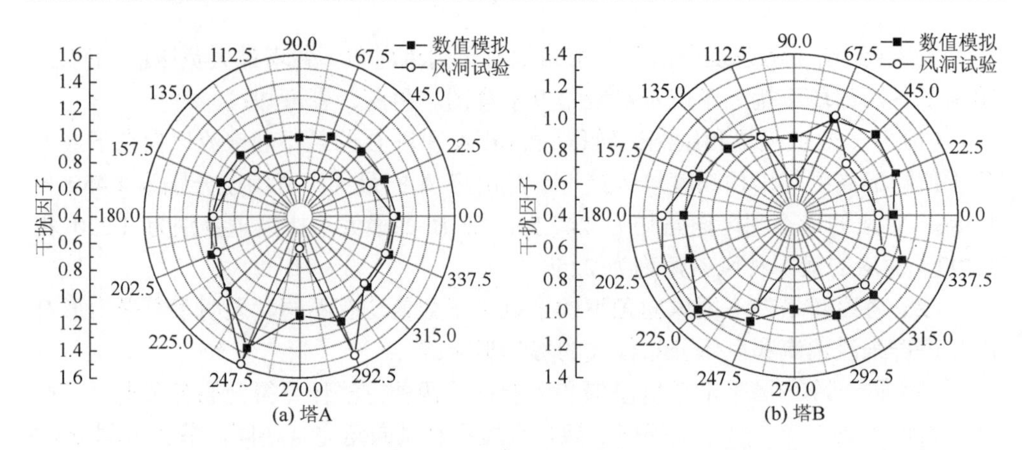

(a) 塔A　　(b) 塔B

图 3.12　各冷却塔干扰因子及对应角度示意图

基于图 3.12 给出的双塔布置冷却塔不同来流风向角下干扰因子数值及分布规律，发现考虑复杂山形时各冷却塔最不利风向角下干扰因子数值普遍较大，为分析其形成原因和给出相应机理解释，图 3.13 和图 3.14 分别给出了各冷却塔最不利风向角下三维压力系数云图和最大负压截面压力云图。分析可知，①复杂山形对冷却塔群风压分布模式的影响显著，各塔表面平均压力系数的对称性消失，但整体上仍满足从迎风面到背风面呈现出先减小后增大直至平稳的分布规律；②不同风向角下同一冷却塔表面平均风压数值差异显著，不同冷却塔表面平均风压分布亦有很大区别；③特定风向角下前塔对后塔的阻挡作用使得前后塔之间的相互干扰作用显著，前塔的尾流作用影响了后塔的风压分布，而后塔的风压分布也将改变前塔的尾涡，使得前塔背风面呈现正压分布。

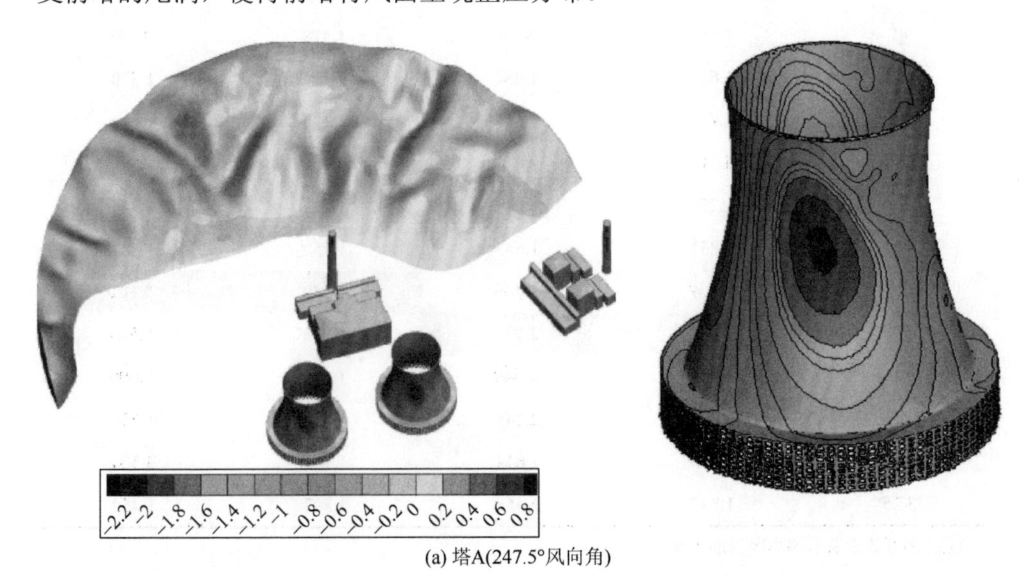

(a) 塔A(247.5°风向角)

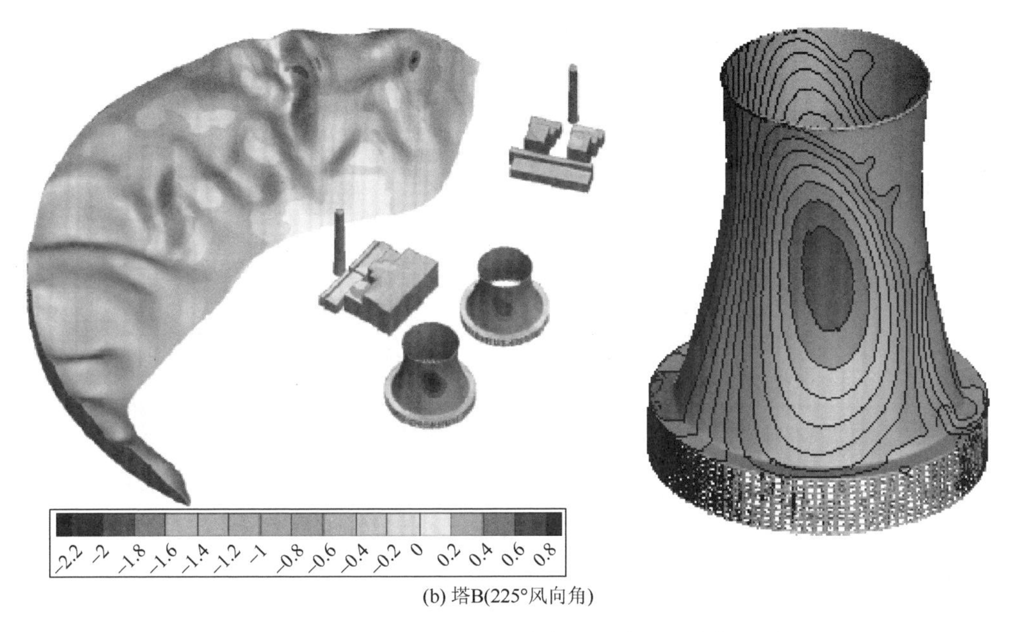

(b) 塔B(225°风向角)

图 3.13　各冷却塔最不利风向角下三维压力系数云图

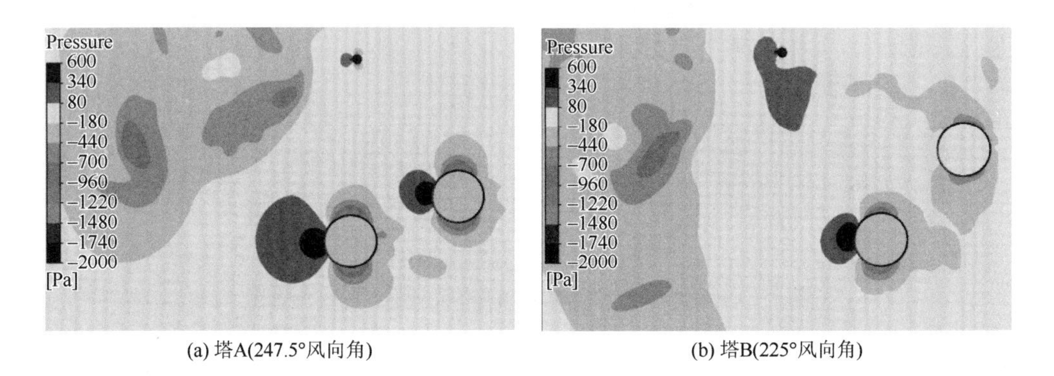

(a) 塔A(247.5°风向角)　　(b) 塔B(225°风向角)

图 3.14　各冷却塔最不利风向角下最大负压截面压力云图

图 3.15～图 3.17 分别给出了各冷却塔最不利风向角下典型截面速度流场图和三维速度矢量图，根据不同风向角下冷却塔是否受复杂山形、周边建筑和其他冷却塔对来流风的影响，将冷却塔分为受干扰塔和未干扰塔。由图可知，由于未干扰塔没有受到上游干扰物的阻碍作用，来流在冷却塔迎风面产生分离，沿塔筒外壁绕流且加速流经塔筒两侧，在背风面分离并形成大尺寸涡旋脱落，由于双曲线型冷却塔在喉部位置的颈缩，此时喉部断面两侧加速流动更加显著；而由于上游干扰物对来流的阻挡，受干扰塔流动分离点偏离，气流在干扰物与冷却塔之间相互作用且流动紊乱，尤其以喉部位置最为显著，同时在塔

顶背风面区域形成大范围涡旋脱落现象；随着高度的增加，周围复杂山形和建筑物对冷却塔干扰作用减小，但不同冷却塔之间的相互干扰效应依然显著，不同风向角下冷却塔周围流场差异显著，但均在塔筒背风面产生回流以及尺度不同的涡旋。

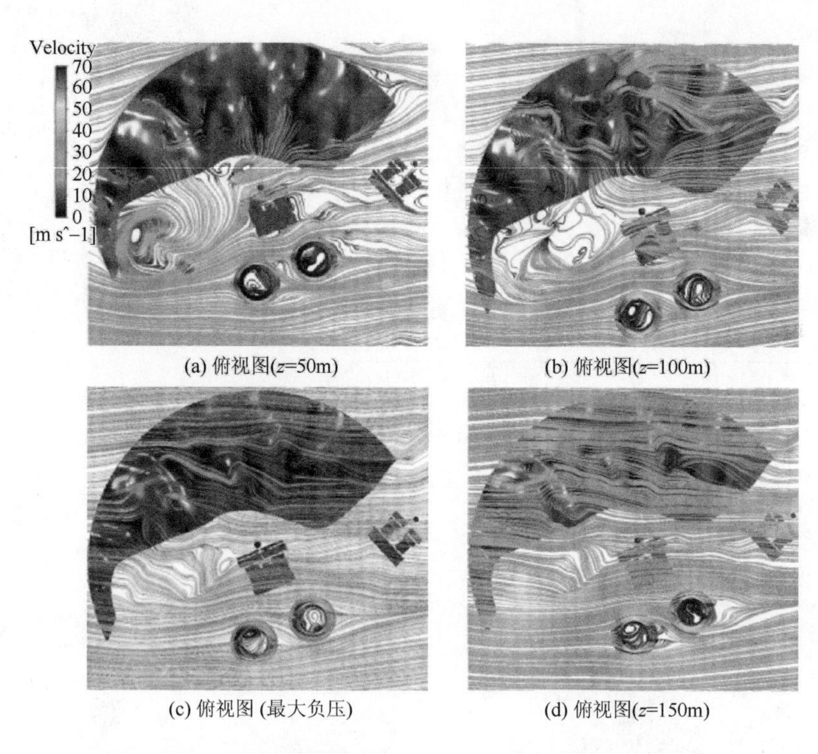

(a) 俯视图(z=50m)　　(b) 俯视图(z=100m)

(c) 俯视图 (最大负压)　　(d) 俯视图(z=150m)

图 3.15　塔 A 最不利工况（247.5°风向角）速度流场图

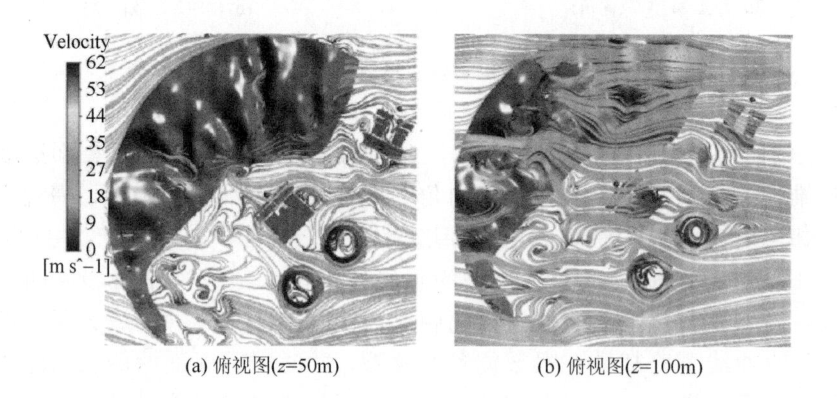

(a) 俯视图(z=50m)　　(b) 俯视图(z=100m)

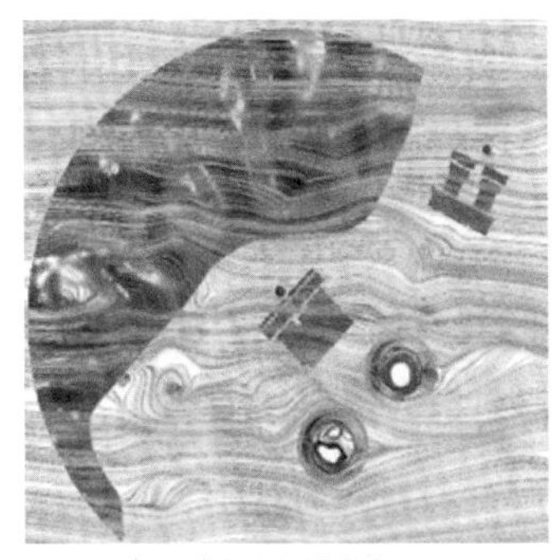

(c) 俯视图(最大负压)

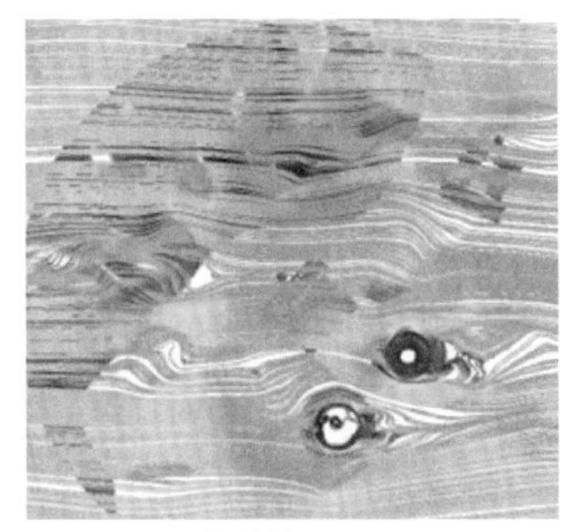

(d) 俯视图(z=150m)

图 3.16 塔 B 最不利工况（225°风向角）速度流场图

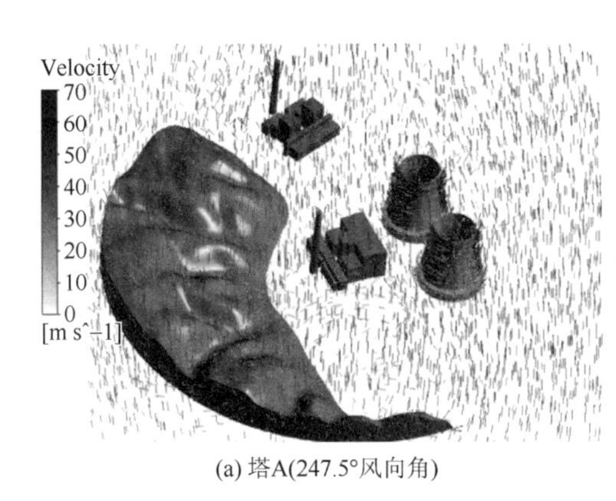

(a) 塔A(247.5°风向角)

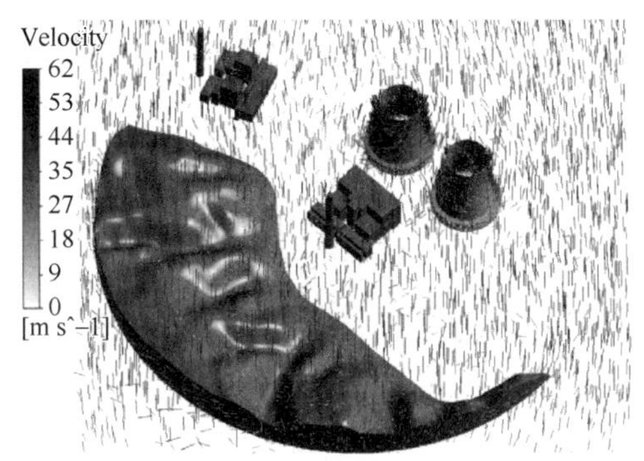

(b) 塔B(225°风向角)

图 3.17 各冷却塔最不利风向角下三维速度矢量图

图 3.18 给出了各冷却塔最不利风向角下最大负压截面湍动能分布云图。表 3.2 给出了国内电厂典型群塔组合最不利来流风向角下最大干扰因子汇总表。分析可知，考虑复杂山形和周边建筑干扰时，各冷却塔周边湍动能分布出现显著差异，主要体现在冷却塔最大负压截面处出现了明显的湍动能增值区域，该区域对应涡旋形成区域，反映了由大尺寸涡旋引起的湍流强度增大，导致冷却塔周围流场更趋于紊乱。

复杂山形对冷却塔群来流湍流和风压分布模式的影响显著，根据表 3.2 及相关文献研究，无复杂山形干扰时常见群塔干扰因子普遍小于 1.45，而基于数值模拟和风洞试验方法分析得到的最不利工况干扰因子分别达到 1.459 和 1.586，该工况为塔 A 在 247.5°来流风向角下引起，分析原因是山体海拔较高且距离冷却塔很近，复杂山形在该角度下形成低矮狭谷入口并改变了冷却塔的来流湍流，同时塔 B 与建筑 2 之间形成的“夹道效应”使得来流风在夹道中速度增加且在“夹道壁面”之间相互碰撞与对流，进一步增强了塔 A 周围流场的涡旋强度，高强度涡旋掠过塔 A 迎风面上升至近喉部标高侧风区域，而冷却塔近喉部位置的颈缩进一步促进了湍流增益，加速了涡旋脱落，最终显著增大了塔筒侧风面最大负压数值。

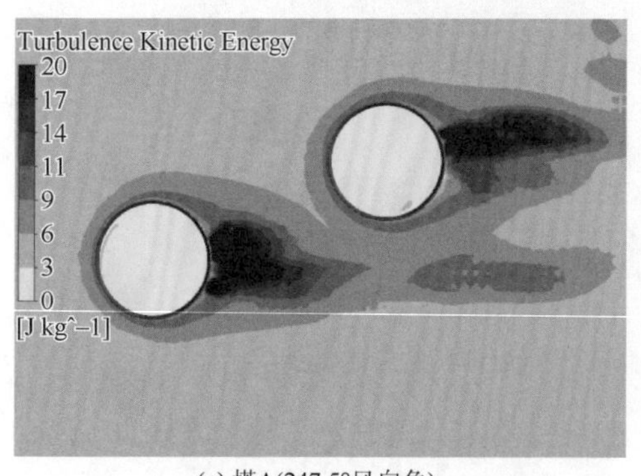

(a) 塔A(247.5°风向角)

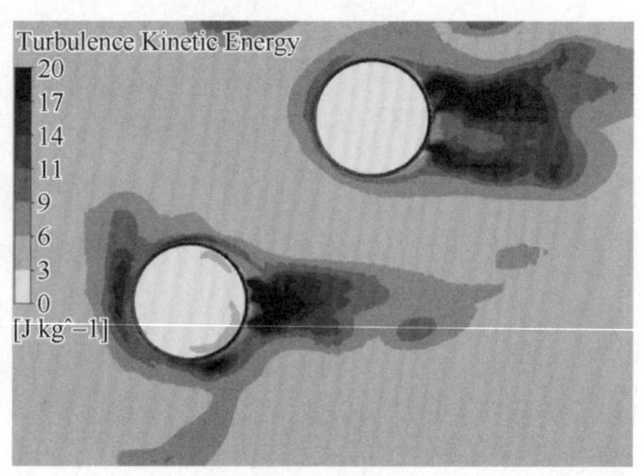

(b) 塔B(225°风向角)

图 3.18　各冷却塔最不利风向角下最大负压截面湍动能分布云图

表 3.2　国内电厂典型群塔组合最不利来流风向角下最大干扰因子汇总表

编号	塔高	群塔组合	场地类别	风洞试验模型	干扰因子
1	湿冷塔（150.0m）	双塔组合	B 类	1∶200 刚体测压	1.107
2	湿冷塔（150.0m）	双塔组合	B 类	1∶500 刚体测压	1.053
3	湿冷塔（150.6m）	双塔组合	B 类	1∶200 刚体测压	1.192
4	湿冷塔（177.2m）	双塔组合	A 类	1∶200 刚体测压	1.226
5	湿冷塔（167.2m）	双塔组合	B 类	1∶200 刚体测压	1.193
6	湿冷塔（155.0m）	三塔组合	B 类	1∶200 刚体测压	1.336
7	间冷塔（180.0m）	三塔组合	B 类	1∶250 刚体测压	1.190
8	湿冷塔（150.6m）	四塔组合	B 类	1∶200 刚体测压	1.254
9	湿冷塔（177.2m）	四塔组合	A 类	1∶200 刚体测压	1.385
10	湿冷塔（183.9m）	八塔组合	B 类	1∶200 刚体测压	1.444

3.1.4　考虑不同导风装置的影响

本节算例采用 2.3.1 节中带不同导风装置[13]的大型冷却塔，详细工程参数请见 2.3.1 节。定义无导风装置为 DF0，外部进水槽为 DF1，矩形导风板为 DF2，弧形导风板为 DF3。

图 3.19 给出了被测塔模型的测点布设与双塔布置示意图，被测塔和干扰塔的中心连线与来流风向的夹角为风向角 θ，0°～180°风向角每隔 22.5°为一个工况，

共计 10 个风向角，0°风向角为被测塔在前，干扰塔在后，取工程中常见塔间距 1.5D。

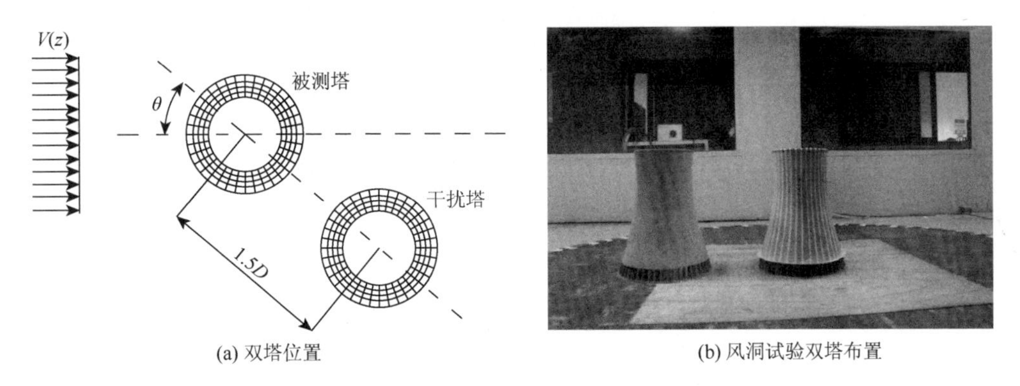

(a) 双塔位置　　(b) 风洞试验双塔布置

图 3.19　风洞试验冷却塔双塔布置示意图

定义双塔层干扰因子为：增设导风装置后的冷却塔层阻力系数与未增设导风装置时的层阻力系数的比值，得出双塔干扰下增设导风装置对塔筒各层阻力系数的干扰因子。计算公式为

$$\mathrm{IF}=\frac{C_{D,d}}{C_{D,n}} \tag{3-2}$$

式中，IF 为干扰因子；$C_{D,d}$ 为双塔组合中增设导风装置后被测塔各层阻力系数；$C_{D,n}$ 为双塔组合中未增设导风装置时各层阻力系数。

图 3.20 给出了不同导风装置下塔筒各层干扰因子三维分布图，分析得出增设 DF1 的被测塔层阻力系数干扰因子随风向角的变化波动较小，仅 90°来流风向角时其数值变化显著，此时最大干扰因子达到 5.0，发生在喉部附近；增设 DF2 和 DF3 后层阻力系数干扰因子均沿子午向与环向出现多个峰值，其中子午向发生在塔筒下部与喉部偏上高度，分别对应模型的第 2、3、7、9 和 12 层，并且在 135°风向角时导风装置对中部层阻力系数有减小作用，此时干扰因子为 0.5。

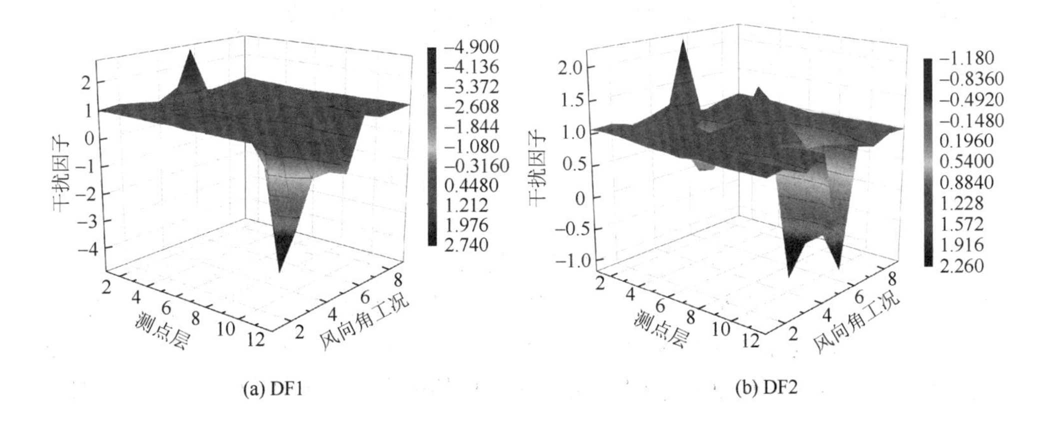

(a) DF1　　(b) DF2

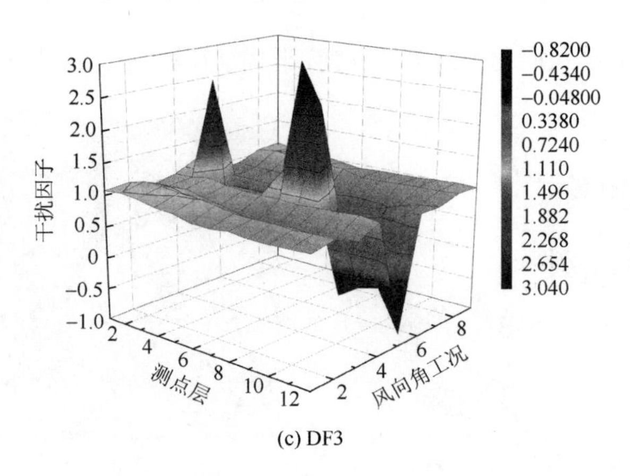

(c) DF3

图 3.20　增设导风装置后塔筒各层干扰因子三维分布图

3.2　三 塔 组 合

三塔组合下单排为串列布置形式，双排以品字形布置为代表。沈国辉等[14]、张军锋等[15]着重研究了三塔串列和品字形布置的干扰效应。

3.2.1　串列布置

图 3.21 给出了三塔串列布置示意图，其中塔 A 为目标塔，塔 B1 和 B2 为施扰塔；α 为风向角，不同群塔组合形式的 α 取 0°～90°或者 0°～180°，三塔串列布置情况下目标塔的干扰源主要是左右侧的相邻塔。

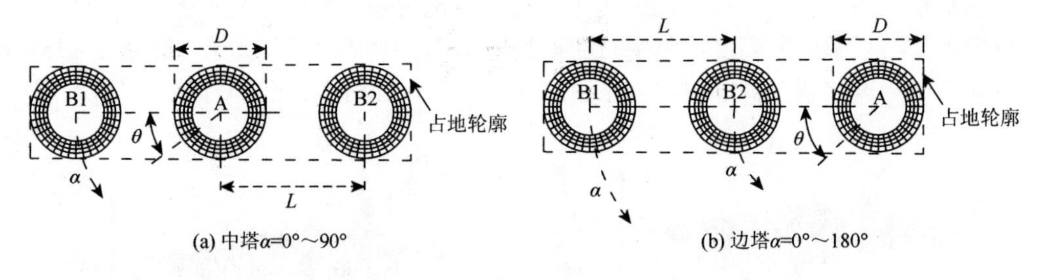

(a) 中塔α=0°～90°　　(b) 边塔α=0°～180°

图 3.21　三塔串列布置示意图

研究表明，中塔和边塔位置冷却塔以阻力系数特征值和子午向拉力极值得到的干扰因子分别与双塔组合基本一致，对应的风压分布模式同样与双塔组合类似，仅幅值有一定的差异。这也说明，无论双塔还是多塔，在单排布置时，对于表面风压分布、整体风荷载以及结构响应，任意相邻两个塔的干扰效应作用机理都是一致的，或者说对目标冷却塔的干扰主要来自紧邻的冷却塔，而与更远的冷却塔关系不大。

3.2.2　品字形布置

图 3.22 给出了三塔品字形布置示意图，其中塔 A 为目标塔，塔 B1 和 B2 为施扰塔；α 为风向角，不同群塔组合形式的 α 取 0°～180°。

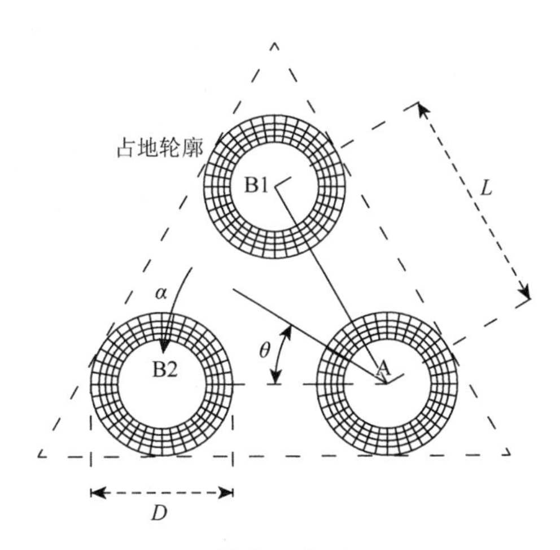

图 3.22　三塔串列布置 α=0°～180°

研究表明，三塔情况下顺风向底部剪力平均值和极大值的干扰系数在 X/D 和 Y/D 最小时达到最小值，随着 X/D 和 Y/D 的增大呈增大趋势，干扰系数大于 1 的工况较少。说明当塔间距较小时，呈倒品字形分布的三塔会形成对风通道的阻挡，后塔受到的总体阻力较小。

3.3　四 塔 组 合

3.3.1　典型四塔布置

本节以典型四塔串列、菱形和矩形三种不同布置方案[16]为例，系统探讨了四塔组合下冷却塔群干扰效应。采用算例塔高为 220m，详细工程参数见附录 D 工程 2。

风洞试验模型按 1∶450 缩尺比制作，冷却塔测点布置如图 3.23 所示。塔筒布置 12 层外压测点，每层沿环向顺时针均匀布置 36 个测点，总计 432 个测点。雷诺数效应模拟参考规范无肋塔曲线，详细的模拟方法及风洞试验介绍请见附录 A。

群塔试验包括串列、矩形和菱形四塔共三类工况，每种布置各工况风向角间

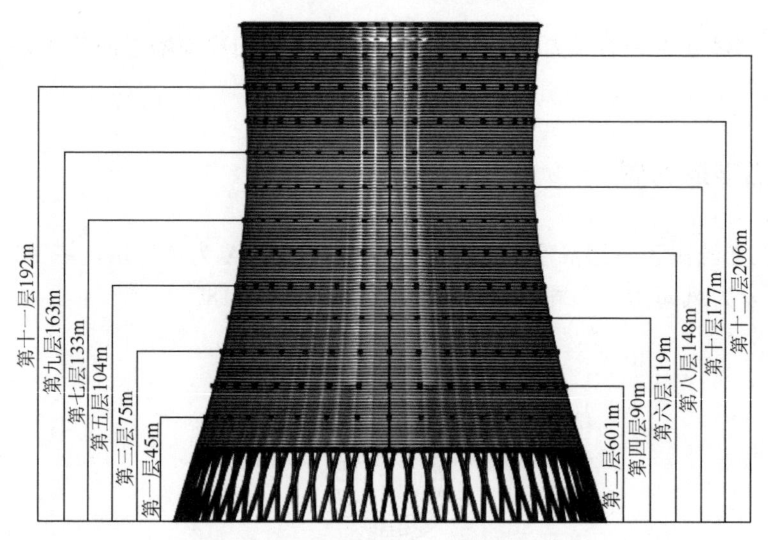

图 3.23　冷却塔的几何尺寸和测点布置

隔 22.5°（逆时针旋转）。为更准确反映冷却塔在电厂中受到的干扰效应，参考实际工程布置了多个工业建筑，各工况具体平面布置如图 3.24 所示。

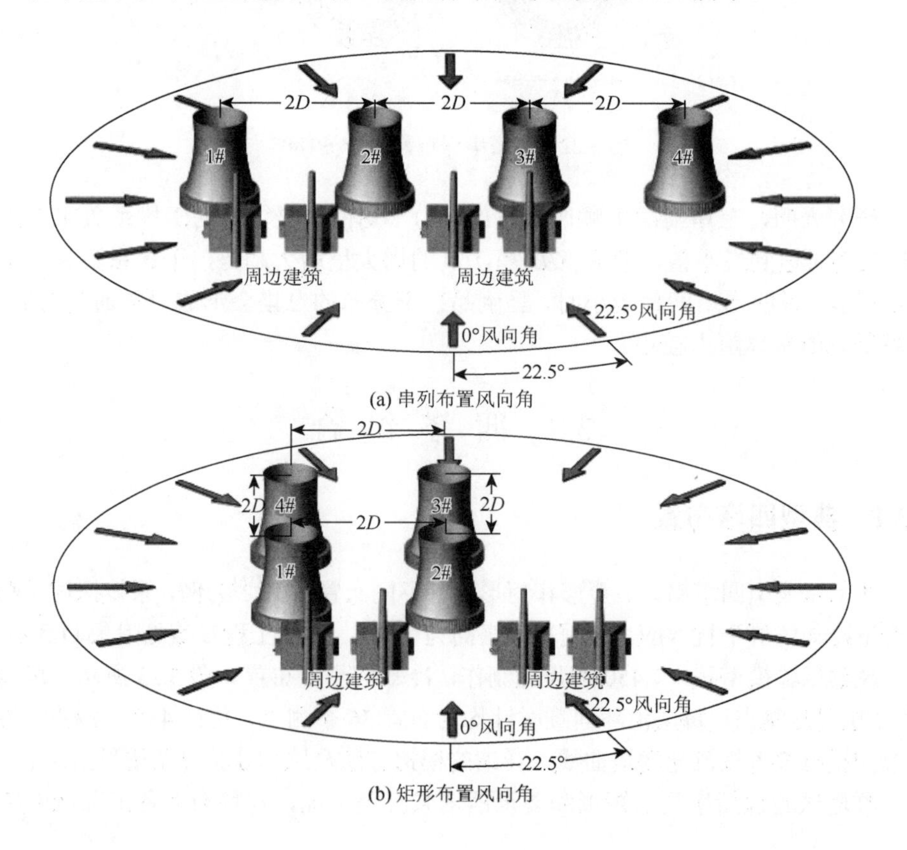

(a) 串列布置风向角

(b) 矩形布置风向角

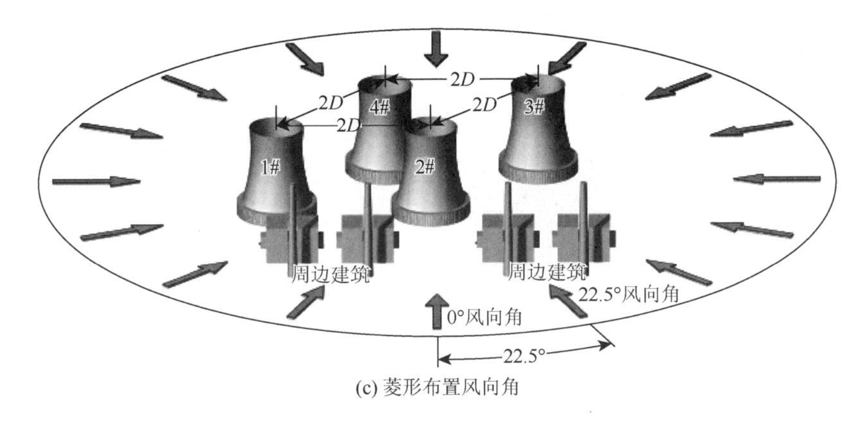

(c) 菱形布置风向角

图3.24　典型四塔组合及周边干扰布置示意图

结构所受的风荷载可分为静力、动力和极值风荷载，同时存在“最大正压干扰因子”“最小负压干扰因子”“阻力系数干扰因子”和“升力系数干扰因子”等以不同参数为依据的干扰因子。本节采取由整体阻力系数和整体升力系数合成的合力系数作为计算参数，并计算相应的静力、动力和极值干扰因子：

$$C_T = \sqrt{C_D^2 + C_L^2} \tag{3-3}$$

式中，C_T、C_D和C_L分别为受扰冷却塔的整体合力、阻力和升力系数。

冷却塔局部区域的风压信号呈现出非高斯特性，首先对合力系数时程进行概率密度统计，图3.25给出了典型群塔工况（菱形布置247.5°风向角下2#塔）合力系数时程及其概率密度曲线。由图可知，无论单塔工况还是可能的最不利干扰工况合力系数概率分布均与标准正态分布吻合良好，这也反映了以合力系数作为干扰因子计算指标的合理性。合力系数极值可由式（3-4）计算得到：

$$C_{T\max} = C_{T\text{mean}} \pm gC_{T\text{std}} \tag{3-4}$$

式中，$C_{T\max}$、$C_{T\text{mean}}$和$C_{T\text{std}}$分别为合力系数的极值、均值和根方差；g为峰值因子，本节取3.5。

为系统研究典型四塔组合时冷却塔群的干扰效应，基于合力系数时程分别计算了静力、动力和极值干扰因子。其中，静力干扰因子（mean interference factor，MIF）、动力干扰因子（dynamic interference factor，DIF）和极值干扰因子（extreme interference factor，EIF）分别定义如下：

$$\text{MIF} = \frac{G(C_{T\text{mean}})}{S(C_{T\text{mean}})},\quad \text{DIF} = \frac{G(C_{T\text{rms}})}{S(C_{T\text{rms}})},\quad \text{EIF} = \frac{G(C_{T\max})}{S(C_{T\max})} \tag{3-5}$$

式中，$G(*)$和$S(*)$分别表示群塔和单塔工况相应合力系数特征值。

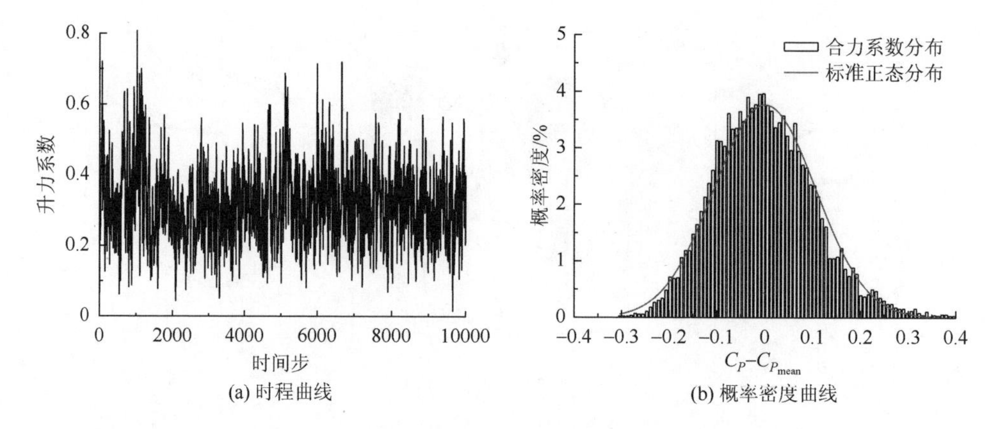

(a) 时程曲线　　(b) 概率密度曲线

图 3.25　群塔工况合力系数时程及概率密度曲线

表 3.3 给出了不同布置方案下塔群最大 MIF、DIF 和 EIF 及其发生的位置信息。由表可知，①不同方案最大干扰因子多发生于 2#塔，说明实际工程中后续冷却塔建设对已建塔的风荷载放大作用不容忽视；②三种干扰因子数值与分布规律并不完全一致，DIF 数值偏大，部分最不利工况 DIF 大于 2，各方案下 MIF 数值均偏小；③典型四塔组合形式中，对静力干扰效应影响最大的布置方式是串列方案，影响最小的是菱形方案，动力干扰效应最大的布置形式为矩形方案，最小的是串列方案，极值干扰效应最大的是矩形方案，最小的是串列方案。

综合来看，不同四塔组合下最不利工况均发生于 2#塔和 3#塔，其中 2#塔的干扰效应最为显著，因此后续干扰效应及作用机理研究均基于 2#塔进行分析。

表 3.3　各布置形式下最不利工况干扰因子列表

布置方案	干扰因子								
	MIF			DIF			EIF		
	数值	塔号	风向/(°)	数值	塔号	风向/(°)	数值	塔号	风向/(°)
串列四塔	1.31	3#	337.5	1.76	2#	247.5	1.27	3#	0
矩形四塔	1.24	2#	315	2.03	2#	247.5	1.43	2#	247.5
菱形四塔	1.16	2#	247.5	1.77	2#	247.5	1.37	2#	247.5
四塔工况最大值	1.31	3#	337.5	2.03	2#	247.5	1.43	2#	247.5
四塔工况最小值	1.16	2#	247.5	1.76	2#	247.5	1.27	3#	0

图 3.26 给出了串列四塔布置方案下 MIF、DIF 和 EIF 沿风向角变化曲线。串列四塔布置下干扰因子近似呈轴对称分布，这是由于增加的两干扰塔使得 2#塔在 0°～180°风向角内受到明显的干扰效应。同时可以看出，对于受扰塔而言上游存在两干扰塔或单塔仅对静力干扰效应影响较明显（90°与 270°风向角），对极值和

动力干扰效应影响微弱。结合表 3.3 可知，单排串列布置时干扰效应的控制工况由中间塔决定，冷却塔数量的增加对最大 EIF 数值大小的影响较小。

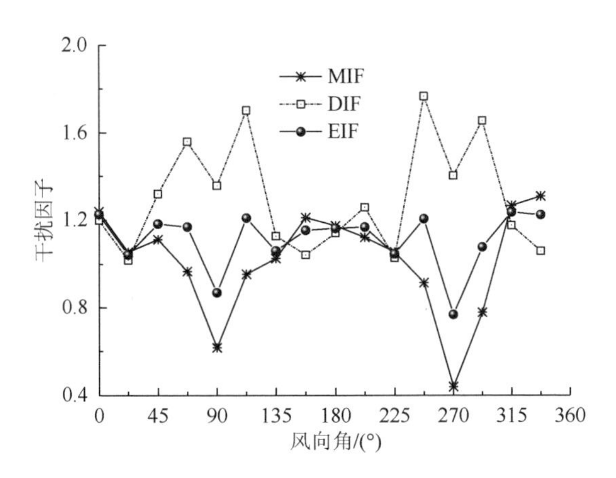

图 3.26　串列四塔布置工况干扰因子沿风向角变化曲线

图 3.27 给出了矩形和菱形四塔布置下 MIF、DIF 和 EIF 沿风向角变化曲线。对比可知，0°～67.5°和 292.5°～360°风向角内菱形和矩形布置增加的两干扰塔均对 2#塔干扰效应无明显影响，90°～270°风向角内干扰塔的影响较大，DIF 最大增加了 31.8%。两种形式最大 EIF 均发生于 247.5°风向角，塔群相对位置关系及来流风向示意如图 3.28 所示。由图可知，两种工况下 2#塔上游均由 1#和 4#塔型成了明显的“狭缝”，此时 DIF 分别达到了 2.03（矩形）和 1.77（菱形）。对比可知，矩形布置时受扰塔不同风向角下 DIF 和 EIF 普遍较大，且最不利工况干扰因子大于菱形布置。

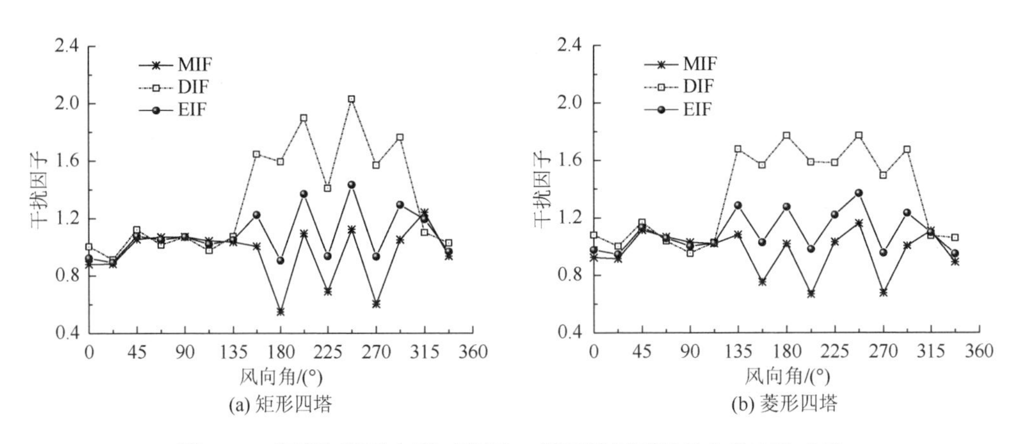

图 3.27　矩形和菱形布置工况下 2#塔干扰因子沿风向角变化曲线

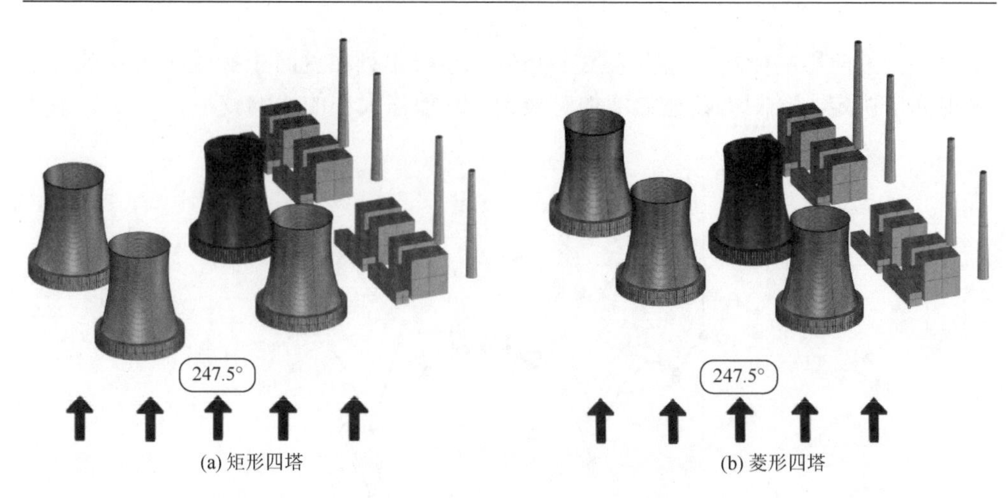

(a) 矩形四塔　　(b) 菱形四塔

图 3.28　矩形和菱形布置最不利工况来流风向示意图

冷却塔结构设计时干扰因子的确定通常未计入风向的影响，考虑到冷却塔作为大型空间壳体结构的特点，抗风设计中对空间不同方向均采用同一干扰因子是不尽合理的。针对典型四塔方案给出考虑风向的干扰因子估算公式，基于非线性最小二乘法原理，以风向角 θ 为目标函数，拟合给出干扰因子估算公式。串列、矩形和菱形方案估算公式如式（3-6）所示。图 3.29 给出了拟合曲线与实际数值的对比图。

$$\mathrm{IF} = K_m \sum_{i=1}^{8} a_i \cos(b_i\theta + c_i) \tag{3-6}$$

式中，θ 为风向角（$0° \leqslant \theta \leqslant 360°$）；$K_m$ 为考虑拟合误差的放大因子，经反推计算建议取 1.05；a_i、b_i、c_i 为拟合参数，如表 3.4～表 3.6 所示。

表 3.4　矩形方案干扰因子拟合参数表

i	1	2	3	4	5	6	7	8	拟合优度
a_i	1.736	0.7413	0.1201	0.0937	0.0408	0.0698	0.0295	0.0392	
b_i	0.0083	0.0165	0.02705	0.1213	0.1617	0.1431	0.101	0.0809	98.81%
c_i	0.0714	1.839	3.025	2.448	−0.2137	−2.305	1.358	2.029	

表 3.5　菱形方案干扰因子拟合参数表

i	1	2	3	4	5	6	7	8	拟合优度
a_i	31.89	30.81	0.02912	0.0657	0.0489	0.0566	0.0282	0.0253	
b_i	0.0066	0.0067	0.0535	0.1003	0.0729	0.1202	0.1724	0.1471	96.54%
c_i	0.9265	4.062	0.3474	2.416	−2.702	−2.034	2.318	0.3987	

表 3.6　串列方案下干扰因子拟合参数表

i	1	2	3	4	5	6	7	8	拟合优度
a_i	1.8270	0.9659	1.246	1.363	0.9585	1.321	0.0399	0.0221	
b_i	0.01	0.0204	0.0388	0.1112	0.0416	0.1119	0.1480	0.1744	96.67%
c_i	−0.2241	1.063	1.016	0.3243	3.72	3.3460	3.047	1.587	

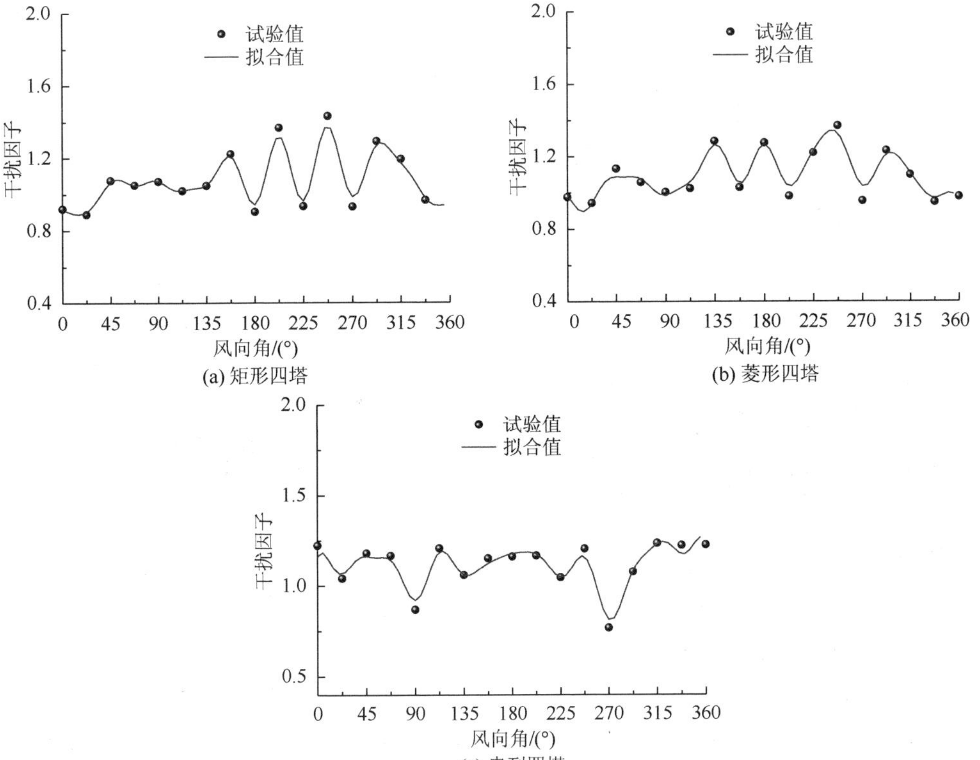

(a) 矩形四塔

(b) 菱形四塔

(c) 串列四塔

图 3.29　典型四塔组合形式下干扰因子原始数据与拟合曲线对比示意图

图 3.30 给出了各方案不同风向角合力系数的功率谱。由图可知，最不利工况合力系数功率谱均出现较明显的涡脱尖峰，且谱峰相对较窄，此时受扰塔除受自身分离流动的影响，周边干扰塔尾流对其影响显著。不同方案中，矩形和菱形布置在更多的风向角出现上述涡脱尖峰情况，这也说明了这两种方案属于干扰效应较为显著的四塔组合形式。

图 3.31 给出了 EIF 最小的串列布置和最大的矩形布置冷却塔合力系数 C_T 功率谱密度曲线。分析可知，两种工况功率谱密度曲线有相似的变化规律，在部分频段范围内矩形布置的功率谱密度明显高于串列形式，这将导致前者的干扰效应高于后者。串列布置下塔群形成的涡旋结构优于矩形布置，其能量高于后者。

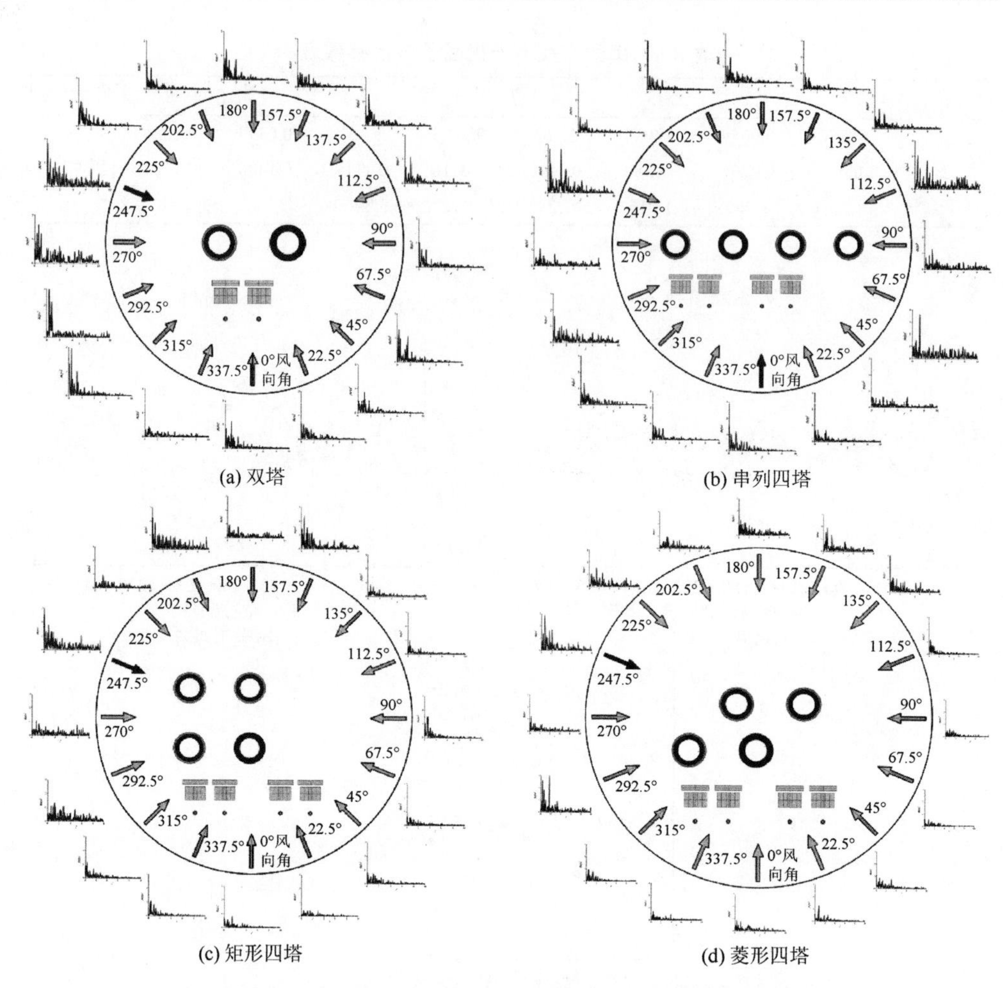

(a) 双塔　(b) 串列四塔

(c) 矩形四塔　(d) 菱形四塔

图 3.30　典型组合形式不同风向角下合力系数谱对比图

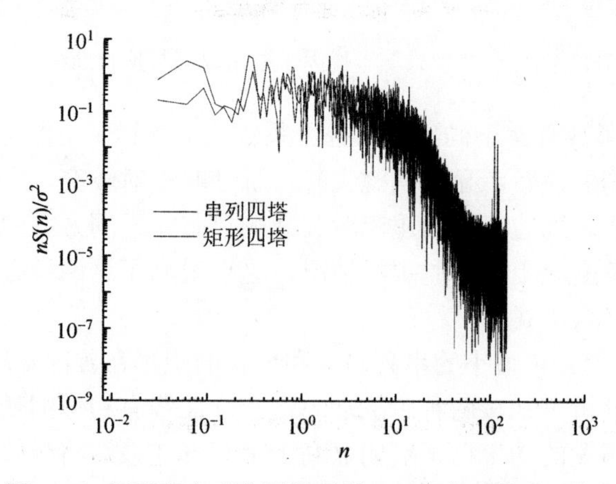

图 3.31　矩形和串列布置最不利工况合力系数谱对比图

3.3.2　考虑复杂山形的影响

本节算例工程冷却塔塔顶标高为 210m，详细工程参数见附录 D 工程 4。四塔组合采用典型的斜 L 形布置，电厂周边存在环绕塔群的复杂山形，具体山形条件详见 3.1.3 节。

考虑到冷却塔百叶窗的常规工作状态，按 30%透风率考虑正常运行状态下的百叶窗开启效应[17]，同时为保证雷诺数相似，模拟采用的冷却塔及山体等干扰物模型根据实际尺寸建立。定义冷却塔 A 和 B 的中垂线方向为 0°风向角，逆时针每隔 22.5°为一个工况，共计 16 个工况。图 3.32 给出了冷却塔的结构示意图和平面布置图。

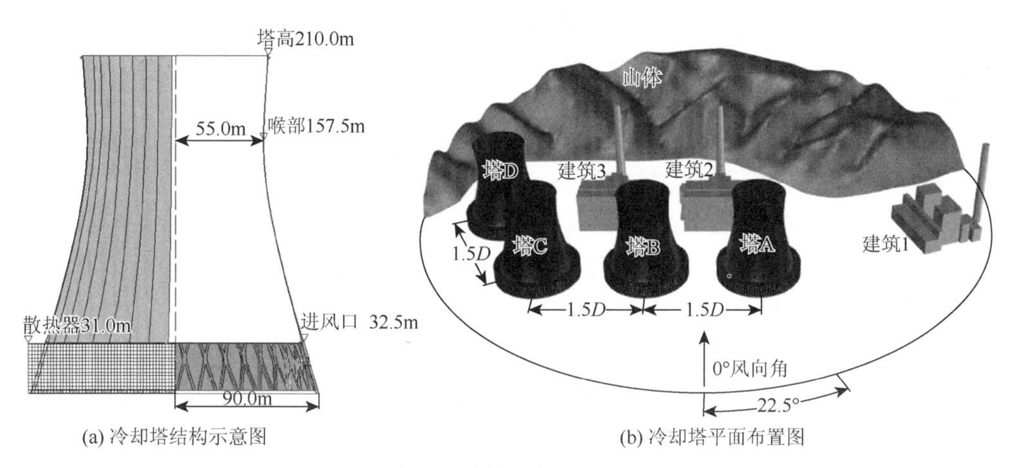

(a) 冷却塔结构示意图　　(b) 冷却塔平面布置图

图 3.32　冷却塔结构示意图和平面布置图

针对本工程实际场地进行了刚体测压风洞试验和 CFD 数值模拟研究，试验和模拟方法详见附录 A 和附录 B，风洞试验和数值模拟模型示意图如图 3.33 所示。

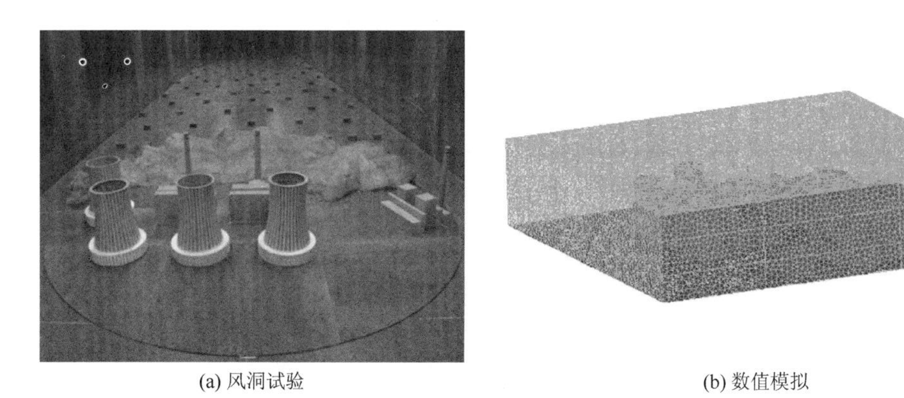

(a) 风洞试验　　(b) 数值模拟

图 3.33　冷却塔风洞试验和数值模拟示意图

表 3.7 给出了考虑复杂山形四塔组合布置时不同风向角下各塔最大负压值。图 3.34 给出了各冷却塔干扰因子值及对应角度示意图。由图、表分析可知：

（1）基于数值模拟和风洞试验得到的各塔最不利来流风向角下最大负压值对应高度与山顶高度较为接近，此时塔 A 的最大干扰因子分别为 1.328 和 1.435，对应的最不利风向角均为 292.5°，塔 B 的最大干扰因子分别为 1.430 和 1.523，对应的最不利风向角均为 247.5°，塔 C 的最大干扰因子分别为 1.375 和 1.483，对应的最不利风向角均为 112.5°，塔 D 的最大干扰因子分别为 1.332 和 1.447，对应的最不利风向角均为 157.5°；

（2）各冷却塔在不同风向角下的干扰因子数值均有不同，表明了复杂山形对冷却塔群来流湍流和风压分布模式的影响显著；

（3）同一冷却塔基于数值模拟和风洞试验两种方法计算得到的各风向角干扰因子数值有所差异，但分布规律一致，且最不利风向角完全相同，塔 A、塔 B、塔 C 和塔 D 的最大干扰因子分别相差 8%、6%、7%和 8%，证明了基于 CFD 数值模拟方法对考虑复杂山形环境群塔组合特大型冷却塔的干扰效应进行研究是可行的；

（4）最不利工况干扰因子为 1.523（风洞试验结果），是由塔 B 在 247.5°来流风向角下引起，与塔 A、塔 C 和塔 D 的最不利工况下干扰因子相比分别增大 5.8%、2.6%和 5.0%（风洞试验结果）。

表 3.7　各冷却塔不同风向角下最大负压值

角度/(°)	最大负压							
	塔 A		塔 B		塔 C		塔 D	
	数值模拟	风洞试验	数值模拟	风洞试验	数值模拟	风洞试验	数值模拟	风洞试验
0	2.066	1.955	1.848	1.610	1.815	1.780	1.511	1.311
22.5	1.710	1.865	1.716	1.459	1.555	1.271	1.618	1.650
45	1.568	1.222	1.607	1.483	1.711	1.425	1.513	1.240
67.5	1.423	1.009	1.681	1.573	1.695	1.856	1.184	0.870
90	1.269	0.869	1.187	0.879	1.226	0.885	1.511	1.178
112.5	1.247	1.026	1.555	1.530	2.218	2.195	1.511	1.604
135	1.484	1.184	1.824	1.693	1.900	1.786	1.913	1.477
157.5	1.561	1.285	1.734	1.760	1.657	1.810	2.149	2.142
180	1.779	1.780	1.944	1.655	1.990	2.010	2.065	2.028
202.5	1.821	1.798	1.882	1.788	2.124	2.056	1.971	1.820
225	1.850	1.638	1.989	1.634	1.786	1.536	2.111	2.090
247.5	1.568	1.412	2.307	2.254	1.389	1.214	1.908	1.592
270	1.319	1.063	1.255	1.486	1.390	1.128	1.365	1.169

续表

角度/(°)	最大负压							
	塔 A		塔 B		塔 C		塔 D	
	数值模拟	风洞试验	数值模拟	风洞试验	数值模拟	风洞试验	数值模拟	风洞试验
292.5	2.142	2.124	1.982	1.631	1.397	1.137	1.531	1.259
315	2.005	1.684	1.695	1.486	1.524	1.529	1.528	1.242
337.5	1.858	1.729	2.065	1.513	1.700	1.536	1.571	1.070

注：阴影部分表示最不利工况。

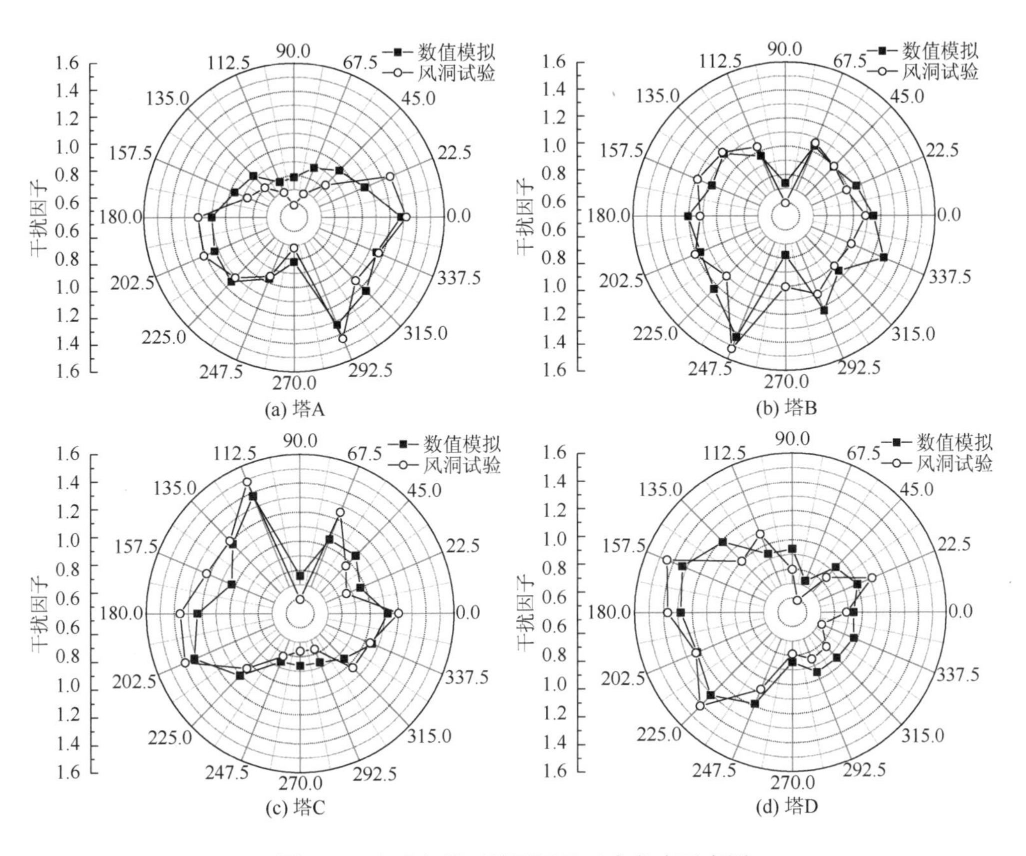

图 3.34　各冷却塔干扰因子及对应角度示意图

图 3.35 和图 3.36 分别给出了四塔组合冷却塔最不利风向角三维压力系数云图和最大负压截面压力云图。分析可知，①受四塔组合、复杂山形和周边建筑等结构的干扰，不同风向角下各塔表面平均压力系数的对称性消失，但整体上仍与规范给定的双曲线型冷却塔分布规律较类似；②不同风向角下同一冷却塔表面平均风压数值差异显著，不同冷却塔表面平均风压分布区别较大；③特定风向角下前

塔对后塔的阻挡作用使得前后塔之间的相互干扰作用显著，前塔的尾流作用影响了后塔的风压分布，而后塔的风压分布也将改变前塔的尾涡，使得前塔背风面呈现正压分布。

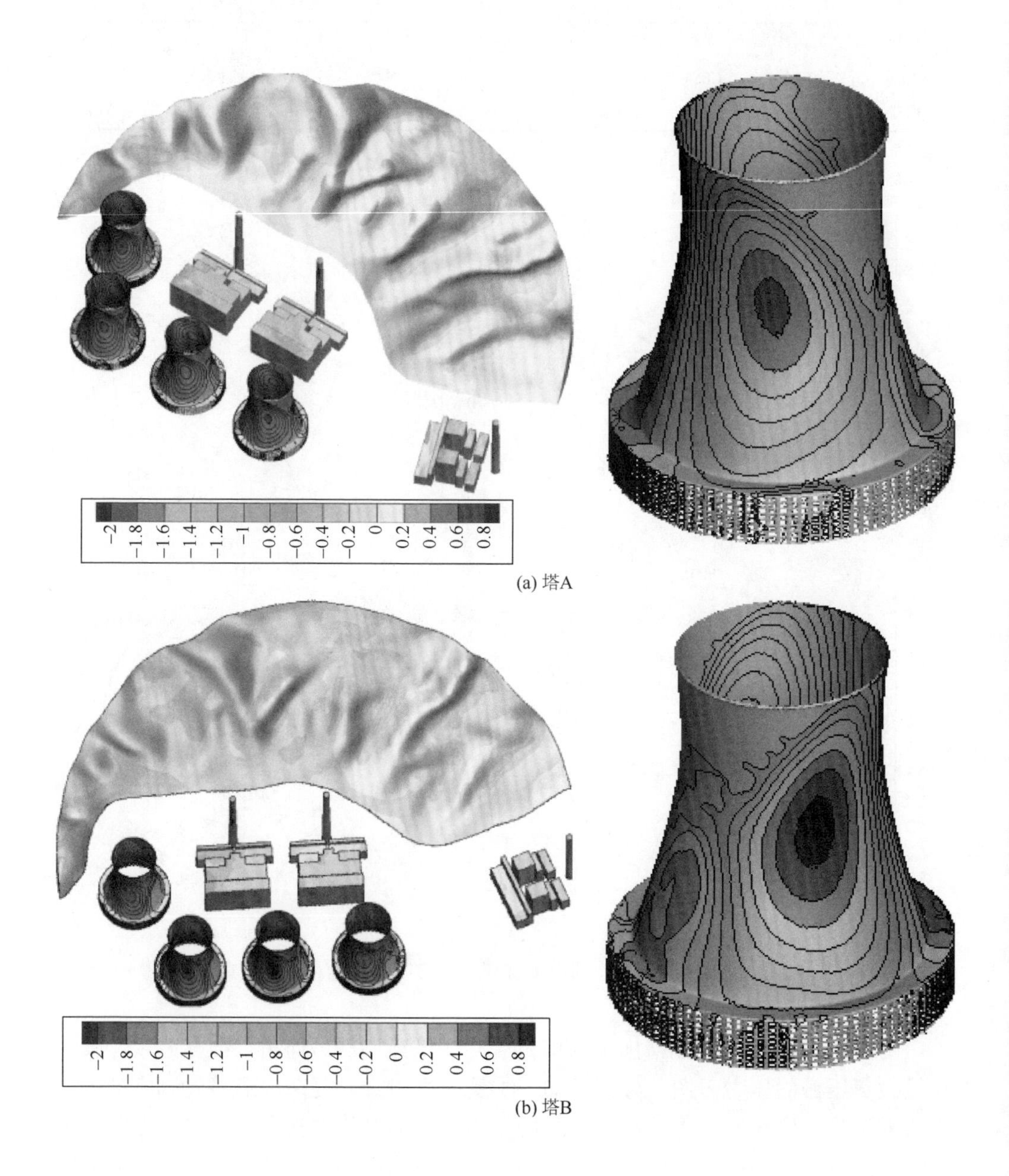

(a) 塔A

(b) 塔B

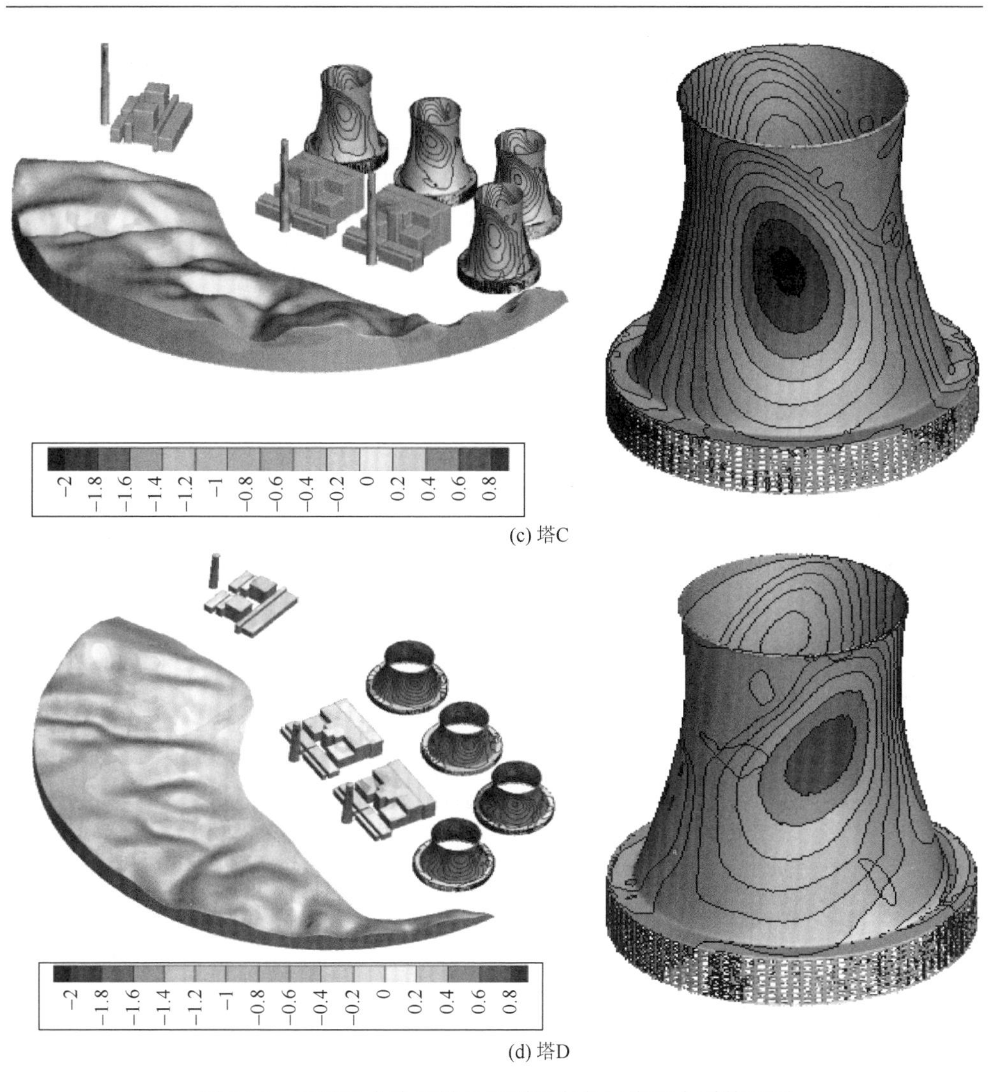

(c) 塔C

(d) 塔D

图 3.35　四塔组合冷却塔最不利风向角三维压力系数云图

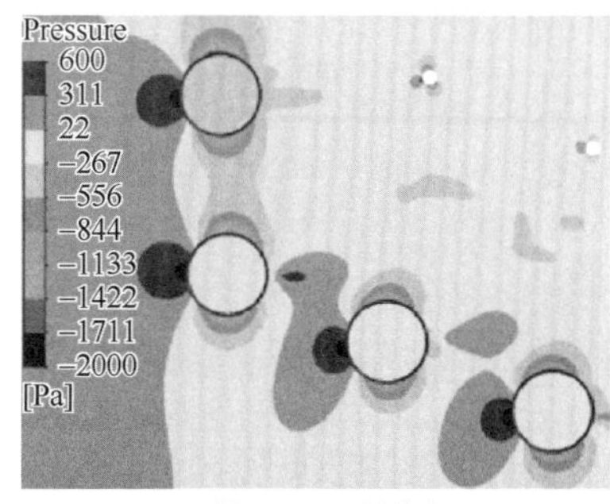

(a) 塔A(292.5°风向角)

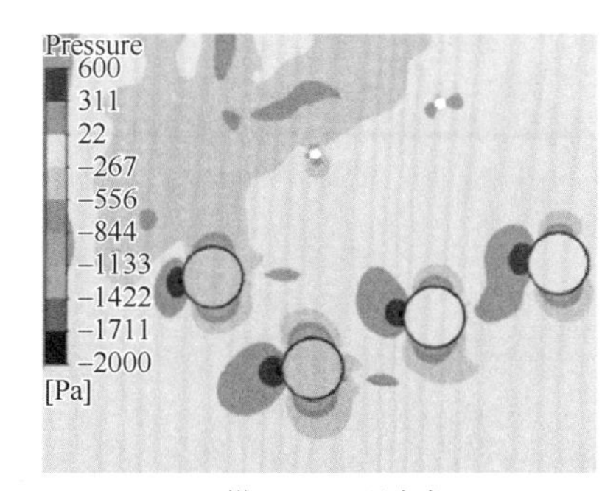

(b) 塔B(247.5°风向角)

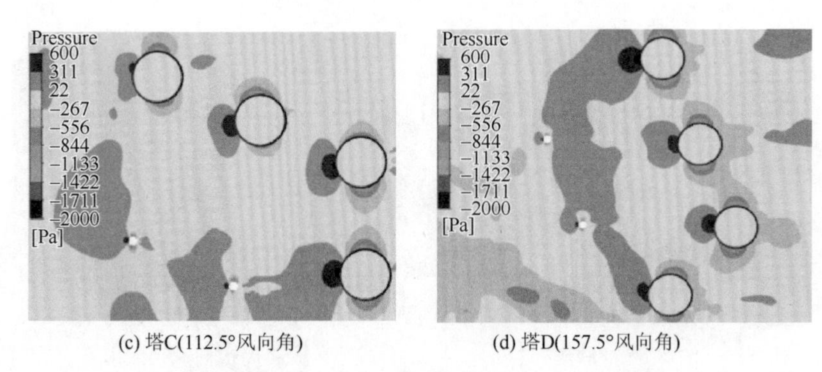

(c) 塔C(112.5°风向角)　　(d) 塔D(157.5°风向角)

图 3.36　四塔组合冷却塔最不利风向角最大负压截面压力云图

图3.37给出了各冷却塔最不利风向角下最大负压截面处平均压力系数与规范对比示意图。对比分析可知，①各塔最不利风向角下最大负压截面处平均风压系数分布规律与规范基本一致，但数值存在一定差异，主要体现在背风区负压和整体最大负压大于规范值；②塔 B 最大负压截面处平均风压沿环向分布规律与规范

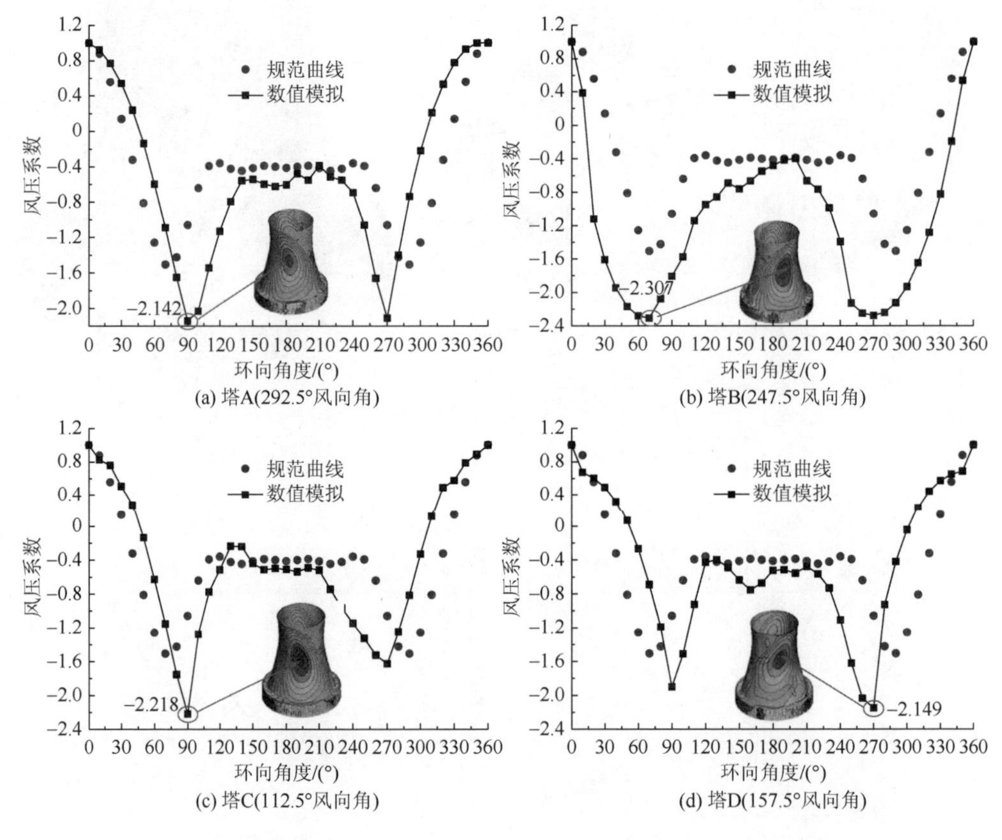

(a) 塔A(292.5°风向角)　　(b) 塔B(247.5°风向角)

(c) 塔C(112.5°风向角)　　(d) 塔D(157.5°风向角)

图 3.37　各冷却塔最不利风向角下最大负压截面处平均压力系数与规范对比示意图

差异最为显著，主要原因是塔 B 在 247.5°风向角下受来流风影响是最不利工况，此时塔 B 的整塔最大负压可达–2.307，远大于规范负压极值；③由于复杂山形、周边建筑和相邻冷却塔的干扰效应，各冷却塔最大负压截面处平均风压对称性基本消失，同时侧风区最大负压对应角度各有不同，但整体向冷却塔 90°或 270°来流风向角发展。

图 3.38～图 3.42 分别给出了各冷却塔最不利风向角下典型截面处速度流场图和最大负压截面处速度矢量图。根据不同风向角下冷却塔是否受其他冷却塔、山形和周边建筑等干扰物对来流风的影响，将冷却塔分为受干扰塔和未受干扰塔。

由图可知，①群塔组合、复杂山形和周边建筑等对冷却塔周围流场干扰作用显著；②未受干扰塔由于没有受到上游干扰物的阻碍作用，均在塔筒迎风面 0°位置发生分流且绕流分离点基本相同，而受干扰塔由于上游干扰物的阻挡使得塔筒绕流产生显著的差异；③由于周围干扰物的影响，不同风向角下各冷却塔尾流差异显著，但均产生回流以及尺度不同的涡旋；④随着高度的增加，周围山体等结构对冷却塔干扰作用减小，但不同冷却塔之间的相互干扰依然显著；⑤最不利工况干扰因子达 1.43，是由二期塔 2 在 247.5°来流风向角下引起的，分析其原因是山体在该角度下海拔较低而形成低矮狭谷，同时三期塔 1 与三期建筑之间形成“夹道效应”，使得来流风在夹道中速度增加，改变了二期塔 2 周围流场特性，进而影响其风压分布。

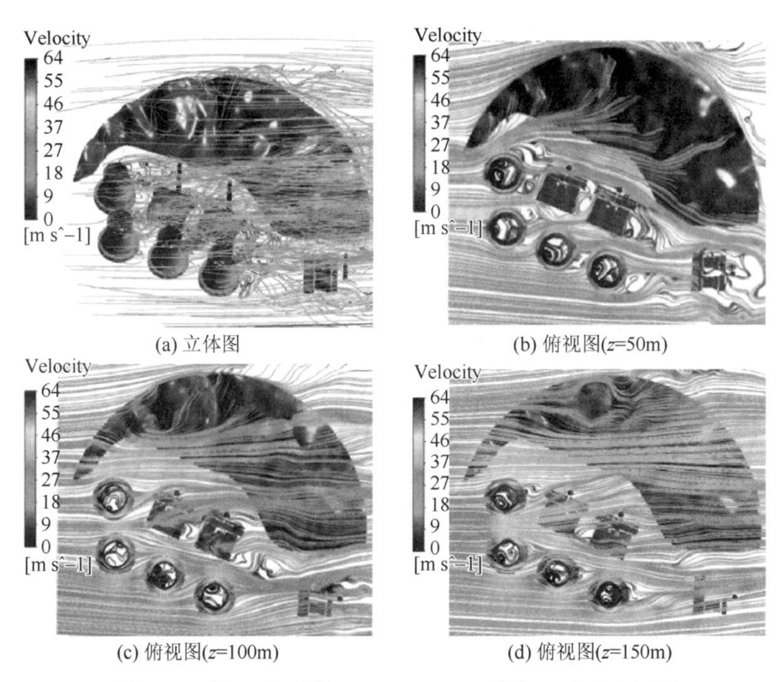

(a) 立体图　(b) 俯视图(z=50m)

(c) 俯视图(z=100m)　(d) 俯视图(z=150m)

图 3.38　塔 A 最不利工况（292.5°风向角）速度流场图

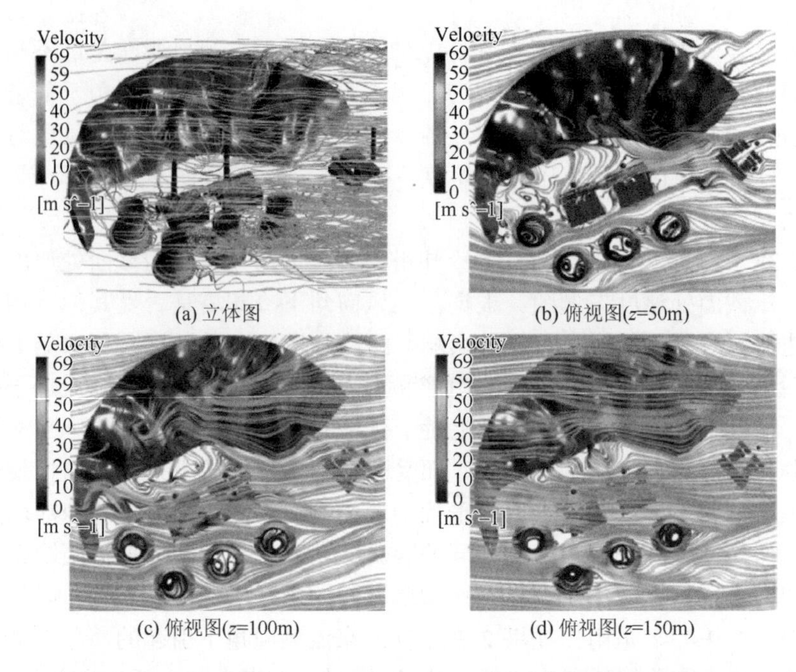

(a) 立体图　　(b) 俯视图(z=50m)

(c) 俯视图(z=100m)　　(d) 俯视图(z=150m)

图 3.39　塔 B 最不利工况（247.5°风向角）速度流场图

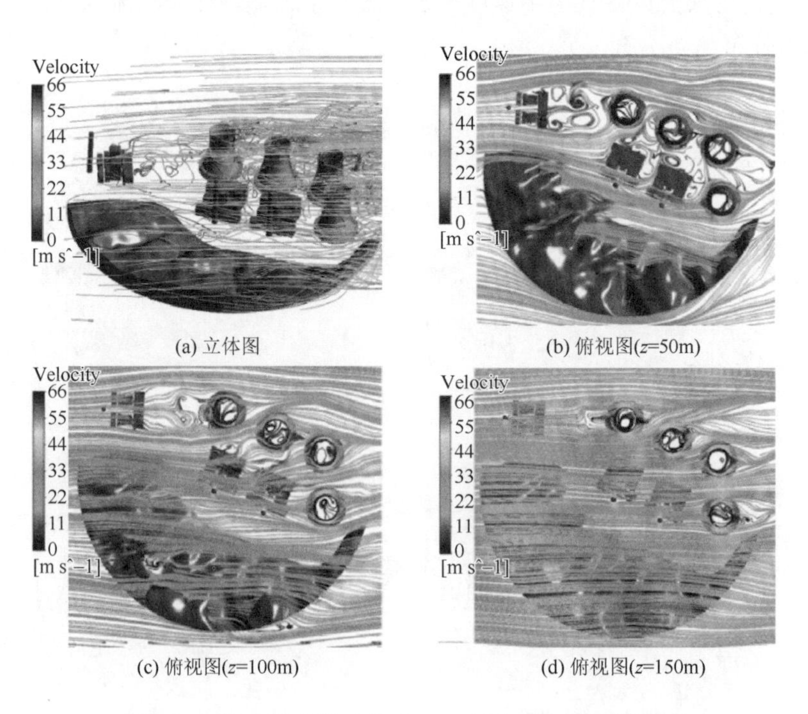

(a) 立体图　　(b) 俯视图(z=50m)

(c) 俯视图(z=100m)　　(d) 俯视图(z=150m)

图 3.40　塔 C 最不利工况（112.5°风向角）速度流场图

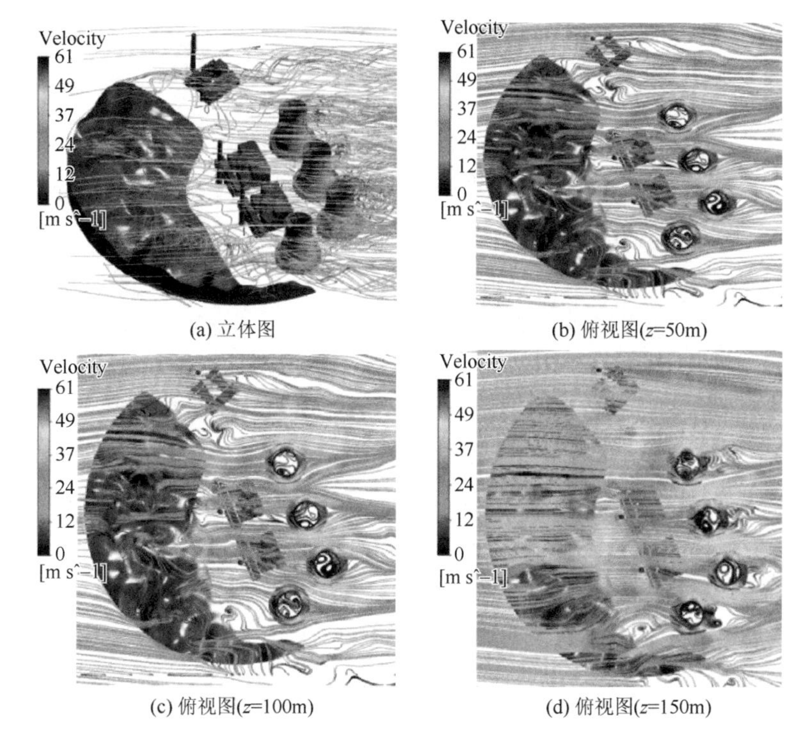

(a) 立体图　(b) 俯视图(z=50m)

(c) 俯视图(z=100m)　(d) 俯视图(z=150m)

图 3.41　塔 D 最不利工况（157.5°风向角）速度流场图

图 3.43 和图 3.44 分别给出了各冷却塔最不利风向角下最大负压截面和侧面处湍动能分布云图。分析可知，考虑复杂山形和周边建筑干扰时，各冷却塔周边湍动能分布出现显著差异，主要体现在靠近冷却塔最大负压截面处出现了明显的湍动能增值区域，该区域对应涡旋形成区域，反映了大尺寸涡旋的产生导致湍流作用强度增大，进而使冷却塔周围流场流动更加紊乱。复杂山形对冷却塔群来流湍流和风压分布模式的影响显著，基于数值模拟和风洞试验方法分析得到的最不利

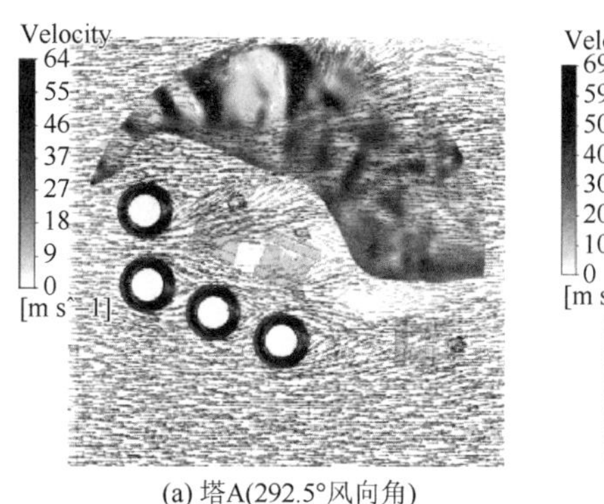

(a) 塔A(292.5°风向角)

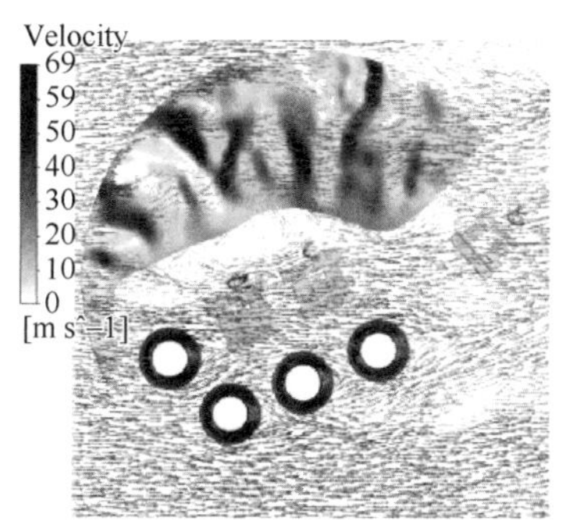

(b) 塔B(247.5°风向角)

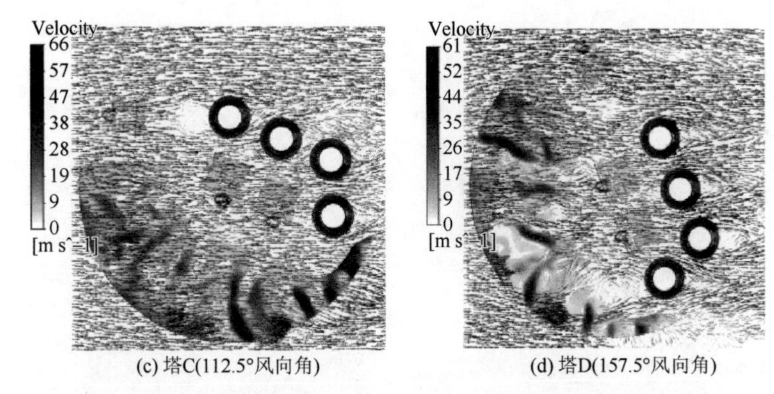

(c) 塔C(112.5°风向角)　(d) 塔D(157.5°风向角)

图 3.42　各冷却塔最不利风向角下最大负压截面处速度矢量图

工况干扰因子分别达到 1.430 和 1.523，该工况为塔 B 在 247.5°来流风向角下引起，分析原因是山体海拔较高且邻近冷却塔，复杂山形在该角度下形成低矮狭谷入口并改变了冷却塔的来流湍流。同时塔 C 与建筑 3 之间形成的“夹道效应”使得来流风在夹道中速度增加且在“夹道壁面”之间相互碰撞与对流，进一步增强了塔 B 周围流场的涡旋强度，高强度涡旋掠过塔 B 迎风面上升至近喉部标高侧风区域，而冷却塔近喉部位置的颈缩进一步促进了湍流增益，加速了涡旋脱落，最终显著增大了塔筒侧风面最大负压数值。

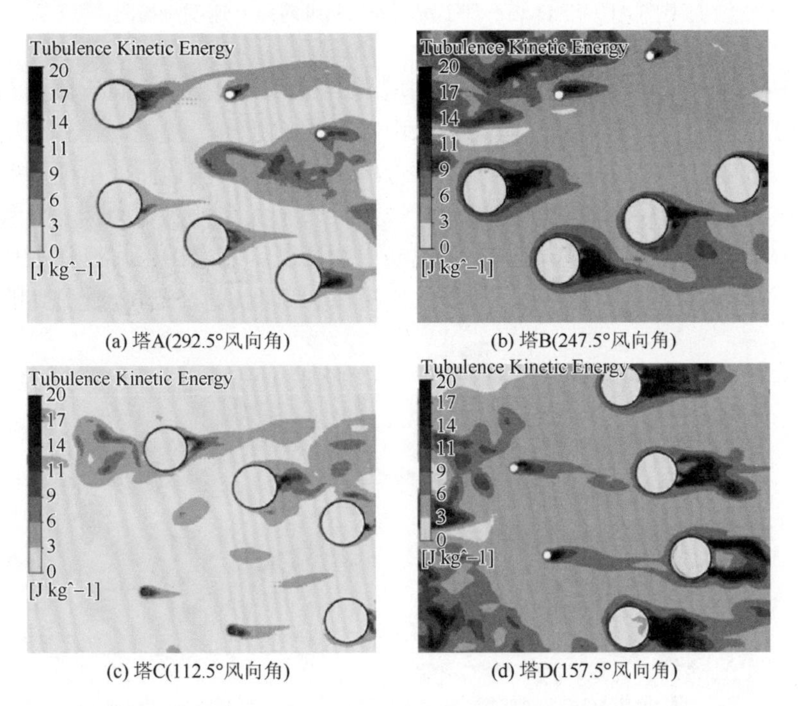

(a) 塔A(292.5°风向角)　(b) 塔B(247.5°风向角)

(c) 塔C(112.5°风向角)　(d) 塔D(157.5°风向角)

图 3.43　各冷却塔最不利风向角下最大负压截面处湍动能分布云图

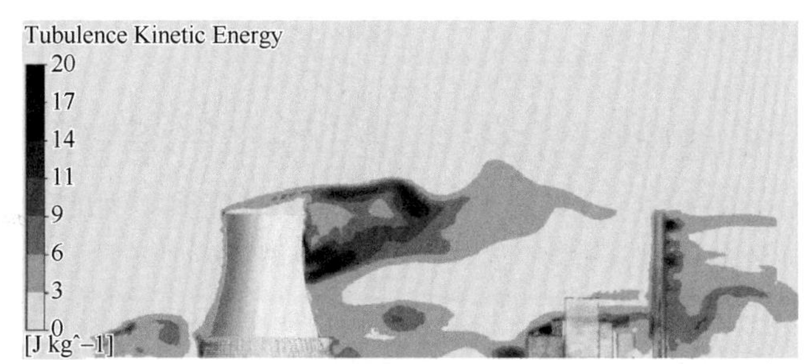

(a) 塔A (292.5°风向角)

(b) 塔B (247.5°风向角)

(c) 塔C (112.5°风向角)

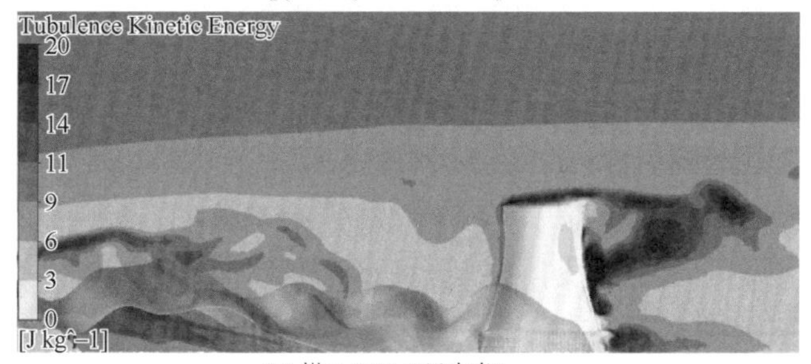

(d) 塔D (157.5°风向角)

图 3.44　各冷却塔最不利风向角下侧面湍动能分布云图

3.4　复杂塔群组合

目前，群塔组合形式逐渐朝着高密度冷却塔群的趋势发展，程霄翔等[18]采用刚体测压试验和天平测力试验方法着重研究了典型矩形八塔组合塔群风致干扰效应。图 3.45 给出了矩形八塔塔群组合布置示意图。研究表明，对于高密度冷却塔群，在结构自身的力学性能以及建筑布置确定的情况下，风致干扰效应主要取决于来流的方向，在某些来流风向角下，冷却塔将可能受到不利的干扰效应。因此，为了避免在主导风向下出现强烈的干扰效应，应进行相关试验以确定产生不利来流的方向及影响。将受扰塔体阻力、升力系数均值、根方差等整体气动力参数作为判断依据比较准确。

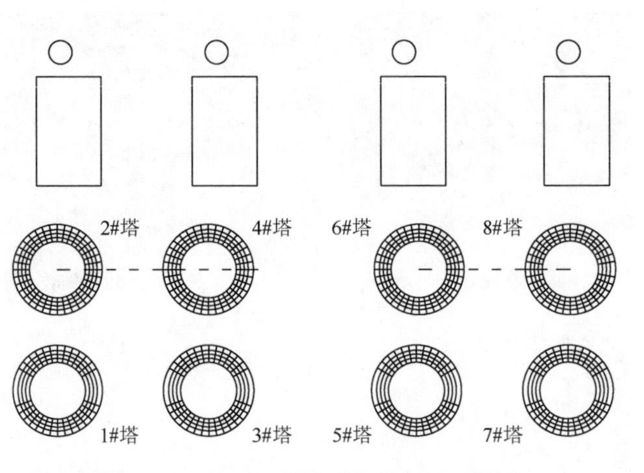

图 3.45　矩形八塔塔群组合布置示意图

冷却塔塔体的上端和下端存在明显的三维流动效应，压力系数绝对值减小；塔中部的压力分布体现了准二维绕圆柱流动的特点。上述八塔测压试验干扰因子最大值为 1.444，发生在 5 号塔 247.5°来流方向；测力试验干扰因子最大值为 1.380，发生在 8 号塔 22.5°来流方向。

来流在通过塔群间形成的狭窄通道时会被加速，且前排冷却塔塔后会形成尾流，处在后排的塔体在加速气流和前塔尾流干扰的共同作用下，结构内力可能发生不利的变化，造成通道效应。在若干不利来流工况下，受扰塔的压力系数分布基本上反映了绕流机理，证明在典型高密度冷却塔塔群中，通道效应比较普遍。

3.5　小　　结

本章采用风洞试验和 CFD 数值模拟方法对冷却塔群塔干扰效应进行了研究，以双塔、三塔、四塔以及复杂塔群组合为典型工况，系统考虑了不同塔间距、透风率、导风装置、群塔组合和复杂山形等因素对冷却塔塔群干扰效应的影响。研究表明，以上因素对冷却塔干扰效应的影响均不可忽略，建议进行相关试验以确定产生不利来流的方向及影响。

参考文献

[1] GB/T 50102—2014. 工业循环水冷却设计规范[S]. 北京：中国计划出版社，2014.

[2] BS4485（Part 4）. Code of Practice for Structural Design and Construction-water Cooling Tower[S]. London：British Standard Institution，1996.

[3] VGB-R610Ue. VGB-Guideline：Structural Design of Cooling Tower-technical Guideline for the Structural Design，Computation and Execution of Cooling Towers[S]. Essen：BTR Bautechnik Bei Kuhlturmen，2010.

[4] 沈国辉，余关鹏，孙炳楠，等. 大型冷却塔风致响应的干扰效应[J]. 浙江大学学报（工学版），2012，46（1）：38-43，50.

[5] Ke S，Liang J，Zhao L. Influence of ventilation rate on the aerodynamic interference for two IDCTs by CFD[J]. Wind and Structures，An International Journal，2015，20（3）：449-468.

[6] 柯世堂. 大型冷却塔结构风效应和等效风荷载研究[D]. 上海：同济大学，2011.

[7] Ke S，Ge Y. The influence of self-excited forces on wind loads and wind effects for super-large cooling towers[J]. Journal of Wind Engineering and Industrial Aerodynamics，2014，132：125-135.

[8] 柯世堂，赵林，葛耀君. 超大型冷却塔结构风振与地震作用影响比较[J]. 哈尔滨工业大学学报，2010，42（10）：1635-1641.

[9] 赵林，葛耀君，许林汕，等. 超大型冷却塔风致干扰效应试验研究[J]. 工程力学，2009，26（1）：149-154，159.

[10] 顾志福，孙天风，陈强. 两个相邻冷却塔风荷载的相互作用[J]. 空气动力学学报，1992，10（4）：519-524.

[11] 柯世堂，葛耀君，赵林. 基于气弹试验大型冷却塔结构风致干扰特性分析[J]. 湖南大学学报（自然科学版），2010，37（11）：18-23.

[12] 周旋，牛华伟，陈政清，等. 双冷却塔布置与山地环境风干扰作用效应研究[J]. 建筑结构学报，2014，35（12）：140-148.

[13] 柯世堂，朱鹏. 不同导风装置对超大型冷却塔风压特性影响研究[J]. 振动与冲击，2016，35（22）：136-141.

[14] 沈国辉，余关鹏，孙炳楠，等. 倒品字形分布三个冷却塔的风致干扰效应研究[J]. 空气动力学学报，2011，29（1）：107-113.

[15] 张军锋，葛耀君，赵林. 群塔布置对冷却塔整体风荷载和风致响应的不同干扰效应[J]. 工程力学，2016，33（8）：15-23.

[16] 柯世堂. 220m 高钢筋混凝土冷却塔风振效应及多塔塔群影响研究[R]. 南京：南京航空航天大学，2016.

[17] 柯世堂，侯宪安，姚友成，等. 强风作用下大型双曲冷却塔风致振动参数分析[J]. 湖南大学学报（自然科学版），2013，40（10）：32-37.

[18] 程霄翔，赵林，葛耀君. 典型矩形八塔超大型冷却塔塔群风致干扰效应试验[J]. 中南大学学报（自然科学版），2013，44（1）：372-380.

第4章　大型冷却塔风振计算方法

风荷载是大型冷却塔结构设计的控制性荷载之一[1-3]，平均风荷载作用下的结构响应通过简单静力计算即可得到，而脉动风荷载作用下的动力响应[4-6]较为复杂，通常采用时域和频域两种方法进行计算和分析[7-9]。时域方法计算直接、精度高、适用范围广，频域方法计算简便、高效迅速。下面分别对风振时域和频域算法进行详细介绍和对比研究。

4.1　风振时域计算方法

时域分析法的基本思想是利用有限元法使结构离散化，将风荷载风压脉动时程施加至结构相应的节点上，在时域内通过逐步积分法直接求解运动微分方程，从而得到结构的动力响应时程[10]。时域法具有计算精度高、适用范围广的优点，且能够获得结构动力响应的完整信息（如应力、应变、位移等），还能在时间域内对结构的刚度进行修正。

4.1.1　基本概念

风速可分解为平均风速和脉动风速[11]，任一时刻 t 的风速 $u(z, t)$为

$$u(z,t)=\overline{u}(z)+\tilde{u}(z,t) \tag{4-1}$$

式中，$\overline{u}(z)$为高度 z 处的平均风速；$\tilde{u}(z, t)$为高度 z 处的脉动风速。则对应任一高度处的风压 $w(z, t)$为

$$\begin{aligned} w(z,t)&=\frac{1}{2}\rho\mu_s u^2(z,t)\\ &=\frac{1}{2}\rho\mu_s\overline{u}^2(z)+\frac{1}{2}\rho\mu_s(2\overline{u}(z)\tilde{u}(z,t)+\tilde{u}^2(z,t))\\ &\approx\frac{1}{2}\rho\mu_s\overline{u}^2(z)+\rho\mu_s\overline{u}(z)\tilde{u}(z,t)\\ &=\overline{w}(z)+\tilde{w}(z,t)\end{aligned} \tag{4-2}$$

式中，μ_s 为体型系数；ρ 为空气密度；$\overline{w}(z)$为高度 z 处的平均风压；$\tilde{w}(z, t)$为高度 z 处的脉动风压，由于脉动风速远小于平均风速，计算时忽略了脉动风速的平方项。

风压作用在结构上后在高度 z 处单位高度上的作用风荷载 $F(z, t)$为

$$
\begin{aligned}
F(z,t) &= B(z)(\bar{w}(z)+\tilde{w}(z,t)) \\
&= \bar{F}(z)+\tilde{F}(z,t) \\
&= \frac{1}{2}\rho\mu_s B(z)\bar{u}^2(z)+\rho\mu_s B(z)\bar{u}(z)\tilde{u}(z,t)
\end{aligned}
\tag{4-3}
$$

式中，$B(z)$为高度 z 处的截面特征尺寸。

4.1.2　时域计算理论

时域法是一种直接求解动力方程的方法，将任意随时间变化的风荷载作为计算输入荷载，直接进行运动方程求解从而得到结构风致响应。与频域法相比，时域法可以考虑非线性因素，计算过程中不断调整力的平衡方程，减小了在结构风振计算分析中计算模型简化带来的误差，并且能够更直接地了解结构特性，计算出设计所需要的应力、力和位移等响应值，时域法相比频域法能获取更多可能发生疲劳问题的信息。故时域法为一种较为准确的方法，但计算量较大，分析计算过程更为繁冗、费时。

通过时域方法计算结构时，数值方法求解结构动力方程是目前的主流方法。数值方法的数学格式统一，可适用于线性和非线性结构体系的动力响应计算。

一般结构在脉动风荷载作用下，其振动方程可表示为

$$
[M]\{\ddot{u}(t)\}+[C]\{\dot{u}(t)\}+[K]\{u(t)\}=\{P(t)\} \tag{4-4}
$$

式中，$[M]$、$[C]$、$[K]$分别为系统的质量、结构阻力和刚度矩阵；$\{\ddot{u}(t)\}$、$\{\dot{u}(t)\}$、$\{u(t)\}$分别为结构的加速度、速度和位移向量，并记

$$
\{u(t_n+\Delta t)\}=\{u(t_{n+1})\} \tag{4-5}
$$

响应时域法常用的算法主要分为直接积分法和坐标变换法两种。直接积分法是在求解式（4-4）之前不进行坐标变换，直接进行数值积分计算。这种方法的特点是对时域进行离散，将式（4-4）分为各离散时刻的方程，然后将该时刻的加速度和速度用相邻时刻的位移线性组合而成，式（4-4）就化为一个由位移组成的该离散时刻上的响应值，通常又称为逐步积分法。线性代数方程组的解法与静力时刻的位移线性组合，就出现了各种不同的方法，主要有中心差分法、Houbolt 方法、线性加速度法、Wilson-θ 法和 Newmark 方法等。

坐标变换法在求解结构动力方程式（4-4）之前，进行模态坐标变换，实际上就是一种 Ritz 变换，即把原物理空间的动力方程变换到模态空间中求解。目前普遍使用的方法是模态（振型）叠加法，即用结构的前 q 阶实际主模态集（主振型阵）构成坐标变换阵进行变换。通过这一变换实现降阶，求得较好的近似解。此

外，还用于解除耦合和简化方程的计算。还有一种所谓假设模态法，即用一组假设模态构成模态坐标变换阵进行变换，获得一组降阶的而不解耦的模态基坐标方程。显然，这种方法的计算精度，取决于所假设的模态，用 Ritz 矢量法求解的近似模态作为假设模态，可使其精度满足要求。完全瞬态法实际上是使用隐式方法 Newmark 和 HHT 来直接求解冷却塔线性结构的瞬态动力学平衡方程。

风振响应时域计算方法的精度取决于步长的大小，在选择步长 Δt 时，应考虑多方面因素，且必须足够短，但将导致计算量显著增大，因此必须权衡精度和计算量之间的关系。以下对几种方法进行介绍。

1. Newmark 法

Newmark 提出一种逐步法，采用 t_n 时刻和 t_{n+1} 时刻的$\{\ddot{u}(t_n)\}$、$\{\ddot{u}(t_{n+1})\}$的线性插值近似表示 t_n 时刻和 t_{n+1} 时刻之间段内的加速度 $\{\ddot{u}\}_{t_n \to t_{n+1}}$：

$$\{\ddot{u}\}_{t_n \to t_{n+1}} = (1-\gamma)\{\ddot{u}(t_n)\} + \{\ddot{u}(t_{n+1})\} \tag{4-6}$$

于是，t_{n+1} 时刻的速度和位移可分别表示为

$$\{\dot{u}(t_{n+1})\} = \{\dot{u}(t_n)\} + \Delta t\{\ddot{u}\}_{t_n \to t_{n+1}} = \{\dot{u}(t_n)\} + \Delta t[(1-\gamma)\{\ddot{u}(t_n)\} + \gamma\{\ddot{u}(t_{n+1})\}] \tag{4-7}$$

$$\{u(t_{n+1})\} = \{u(t_n)\} + \Delta t\{\dot{u}(t_n)\} + \left(\frac{1}{2} - \beta\right)\Delta t^2\{\ddot{u}(t_n)\} + \beta\{\ddot{u}(t_{n+1})\} \tag{4-8}$$

由式（4-6）和式（4-7）可见，系数 γ 提供了该时间步内的加速度在初始和最终加速度之间的线性变化权重；类似地，系数 β 提供了该时刻内初始和最终加速度对位移改变贡献的权重。

研究发现，系数 γ 控制了由逐步法导致的人工阻尼量；当 $\gamma=1/2$ 时，$\beta=0$ 为显式 Newmark 法，即中心差分法；$\beta=1/6$ 为线性加速度法；$\beta=1/4$ 为平均加速度法。

t_{n+1} 时刻的运动方程可表示为

$$[M]\{\ddot{u}(t_{n+1})\} + [C]\{\dot{u}(t_{n+1})\} + [K]\{u(t_{n+1})\} = \{P(t_{n+1})\} \tag{4-9}$$

由式（4-7）和式（4-8）可得到用$\{u(t_{n+1})\}$、$\{\ddot{u}(t_n)\}$、$\{\dot{u}(t_n)\}$和$\{u(t_n)\}$表示的 t_{n+1} 时刻的速度和加速度的表达式：

$$\{\dot{u}(t_{n+1})\} = \frac{\gamma}{\beta\Delta t}\{u(t_{n+1})\} - \{u(t_n)\} + \left(1 - \frac{\gamma}{\beta}\right)\{\dot{u}(t_n)\} + \left(1 + \frac{\gamma}{2\beta}\right)\Delta t\{\ddot{u}(t_n)\} \tag{4-10}$$

$$\{\ddot{u}(t_{n+1})\} = \frac{1}{\beta\Delta t^2}\{u(t_{n+1})\} - \{u(t_n)\} - \frac{1}{\beta\Delta t}\{\dot{u}(t_n)\} + \left(1 - \frac{1}{2\beta}\right)\{\ddot{u}(t_n)\} \tag{4-11}$$

将式（4-10）和式（4-11）代入式（4-9），可得

$$[K]^*\{u(t_{n+1})\} = \{P(t_{n+1})\}^* \tag{4-12}$$

式中，$[K]^*$、$\{p(t_{n+1})\}^*$的表达式分别为

$$[K]^* = [K] + \frac{\gamma}{\beta\Delta t^2}[M] + \frac{\gamma}{\beta\Delta t}[C] \tag{4-13}$$

$$\{P(t_{n+1})\}^{*}=\{P(t_{n+1})\}+[M]\left[\frac{\gamma}{\beta\Delta t^{2}}\{u(t_n)\}+\frac{1}{\beta\Delta t}\{\dot{u}(t_n)\}+\left(\frac{1}{2\beta}-1\right)\{\ddot{u}(t_n)\}\right]$$
$$+[C]\left[\frac{\gamma}{\beta\Delta t}\{u(t_n)\}+\left(\frac{\gamma}{\beta}-1\right)\{\dot{u}(t_n)\}+\left(\frac{\gamma}{2\beta}-1\right)\Delta t\{\ddot{u}(t_n)\}\right] \quad (4\text{-}14)$$

求解式（4-12）得到$\{u(t_{n+1})\}$，然后根据式（4-10）和式（4-11）可得 t_{n+1} 时刻的速度和加速度。根据上述迭代方法，只需确定各参数、步长和起始步中的各运动量，即可通过逐步法推导出所有时刻的运动量。

Newmark 法属于隐式积分法，为了保留高阶模态的影响，而防止由算法阻尼引起的振幅衰减，就必须选取足够小的时间步长，若时间步长选择不当，高频振动的分量不能正确反映出来，计算必然存在误差。

Newmark 法具体求解过程如下。

1）初始计算

（1）确定系统的质量、结构阻力和刚度矩阵$[M]$、$[C]$和$[K]$；

（2）给定初值$\{u\}_0$、$\{\dot{u}\}_0$和$\{\ddot{u}\}_0$；

（3）选择时间步长 Δt，参数 γ 和 β，并计算积分常数：

$$\gamma \geqslant 0.50,\quad \beta \geqslant 0.25(0.5+\delta)^2$$

$$\alpha_0=\frac{1}{\beta\Delta t^2},\quad \alpha_1=\frac{\gamma}{\beta\Delta t},\quad \alpha_2=\frac{1}{\beta\Delta t}$$

$$\alpha_3=\frac{1}{2\beta}-1,\quad \alpha_4=\frac{\gamma}{\beta}-1,\quad \alpha_5=\frac{\Delta t}{2}\left(\frac{\gamma}{\beta}-2\right)$$

$$\alpha_6=\Delta t(1-\gamma),\quad \alpha_7=\gamma\Delta t$$

（4）形成有效刚度矩阵：$[\tilde{K}]=[K]+\alpha_0[M]+\alpha_1[K]$；

（5）对$[\tilde{K}]$作三角分解：$[\tilde{K}]=[L][D][L]^{\mathrm{T}}$。

2）对每个时间步计算

（1）计算 $t+\Delta t$ 时刻的有效载荷：

$$\{\tilde{F}\}_{t+\Delta t}=\{F\}_{t+\Delta t}+[M](\alpha_0\{u\}+\alpha_2\{\dot{u}\}_t+\alpha_3\{\ddot{u}\})$$
$$+[C](\alpha_1\{u\}_t+\alpha_4\{\dot{u}\}_t+\alpha_5\{\ddot{u}\}_t)$$

（2）计算 $t+\Delta t$ 时刻的速度和加速度：

$$\{\ddot{u}\}_{t+\Delta t}=\alpha_0(\{u\}_{t+\Delta t}-\{u\}_t)-\alpha_2\{\dot{u}\}_t-\alpha_3\{\ddot{u}\}_t$$
$$\{\dot{u}\}_{t+\Delta t}=\{\dot{u}\}_t+\alpha_6\{\ddot{u}\}_t+\alpha_7\{\ddot{u}\}_{t+\Delta t}$$

2. 中心差分法

中心差分法的特点是将动力方程在时间域上离散，化成对时间的差分格式，然后根据初始条件，利用直接积分法逐步求解出一系列时刻上的响应值。

假定 t=0 时，位移、速度和加速度分别已知，将求解的时间区间划分为 n 个等份，即 $\Delta t=T/n$。建立积分格式即从已知的 $0, \Delta t, 2\Delta t, \cdots, t$ 的解来计算下一个时间步的解。

在中心差分法中，按中心差分将速度和加速度矢量离散化为

$$\{\dot{u}\}_t = \frac{1}{2\Delta t}(\{u\}_{t+\Delta t} - \{u\}_{t-\Delta t}) \tag{4-15}$$

$$\{\ddot{u}\}_t = \frac{1}{\Delta t^2}(\{u\}_{t+\Delta t} - 2\{u\}_t + \{u\}_{t-\Delta t}) \tag{4-16}$$

于是 t 时刻的速度和加速度可用相邻时刻的位移表示。考虑在 t 时刻的动力方程，有

$$[M]\{\ddot{u}\}_t + [C]\{\dot{u}\}_t + [K]\{u\}_t = \{F\}_t \tag{4-17}$$

将式（4-15）和式（4-16）代入式（4-17）中，可得

$$\left(\frac{1}{\Delta t^2}[M] + \frac{1}{2\Delta t}[C]\right)\{u\}_{t+\Delta t} = \{F\}_t - \left([K] - \frac{2}{\Delta t^2}[M]\right)\{u\}_t - \left(\frac{1}{\Delta t^2}[M] - \frac{1}{2\Delta t}[C]\right)\{u\}_{t-\Delta t} \tag{4-18}$$

式（4-18）演化为以相邻时刻的位移表示的代数方程组，由此可解出$\{u\}_{t+\Delta t}$，称为显示积分。在求解$\{u\}_{t+\Delta t}$时需要$\{u\}_t$和$\{u\}_{t-\Delta t}$的值，在 t=0 时，计算$\{u\}_{\Delta t}$的值需要$\{u\}_{-\Delta t}$的值，而其值未知，需启动处理，故该算法不是自起步的。由于$\{u\}_0$、$\{\dot{u}\}_0$和$\{\ddot{u}\}_0$是已知的，故由 t=0 时的式（4-15）和式（4-16）可解得

$$\{u\}_{-\Delta t} = \{u\}_0 - \Delta t\{\dot{u}\}_0 + \frac{\Delta t^2}{2}\{\ddot{u}\}_0 \tag{4-19}$$

中心差分法具体求解过程如下。

1）初始计算

（1）确定系统的质量、结构阻力和刚度矩阵$[M]$、$[C]$和$[K]$;

（2）给定初值$\{u\}_0$、$\{\dot{u}\}_0$和$\{\ddot{u}\}_0$;

（3）选择时间步长 Δt，且 $\Delta t < \Delta t_{cr}$，并计算积分常数：

$$a_0 = \frac{1}{\Delta t^2},\quad a_1 = \frac{1}{2\Delta t},\quad a_2 = 2a_0,\quad a_3 = \frac{1}{a_2} \tag{4-20}$$

（4）计算确定$\{u\}_{-\Delta t}=\{u\}_0-\Delta t\{\dot{u}\}_0+a_3\{\ddot{u}\}_0$;

（5）形成有效质量矩阵：$[M]=a_0[M]+a_1[C]$;

（6）三角分解$[M]$：$[\tilde{M}]=[L][D][L]^{\mathrm{T}}$。

2）对每个时间步计算

（1）计算 t 时刻的有效载荷：$\{\tilde{F}\}=\{F\}_t-([K]-a_2[M])\{u\}_t-(a_0[M]-a_1[C])\{u\}_{t-\Delta t}$;

（2）求解 $t+\Delta t$ 时刻的位移：$[L][D][L]^{\mathrm{T}}\{u\}_{t+\Delta t}=\{\tilde{F}\}_t$;

（3）计算 t 时刻的速度和加速度：

$$\{\ddot{u}\}_t = a_0(\{u\}_{t+\Delta t} - 2\{u\}_t + \{u\}_{t-\Delta t}) \tag{4-21}$$

$$\{\dot{u}\}_t = a_1(\{u\}_{t+\Delta t} - \{u\}_{t-\Delta t}) \tag{4-22}$$

应当指出，中心差分算法求解过程中左端的系数矩阵只与质量阵[M]和阻尼阵[C]有关，而与刚度阵[K]无关。如果质量阵和阻尼阵是对角阵，那么在解方程时，就不需要对系数阵进行三角分解，即不需要解线性代数方程组，从第一步开始逐次求得各个时刻$\{u\}_{t+\Delta t}$的值，这时中心差分格式是一种显示格式。由于不求解代数方程组，右端项形成只需在单元一级水平上，由每个单元对有效载荷矢量的贡献叠加而成。因此，ADINA 程序规定在用中心差分法时必须使用对角的质量阵和阻尼阵。从计算稳定性角度来看，中心差分法的缺点在于当时间步长 Δt 太大时，积分不稳定。限制步长为

$$\Delta t \leqslant \Delta t_{cr} = \frac{T_n}{\pi} \tag{4-23}$$

式中，Δt_{cr}为临界步长值；T_n为有限元系统的最小周期。这样，当 T_n 很小时，就限制了 Δt 必须很小，故求解所花费代价较大。

3. 线性加速度法和 Wilson-θ 法

线性加速度法和 Wilson-θ 法均属于逐步积分法。线性加速度法是假定在[t, t+Δt]时间间隔内，即在步长 Δt 时间内，加速度$\{\ddot{u}(t+\tau)\}$呈线性变化，其表达式为

$$\{\ddot{u}\}_{t+\tau} = \{\ddot{u}\}_t + \tau\{A\} \tag{4-24}$$

式中，$\{A\}$=（$\{\ddot{u}\}_{t+\tau}$−$\{\ddot{u}\}$）/Δt，但这个方法不是无条件稳定的，所以在应用上受到限制。20 世纪 70 年代初期，Wilson 推广了线性加速度法，他假定在此步长 Δt 更大的时间区间（t, t+$\theta\Delta t$）内，加速度仍保持线性变化，经过证明，当 θ≥1.37 时，这一方法是无条件稳定的，即 Wilson-θ 方法。

Wilson-θ 法的加速度表达式为

$$\{\ddot{u}\}_{t+\tau} = \{\ddot{u}\}_t + \tau\{A_1\} \tag{4-25}$$

式中，$\{A_1\}$=($\{\ddot{u}\}_{t+\theta\Delta t}$−$\{\ddot{u}\}_t$)/$\theta\Delta t$。

对比式（4-24）和式（4-25）可知，线性加速度法是 Wilson-θ 法中当 θ=1 时的一个特例。

在 0≤τ≤$\theta\Delta t$ 区间内对式（4-32）进行积分，得到

$$\{\dot{u}\}_{t+\tau} = \{\dot{u}\}_t + \{\ddot{u}\}_t\tau + \frac{\tau^2}{2\theta\Delta t}(\{\ddot{u}\}_{t+\theta\Delta t} - \{\ddot{u}\}_t) \tag{4-26}$$

$$\{u\}_{t+\tau} = \{u\}_t + \{\dot{u}\}_t\tau + \frac{1}{2}\{\ddot{u}\}_t\tau^2 + \frac{\tau^3}{6\theta\Delta t}(\{\ddot{u}\}_{t+\theta\Delta t} - \{\ddot{u}\}_t) \tag{4-27}$$

令 τ=$\theta\Delta t$，可得

$$\{\dot{u}\}_{t+\theta\Delta t} = \{\dot{u}\}_t + \frac{\theta\Delta t}{2}(\{\ddot{u}\}_{t+\theta\Delta t} + \{\ddot{u}\}_t) \tag{4-28}$$

$$\{u\}_{t+\theta\Delta t}=\{u\}_t+\theta\Delta t\{\dot{u}\}_t+\frac{\theta^2\Delta t^2}{6}(\{\ddot{u}\}_{t+\theta\Delta t}+2\{\ddot{u}\}_t) \tag{4-29}$$

由式（4-29）将（$t+\theta\Delta t$）时刻的加速度和速度用位移来表示，即

$$\{\ddot{u}\}_{t+\theta\Delta t}=\frac{6}{\theta^2\Delta t^2}(\{u\}_{t+\theta\Delta t}-\{u\}_t)-\frac{6}{\theta\Delta t}\{\dot{u}\}_t-2\{\ddot{u}\}_t \tag{4-30}$$

$$\{\dot{u}\}_{t+\theta\Delta t}=\frac{3}{\theta\Delta t}(\{u\}_{t+\theta\Delta t}-\{u\}_t)-2\{\dot{u}\}_t-\frac{\theta\Delta t}{2}\{\ddot{u}\}_t \tag{4-31}$$

于是，$t+\theta\Delta t$ 时刻的动力方程为

$$[M]\{\ddot{u}\}_{t+\theta\Delta t}+[C]\{\dot{u}\}_{t+\theta\Delta t}+[K]\{u\}_{t+\theta\Delta t}=\{\tilde{F}\}_{t+\theta\Delta t} \tag{4-32}$$

式中，$\{\tilde{F}\}_{t+\theta\Delta t}=\{F\}_t+\theta(\{F\}_{t+\Delta t}-\{F\}_t)$，将式（4-30）和式（4-31）代入式（4-32），得到关于$\{u\}_{t+\theta\Delta t}$的方程为

$$\begin{aligned}&\left([K]+\frac{6}{\theta^2\Delta t^2}[M]+\frac{3}{\theta\Delta t}[C]\right)\{u\}_{t+\theta\Delta t}=\{F\}_t+\theta([F]_{t+\Delta t}-[F]_t)\\&+[M]\left(\frac{6}{\theta^2\Delta t^2}\{u\}_t+\frac{6}{\theta\Delta t}\{\dot{u}\}_t+2\{\ddot{u}\}_t\right)+[C]\left(\frac{3}{\theta\Delta t}\{u\}_t+2\{\dot{u}\}_t+\frac{\theta\Delta t}{2}\{\ddot{u}\}_t\right)\end{aligned} \tag{4-33}$$

记

$$[\tilde{K}]=[K]+\frac{6}{\theta^2\Delta t^2}[M]+\frac{3}{\theta\Delta t}[C]$$

$$\begin{aligned}\{\tilde{F}\}_{t+\theta\Delta t}&=\{F\}_t+\theta(\{F\}_{t+\theta\Delta t}-\{F\}_t)+[M]\left(\frac{6}{\theta^2\Delta t^2}\{u\}_t+\frac{6}{\theta\Delta t}\{\dot{u}\}_t+2\{\ddot{u}\}_t\right)\\&+[C]\left(\frac{6}{\theta\Delta t}\{u\}_t+2\{\dot{u}\}_t+\frac{\theta\Delta t}{2}\{\ddot{u}\}_t\right)\end{aligned}$$

于是，式（4-33）可写为

$$[\tilde{K}]\{u\}_{t+\theta\Delta t}=\{\tilde{F}\}_{t+\theta\Delta t} \tag{4-34}$$

求解式（4-34），则得到$\{u\}_{t+\theta\Delta t}$。

将求解得到的$\{u\}_{t+\theta\Delta t}$代入式（4-30）中得到$\{\ddot{u}\}_{t+\theta\Delta t}$，在式（4-27）中取$\tau=\Delta t$，并将式（4-30）代入，有

$$\{\ddot{u}\}_{t+\Delta t}=\frac{6}{\theta^3\Delta t^2}(\{u\}_{t+\theta\Delta t}-\{u\}_t)+\frac{6}{\theta^2\Delta t}\{\dot{u}\}_t+\left(1-\frac{3}{\theta}\right)\{\ddot{u}\}_t \tag{4-35}$$

将式（4-25）代入式（4-26）和式（4-27），并取$\tau=\Delta t$，有

$$\{\dot{u}\}_{t+\Delta t}=\{\dot{u}\}_t+\frac{\Delta t}{2}(\{\ddot{u}\}_{t+\Delta t}+\{\ddot{u}\}_t) \tag{4-36}$$

$$\{u\}_{t+\Delta t}=\{u\}_t+\Delta t\{\dot{u}\}_t+\frac{\Delta t^2}{6}(\{\ddot{u}\}_{t+\Delta t}+2\{\ddot{u}\}_t) \tag{4-37}$$

Wilson-θ 法逐步求解的过程如下：

1）初始计算

（1）确定系统的质量、结构阻力和刚度矩阵$[M]$、$[C]$和$[K]$；

（2）给定初值$\{u\}_0$、$\{\dot{u}\}_0$和$\{\ddot{u}\}_0$；

（3）选择时间步长 Δt，取 θ=1.4，并计算积分常数：

$$a_0=\frac{6}{(\theta\Delta t)^2},\quad a_1=\frac{3}{\theta\Delta t},\quad a_2=2a_1 \tag{4-38}$$

$$a_3=\frac{\theta\Delta t}{2},\quad a_4=\frac{a_0}{\theta},\quad a_5=-\frac{a_2}{\theta} \tag{4-39}$$

$$a_6=1-\frac{3}{\theta},\quad a_7=\frac{\Delta t}{2},\quad a_8=\frac{\Delta t^2}{6} \tag{4-40}$$

（4）形成有效刚度矩阵：$[K^*]=[K]+a_0[M]+a_1[C]$；

（5）对$[K^*]$作三角分解：$[K^*]=[L][D][L]^{\mathrm{T}}$。

2）对每个时间步计算

（1）计算 $t+\theta\Delta t$ 时刻的有效载荷：

$$\begin{aligned}\{\tilde{F}\}_{t+\theta\Delta t}=&\{F\}_t+\theta(\{F\}_{t+\Delta t}-\{F\}_t)+[M](a_0\{u\}_t+a_2\{\dot{u}\}_t+2\{\ddot{u}\}_t)\\&+[C](a_1\{u\}_t+2\{\dot{u}\}_t+a_3\{\ddot{u}\}_t)\end{aligned} \tag{4-41}$$

（2）求解 $t+\theta\Delta t$ 时刻的位移：$[L][D][L]^{\mathrm{T}}\{u\}_{t+\theta\Delta t}=\{\tilde{F}\}_{t+\theta\Delta t}$；

（3）计算 $t+\Delta t$ 时刻的位移、速度和加速度：

$$\begin{aligned}&\{\ddot{u}\}_{t+\Delta t}=a_4(\{u\}_{t+\theta\Delta t}-\{u\}_t)+a_5\{\dot{u}\}_t+a_6\{\ddot{u}\}_t\\&\{\dot{u}\}_{t+\Delta t}=\{\dot{u}\}_t+a_7(\{\ddot{u}\}_{t+\Delta t}+\{\ddot{u}\}_t)\\&\{u\}_{t+\Delta t}=\{u\}_t+\Delta t\{\dot{u}\}_t+a_8(\{\ddot{u}\}_{t+\Delta t}+2\{\ddot{u}\}_t)\end{aligned} \tag{4-42}$$

与中心差分法相比较，Wilson-θ 法是隐式积分，即每计算一步必须解一个线性代数方程组。当 $\theta>1.37$ 时，它是无条件稳定的。此外，这种算法是自起步的，$t+\Delta t$ 时刻的位移、速度和加速度都可由 t 时刻的变量表示，不需要特别的启动处理。

4. Houbolt 法

该差分格式是利用 $t+\Delta t$、t、$t-\Delta t$ 和 $t-2\Delta t$ 四个时刻上位移的三次插值多项式建立起来的。即假定：

$$\{\ddot{u}\}_{t+\Delta t}=\frac{1}{\Delta t^2}(2\{u\}_{t+\Delta t}-5\{u\}_t+4\{u\}_{t-\Delta t}-\{u\}_{t-2\Delta t}) \tag{4-43}$$

$$\{\dot{u}\}_{t+\Delta t}=\frac{1}{6\Delta t}(11\{u\}_{t+\Delta t}-18\{u\}_t+9\{u\}_{t-\Delta t}-2\{u\}_{t-2\Delta t}) \tag{4-44}$$

这里认为$\{u\}_{t-2\Delta t}$、$\{u\}_{t-\Delta t}$和$\{u\}_t$是已知的，而$\{u\}_{t+\Delta t}$是未知的，考虑 $t+\Delta t$ 时刻的动力方程，有

$$[M]\{\ddot{u}\}_{t+\Delta t}+[C]\{\dot{u}\}_{t+\Delta t}+[K]\{u\}_{t+\Delta t}=\{F\}_{t+\Delta t} \tag{4-45}$$

将式（4-43）和式（4-44）代入式（4-45）中，就得到求解$\{u\}_{t+\Delta t}$时刻的方程为

$$\begin{aligned}\left(\frac{2}{\Delta t^2}[M]+\frac{11}{6\Delta t}[C]+[K]\right)\{u\}_{t+\Delta t}&=\{F\}_{t+\Delta t}+\left(\frac{5}{\Delta t^2}[M]+\frac{3}{\Delta t}[C]\right)\{u\}_t\\&-\left(\frac{4}{\Delta t^2}[M]+\frac{3}{2\Delta t}[C]\right)\{u\}_{t-\Delta t}+\left(\frac{1}{\Delta t^2}[M]+\frac{1}{3\Delta t}[C]\right)\{u\}_{t-2\Delta t}\end{aligned}\tag{4-46}$$

由式（4-46）解得$\{u\}_{t+\Delta t}$后，代入式（4-43）和式（4-44）中，便求得了$\{\ddot{u}\}_{t+\Delta t}$和$\{\dot{u}\}_{t+\Delta t}$。这样，逐步求解下去，便可求得任意时刻的动力响应值。

应该注意到，这个差分格式不是自起步的，除了利用初始条件$\{u\}_0$、$\{\dot{u}\}_0$和$\{\ddot{u}\}_0$之外，尚需利用前述的任一种自起步方法，求得$\{u\}_{\Delta t}$、$\{\dot{u}\}_{\Delta t}$和$\{\ddot{u}\}_{\Delta t}$后，再利用式（4-43）和式（4-44），即

$$\{\ddot{u}\}_{\Delta t}=\frac{1}{\Delta t^2}(2\{u\}_{\Delta t}-5\{u\}_0+4\{u\}_{-\Delta t}-\{u\}_{-2\Delta t})\tag{4-47}$$

$$\{\dot{u}\}_{\Delta t}=\frac{1}{6\Delta t}(11\{u\}_{\Delta t}-18\{u\}_0+9\{u\}_{-\Delta t}-2\{u\}_{-2\Delta t})\tag{4-48}$$

根据式（4-47）和式（4-48），可求$\{u\}_{-\Delta t}$、$\{u\}_{-2\Delta t}$，利用$\{u\}_{-\Delta t}$、$\{u\}_0$和$\{u\}_{\Delta t}$就可由Δt开始，用式（4-46）求解$\{u\}_{2\Delta t}$，再代入式（4-43）和式（4-44）求解$\{\dot{u}\}_{2\Delta t}$和$\{\ddot{u}\}_{2\Delta t}$，如此逐步求解下去，即可求得任意时刻的动力响应。

Houbolt 方法逐步求解的过程如下。

1）初始计算

（1）确定系统的质量、结构阻力和刚度矩阵$[M]$、$[C]$和$[K]$；

（2）给定初值$\{u\}_0$、$\{\dot{u}\}_0$和$\{\ddot{u}\}_0$；

（3）选择时间步长Δt和积分常数：

$$a_0=\frac{2}{\Delta t^2},\quad a_1=\frac{11}{6\Delta t},\quad a_2=\frac{5}{\Delta t^2}\tag{4-49}$$

$$a_3=\frac{3}{\Delta t},\quad a_4=-2a_0,\quad a_5=-\frac{a_3}{2}\tag{4-50}$$

$$a_6=\frac{a_0}{2},\quad a_7=\frac{a_3}{9}\tag{4-51}$$

（4）使用一种自起步的方法计算出$\{u\}_{\Delta t}$、$\{\dot{u}\}_{\Delta t}$和$\{\ddot{u}\}_{\Delta t}$；

（5）计算出有效刚度矩阵：$[\tilde{K}]=[K]+a_0[M]+a_1[C]$；

（6）对$[\tilde{K}]$作三角分解：$[\tilde{K}]=[L][D][L]^{\mathrm{T}}$。

2）对每个时间步计算

（1）计算$t+\Delta t$时刻的有效载荷：

$$\begin{aligned}\{\tilde{F}\}_{t+\Delta t}&=\{F\}_{t+\Delta t}+[M](a_2\{u\}_t+a_4\{u\}_{t-\Delta t}+a_6(u)_{t-2\Delta t})\\&+[C](a_3\{u\}_t+a_5\{u\}_{t-\Delta t}+a_7\{u\}_{t-2\Delta t})\end{aligned}\tag{4-52}$$

（2）求解 $t+\Delta t$ 时刻的位移：$[L][D][L]^{\mathrm{T}}\{u\}_{t+\Delta t}=\{\tilde{F}\}_{t+\theta\Delta t}$；

（3）如有需要，计算 $t+\Delta t$ 时刻的速度和加速度：

$$\{\ddot{u}\}_{t+\Delta t}=a_0\{u\}_{t+\Delta t}-a_2\{u\}_t-a_4\{u\}_{t-\Delta t}-a_6\{u\}_{t-2\Delta t} \tag{4-53}$$

$$\{\dot{u}\}_{t+\Delta t}=a_1\{u\}_{t+\Delta t}-a_3\{u\}_t-a_5\{u\}_{t-\Delta t}-a_7\{u\}_{t-2\Delta t} \tag{4-54}$$

此方法对线性动力问题是无条件稳定的，所以，在选取 Δt 时，仅需要考虑精度要求。此外，如果$[M]=\{0\}$且$[C]=\{0\}$，这种求解方法可提供与时间有关载荷的静力解法。

5. 模态叠加法

设有 n 个自由度的系统，在外力$\{P(t)\}$的作用下，常常被激起较低阶的一部分模态（即振型），而绝大部分高阶模态被激起的分量很小，一般可忽略不计。所以对于这样的一些问题采用模态叠加法是有效的。

设有式（4-4）的 n 阶动力方程，起主要作用的是其前 q 阶模态。按 Ritz 变换，则可将式（4-4）中的$\{u\}$用前 q 个模态的线性组合来表示，即

$$\{u\}=Y_1\{\phi_1\}+Y_2\{\phi_2\}+\cdots+Y_q\{\phi_q\}=\sum_{j=1}^{q}\{\phi_j\}Y_j=[\varPhi]\{Y\} \tag{4-55}$$

式中，$[\varphi]_{n\times q}$为结构已知的保留主模态矩阵；$\{Y\}_{q\times 1}$为 q 维的模态基坐标矢量，形成 q 维模态空间，表示在$\{Y\}$中各阶主模态占有成分。

将式（4-55）代入式（4-4），并左乘以$[\varphi]^{\mathrm{T}}$，可得

$$[M]^*\{\ddot{Y}\}+[C]^*\{\dot{Y}\}+[K]^*\{Y\}=\{F\}^* \tag{4-56}$$

式中

$$[M]^*=[\varPhi]^{\mathrm{T}}[M][\varPhi],\quad [K]^*=[\varPhi]^{\mathrm{T}}[K][\varPhi]$$
$$[C]^*=[\varPhi]^{\mathrm{T}}[C][\varPhi],\quad \{F\}^*=[\varPhi]^{\mathrm{T}}\{F\}$$

显然，式（4-55）是 q 阶微分方程组。由于 $q<n$，故式（4-55）通过实现降阶使得求解较为容易。

若展开上述的$[M]^*$的表达式，根据主模态（主振型）关于$[K]^*$的表达式和主模态的（主振型）关于$[M]$的正交性质，可知 $m_{ij}^*=0$（$i\neq j$）。所以$[M]^*$是一个对角阵，同理可知$[K]^*$也是一个对角阵，然而一般情况下$[C]^*$是一个非对角阵，即在模态空间中，系统的阻尼一般是耦合的，因此可使用直接积分法求解。

当系统的阻尼为比例阻尼时，即$[C]^*$可以表示为

$$[C]^*=\alpha[M]^*+\beta[K]^* \tag{4-57}$$

则此时$[C]^*$为对角阵，若系统的阻尼是一般的的线性阻尼，只要结构的固有频率不相等，且不十分接近，则可用舍去$[C]^*$阵中的非对角元来实现$[C]^*$的对角阵，也不会引起太大的误差。

在上述两种情况下可以获得对于模态坐标完全解耦的动力学方程，即式（4-56）是 q 个独立的方程，每个方程只包含一个未知量，相互之间不耦合。因而式（4-56）可按单自由度的动力学方程写为

$$m_{ii}^{*}\ddot{y}_i + c_{ii}^{*}\dot{y}_i + k_{ii}^{*}y_i = F_i^{*}(t), \quad i = 1,2,\cdots,q \tag{4-58}$$

$$\ddot{y}_i + 2\xi_i\omega_i\dot{y}_i + \omega_i^2 y_i = f_i^{*}(t), \quad i = 1,2,\cdots,q \tag{4-59}$$

式中，$2\xi_i\omega_i = c_{ii}^{*}/m_{ii}^{*}$；$f_i(t) = F_i^{*}(t)/m_{ii}^{*}$。式（4-66）可用直接积分法计算，或用 Duhamel 积分求得其解为

$$y_i(t) = \frac{1}{\omega_i}\int_0^t f_i(\tau)\mathrm{e}^{-\xi_i\omega_i(t-\tau)}\sin\bar{\omega}_i \mathrm{d}\tau + \mathrm{e}^{-\xi_i\omega_i t}\{a_i\sin\bar{\omega}_i t + b_i\cos\bar{\omega}_i t\}, \quad i = 1,2,\cdots,q \tag{4-60}$$

式中，$\bar{\omega}_i = \omega_i\sqrt{(1-\xi_i^2)}$，而 a_i 和 b_i 由初始条件确定：

$$\ddot{y}_i + 2\xi_i\omega_i\dot{y}_i + \omega_i^2 y_i = f_i^{*}(t), \quad i = 1,2,\cdots,q \tag{4-61}$$

由于阻尼的存在，由初始条件所激发的振动，随时间的增长而衰减直至消失，因此可不计算式（4-60）中的第二项，即由初始条件激发的自由衰减振动。计算出 $y_i(t)$后，便可利用式（4-55）计算出物理坐标的响应$\{u(t)\}$。

数学计算步骤可归纳如下。

第一步：根据结构的离散化模型，建立系统的$[M]$、$[C]$和$[K]$，并进行结构的固有特性分析，即求解特征值问题。对（$[K]-\omega^2[M]$）$\{\varphi\}=\{0\}$求出前 q 阶特征值（ω_i，$\{\varphi_i\}$）（$i=1, 2, \cdots, q$）。

第二步：形成模态阵（$[K]-\omega^2[M]$）$\{\varphi\}=\{0\}$，并建立模态基坐标下的动力方程：

$$\ddot{y}_i + 2\xi_i\omega_i\dot{y}_i + \omega_i^2 y_i = f_i(t), \quad i = 1,2,\cdots,q \tag{4-62}$$

式中，$f_i(t)=(1/m_{ii})\{\varphi_i\}^{\mathrm{T}}\{F(t)\}$，$m_{ii}=\{\varphi_i\}^{\mathrm{T}}[M]\{\varphi_i\}$。根据实验结果或经验数据确定各阶主振动中的比例阻尼 ξ_i。

第三步：求解主模态基坐标的动力方程，有

$$y_i(t) = \frac{1}{\bar{\omega}_i}\int_0^t f_i(\tau)\mathrm{e}^{\xi_i\omega_i(t-\tau)}\sin\{\bar{\omega}_i(t-\tau)\}\mathrm{d}\tau \tag{4-63}$$

第四步：进行坐标变换后，求得动力响应$\{u\}=[\Phi]\{Y\}$。

6. 假设模态法

前面所述的模态叠加法，是用系统的真实主模态组成模态矩阵，再对系统的物理坐标进行模态坐标变换，从而在主模态空间中得到降阶并解耦的动力学方程。而这里提出的假设模态法，则是用一组假设模态矩阵，对系统的物理坐标进行模态坐标转换，从而在模态空间中得到一组只降阶的动力学方程。

若假设模态矩阵为$[\Phi]_{n\times m}$，进行坐标变换，即

$$\{X(t)\}_{n\times1}=[\Phi]_{n\times m}\{q(t)\}_{m\times1} \tag{4-64}$$

将其代入式（4-4），并左乘$[\Phi]^{\mathrm{T}}$，则可得到降阶的动力学方程为

$$[M]^*\{\ddot{q}\}+[C]^*\{\dot{q}\}+\{K\}^*\{q\}=\{Q(t)\} \tag{4-65}$$

式中

$$[M]^*=[\Phi]^{\mathrm{T}}[M][\Phi],\quad [K]^*=[\Phi]^{\mathrm{T}}[K][\Phi]$$

$$[C]^*=[\Phi]^{\mathrm{T}}[C][\Phi],\quad \{Q(t)\}=[\Phi]^{\mathrm{T}}[F(t)]$$

分别对应于假设模态坐标$\{q\}$的质量矩阵、阻尼矩阵、刚度矩阵与广义力矩阵。因为矩阵$[\Phi]$中的各列均为假设模态，一般不具有正交性，故$[M]$、$[C]$和$[K]$都不是对角阵。于是式（4-65）是不能解耦的方程组，但相对式（4-4）的阶数要低得多。显然，对式（4-45）采用直接积分法求解将比求解式（4-4）简便很多，这是假设模态法的优点。

假设模态法的计算精度取决于假设模态阵中模态假设的好坏与质量，因此应用假设模态法成功的关键在于确定出一个适宜的假设模态矩阵。实际上，Rayleigh-Ritz 分析认为是一种假设模态法。其作用在于降低方程的阶数，以便简化计算。基本思想是事先假定出若干近似的特征矢量，然后按照这些特征矢量的最佳线性组合，而算得前若干阶特征值的近似值。显然，运用这种方法时，计算精度与事先假定的特征矢量的近似程度和数量有关。

按照 Ritz 变换的思想找到近似的特征矢量$\{X_i\}(i=0, \cdots, q)$后，即有

$$\{\bar{\phi}\}=a_1\{X_1\}+a_2\{X_2\}+\cdots+a_q\{X_q\}=[X][A] \tag{4-66}$$

求解如下的广义特征值问题，即

$$[K]^*[A]=\rho[M]^*[A],\quad \rho=\omega^2 \tag{4-67}$$

式中

$$[K]^*=[X]^{\mathrm{T}}[K][X]$$

$$[M]^*=[X]^{\mathrm{T}}[M][X]$$

$[K]$和$[M]$为原结构离散化后刚度阵和质量阵，均为 n 阶方阵。求解式（4-67）得到 q 个特征矢量，有

$$\{A_1\}=[a_1^1\ \ a_2^1\cdots a_q^1]^{\mathrm{T}}$$

$$\{A_2\}=[a_1^2\ \ a_2^2\cdots a_q^2]^{\mathrm{T}}$$

$$\vdots$$

$$\{A_q\}=[a_1^q\ \ a_2^q\cdots a_q^q]^{\mathrm{T}}$$

按照 Ritz 的变换，即式(4-43)，由特征矢量$\{A_i\}$，可计算出矢量$\{\varphi_1\}$，$\{\varphi_2\}$，…，$\{\varphi_q\}$，即

$$\{\phi_i\}=\sum_{j=1}^{q}a_j^i\{x_i\} \tag{4-68}$$

通常以$[\Phi]_{n\times q}=[\{\varphi_1\}\{\varphi_2\}\cdots\{\varphi_q\}]$来表示此变换阵，即假设模态矩阵。

7. 完全瞬态法

完全瞬态法求解冷却塔线性结构的瞬态动力学平衡方程，其核心是使用隐式方法 Newmark 和 HHT 来直接求解瞬态问题。Newmark 方法使用有限差分法，在一个时间间隔内，有

$$[M]\{\ddot{u}\}+[C]\{\dot{u}\}+[K]\{u\}=\{F^a\} \tag{4-69}$$

$$\{\dot{u}_{n+1}\}=\{\dot{u}_n\}+[(1-\delta)\{\dot{u}_n\}+\delta\{\ddot{u}_{n+1}\}]\Delta t \tag{4-70}$$

$$\{u_{n+1}\}=\{u_n\}+\{\dot{u}_n\}\Delta t+\left[\left(\frac{1}{2}-\alpha\right)\{\ddot{u}_n\}+\alpha\{\ddot{u}_{n+1}\}\right]\Delta t^2 \tag{4-71}$$

式中，α 和 δ 为 Newmark 积分参数。

主要的目的就是计算下一时刻的位移 u_{n+1}，在 t_{n+1} 时刻的控制方程式（4-69）为

$$[M]\{\ddot{u}_{n+1}\}+[C]\{\dot{u}_{n+1}\}+[K]\{u_{n+1}\}=\{F^\alpha\} \tag{4-72}$$

为了求解 u_{n+1}，重新排列得

$$\{\ddot{u}_{n+1}\}=a_0(\{u_{n+1}\}-\{u_n\})-a_2\{\dot{u}_n\}-a_3\{\ddot{u}_n\} \tag{4-73}$$

$$\{\dot{u}_{n+1}\}=\{\dot{u}_n\}+a_6\{\ddot{u}_n\}+a_7\{\ddot{u}_{n+1}\} \tag{4-74}$$

$$\begin{aligned}(a_0[M]+a_1[C]+[K])\{u_{n+1}\}=&\{F^a\}+[M](a_0\{u_n\}+a_2\{\dot{u}_n\}\\&+a_3\{\ddot{u}_n\})+[C](a_1\{u_n\}+a_4\{\dot{u}_n\}+a_5\{\ddot{u}_n\})\end{aligned} \tag{4-75}$$

式中，$a_0=\dfrac{1}{\alpha\Delta t^2}$；$a_1=\dfrac{\delta}{\alpha\Delta t}$；$a_2=\dfrac{1}{2\alpha}$；$a_3=\dfrac{1}{2\alpha}-1$；$a_4=\dfrac{\delta}{\alpha}-1$；$a_5=\dfrac{\Delta t}{2}\left(\dfrac{\delta}{\alpha}-2\right)$；$a_6=\Delta t(1-\delta)$；$a_7=\Delta t\delta$。

一旦求出 u_{n+1}，速度和加速度可以利用式（4-74）和式（4-75）求得。对于初始施加于节点的速度或加速度可以利用位移约束并利用式（4-72）通过计算得到。

根据 Zienkiewicz 的理论，利用 Newmark 求解方法的无条件稳定必须满足

$$\alpha\geqslant\frac{1}{4}\left(\frac{1}{2}+\delta\right)^2,\quad \delta\geqslant\frac{1}{2},\quad \frac{1}{2}+\delta+\alpha>0 \tag{4-76}$$

Newmark 参数根据式（4-77）输入：

$$\alpha=\frac{1}{4}(1+\gamma)^2,\quad \delta=\frac{1}{2}+\gamma \tag{4-77}$$

式中，γ 为振幅衰减因子。

通过观察发现无条件稳定也可以表达为 $\delta=1/2+\gamma$，$\alpha\geqslant 1/4(1+\gamma)^2$ 并且 $\gamma\geqslant 0$。因此只要 $\gamma>0$，则求解是稳定的。期望在高频模型中使用可控的数值计算方法，因此使用有限元计算离散空间域的结果，在高频率的模式不太准确。然而这种算法需具备以下特征：在高频下引进数值阻尼不应该降低求解精度，在低频下不能产生过多的数值阻尼。在完全瞬态动力学分析中，HHT 时间积分方法可以满足以上

的要求。

基本的 HHT 方法由式（4-78）给出：

$$[M]\{\ddot{u}_{n+1-\alpha_m}\}+[C]\{\dot{u}_{n+1-\alpha_f}\}+[K]\{u_{n+1-\alpha_f}\}=\{F^a_{n+1-\alpha_f}\} \tag{4-78}$$

式中

$$\{\ddot{u}_{n+1-\alpha_m}\}=(1-\alpha_m)\{\ddot{u}_{n+1}\}+\alpha_m\{\ddot{u}_n\},\quad \{\dot{u}_{n+1-\alpha_f}\}=(1-\alpha_f)\{\dot{u}_{n+1}\}+\alpha_f\{\dot{u}_n\}$$

$$\{u_{n+1-\alpha_f}\}=(1-\alpha_f)\{u_{n+1}\}+\alpha_f\{u_n\},\quad \{F^a_{n+1-\alpha_f}\}=(1-\alpha_f)\{F^a_{n+1}\}+\alpha_f\{F^a_n\}$$

在 HHT 方法中，参数 α、δ、α_f、α_m 分别为

$$\begin{cases}\alpha=\dfrac{1}{4}(1+\gamma)^2\\ \delta=\dfrac{1}{2}+\gamma\\ \alpha_f=\gamma\\ \alpha_m=0\end{cases} \tag{4-79}$$

α、δ、α_f、α_m 可以直接输入，但是对于二阶系统的无条件稳定且时间积分的准确性不降低，上述 4 个参数应该满足以下关系：

$$\begin{cases}\delta\geqslant\dfrac{1}{2}\\ \alpha=\dfrac{1}{2}\delta\\ \delta=\dfrac{1}{2}-\alpha_m-\alpha_f\\ \alpha_m\leqslant\alpha_f\leqslant\dfrac{1}{2}\end{cases} \tag{4-80}$$

如果 α_f 和 α_m 同时为零，则 HHT 就是普通的 Newmark 方法。

$$\begin{aligned}&(a_0[M]+a_1[C]+(1-\alpha_f)[K])\{u_{n+1}\}=(1-\alpha_f)\{F^a_{n+1}\}+\alpha_f\{F^a_n\}-\alpha_f\{F^{\text{int}}_n\}\\&\quad+[M](a_0\{u_n\}+a_2\{\dot{u}_n\}+a_3\{\ddot{u}_n\})+[C](a_1\{u_n\}+a_4\{\dot{u}_n\}+a_5\{\ddot{u}_n\})\end{aligned} \tag{4-81}$$

式中，$a_0=\dfrac{1-\alpha_m}{\alpha\Delta t^2}$；$a_1=\dfrac{(1-\alpha_f)\delta}{\alpha\Delta t}$；$a_2=\dfrac{1-\alpha_m}{\alpha\Delta t}$；$a_3=\dfrac{1-\alpha_m}{2\alpha}-1$；$a_4=\dfrac{(1-\alpha_f)\delta}{\alpha}-1$；$a_5=(1-\alpha_f)\left(\dfrac{\delta}{2\alpha}-1\right)\Delta t$。

对比看出在 HHT 方法中通过两个连续步长的线性组合来实现瞬态动力学的平衡方程，其中 α_f 和 α_m 是两个额外的参数。

另外两种确定参数的方法也可以使用，在给定幅值衰减因子 γ 时，其余 4 个参数为

$$\begin{cases} \alpha = \dfrac{1}{4}(1+\gamma)^2 \\ \delta = \dfrac{1}{2}+\gamma \\ \alpha_f = 0 \\ \alpha_m = -\gamma \end{cases} \tag{4-82}$$

或者

$$\begin{cases} \alpha = \dfrac{1}{4}(1+\gamma)^2 \\ \delta = \dfrac{1}{2}+\gamma \\ \alpha_f = \dfrac{1-\gamma}{2} \\ \alpha_m = \dfrac{1-3\gamma}{2} \end{cases} \tag{4-83}$$

完全法采用完整的系统矩阵计算结构的响应，能够分析塑性、大变形、大应变等各种非线性问题，具有无需选择主自由度或振型、允许各种类型的非线性、不涉及质量矩阵的近似、允许施加所有类型的荷载、可以得到所有的响应等诸多优点。本书涉及的时域计算采用的方法即为完全瞬态法。

4.2　风振频域计算方法

频域算法的基本思想是通过振型分解将结构响应统计量描述成对应各阶振型的广义模态响应在模态空间内的线性组合，在频域内通过传递函数建立激励与响应之间的关系以描述结构的动力响应。风振频域计算方法具有计算简便、概念清晰、计算费用少等优点。

4.2.1　基本原理和经典算法

频域内对结构进行动力响应的计算可以采用一个输入输出体系进行表述。外加荷载为体系输入，动力响应为体系输出，两者间通过传递函数（导纳）相互连接，流程如图 4.1 所示。

其中输入荷载可以采用风洞试验或 CFD 数值模拟获得的风荷载时程数据，也可以输入经典风速谱，即传统的经典风振算法，如 Davenport 谱、Harris 谱和 Karman 谱等风谱转换得到的风荷载谱。

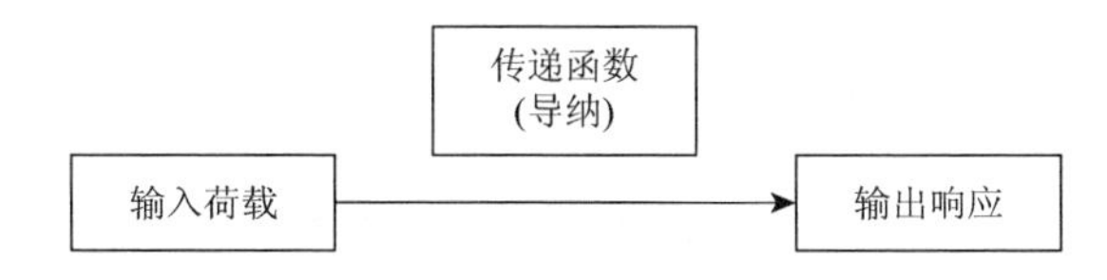

图 4.1　频域法结构动力响应计算流程图

由结构频响函数特性可知，当激励频率等于结构自振频率时，结构发生共振；而激励频率远离结构自振频率时，激励对结构表现为静力作用。在结构风工程领域，两者分别称为共振响应和背景响应，占脉动风总响应的比重取决于脉动风荷载的频谱特性和结构自振频率的大小。

由于背景响应发生在结构几乎所有的频率上，属于准静态响应[12]，与结构的动力特性无关；而共振响应仅发生在结构的各阶自振频率上，其大小与结构动力特性如模态、阻尼等密切相关。两者的产生机理不同，其求解方法也不相同。

对于背景响应，采用 Kasperski 和 Niemann 提出的基于荷载和响应相关性的荷载-响应相关（load response correlation，LRC）法，这一方法的提出是结构风振响应和等效静力风荷载发展过程中的一个里程碑。

根据静力学原理，结构在脉动风荷载作用下的拟静力响应$\{r(t)\}$由式（4-84）求得：

$$\{r(t)\}=[I]\{F(t)\} \tag{4-84}$$

式中，$[I]$为影响系数矩阵，可以通过有限元软件的静力二次开发获得。式（4-84）两端同时乘以各自的转置，并对时间取平均，可得

$$[C_r]=[I][C_F][I]^{\mathrm{T}} \tag{4-85}$$

式中，$[C_r]$和$[C_F]$分别为拟静力响应和脉动风荷载的协方差矩阵。

背景响应为

$$\{\sigma_{r,B}\}=\sqrt{\mathrm{diag}(C_r)} \tag{4-86}$$

式中，diag(·)表示由矩阵的对角线元素组成列向量。

LRC 方法最大优点是考虑了脉动风荷载的空间相关性以及结构各模态之间的耦合项，因此同样适用于大型冷却塔结构的背景响应分析[13]。

共振响应发生在结构的各阶自振频率处，需要根据结构动力学方程来求解。将运动方程变换到模态坐标系，可得结构某响应 r 对应的第 i 阶共振分量为

$$\{\sigma_{r,i}^2\}=\frac{1}{K_i}\frac{\pi f_i}{4\zeta}S_{Q,i}(f_i)\{R_i^2\} \tag{4-87}$$

式中，f_i、ζ、K_i 分别为第 i 阶模态的自振频率、阻尼比和广义刚度；$S_{Q,i}$ 为第 i 阶广义模态力的自谱，其中 R_i 按式（4-88）计算：

$$\{R_i\}=\omega_i^2[I][M]\{\psi_i\} \tag{4-88}$$

式中，$[I]$为影响系数矩阵；$[M]$为质量矩阵；ω_i、ψ_i分别为第 i 阶模态的圆频率和振型向量。

总的共振响应可由各阶模态的共振分量通过 SRSS 组合得到：

$$\{\sigma_{r,R}\}=\sqrt{\sum_i\{\sigma_{r,i}^2\}} \tag{4-89}$$

最后，脉动风总响应由背景和共振分量通过 SRSS 组合得到：

$$\{\sigma_r\}=\sqrt{\{\sigma_{r,B}^2\}+\{\sigma_{r,R}^2\}} \tag{4-90}$$

4.2.2 脉动风效应各分量的定义

1. 传统的定义思路

要准确求解结构风振响应的背景、共振以及交叉项，首先必须从物理概念上明确定义这三个分量的概念。最早是 Davenport 基于脉动风荷载谱和结构响应谱之间的关系将结构响应谱人为地分为两个部分，其中一个部分形状与风压谱形状相同，体现了脉动风的准静力作用，形象地定义为背景响应；而在结构自振频率附近的响应谱尖峰体现了因结构惯性力产生的动力放大效应，形象地定义为共振响应。但是这样定义的背景响应实质是仅包含第一振型的静力贡献，并没有完全准确地反映脉动风全部准静力效应。这样定义的背景和共振响应直接基于响应谱，因此总的脉动风均方根响应可以采用 SRSS 方法组合背景和共振响应获得：

$$\sigma=\sqrt{\sigma_r^2+\sigma_b^2} \tag{4-91}$$

另一种更合理的定义是基于结构的时程响应，其中背景响应采用准静力方法求解，包含所有振型的静力贡献，完全反映了脉动风荷载的准静力效应。结构瞬态响应可表示为

$$y(t)=y_b(t)+y_r(t) \tag{4-92}$$

式中，$y_b(t)$、$y_r(t)$代表结构时程响应的背景分量和共振分量。

按照这一定义思路，组合背景响应和共振响应时，需要考虑两者的相关性影响，精确的组合公式为

$$\sigma=\sqrt{\sigma_r^2+\sigma_b^2+2\rho_{r,b}\sigma_r\sigma_b} \tag{4-93}$$

式中，$\rho_{r,b}$表示背景响应和共振响应的相关系数。

从前述两种定义思路可以看出，后者具有更合理的物理概念和清晰思路。目前的组合方式没有很好地分析背景响应和共振响应相关性的方法，更缺乏忽略这个相关性对计算结构脉动总响应影响大小的认识。

2. 新的定义方法

由随机振动理论可知，高阶模态的振动能否忽略，取决于结构的频谱特性和荷载的空间分布模式。若荷载具有较宽的频谱，此时体系高阶模态的振动不可忽略，采用模态叠加法求解时一定要注意截止振型的选取。另外，虽然荷载的频率成分很低，但是荷载的空间分布模式与某些高阶振型产生了“共振”效应，此时也能产生较大的高阶模态力，但其贡献属于准静态响应（即背景响应），若忽略高阶模态的影响必然也会产生较大的误差。而大部分柔性结构的风振响应属于第二种情况，求解时只需考虑一定前少数阶模态的动力放大作用和所有模态的准静力作用。这一思路与结构动力响应分析的模态加速度方法的思想基本相同。

从模态加速度方法出发来定义背景响应、共振响应以及背景和共振交叉项。

在随机激励下结构的运动方程可由式（4-94）描述：

$$[M]\{\ddot{y}(t)\}+[C]\{\dot{y}(t)\}+[K]\{y(t)\}=\{F(t)\} \tag{4-94}$$

式中，$[M]$、$[C]$、$[K]$分别是 n 阶质量、阻尼及刚度矩阵；$\{F(t)\}$为作用在所有节点上的荷载向量；$\{y(t)\}$为结构的动力位移响应。

一般来说，风洞试验获得的表面荷载$\{p(t)\}$测点数要小于有限元计算所需施加荷载$\{F(t)\}$的节点数，因此需要引入力指示矩阵 R 来满足这一条件。此时式（4-4）变成：

$$[M]\{\ddot{y}(t)\}+[C]\{\dot{y}(t)\}+[K]\{y(t)\}=R\{P(t)\}=\{F(t)\} \tag{4-95}$$

对式（4-95）进行整理，可得

$$\{y(t)\}=[K]^{-1}\{F(t)\}+(-[K]^{-1}[M]\{\ddot{y}(t)\}-[K]^{-1}[C]\{\dot{y}(t)\}) \tag{4-96}$$

根据模态展开原理，结构响应又可用全模态振型表示为

$$\{y(t)\}=\varPhi\{q(t)\}=\sum_{i=1}^{n}\phi_i q_i(t) \tag{4-97}$$

式中，$\{q(t)\}$表示所有广义模态位移向量组成的集合；$q_i(t)$表示第 i 阶模态的广义位移向量；$\varPhi$ 是结构的振型矩阵；ϕ_i 为第 i 阶振型向量。

将式（4-96）代入式（4-94）整理得

$$\{\ddot{q}(t)\}+[\varOmega]\{\dot{q}(t)\}+[\varLambda]\{q(t)\}=\{f(t)\}/[M^*] \tag{4-98}$$

式中，$[\varOmega]=\mathrm{diag}(2\zeta_i\omega_i)$，$\omega_i$ 为第 i 阶模态的圆频率，ζ_i 为第 i 阶模态的阻尼比；$[\varLambda]=\mathrm{diag}(\omega_i^2)$；$\{f(t)\}$表示各阶广义力的向量集合；$[M^*]$为广义质量矩阵。

展开式（4-96）并整理可得考虑所有模态下的结构总响应：

$$\begin{aligned}\{y(t)\}&=[K]^{-1}\{F(t)\}-([K]^{-1}[M]\{\ddot{y}(t)\}+[K]^{-1}[C]\{\dot{y}(t)\})\\&=[K]^{-1}\{F(t)\}-\left([K]^{-1}[M]\sum_{i=1}^{n}\phi_i\ddot{q}_i(t)+[K]^{-1}[C]\sum_{i=1}^{n}\phi_i\dot{q}_i(t)\right)\\&=[K]^{-1}\{F(t)\}-\sum_{i=1}^{n}\left(\frac{\ddot{q}_i(t)}{\omega_i^2}+\frac{2\zeta_i\dot{q}_i(t)}{\omega_i}\right)\phi_i\end{aligned} \tag{4-99}$$

又由式（4-98）可得

$$\ddot{q}_i(t)+2\zeta_i\omega_i\dot{q}_i(t)=f_i(t)/m_i-\omega_i^2q_i(t) \tag{4-100}$$

式中，$f_i(t)$表示第 i 阶的广义力向量。

再将式（4-100）代入式（4-99），考虑到结构的风振响应只需计入在截断前 m 阶模态惯性力和所有模态的准静力作用，可得截断形式的结构总响应求解公式为

$$\begin{aligned}\{y(t)\}&\approx[K]^{-1}\{F(t)\}-\sum_{i=1}^{m}\frac{\ddot{q}_i(t)+2\zeta_i\omega_i\dot{q}_i(t)}{\omega_i^2}\phi_i\\&=[K]^{-1}\{F(t)\}-\sum_{i=1}^{m}\frac{f_i(t)/m_i-\omega_i^2q_i(t)}{\omega_i^2}\phi_i\\&=[K]^{-1}\{F(t)\}+\sum_{i=1}^{m}\left(q_i(t)\phi_i-\frac{f_i(t)}{k_i}\phi_i\right)\end{aligned} \tag{4-101}$$

到此，可以发现式（4-101）中右边第一项表示外荷载作用下所有振型的准静力贡献，即背景响应$\{y(t)\}_{b,n}$；第二项表示前 m 阶振型由共振效应产生的动态位移，即共振响应$\{y(t)\}_{r,m}$，表达式为

$$\{y(t)\}_{b,n}=[K]^{-1}\{F(t)\} \tag{4-102}$$

$$\{y(t)\}_{r,m}=\sum_{i=1}^{m}\left(q_i(t)\phi_i-\frac{f_i(t)}{k_i}\phi_i\right) \tag{4-103}$$

由式（4-99）可知，当采用全部模态进行叠加求解时，此时计算的结果与全模态位移法是完全等价的，当采用截断振型进行求解时，式（4-99）中包含了剩余振型中所有背景响应的贡献，其结果相比模态位移法更加接近于精确解。在此基础上进一步获取结构的均方响应为

$$\sigma_t^2=\sigma_r^2+\sigma_b^2+2\rho_{r,b}\sigma_r\sigma_b \tag{4-104}$$

式（4-104）右边三项分别代表结构风振响应中的共振分量、背景分量以及背景和共振分量之间的耦合项，$\rho_{r,b}$表示背景和共振响应间的相关系数，计算公式为

$$\rho_{r,b}=\frac{\sigma_{r,b}^2}{\sigma_r\sigma_b}=\frac{\int\sum_{j=1}^{m}\sum_{k=1}^{m}\phi_{j,i}\phi_{k,i}S_{q_{b,j},q_{r,k}}(\omega)\mathrm{d}\omega}{\mathrm{sqrt}\left(\int\sum_{j=1}^{m}\sum_{k=1}^{m}\phi_{j,i}\phi_{k,i}S_{q_{r,j},q_{r,k}}(\omega)\mathrm{d}\omega\int\sum_{j=1}^{m}\sum_{k=1}^{m}\phi_{j,i}\phi_{k,i}S_{q_{b,j},q_{b,k}}(\omega)\mathrm{d}\omega\right)} \tag{4-105}$$

可以看出，相关系数的求解是一个复杂的过程，导致很多学者在求解结构脉动风振响应和 ESWL 时，没有经过分析直接忽略背景和共振响应之间的耦合效应，而直接采用 SRSS 方法或采用权重因子进行组合。已有研究明确指出，对于每个结构形式和具体结构，背景响应和共振响应间的相关特性需要进行深入研究来确定可否采用 SRSS 方法进行组合求解脉动分量。

从式（4-104）的左右两端可以发现，如果能用一种计算理论统一计算 σ_r、σ_b 和 σ_t，则可将耦合项 $2\rho_{r,b}\sigma_r\sigma_b$ 定义为单独的分量——交叉项 σ_c^2 的形式进行求解，进而总脉动响应方差可表达为

$$\sigma_t^2 = \sigma_r^2 + \sigma_b^2 + \sigma_c^2 \tag{4-106}$$

这样，将结构的脉动风响应划分为考虑所有模态的准静力贡献、仅考虑前 m 阶主要振型的动力作用和背景与共振之间的交叉项三个分量。其中背景分量可以采用基于 POD 分解后的 LRC 原理进行求解，需要解决的问题主要如下：

（1）如何很好地解决共振模态之间的耦合项求解问题，是国内外很多学者研究的重点，尽管具有很多改进方法，但需要寻求一种统一的理论来同时计算背景、共振和总脉动响应，进而推导出交叉项的简单求解方法；

（2）背景和共振响应的交叉项如何求解，既要避开相关系数的复杂求解过程，又要使交叉项的求解具有明确的物理意义。

4.2.3　一致耦合法

1. 传统的频域求解

通常有两种频域求解方法来计算式（4-106）中总的脉动风响应向量的均方差：

（1）第一种方法就是采用 SRSS 方法来组合背景和共振分量，可以表达为

$$\sigma_t^2 = \sigma_{b,n}^2 + \sigma_{r,m}^2 \tag{4-107}$$

式中，σ_t、$\sigma_{b,n}$、$\sigma_{r,m}$ 分别代表了响应向量 $\{y(t)\}$、$\{y(t)\}_{b,n}$、$\{y(t)\}_{r,m}$ 的均方差。

背景分量可以作为准静力响应，采用 LRC 方法来求解，共振分量采用惯性风荷载方法来计算。这一方法完全忽略背景和共振之间的模态耦合项，也不能很好地考虑共振模态之间的耦合项。

（2）第二种求解总脉动响应的组合方法为

$$\sigma_t^2 = \sigma_{r,m}^2 + \sigma_{b,m}^2 + 2\rho_{r,b}\sigma_{r,m}\sigma_{b,m} \tag{4-108}$$

式中，背景分量 $\sigma_{b,m}$ 仅包含前 m 阶模态准静力贡献，相应地，背景和共振分量之间的交叉项也仅包含前 m 阶模态的贡献。

综合可知，基于 SRSS 组合的三分量法不能考虑背景和共振之间的交叉项，这对于相关系数 $\rho_{r,b}$ 很小的结构是可以接受的，然后由于式（4-105）计算过程较

复杂，并且没有发展交叉项响应的 ESWL 计算理论，因此在大多数结构风振响应和 ESWL 计算中都不予考虑，但这一做法对于某些强耦合结构不尽合理。

2. 改进的频域求解

根据式（4-106）的思路，可以将脉动风总响应均方差精确地表达为

$$\sigma_t^2 = \sigma_{r,m}^2 + \sigma_{b,n}^2 + 2\rho_{r,b}\sigma_{r,m}\sigma_{b,n} = \sigma_{r,m}^2 + \sigma_{b,n}^2 + \sigma_{c,nm}^2 \tag{4-109}$$

式中，$\sigma_{c,nm}$ 代表前 n 阶背景分量和前 m 阶共振分量的交叉项。

和传统方法最大的不同在于式(4-109)能够同时考虑所有模态的准静力贡献、前 m 阶共振模态的放大作用，以及 n 阶背景模态和前 m 阶共振模态之间的交叉项。

3. CCM 方法的提出

背景分量可以基于外荷载激励的协方差矩阵并采用 LRC 原理进行精确求解，其最大的好处在于荷载协方差矩阵的非对角线元素包含了背景模态之间的耦合项影响，并且为进一步求解相应的等效静力风荷载提供了坚实的理论基础。

借鉴这一思路，提出广义恢复力协方差矩阵、共振恢复力协方差矩阵和耦合恢复力协方差矩阵这一概念，再统一引入 LRC 方法来求解共振和交叉项分量，这样可以完全考虑模态之间的耦合效应，进而使得相应的 ESWL 的求解有了明确的物理意义[14-17]。这样式（4-109）变为

$$[I][C_{pp}]_t[I]^{\mathrm{T}} = [I][C_{pp}]_b[I]^{\mathrm{T}} + [I][C_{pp}]_r[I]^{\mathrm{T}} + [I][C_{pp}]_c[I]^{\mathrm{T}} \tag{4-110}$$

式中，$[C_{pp}]_t$ 为广义恢复力协方差矩阵；$[C_{pp}]_b$ 为外荷载协方差矩阵；$[C_{pp}]_r$ 共振恢复力协方差矩阵；$[C_{pp}]_c$ 为耦合恢复力协方差矩阵；I 为影响线矩阵。

整理式（4-110）可以进一步变化耦合恢复力协方差矩阵的表达式为

$$[C_{pp}]_c = [C_{pp}]_t - ([C_{pp}]_b + [C_{pp}]_r) \tag{4-111}$$

CCM 方法的提出使得背景、共振和交叉项分量的求解有了统一的理论基础，共振和交叉项分量对应的等效静力风荷载有了明确的物理意义。4.2.4 节～4.2.6 节内容分别详细介绍基于 CCM 方法对于背景、共振和交叉项分量的计算方法，最后给出总的风振响应和等效静力风荷载组合公式。

4.2.4 背景响应分析方法

1. 本征正交分解法

背景分量仅关注荷载对结构的准静力作用，将本征正交分解（POD）法分解技术用在 LRC 方法的求解中可以更深刻地揭示脉动风荷载的空间分布模式对于背景响应的贡献比例，并且节省计算时间，提高计算效率，故下面对 POD 法作基

本介绍。

POD 法又称为 Karhunen-Loeve 展开，是将随机场变成基本函数的级数展开式，这些函数在均方意义上是统计最优的，故用少量的项数就可以很好地描述随机场本身。

若$\{F(x, y, z, t)\}$为结构表面各点脉动风荷载组成的向量，由 POD 法分解后可展开为

$$\{F(x,y,z,t)\}=\sum_{k=1}^{m}a_k(t)G_k(x,y,z) \tag{4-112}$$

式中，$G_k(x, y, z)$为第 k 阶本征模态；$a_k(t)$为第 k 阶本征模态的时间坐标。

随机向量$\{F(x, y, z, t)\}$应在这些本征模态上均方意义的投影最大：

$$\frac{\iint F(x,y,z,t)G(x,y,z)\mathrm{d}x\mathrm{d}y\iint F(x',y',z',t)G(x',y',z')\mathrm{d}x'\mathrm{d}y'}{\iint G^2(x,y,z)\mathrm{d}x\mathrm{d}y}=\max \tag{4-113}$$

从式（4-113）可以看出，本征模态的确定转变为求解$\{F(x, y, z, t)\}$协方差矩阵的特征向量问题，其表达式如下：

$$C_{F,r}G_k=\lambda_k G_k \tag{4-114}$$

式中，$C_{F,r}$为随机向量$\{F(x, y, z, t)\}$的互协方差矩阵；λ_k、G_k分别为矩阵的特征值和特征向量。

经 POD 法分解后的本征模态和时间坐标向量具有如下两个重要的正交特性：

（1）各阶本征模态间相互正交，利用这一特性也可以获得时间坐标的表达式：

$$a_k(t)=\frac{G_k^{\mathrm{T}}\{F(x,y,z,t)\}}{G_k^{\mathrm{T}}G_k} \tag{4-115}$$

（2）时间坐标 $a_k(t)$也具有相互正交的特性：

$$\begin{aligned}\overline{a_m(t)a_n(t)}&=G_m^{\mathrm{T}}\overline{\{F(x,y,z,t)\}\{F(x,y,z,t)\}^{\mathrm{T}}}G_n\\&=G_m^{\mathrm{T}}C_{F,r}G_n=G_m^{\mathrm{T}}\lambda_n G_n=\delta_{mn}\lambda_n\end{aligned} \tag{4-116}$$

式中，δ_{mn}是 Kronecker 符号，当 $m=n$ 时，$\delta_{mn}=1$，否则 $\delta_{mn}=0$。

2. LRC-POD 法

根据静力学原理，结构在脉动风荷载$\{F(t)\}$作用下的准静力响应 $R(t)$可表示为

$$R(t)=I\{F(t)\}=IR\{p(t)\}=IRG\{a(t)\} \tag{4-117}$$

式中，I 为影响线矩阵，对于位移响应则为柔度矩阵，I_{ij}的物理意义是结构在 j 自由度上单位力的作用下第 i 自由度产生的响应；G 为脉动风荷载构成的向量$\{p(t)\}$经 POD 法分解后的本征模态矩阵；$\{a(t)\}$为分解后得到的时间坐标构成的向量；R 为表面风荷载向量的力指示矩阵。

为获得节点响应的方差，将式（4-117）两端同时乘以各自的转置，并对时间

进行平均，考虑到各个时间坐标之间的正交性，整理后得到

$$[C_{bb}]=I[C_{qq}]_b I^{\mathrm{T}}=IRGS_A^2G^{\mathrm{T}}R^{\mathrm{T}}I^{\mathrm{T}}=IRGE_\lambda G^{\mathrm{T}}R^{\mathrm{T}}I^{\mathrm{T}} \tag{4-118}$$

式中，$[C_{bb}]$表示背景响应的互协方差矩阵；$[C_{qq}]_b$表示表面风荷载向量的互协方差矩阵；S_A^2表示时间坐标向量的协方差矩阵；E_λ表示由本征值组成的对角矩阵。则所有节点的背景响应为

$$\sigma_{R,b}=\sqrt{\mathrm{diag}([C_{bb}])} \tag{4-119}$$

式中，diag(·)表示取矩阵的对角元素组成的列向量。

4.2.5　改进的共振响应分析方法

1. 广义共振恢复力协方差法的提出

4.2.4 节中已经给出背景响应的精确求解方法，其主要是基于脉动风荷载协方差矩阵采用 POD 和 LRC 原理进行准静力计算的过程。采用 LRC 原理求解的最大优点是可以考虑在激励荷载（对于背景响应对应的是外荷载激励）下所有模态之间的耦合项影响，特别是在等效风荷载的确定和物理概念上简单易懂。

近年来，众多学者对于风振响应机理和等效风荷载研究的重点之一在于共振分量的求解上，并基于惯性风荷载原理上提出了一系列的改进方法，主要解决了两个方面的问题：①共振模态的选择；②共振模态之间的耦合项影响。但对于柔性结构的共振响应分析，一般来说只需考虑前有限阶数模态的动力效应，并且随着计算机硬件的快速发展，计算速度提升，问题主要集中于寻找一种可以很好地考虑共振模态之间的耦合项方法，而这正是 LRC 方法的最大优点。

因此，本节最主要的目的是从结构动力学方程和随机振动理论出发，推导出结构广义共振恢复力协方差矩阵，然后再基于 LRC 原理求解结构的共振响应。

2. 广义共振恢复力协方差矩阵的推导

从式（4-199）可获得仅包含共振分量的第 i 阶广义模态响应为

$$q_{r,i}(t)=q_i(t)-\frac{f_i(t)}{k_i} \tag{4-120}$$

式中，$f_i(t)$、k_i^*分别为第 i 阶振型的广义力和广义刚度。

第 i 阶和第 j 阶广义共振模态响应的互功率谱为

$$
\begin{aligned}
S_{q_{r,i},q_{r,j}}(\omega) &= \int_{-\infty}^{\infty} R_{q_{r,i},q_{r,j}}(\tau)\mathrm{e}^{-\mathrm{i}2\pi\omega\tau}\mathrm{d}\tau \\
&= \int_{-\infty}^{\infty} E[q_{r,i}(t), q_{r,j}(t+\tau)]\mathrm{e}^{-\mathrm{i}2\pi\omega\tau}\mathrm{d}\tau \\
&= \int_{-\infty}^{\infty} E\left[\left(\int_{-\infty}^{\infty} h_i(u) f_i(t-u)\mathrm{d}u - \frac{f_i(t)}{k_i}\right)\left(\int_{-\infty}^{\infty} h_j(v) f_j(t+\tau-v)\mathrm{d}v - \frac{f_j(t+\tau)}{k_j}\right)\right]\mathrm{e}^{-\mathrm{i}2\pi\omega\tau}\mathrm{d}\tau \\
&= \left(H_i^*(\omega)H_j(\omega) - \frac{1}{k_i}H_j(\omega) - \frac{1}{k_j}H_i(\omega) + \frac{1}{\omega_i^2 k_j}\right)S_{f_i,f_j}(\omega) \\
&= \left(H_i^*(\omega) - \frac{1}{k_i}\right)\left(H_j(\omega) - \frac{1}{k_j}\right)S_{f_i,f_j}(\omega) = H_{r,i}^*(\omega)H_{r,j}(\omega)S_{f_i,f_j}(\omega)
\end{aligned}
\tag{4-121}
$$

式中，$H_i(\omega)$为第 i 振型的广义频响函数；$H_{r,i}(\omega)=H_i(\omega)-1/k_i$，为第 i 阶仅包含共振分量的振型频响函数。从式（4-106）中可以发现，广义共振模态响应功率谱函数的求解关键是确定广义共振频响传递函数，记为 H_r。第 i 阶广义振型频响函数表达式如下：

$$
H_j(\omega) = \frac{1}{M_j(\omega_j^2 - \omega^2 + 2i\zeta_j\omega_j\omega)} \tag{4-122}
$$

综合以上各式，广义共振模态响应协方差矩阵$[C_{qq}]_r$可表示为

$$
[C_{qq}]_r = \int_{-\infty}^{\infty} H_r^* S_{ff}(\omega) H_r \mathrm{d}\omega = \int_{-\infty}^{\infty} H_r^* \varPhi^{\mathrm{T}} RGS_{AA}(\omega) G^{\mathrm{T}} R^{\mathrm{T}} \varPhi H_r \mathrm{d}\omega \tag{4-123}
$$

式中，$S_{ff}(\omega)$为广义力谱矩阵；$S_{AA}(\omega)$为经 POD 方法分解获得的前 d 阶时间坐标函数 $a(t)$互功率谱矩阵，用做降阶处理。

应用模态展开理论，仅包含共振分量的结构弹性恢复力可表示为

$$
\{P_{eq}\}_r = [K][\varPhi]\{\delta\}_r = [M][\varPhi][\varLambda]\{\delta\}_r \tag{4-124}
$$

式中，$\{\delta\}_r$为各模态广义共振位移响应的均方差向量，数值等于式（4-108）求解的$[C_{qq}]_r$中对角元素的平方根。

传统的三分量方法中的共振分量求解到此结束，而其最大的问题在于不能考虑共振模态之间的耦合项影响。而且研究表明，对于频率密集的柔性结构，忽略耦合项的影响会对共振响应和 ESWL 产生很大的误差。

在 IWL 方法中并没有完全利用广义共振模态响应协方差矩阵中的非对角线元素，而且运动模态展开理论求解共振分量也无法考虑耦合项的影响。而 LRC 方法的优点在于可以很好地考虑各个模态之间的耦合项，并且已成功地运用到背景分量的求解，因此先求解出共振恢复力协方差矩阵，然后再利用 LRC 原理进行共振响应和 ESWL 的求解，这样相当于把共振恢复力当成准静力来考虑，但其可以完全考虑各共振模态之间的耦合项影响，这就是本章求解共振分量的基本思路。

结合式（4-108）和式（4-109），求解$\{P_{eq}\}_r$的互协方差矩阵$[C_{pp}]_r$：

$$\begin{aligned}[C_{pp}]_r &= \overline{\{P_{eq}\}_r\{P_{eq}\}_r} = [M][\Phi][\Lambda]\overline{\{q(t)\}_r\{q(t)\}_r}[\Lambda]^{\mathrm{T}}[\Phi]^{\mathrm{T}}[M]^{\mathrm{T}} \\ &= [M][\Phi][\Lambda][C_{qq}]_r[\Lambda]^{\mathrm{T}}[\Phi]^{\mathrm{T}}[M]^{\mathrm{T}}\end{aligned} \tag{4-125}$$

从以上的推导可以看出，$\{P_{eq}\}_r$是仅包含共振分量的弹性恢复力向量，其精确程度取决于计算$\{\delta\}_r$时所取的模态阶数和系统的动力特性。

3. 共振响应的求解

此时求解共振响应及其等效静力风荷载转化为求系统在广义共振弹性恢复力$\{P_{eq}\}_r$作用的准静力响应，利用 LRC 原理，可知

$$\{r(t)\}_r = [I]\{P_{eq}\}_r \tag{4-126}$$

当I为柔度矩阵时，$r(t)$即为结构的共振响应，其协方差矩阵为

$$\begin{aligned}[C_{rr}] &= \overline{\{r(t)\}_r\{r(t)\}_r} = [I][C_{pp}]_r[I]^{\mathrm{T}} = [I][M][\Phi][\Lambda][C_{qq}]_r[\Lambda]^{\mathrm{T}}[\Phi]^{\mathrm{T}}[M]^{\mathrm{T}}[I]^{\mathrm{T}} \\ &= [I][M][\Phi][\Lambda]\left(\int_{-\infty}^{\infty} H_r^{*}\Phi^{\mathrm{T}}RGS_{AA}(\omega)G^{\mathrm{T}}R^{\mathrm{T}}\Phi H_r\mathrm{d}\omega\right)[\Lambda]^{\mathrm{T}}[\Phi]^{\mathrm{T}}[M]^{\mathrm{T}}[I]^{\mathrm{T}}\end{aligned} \tag{4-127}$$

则结构的共振响应为

$$\sigma_{R,r} = \sqrt{\mathrm{diag}([C_{rr}])} \tag{4-128}$$

式中，diag(·)表示取矩阵的对角元素组成列向量。

4.2.6 交叉项求解的耦合恢复力协方差法

总脉动响应的组合公式如下：

$$\sigma_t^2 = \sigma_r^2 + \sigma_b^2 + 2\rho_{r,b}\sigma_r\sigma_b = \sigma_r^2 + \sigma_b^2 + \sigma_c^2 \tag{4-129}$$

式（4-129）右边项中的σ_r、σ_b都可以通过各自的恢复力协方差矩阵并采用 LRC 原理进行求解，而左边项总脉动风响应σ_t也可以采用基于总广义恢复力协方差矩阵并采用 LRC 原理进行求解，采用这一方法使得总响应中包含了所有背景、共振及共振模态间耦合项和背景与共振交叉项的所有分量，与式（4-129）右端的结果在理论解上完全一致。

1. 总脉动风响应求解

广义模态响应协方差矩阵$[C_{qq}]_t$可表示为

$$[C_{qq}]_t = \int_{-\infty}^{\infty} H^{*}S_{ff}(\omega)H\mathrm{d}\omega = \int_{-\infty}^{\infty} H^{*}\Phi^{\mathrm{T}}RGS_{AA}(\omega)G^{\mathrm{T}}R^{\mathrm{T}}\Phi H\mathrm{d}\omega \tag{4-130}$$

式中，H表示广义振型频响函数；$S_{ff}(\omega)$表示广义力谱矩阵；$S_{AA}(\omega)$为经 POD 法分解获得的前d阶时间坐标函数$a(t)$互功率谱矩阵。

然后应用模态展开理论，得到结构广义模态弹性恢复力向量如下：

$$\{P_{eq}\}_t = [K][\varPhi]\{\delta\}_t = [M][\varPhi][\varLambda]\{\delta\}_t \tag{4-131}$$

式中，$\{\delta\}_t$ 为各模态广义位移响应的均方差向量，数值等于式（4-115）求解的$[C_{qq}]_t$中对角元素的根方差。

至此求解总脉动风响应及其等效静力风荷载转化为求系统在广义弹性恢复力$\{P_{eq}\}_t$ 作用的准静力响应，利用 LRC 原理，可知

$$\{r(t)\}_t = [I]\{P_{eq}\}_t \tag{4-132}$$

当 I 为柔度矩阵时，$r(t)$即为结构的脉动风总响应，其协方差矩阵为

$$\begin{aligned}[C_{tt}] &= \overline{\{r(t)\}_t\{r(t)\}_t} = [I][C_{pp}]_t[I]^{\mathrm{T}} = [I][M][\varPhi][\varLambda][C_{qq}]_t[\varLambda]^{\mathrm{T}}[\varPhi]^{\mathrm{T}}[M]^{\mathrm{T}}[I]^{\mathrm{T}} \\ &= [I][M][\varPhi][\varLambda]\left(\int_{-\infty}^{\infty} H^{*}\varPhi^{\mathrm{T}}RGS_{AA}(\omega)G^{\mathrm{T}}R^{\mathrm{T}}\varPhi H\mathrm{d}\omega\right)[\varLambda]^{\mathrm{T}}[\varPhi]^{\mathrm{T}}[M]^{\mathrm{T}}[I]^{\mathrm{T}}\end{aligned} \tag{4-133}$$

则结构的总响应为

$$\sigma_{R,t} = \sqrt{\mathrm{diag}([C_{tt}])} \tag{4-134}$$

式中，diag(·)表示取矩阵的对角元素组成列向量。

采用总协方差求解的脉动风总响应包含了所有背景、共振及其交叉项的影响，但其最大的缺陷在于不能区分各分量所占的比重，无法进行风振响应机理研究。

2. 耦合恢复力协方差矩阵的定义

前面已经统一基于恢复力协方差矩阵采用 LRC 原理对脉动风总响应、背景响应和共振响应进行了精确求解，结合式（4-116），提出将背景和共振交叉项也作为一个独立的分量进行求解，从而避开对背景和共振相关系数的计算，并且采用 LRC 原理可以更明确、简单地获得对应响应的等效交叉项静风荷载。

将式（4-109）作如下等价变换：

$$[C_{tt}] = [C_{bb}] + [C_{rr}] + [C_{cc}] \tag{4-135}$$

式中，$[C_{tt}]$、$[C_{bb}]$、$[C_{rr}]$和$[C_{cc}]$分别表示总的脉动响应、背景响应、共振响应协方差矩阵和交叉项响应协方差矩阵。再结合式（4-118）、式（4-127）和式（4-133）可将式（4-135）转变为

$$[I][C_{pp}]_t[I]^{\mathrm{T}} = [I][C_{pp}]_b[I]^{\mathrm{T}} + [I][C_{pp}]_r[I]^{\mathrm{T}} + [I][C_{pp}]_c[I]^{\mathrm{T}} \tag{4-136}$$

整理后，得

$$[C_{pp}]_c = [C_{pp}]_t - ([C_{pp}]_b + [C_{pp}]_r) \tag{4-137}$$

式中，$[C_{pp}]_c$ 即为本章定义的耦合恢复力协方差矩阵，展开式（4-137）右端各参数的表达式并整理得

$$
\begin{aligned}
[C_{pp}]_c &= [M][\Phi][\Lambda]\left(\int_{-\infty}^{\infty} H^* \Phi^{\mathrm{T}} RGS_{AA}(\omega) G^{\mathrm{T}} R^{\mathrm{T}} \Phi H \mathrm{d}\omega\right)[\Lambda]^{\mathrm{T}}[\Phi]^{\mathrm{T}}[M]^{\mathrm{T}} - (RGE_\lambda G^{\mathrm{T}} R^{\mathrm{T}} \\
&\quad + [M][\Phi][\Lambda]\left(\int_{-\infty}^{\infty} H_r^* \Phi^{\mathrm{T}} RGS_{AA}(\omega) G^{\mathrm{T}} R^{\mathrm{T}} \Phi H_r \mathrm{d}\omega\right)[\Lambda]^{\mathrm{T}}[\Phi]^{\mathrm{T}}[M]^{\mathrm{T}}) \\
&= [M][\Phi][\Lambda]\left(\int_{-\infty}^{\infty} (H - H_r)^* \Phi^{\mathrm{T}} RGS_{AA}(\omega) G^{\mathrm{T}} R^{\mathrm{T}} \Phi (H - H_r) \mathrm{d}\omega\right)[\Lambda]^{\mathrm{T}}[\Phi]^{\mathrm{T}}[M]^{\mathrm{T}} \\
&\quad - RGE_\lambda G^{\mathrm{T}} R^{\mathrm{T}}
\end{aligned}
\tag{4-138}
$$

又有 $H_{r,i}(\omega)=H_i(\omega)-1/k_i$，且$[\Lambda]=\mathrm{diag}(\omega_i^2)$，代入式（4-138），继续整理得

$$
\begin{aligned}
[C_{pp}]_c &= [M][\Phi][\Lambda]\left(\int_{-\infty}^{\infty} [\Lambda]_k^{-1*} \Phi^{\mathrm{T}} RGS_{AA}(\omega) G^{\mathrm{T}} R^{\mathrm{T}} \Phi [\Lambda]_k^{-1} \mathrm{d}\omega\right)[\Lambda]^{\mathrm{T}}[\Phi]^{\mathrm{T}}[M]^{\mathrm{T}} \\
&\quad - RGE_\lambda G^{\mathrm{T}} R^{\mathrm{T}}
\end{aligned}
\tag{4-139}
$$

式中，所有参数在前面都已介绍过多次，这里不再说明。需要说明的是，耦合恢复力协方差与背景、共振及广义恢复力协方差矩阵最大的区别在于其元素可能出现负值。

从耦合恢复力协方差矩阵的推导结果可以看出，背景和共振交叉项与质量和表面风荷载特性有关。

3. 交叉项响应的求解

在获得了耦合恢复力协方差矩阵的基础上，就可以基于 LRC 原理求解结构所有节点的背景和共振交叉项响应以及任一响应对应的等效静力风荷载分布。

利用 LRC 原理，可知

$$
\{r(t)\}_c = [I]\{P_{eq}\}_c \tag{4-140}
$$

当 I 为柔度矩阵时，$r(t)$即为结构的背景和共振交叉项响应，其协方差矩阵为

$$
\begin{aligned}
[C_{cc}] &= \overline{\{r(t)\}_c \{r(t)\}_c} = [I][C_{pp}]_c [I]^{\mathrm{T}} \\
&= [I]\left\{[M][\Phi]\left(\int_{-\infty}^{\infty} \Phi^{\mathrm{T}} RGS_{AA}(\omega) G^{\mathrm{T}} R^{\mathrm{T}} \Phi \mathrm{d}\omega\right)[\Phi]^{\mathrm{T}}[M]^{\mathrm{T}} - RGE_\lambda G^{\mathrm{T}} R^{\mathrm{T}}\right\}[I]^{\mathrm{T}}
\end{aligned}
\tag{4-141}
$$

考虑到对角元素可能出现的负值，其物理意思说明忽略交叉项对于结构脉动响应的结果有保守估计。结构的交叉项响应根方差可表示为

$$
\sigma_{R,c} = \mathrm{sign}(\mathrm{diag}([C_{cc}]))\cdot|\mathrm{diag}([C_{cc}])| \tag{4-142}
$$

式中，$\mathrm{diag}(\cdot)$表示取矩阵的对角元素组成列向量。

4.2.7　总风致响应的组合

根据式（4-109）可知总脉动风响应的根方差表达式如下：

$$
\{\sigma_{R,t}\} = \sqrt{\{\sigma_{R,r}^2\} + \{\sigma_{R,b}^2\} + \{\mathrm{sign}(\mathrm{diag}([C_{cc}]))\sigma_{R,c}^2\}} \tag{4-143}
$$

相应地，总风振响应根方差表达式为

$$\begin{aligned}\{R_a\} &= \{\bar{R}\} + \{g\}\cdot\times\{\sigma_{R,t}\} \\ &= \{\bar{R}\} + \{g\}\cdot\times\sqrt{\{\sigma_{R,r}^2\} + \{\sigma_{R,b}^2\} + \{\mathrm{sign}(\mathrm{diag}([C_{cc}]))\sigma_{R,c}^2\}}\end{aligned} \tag{4-144}$$

式中，g 为保证系数，或称为峰值因子。当脉动风响应的概率分布为正态分布时，g 可表示为

$$g = \sqrt{2\ln vT} + \frac{\gamma}{\sqrt{2\ln vT}} \tag{4-145}$$

式中，T 为最大值相应的时距，我国荷载规范规定平均风的时距为 10min，因此 T 取 600s；γ 为欧拉常数，通常取 0.5772；v 为水平跨越数，可按式（4-146）计算：

$$v = \frac{1}{2\pi}\sqrt{\frac{\int_0^\infty \omega^2 S_{rr}(\omega)\mathrm{d}\omega}{\int_0^\infty \omega S_{rr}(\omega)\mathrm{d}\omega}} \tag{4-146}$$

图 4.2 给出了 CCM 方法的流程图。

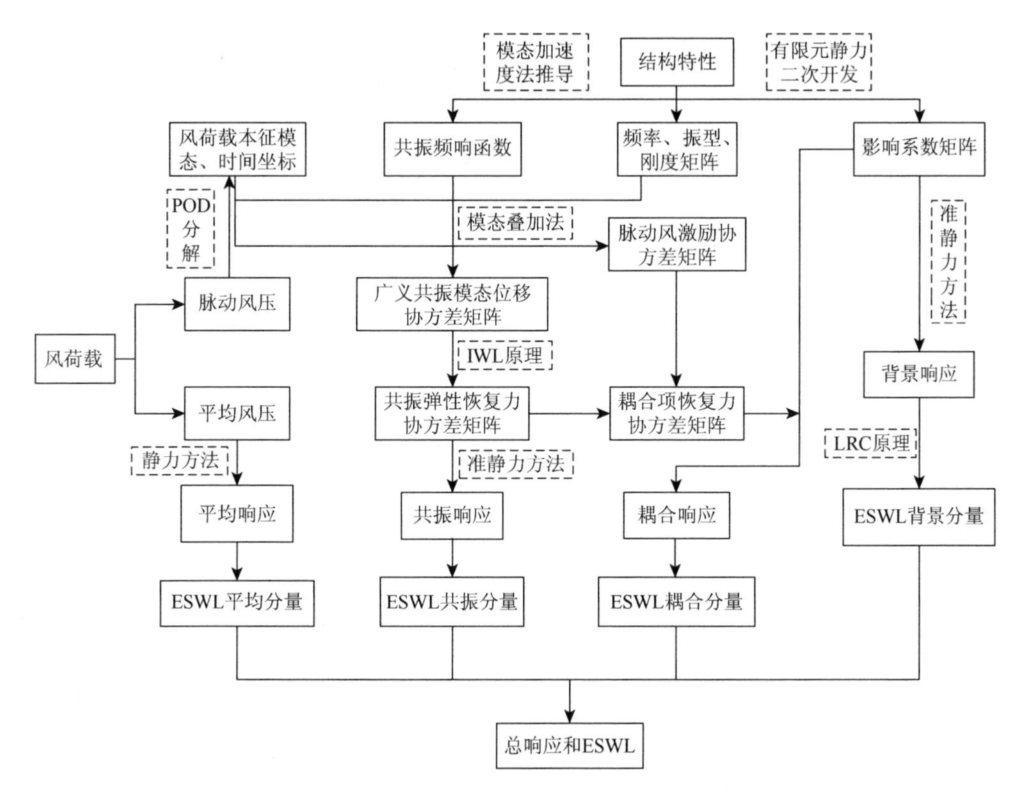

图 4.2　CCM 方法计算流程示意图

4.2.8 方法正确性验证

张相庭采用模态位移法的随机振动理论分析了一个高耸钢结构的风振响应，其中各风荷载参数均采用我国规范的数据。为了验证本章提出的方法正确性，采用相同算例进行计算，并与张相庭的计算结果进行对比。

算例参数：某等截面高耸钢结构，高度为 100m，质量分布均匀，分五等份，下面四层质量均为 20t，最上面一层为 10t，迎风宽度为 10m，弹性模量 E=100GPa，I=1.0m^4，基本风压为 0.4kPa，体型系数为 1.3，B 类地貌，结构阻尼比为 1%。进行风振响应分析时，采用 Davenport 脉动风速谱，空间相干函数采用 Shiotani 经验公式，峰值因子取为 2.2。

结构前五阶模态圆频率分别为 3.45rad/s、20.74rad/s、55.95rad/s、105.4rad/s、153.0rad/s。可见模态频率稀疏，第一阶模态起决定性作用。采用本章提出的方法分析时仅考虑一阶共振模态，所得各节点脉动响应列于表 4.1 中，表中同时给出张相庭根据随机振动理论计算的结果。

表 4.1 典型节点脉动风振响应根方差

节点号		2	3	4	5	6
位移/m	文献结果	0.065	0.233	0.467	0.737	1.019
	本书结果	0.067	0.239	0.472	0.743	1.024
误差/%		3.08	2.56	1.07	0.81	0.49

由表 4.1 可知，两者的结果比较吻合，由于节点 2 的响应数值较小，两者误差最大为 3.08%，顶点位移响应误差仅为 0.49%，而且程序计算结果均略大于文献结果，这是由于该方法仅考虑了一阶共振模态响应，但背景响应为所有模态的贡献，而文献基于模态位移法，其背景响应也仅仅考虑了一阶模态。

4.2.9 精度分析与参数确定

1. 共振截止模态的确定

当采用模态位移法、模态加速度法、LRC+IWL 的传统三分量方法计算结构的风振响应时，均需要确定共振分量的截止模态数目。基于全模态 CQC 方法计算得到的某超大型冷却塔风振响应作为准确值，再采用不同模态截止模态的模态位移法和加模态加速度法对该结构进行计算，并给出了典型节点脉动风致位移响应的均方差，其中 *A-B* 指竖向编号和环向编号，如表 4.2 所示。

表 4.2　典型节点脉动风致位移响应根方差　　单位：mm

节点编号	准确数值	模态位移法					模态加速度法				
		1 阶	10 阶	50 阶	100 阶	200 阶	1 阶	10 阶	50 阶	100 阶	200 阶
3-1	3.12	0.85	1.84	3.02	3.06	3.07	1.01	1.92	3.10	3.09	3.11
5-7	4.42	1.38	2.39	4.34	4.37	4.40	1.47	2.46	4.39	4.41	4.41
8-19	2.49	0.78	1.28	2.37	2.39	2.45	0.94	1.36	2.46	2.46	2.48
11-27	3.54	1.14	2.15	3.36	3.44	3.51	1.27	2.23	3.50	3.53	3.55
13-33	4.35	1.52	2.28	4.21	4.28	4.30	1.67	2.35	4.31	4.30	4.34

对比两种方法的计算结果，可以得出：

（1）冷却塔的风振响应包含多阶模态的贡献，相同阶数模态加速度法的计算结果比模态位移法的计算精度高，例如，节点 11-27 考虑 50 阶模态时两者计算误差达到 6%，这是由于模态加速度法考虑了所有模态的准静力贡献，说明对于大型冷却塔结构，其高阶模态的背景响应不能忽略；

（2）对比不同截止模态数的模态加速度法计算结果发现，仅考虑 1 阶共振模态作用时，计算结果误差达到 60%以上，当增加到 10 阶共振模态数时，结算结果误差明显减小，但最大仍接近 40%，继续增大到 50 阶模态数目时，其误差可控制在 2%左右，此时继续增大截止模态数，对于风振响应的计算结果影响微乎其微，因此可以采用 50 阶模态数作为大型冷却塔进行风振响应分析的截止模态。

2. 不同计算方法的精度分析

为比较传统风振响应计算方法和 CCM 的精度，采用 GLF 法、IWL 法、LRC 法、不考虑共振模态之间耦合项的传统三分量法（简称 TCM-1 法）、考虑共振模态耦合项的改进三分量法（简称 TCM-2 法）和 CCM 方法对某冷却塔结构进行了计算，给出了典型节点脉动风致位移响应的均方差，同时给出气弹模型试验测振结果，如表 4.3 所示。从表中可以发现以下几点。

（1）仅考虑一阶模态贡献的 GLF 法和 IWL 法计算结果误差过大，而仅考虑准静力贡献的 LRC 法计算结果同样误差较大，考虑共振耦合效应的改进三分量法的计算结果明显优于不考虑共振耦合效应的传统三分量法计算结果，其误差仅为 10%左右，CCM 法计算结果与准确值吻合较好，最大误差小于 2%。这说明超大塔结构的风振响应是以动力放大效应为主，并且需考虑多阶甚至高阶的共振模态之间的耦合项，以及背景和共振分量之间的交叉项响应。

（2）理论计算结果的准确值和气弹模型试验结果在各点上变化规律相同，其数值上的误差分别为 10.5%、9.1%、16.02%、8.63%和 8.27%，可见理论计算值均要小于试验值，分析其原因为：内置的激光位移计尽管受干扰影响较外置的要少很多，但由于风洞中的来流及噪声影响，导致其本身的振动引起附加的一部分响应，使得试验值均大于理论计算结果。

表 4.3　典型节点脉动风致位移根方差　　单位：mm

节点编号	准确值	GLF 法	IWL 法	LRC 法	TCM-1 法	TCM-2 法	CCM 法	试验值
3-1	3.12	1.15	2.28	1.62	2.79	2.95	3.09	3.45
5-7	4.42	1.48	2.97	2.15	3.67	4.14	4.37	4.82
8-19	2.49	0.78	2.15	0.57	2.22	2.36	2.51	2.87
11-27	3.54	1.14	2.96	1.51	3.32	3.44	3.55	3.82
13-33	4.35	1.52	3.12	1.89	3.65	4.02	4.30	4.71

3. 位移响应谱特征分析

图 4.3 给出了不同断面处沿环向不同角度四个典型节点的位移响应功率谱密度函数图。由图可知，大型冷却塔的风振响应主要由共振效应激发，且对于不同区域的节点响应，激发其共振分量的模态不同。例如，节点 A 主要是由 1 和 8 阶共振模态以及背景分量贡献能量，节点 B 第 1 阶贡献的能量不显著，主要是由第 8 阶模态贡献能量；所有节点响应中均可以找到一个对应的截止频率，在该频率之后其共振效应激发的响应均可以忽略；只考虑 1 阶模态效应的 GLF 和 IWL 方法不适合大型冷却塔的风振响应计算，必须考虑多阶甚至是高阶模态的共振效应。

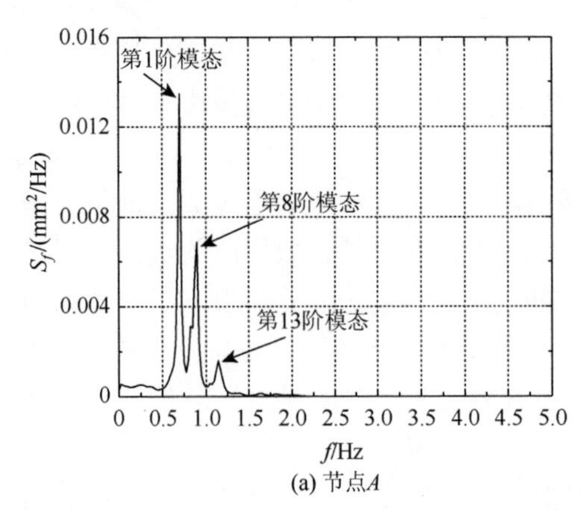

(a) 节点A

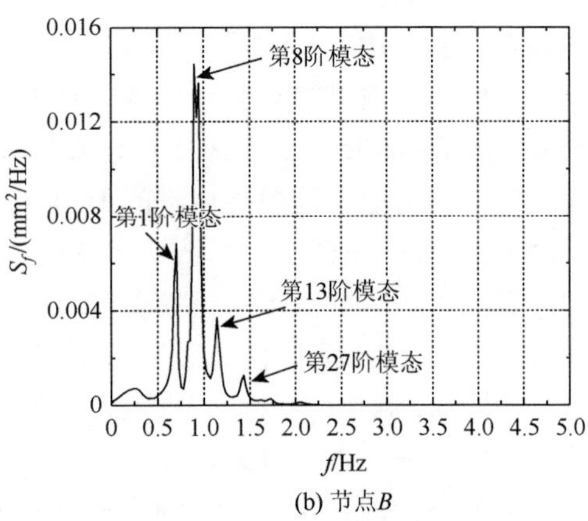

(b) 节点B

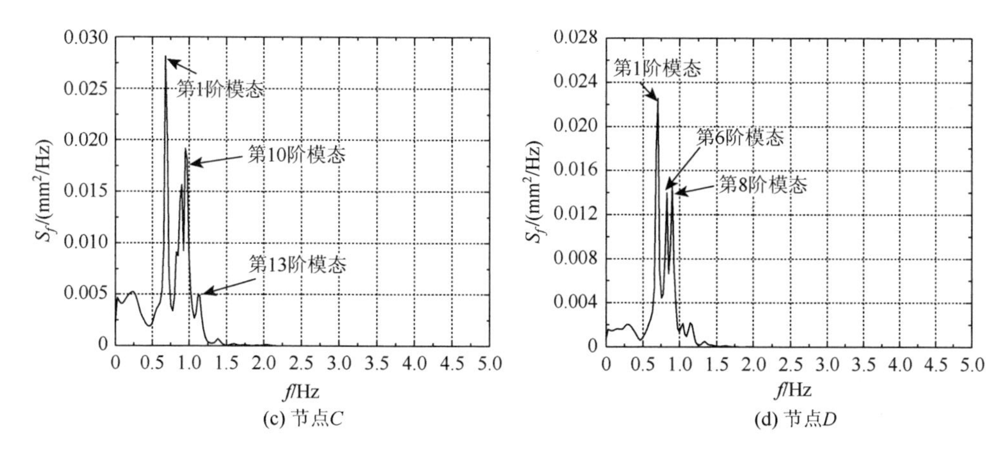

(c) 节点 C　　(d) 节点 D

图 4.3　典型节点位移响应功率谱图

4.3 小　结

本章总结介绍了时域分析的基本概念和计算方法，分别对 Newmark 法、中心差分法、线性加速度法和 Wilson-θ 法、Houbolt 法、振型叠加法、模态假设法和完全瞬态法等时域分析方法进行了对比说明。同时，针对大型冷却塔结构从频域方面详细推导了脉动响应的背景、共振及其交叉项的理论公式，给出了各分量存在的物理意义；并将基于相关系数求解的交叉项看做和背景、共振分量一样的独立分量，提出耦合恢复力协方差矩阵这一概念，结合 LRC 原理给出了背景和共振交叉项的简便精确求解方法；然后结合 LRC 原理和惯性力法对共振分量的精确求解进行了推导，并给出了总脉动风振响应的组合方法。最后通过经典算例验证了 CCM 方法的正确性，并将这一方法用于大跨度空间结构和大型冷却塔结构，分析了结构的风振响应特性并通过和 CQC 方法、传统的三分量方法计算结果的对比验证了 CCM 方法的优越性。

参 考 文 献

[1] 张相庭. 工程结构风荷载理论和抗风计算手册[M]. 上海：同济大学出版社，1990.

[2] Davenport A G. Gust loading factors[J]. Journal of the Structural Division，ASCE，1967，93（3）：11-34.

[3] Holmes J. Effective static load distributions in wind engineering[J]. Journal of Wind Engineering and Industrial Aerodynamics，2002，90（2）：91-109.

[4] Hashish M G，Abu-Sitta S H. Response of hyperbolic cooling towers to turbulent wind[J]. Journal of the Structural Division，1974，100：1037-1051.

[5] Steinmetz R L，Abel J F，Billington D P. Hyperbolic cooling tower dynamic response to wind[J]. Journal of the Structural Division，1978，104（1）：35-53.

[6] Bartoli G，Borri C，Zahlten W. Nonlinear dynamic analysis of cooling towers under stochastic wind loading[J].

Journal of Wind Engineering & Industrial Aerodynamics，1992，43（1/2/3）：2187-2198.

[7] Reed D A，Scanlan R H，Reed D A，et al. Time series analysis of cooling tower wind loading[J]. Journal of Structural Engineering，1983，109（2）：538-554.

[8] Solari G. Gust buffeting. I：Peak wind velocity and equivalent pressure[J]. Journal of Structural Engineering，1993，119（2）：365-382.

[9] Pasto S，Borri C，Bartoli G. Concrete cooling tower shells frequency domain dynamic response to turbulent wind[J]. International Journal of Fluid Mechanics Research，2002，29（3/4）：7.

[10] 林家浩，钟万勰. 关于虚拟激励法与结构随机响应的注记[J]. 计算力学学报，1998，15（2）：217-223.

[11] 张相庭. 国内外风载规范的评估和展望[J]. 同济大学学报（自然科学版），2002，30（5）：539-543.

[12] 柯世堂，侯宪安，赵林，等. 超大型冷却塔风荷载和风振响应参数分析：自激力效应[J]. 土木工程学报，2012，45（12）：45-53.

[13] 柯世堂，陈少林，赵林，等. 超大型冷却塔等效静力风荷载精细化计算及应用[J]. 振动、测试与诊断，2013，33（5）：824-830.

[14] Ke S，Ge Y，Zhao L，et al. A new methodology for analysis of equivalent static wind loads on super-large cooling towers[J]. Journal of Wind Engineering & Industrial Aerodynamics，2012，111（3）：30-39.

[15] 柯世堂，葛耀君. 基于一致耦合法某大型博物馆结构风致响应精细化研究[J]. 建筑结构学报，2012，33（3）：111-117.

[16] 柯世堂，初建祥，陈剑宇，等. 基于灰色-神经网络联合模型的大型冷却塔风效应预测[J]. 南京航空航天大学学报，2014，46（4）：652-658.

[17] 柯世堂，葛耀君，赵林，等. 一致耦合方法的提出及其在大跨空间结构风振分析中的应用[J]. 中南大学学报（自然科学版），2012，43（11）：4457-4463.

第 5 章 大型冷却塔风致响应与参数分析

本章通过国内外重大工程实例系统研究了大型冷却塔的风致响应特性和多元化参数影响，主要包括结构基频、阻尼比、周边干扰、导风装置、加劲环、子午肋、支柱类型和子午线型等对大型冷却塔风致响应的影响。

5.1 风致响应特性

本节通过国内某工程具体实例（详见附录 D 工程 1）对大型冷却塔结构脉动风振响应平均、背景、共振和交叉项四个分量[1]进行计算分析，归纳了各脉动分量的分布特征，进而总结出脉动风振总响应和总风振响应数值及其分布规律，并探讨了大型冷却塔结构的风振作用机理。

5.1.1 平均响应

图 5.1 给出了大型冷却塔结构平均响应三维分布图及等值线图，其中子午向共分为 14 个断面。大型冷却塔的平均响应沿着迎风轴呈现对称特性，随着子午向高度的逐渐增加，其数值先增大再减小，在 150m 高度处（喉部高度为 160m）达到最大值 26mm；在环向断面 0°迎风点上响应最大为正值（即压力），随着角度的

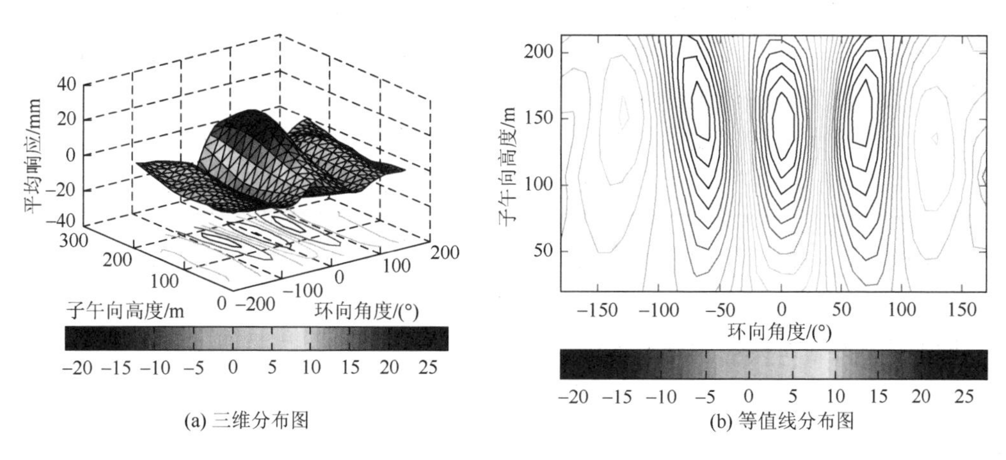

(a) 三维分布图 (b) 等值线分布图

图 5.1 大型冷却塔平均响应分布图

增加，在 70°处达到负的极值（产生吸力），随后在 120°处再变为压力，直至完全进入背风区又产生吸力，但数值很小。图 5.2 给出了大型冷却塔结构环向断面平均响应的分布特征示意图。

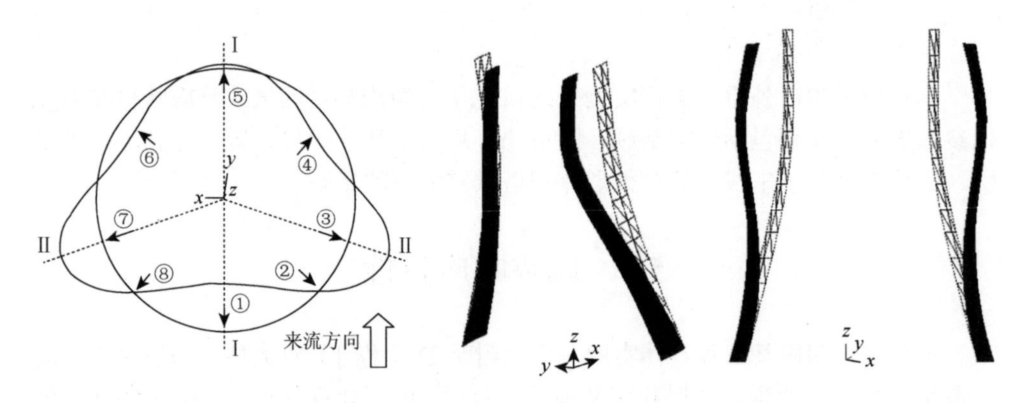

图 5.2　大型冷却塔环向断面平均响应分布特征示意图

5.1.2　背景响应

基于 POD-LRC 分析方法[2-4]对冷却塔结构风荷载作用下的背景响应进行分析，图 5.3 给出了大型冷却塔结构背景响应分量的三维分布图和等值线图。

对比平均响应分布图可知，背景响应仅考虑结构的准静态效应[5, 6]，完全忽略了结构的共振放大影响，与平均响应分布特征存在本质区别：

（1）背景响应数值远远低于平均响应，其最大值不超过 2.8mm；

（2）背景响应并未呈现出与平均响应相同的关于迎风轴对称的特性，迎风点处数值最大，且迎风点两侧 60°范围内数值均较大，增加至 100°后逐渐减小，在背风区比较稳定，响应也达到最小值；

（3）随着子午向高度的增大，背景响应呈现与平均响应相同的分布特性，均先增大再减小，不同的是最大值发生在 100m 高度处，即在壳体结构中下部，此现象与以往认识相悖，究其原因：背景响应主要是结构各阶模态的准静态力贡献，而结构表面的空间荷载可以通过 POD 分解成很多个空间形态，此时结构的某些高阶模态振型和表面荷载的对应形态产生了明显的“共振”效应，而引起“共振”效应的荷载形态恰好在 100m 高度处激励最大。

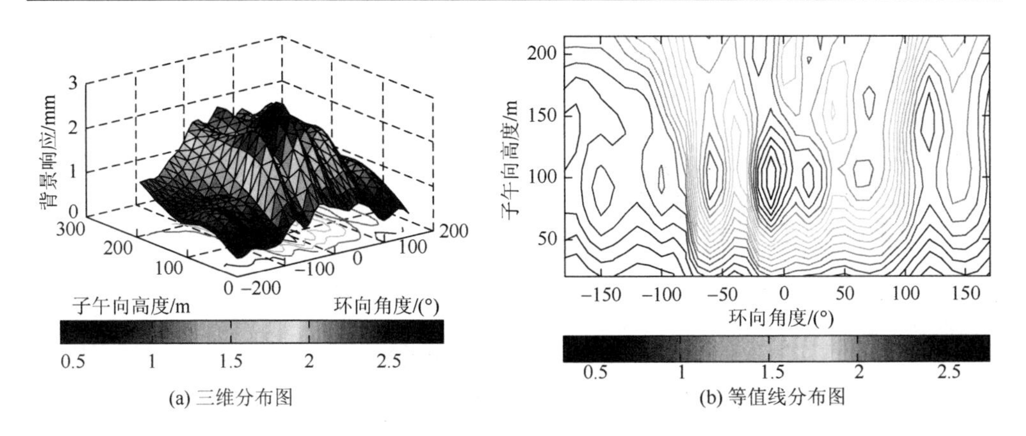

(a) 三维分布图　　(b) 等值线分布图

图 5.3　大型冷却塔背景响应分布图

5.1.3　共振响应

共振响应是仅包含结构动力放大效应的响应分量，冷却塔是连续薄壳混凝土结构，其阻尼比较小且振型密集，因此必须要考虑共振模态间的耦合效应，本节采用 CCM 方法计算出结构的共振响应。

图 5.4 给出了大型冷却塔结构共振响应分量的三维分布图和等值线图。对比平均响应和背景响应分布图，可以发现：

（1）共振响应的数值最大达到 6.4mm，远大于背景响应的数值，这说明大型冷却塔的脉动风振响应明显以共振分量为主，主要由柔性结构的动力放大效应引起，这为今后的风振控制提供了明确的思路，即针对产生共振效应的对应模态进行控制；

（2）随着子午向高度的增大，平均和背景响应均呈现出先增大再减小的趋势，并且在中部或喉部附近出现峰值，而共振响应的变化特征是先逐渐增大，在 80m 高度处达到第一个峰值，然后再减小到 140m 高度后又逐步增大至塔顶，其在子午向上出现两个明显的峰值，这一现象的发现为大型冷却塔抗风措施提供一些新思路，例如，可以针对这两个共振响应峰值的出现增加加劲环，尽管在欧洲一些国家已经采用过类似的方案，但是并未给出合理的理论解释；

（3）与背景响应相同，环向断面上共振响应也未呈现对称性，并出现多次峰值，这说明共振响应的产生并不仅由第 1 阶或第 2 阶模态引起，可能会有多个模态参与，且占据主导地位的模态阶数并不固定。

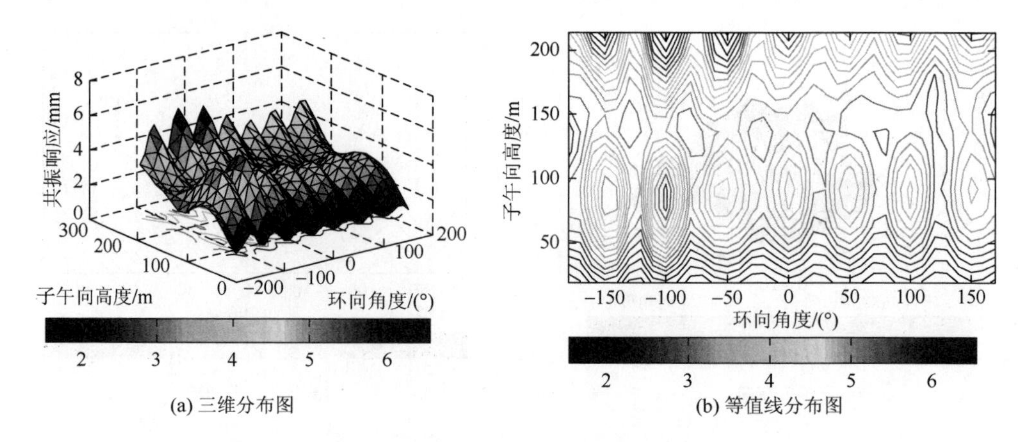

(a) 三维分布图　(b) 等值线分布图

图 5.4　大型冷却塔共振响应分布图

5.1.4　交叉项响应

大型冷却塔结构背景和共振模态之间的交叉项响应不能忽略，在某些节点处该分量占总脉动风振响应的比例达 20%。图 5.5 给出了大型冷却塔结构交叉项响应的三维分布图和等值线图。

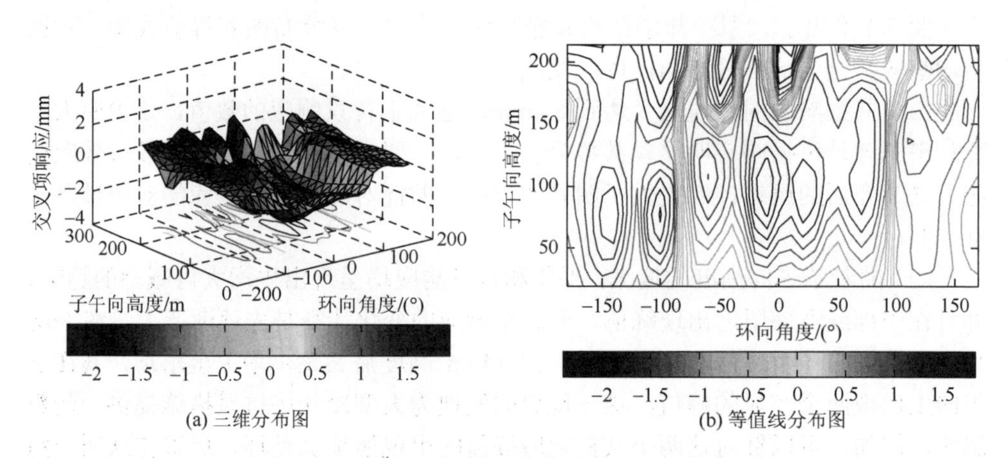

(a) 三维分布图　(b) 等值线分布图

图 5.5　大型冷却塔背景和共振交叉项响应分布图

对比背景和共振响应分布图，交叉项响应分量基本特征如下：

（1）与背景、共振分量相似，作为脉动风振响应的组成分量之一，交叉项响应分量没有对称特性，并且响应数值和背景分量基本在同一个水平线上，最大数值为 2.3mm，因此交叉项分量是大型冷却塔风振响应必须考虑的分量；

（2）随着子午向高度的增大，交叉项响应在接近 100m 和塔顶处出现两次峰值，这与共振响应分布特征类似；

（3）在环向断面上，交叉项响应的最大值出现在迎风点处，并且同样出现多个峰值，这说明交叉项响应的产生并不仅由第 1 阶或第 2 阶模态引起，可能会有多个模态参与，且占据主导地位的模态阶数并不固定。

5.1.5　总风振响应

1. 脉动风振总响应

由上述分析可知，结构的脉动风振响应以共振分量为主，背景和交叉项分量的贡献比较接近，一般均在 10%以下，最大可达 20%左右，因此可以判断结构的总脉动风振响应的子午向和环向分布特征与共振分量类似。

图 5.6 给出了大型冷却塔结构总的脉动风振响应三维分布图和等值线图。从图中可以发现，随着子午向高度的增大，总脉动风振响应逐渐变大，在 80m 高度处出现第一个峰值，然后减小至 140m 高度后又逐步增大至塔顶，并在子午向上出现两个明显的峰值；在环向断面上响应也出现多个峰值，未呈现对称性；结构的最大脉动风振响应数值达到 6.6mm。

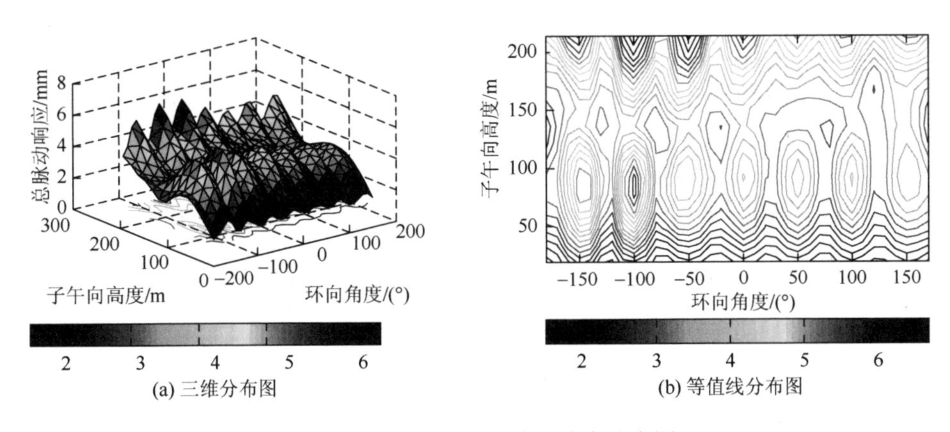

图 5.6　大型冷却塔总脉动响应分布图

2. 总风振响应

根据风振响应各分量的分析结果，将大型冷却塔结构下部、中部和上部三个典型环向断面的所有节点响应各分量列于表 5.1～表 5.3 中，其中峰值因子[7, 8]采用每个节点响应对应的实际数值（Sadek-Simiu 法）。

从表中可以发现，在迎风面和负压极值区域，由于平均响应数值较大，其在整个总风振响应中占据的比重较脉动响应相差不大，但在其他区域，平均响应所占的比重急剧减小，脉动分量远远大于平均响应。

表 5.1　冷却塔下部第 2 断面环向节点风振响应各分量分布列表

节点编号	静力响应	脉动响应				峰值因子	总响应
	平均分量	背景分量	共振分量	交叉项分量	总脉动分量		
1	9.10	1.27	2.25	−1.00	2.38	3.94	18.48
2	8.51	1.40	1.96	−1.22	2.08	3.99	16.79
3	6.54	1.28	1.73	−1.15	1.82	4.03	13.86
4	2.29	0.85	1.73	−0.65	1.82	3.96	9.49
5	−1.41	0.81	2.17	−0.35	2.30	3.59	−9.65
6	−4.10	0.97	2.29	−0.47	2.44	3.85	−13.49
7	−5.73	1.12	2.20	−0.74	2.35	3.63	−14.27
8	−6.18	0.99	1.87	−0.77	1.98	3.84	−13.78
9	−4.23	0.60	1.77	−0.25	1.85	3.28	−10.32
10	−2.94	0.46	2.36	0.79	2.53	3.68	−12.27
11	−2.07	0.49	2.91	1.12	3.15	3.68	−13.68
12	−0.89	0.43	2.54	0.96	2.75	3.63	−10.86
13	0.05	0.41	1.82	0.57	1.95	4.21	8.26
14	0.84	0.47	2.03	0.87	2.26	4.42	10.82
15	1.10	0.52	2.74	1.27	3.07	3.92	13.13
16	1.06	0.54	2.94	1.33	3.27	5.96	20.55
17	0.77	0.46	2.52	1.12	2.79	3.91	11.69
18	0.19	0.35	1.87	0.78	2.06	3.86	8.15
19	−0.11	0.38	1.73	0.61	1.87	4.90	−9.30
20	−0.27	0.50	1.99	0.60	2.13	3.76	−8.30
21	−0.34	0.61	2.16	0.50	2.30	5.63	−13.28
22	0.24	0.66	2.23	0.51	2.38	4.68	11.14
23	0.72	0.64	2.04	0.70	2.25	4.12	9.97
24	0.99	0.51	1.62	0.78	1.87	3.72	7.96
25	0.90	0.45	1.63	0.80	1.87	3.53	7.49
26	−0.12	0.59	2.07	0.74	2.27	3.58	−8.15
27	−1.41	0.72	2.24	0.54	2.42	3.42	−9.68
28	−4.32	0.89	2.07	−0.36	2.23	4.10	−13.45
29	−6.96	1.06	1.71	−0.85	1.83	3.76	−13.84
30	−6.92	1.08	1.67	−0.92	1.76	3.81	−13.64
31	−5.61	1.04	2.01	−0.77	2.13	3.67	−13.42
32	−3.02	1.00	2.26	−0.56	2.41	3.86	−12.32
33	0.65	1.01	2.06	−0.65	2.20	4.05	9.55
34	4.51	1.13	1.74	−0.92	1.87	3.69	11.40
35	8.30	1.25	1.72	−1.07	1.83	3.84	15.34
36	9.15	1.17	2.02	−0.94	2.13	3.74	17.13

表 5.2　冷却塔中部第 7 断面环向节点风振响应各分量分布列表

节点编号	静力响应		脉动响应			峰值因子	总响应
	平均分量	背景分量	共振分量	交叉项分量	总脉动分量		
1	23.97	2.50	3.94	−2.17	4.13	3.75	39.46
2	20.60	2.80	3.50	−2.59	3.65	3.71	34.15
3	13.15	2.46	3.04	−2.33	3.14	3.74	24.91
4	3.34	1.82	3.25	−1.59	3.37	4.04	16.96
5	−6.55	1.67	3.81	−1.18	3.99	3.68	−21.24
6	−13.83	2.11	4.14	−1.63	4.35	4.14	−31.84
7	−17.04	2.32	3.94	−1.93	4.14	3.89	−33.16
8	−15.08	1.87	3.23	−1.57	3.38	3.65	−27.44
9	−9.76	1.14	3.08	−0.62	3.22	3.45	−20.87
10	−4.77	0.92	4.16	1.14	4.41	3.73	−21.24
11	−1.30	1.00	4.84	1.43	5.15	3.92	−21.49
12	1.14	0.93	4.25	1.13	4.49	3.62	17.41
13	3.29	0.83	3.14	0.81	3.35	4.24	17.48
14	4.37	0.82	3.32	1.22	3.63	4.92	22.24
15	4.40	0.85	4.33	1.55	4.67	3.81	22.21
16	3.52	0.88	4.60	1.51	4.92	5.68	31.48
17	2.42	0.83	3.94	1.32	4.24	4.18	20.14
18	1.15	0.67	3.04	1.11	3.31	4.26	15.24
19	−2.13	0.62	2.73	0.82	2.92	5.13	−17.09
20	−7.19	0.80	3.07	0.55	3.22	5.26	−24.14
21	−1.20	1.05	3.53	0.43	3.71	3.71	−14.95
22	3.02	1.18	3.66	0.58	3.89	3.98	18.52
23	4.83	1.18	3.32	0.80	3.61	3.71	18.24
24	5.57	1.05	2.70	0.93	3.04	3.74	16.95
25	5.38	0.91	2.66	0.95	2.97	3.57	15.97
26	3.41	1.03	3.41	0.95	3.69	3.58	16.62
27	−0.90	1.32	3.83	0.68	4.11	3.57	−15.59
28	−7.63	1.77	3.44	−1.18	3.68	4.12	−22.79
29	−14.21	2.02	2.79	−1.74	2.98	3.91	−25.84
30	−17.44	2.10	2.91	−1.82	3.09	4.18	−30.37
31	−16.75	2.11	3.50	−1.71	3.71	3.74	−30.63
32	−11.83	1.97	3.80	−1.55	3.99	4.2	−28.59
33	−3.30	1.93	3.55	−1.63	3.70	3.61	−16.65
34	6.81	2.22	2.93	−1.97	3.10	3.46	17.53
35	16.14	2.38	3.00	−2.09	3.20	4.06	29.13
36	22.38	2.24	3.72	−1.89	3.91	3.83	37.36

表 5.3　冷却塔上部第 13 断面环向节点风振响应各分量分布列表

节点编号	静力响应		脉动响应			峰值因子	总响应
	平均分量	背景分量	共振分量	交叉项分量	总脉动分量		
1	20.46	1.79	4.80	1.78	5.42	3.85	41.34
2	19.52	2.14	4.57	−0.23	5.04	4.58	42.60
3	15.78	2.27	3.80	−1.59	4.13	4.38	33.89
4	9.58	2.10	3.86	−1.04	4.27	4.33	28.08
5	1.64	1.91	5.02	1.54	5.58	4.25	25.38
6	−6.97	1.93	5.74	1.78	6.31	4.66	−36.39
7	−14.17	2.01	5.41	0.96	5.85	4.21	−38.78
8	−18.23	1.97	4.45	−0.70	4.82	4.62	−40.49
9	−18.01	1.83	4.21	0.96	4.69	3.64	−35.08
10	−13.12	1.58	5.17	1.83	5.70	4.26	−37.42
11	−6.38	1.38	5.88	2.04	6.38	4.31	−33.86
12	−0.66	1.23	5.38	1.78	5.80	3.84	−22.94
13	2.99	1.15	4.02	1.35	4.39	4.54	22.93
14	4.36	1.07	3.61	1.28	3.98	4.86	23.70
15	4.07	0.98	4.64	1.49	4.97	4.31	25.51
16	3.06	0.93	5.18	1.50	5.48	4.42	27.27
17	2.25	0.91	4.66	1.32	4.93	4.08	22.35
18	2.28	0.90	3.77	1.19	4.06	4.16	19.17
19	2.96	0.93	3.56	1.18	3.87	3.71	17.31
20	3.63	1.00	3.99	1.09	4.26	4.15	21.30
21	3.82	1.13	4.37	0.80	4.58	4.05	22.38
22	3.45	1.28	4.46	0.54	4.67	3.58	20.17
23	2.82	1.35	4.18	0.72	4.45	3.59	18.78
24	2.15	1.25	3.54	0.92	3.86	3.74	16.60
25	1.11	1.17	3.21	0.73	3.49	3.36	12.84
26	−1.27	1.44	3.76	−0.44	4.01	3.68	−16.01
27	−5.85	1.86	4.42	−0.76	4.73	3.75	−23.60
28	−11.82	2.02	4.45	−0.58	4.85	3.78	−30.16
29	−16.55	2.01	3.90	−0.62	4.34	3.85	−33.26
30	−17.19	1.99	3.46	−0.77	3.91	4.58	−35.12
31	−13.35	1.92	3.80	−0.70	4.20	4.38	−31.75
32	−6.53	1.84	4.29	−0.87	4.59	4.33	−26.40
33	1.33	1.89	4.13	−1.31	4.35	4.25	19.81
34	8.62	2.06	3.57	−1.41	3.88	4.66	26.69
35	14.41	2.08	3.64	−0.17	4.19	4.21	32.05
36	18.62	1.83	4.32	1.71	4.99	4.62	41.67

5.2 结构基频的影响

为研究结构基频对冷却塔结构风致响应的影响，本节给出三个不同基频的冷却塔算例，加载的风荷载模式均为试验获得的非定常激励，风振响应的计算采用 CCM 方法，结构基本参数如下。

算例 1（详见附录 D 工程 6）：塔顶高度为 155m，结构基频为 0.92Hz；

算例 2（详见附录 D 工程 5）：塔顶高度为 177.16m，结构基频为 0.82Hz；

算例 3（详见附录 D 工程 1）：塔顶高度为 215m，结构基频为 0.68Hz。

表 5.4 给出了三个算例典型节点各风振响应分量、总脉动风振响应和峰值因子。对比发现：

（1）随着塔高的不断增加，壳体的壁厚在增大以及混凝土强度在提高，但整个结构体系愈发轻柔，引起脉动风振响应也在增大，且在平均响应较大的节点处增幅稍大于平均响应的数值；

（2）对于基频较低的大型冷却塔共振响应占据明显的主导地位，背景和交叉项影响相对较弱，随着结构基频的增大，脉动响应仍以共振分量为主，但背景响应所占的比重逐渐增大，说明对于基频较低的冷却塔结构，风荷载的准静力贡献更加突出，高阶模态的背景响应不能忽略。

表 5.4 不同基频下冷却塔结构典型节点风振响应各分量参数列表

节点编号		静力响应/mm		脉动响应/mm			峰值因子
		平均分量	背景分量	共振分量	交叉项分量	总脉动分量	
2-1（下部）	算例 1	9.82	1.68	2.06	−0.97	2.47	3.63
	算例 2	10.79	1.74	2.29	−1.10	2.66	3.88
	算例 3	11.64	1.62	2.95	−1.30	3.10	3.82
7-8（中部）	算例 1	−12.48	1.76	2.58	−1.26	2.86	3.42
	算例 2	−13.83	1.71	2.98	−1.48	3.10	3.58
	算例 3	−15.08	1.87	3.23	−1.57	3.38	3.65
10-18（喉部）	算例 1	0.89	1.04	2.35	0.69	2.66	3.64
	算例 2	0.93	0.87	2.46	0.71	2.70	3.58
	算例 3	1.04	0.60	2.84	0.75	3.00	3.57
13-27（塔顶）	算例 1	4.52	1.76	3.28	0.26	3.73	3.64
	算例 2	5.27	1.81	3.78	−0.82	4.11	3.83
	算例 3	5.85	1.86	4.42	−0.76	4.73	3.75

5.3　阻尼比的影响

由前述分析可知，大型冷却塔结构的风振响应以共振分量为主，而阻尼比对共振分量影响显著，进而影响总风振响应。鉴于此，本节针对国内某工程具体实例（详见附录 D 工程 1）采用不同的阻尼比进行计算。

考虑到冷却塔是典型的钢筋混凝土结构，阻尼比取值范围为 0%～5%，本节分别取 1%、2%、3.5%和 5%进行对比计算，其他计算参数不变。图 5.7 和图 5.8 分别给出了不同阻尼比下结构的共振响应和交叉项响应的等值线图。由图可得：

（1）随着阻尼比的增大，结构的共振响应明显减小，峰值下降近一半，说明大型冷却塔结构的风振响应中共振分量占主导地位，但是子午向高度和环向断面上的响应分布特征基本一致，表明激发共振响应的主导模态并未改变；

（2）阻尼比的改变并未对交叉项响应分布特征和数值带来明显的变化，说明结构的交叉项响应分量与阻尼比联系较弱，主要与结构的基频、振型以及荷载的分布模式相关。

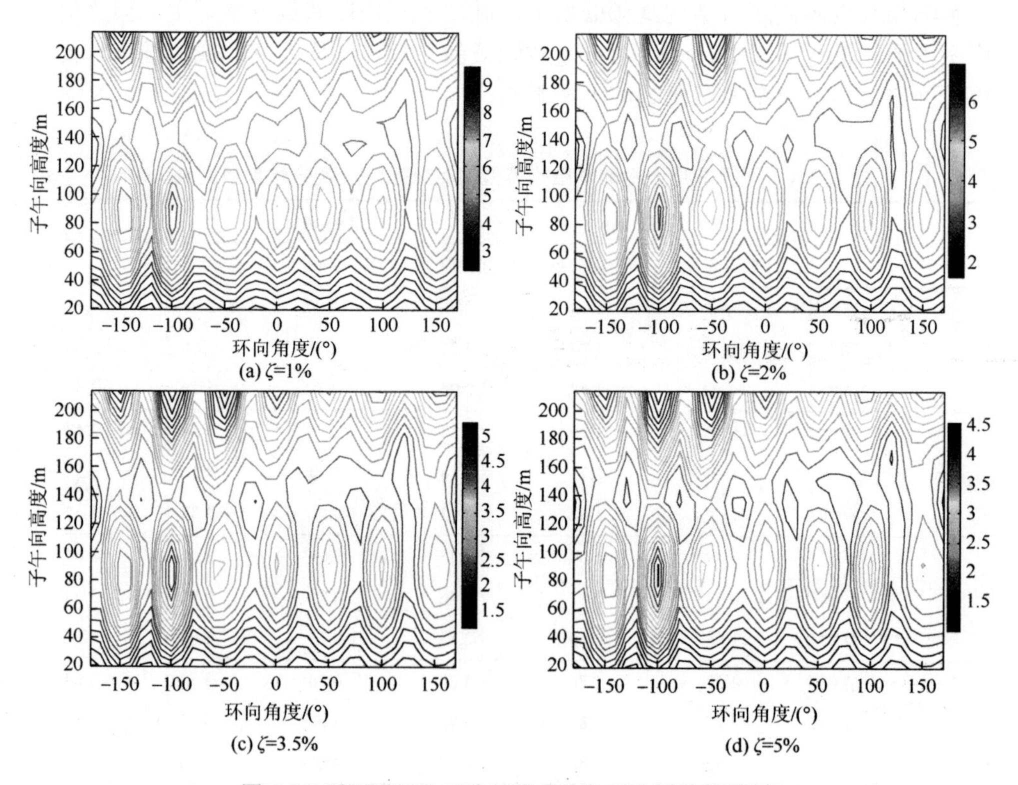

图 5.7　不同阻尼比下冷却塔结构共振分量等值线图

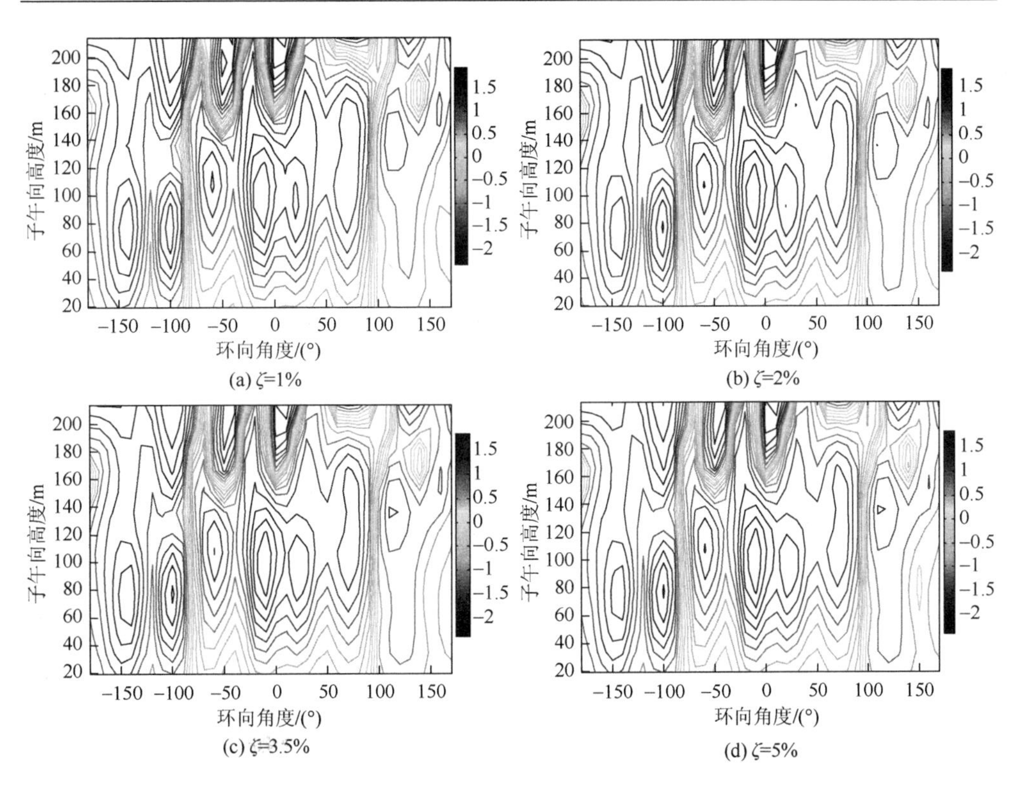

图 5.8　不同阻尼比下冷却塔结构交叉项分量等值线图

表 5.5 给出了不阻尼比下冷却塔典型节点的共振、交叉项和总脉动响应。由表可以发现，随着阻尼比增大，结构平均响应不变，但节点的总脉动风振响应均有较大幅度的降低。

表 5.5　不同阻尼比下冷却塔结构典型节点风振响应参数列表

节点工况		脉动响应/mm		
编号	阻尼比	共振分量	交叉项分量	总脉动分量
7-8（中部）	1%	5.17	−1.59	5.27
	2%	3.61	−1.57	3.75
	3.5%	2.73	−1.57	2.91
	5%	2.29	−1.58	2.50
13-27（塔顶）	1%	6.84	−0.60	7.06
	2%	4.93	−0.72	5.22
	3.5%	3.74	−0.79	4.10
	5%	3.14	−0.84	3.55

5.4　周边干扰的影响

本节对于国内某工程（详见附录 D 工程 1）大型冷却塔的周边干扰影响进行分析，仅考虑干扰对结构风振响应各脉动分量的数值、子午向和环向分布特征的影响，并不具体研究周边干扰物的存在类型[9, 10]。考虑到干扰的影响使得冷却塔迎风点、负压极值区和背风区并不明确，因此无法像单塔工况给出具体的环向区域划分，故主要对比分析结构的脉动风振响应分布特征，如图 5.9 所示。

对比 5.1 节中单塔工况下脉动风振响应各分量的等值线分布图可知，存在干扰时壳体结构背景和共振响应的数值明显增大，其中共振分量的增幅更加显著，峰值从 6.4mm 增大到 8.2mm，增幅为 28%，相比之下背景分量的增幅仅为 10%，说明干扰物的存在极大地增加了结构的动力放大效应，准静力贡献的部分增幅较小，因此在实际工程中需要考虑周边干扰物的布置形式并对其进行优化。

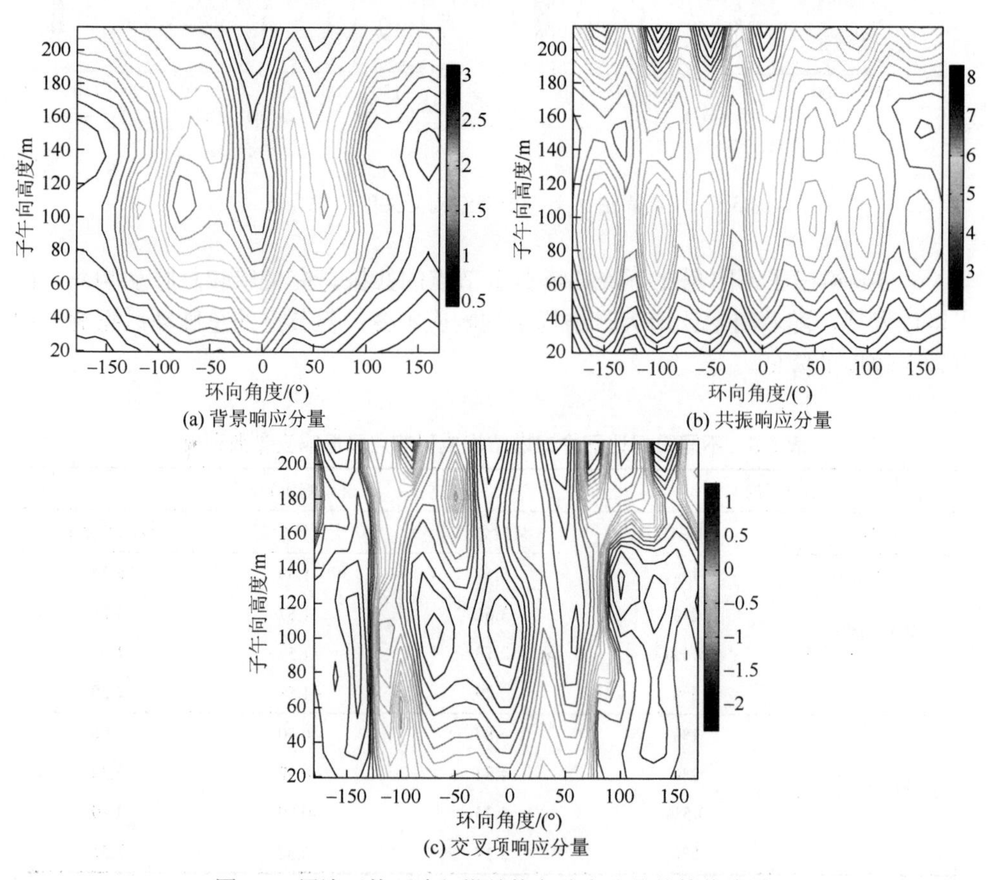

图 5.9　周边干扰下冷却塔结构各响应分量的等值线图

5.5 导风装置的影响

本节工程实例采用国内某大型自然通风冷却塔，具体工程参数详见附录 D 工程 1。在进风口上部设置的三种导风装置[11]分别为外部进水槽、矩形导风板和弧形导风板[12, 13]，定义无导风装置为工况一，外部进水槽为工况二，矩形导风板为工况三，弧形导风板为工况四。采用不同导风装置对应各自的冷却塔外表面平均风压系数对四种冷却塔进行静风加载，具体研究不同导风装置对冷却塔受力性能的影响。每种导风装置的形式及详细尺寸详见 2.3.1 节。

5.5.1 塔筒响应

1. 位移响应

选择迎风点（0°）、零压力系数点（30°）、负压极大值点（70°）及背风点（180°）四个代表性区域进行不同导风装置冷却塔的筒壁位移响应分析。图 5.10 给出了四种导风装置冷却塔在各对应风荷载作用下的塔筒 0°、30°、70°及 180°子午线上径向位移分布示意图。

对比分析可得：①不同导风装置冷却塔在 0°和 70°子午线上节点径向位移在喉部以下比较接近，在喉部以上数值稍有差异，最大相差 12.67%；②在 30°子午线上的径向位移差异较大，125m 以下工况一位移最大，工况四位移最小，达到喉部高度后位移突然减小，其中以工况一减小趋势最为显著；③180°子午线上节点位移在塔筒中下部以工况一最大，达到喉部高度后位移均开始减小。

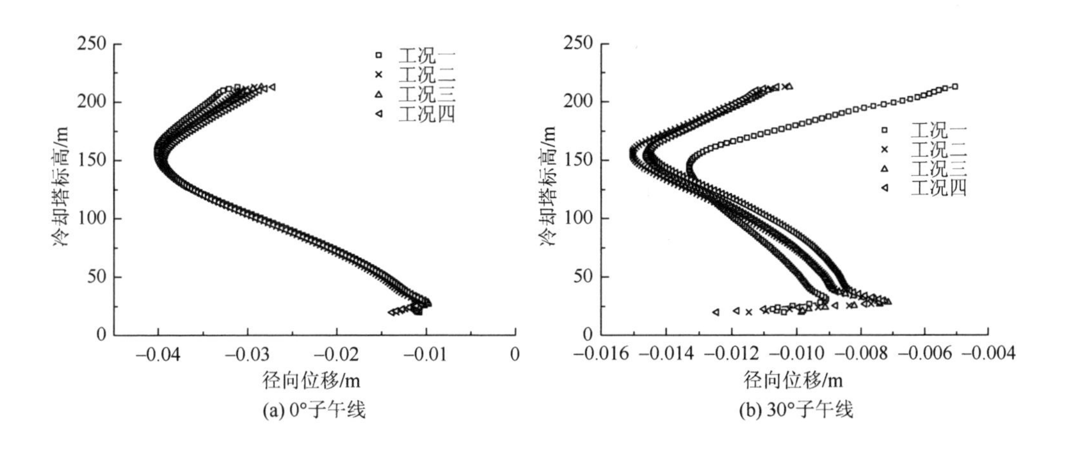

(a) 0°子午线　　(b) 30°子午线

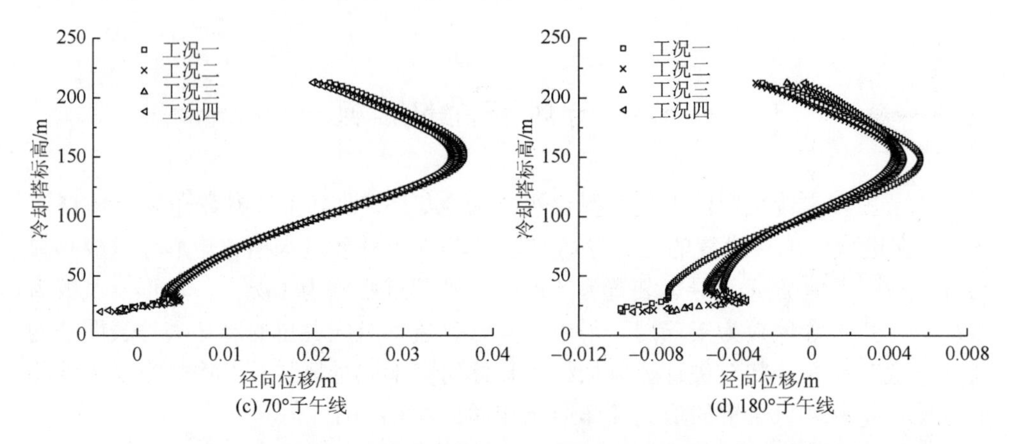

(c) 70°子午线　　(d) 180°子午线

图 5.10　四种导风装置冷却塔典型子午向径向位移分布示意图

图 5.11 给出了四种导风装置冷却塔喉部径向位移分布示意图。可将 0.00 圆环假定为冷却塔喉部原形（单位：m）。由图可见四种冷却塔的喉部径向位移大小和变化趋势几乎一致，其中喉部最大径向负位移−0.041，出现在正迎风角 0°处，最大正位移 0.036，出现在±70°附近；在 0°～45°范围内，径向位移为负且逐渐减小；45°～70°范围内，径向位移为正且逐渐增大；70°～100°范围内，径向位移为正且逐渐减小；100°～180°范围内，径向位移先增大后减小至 0 继而增大至 0.005 左右。

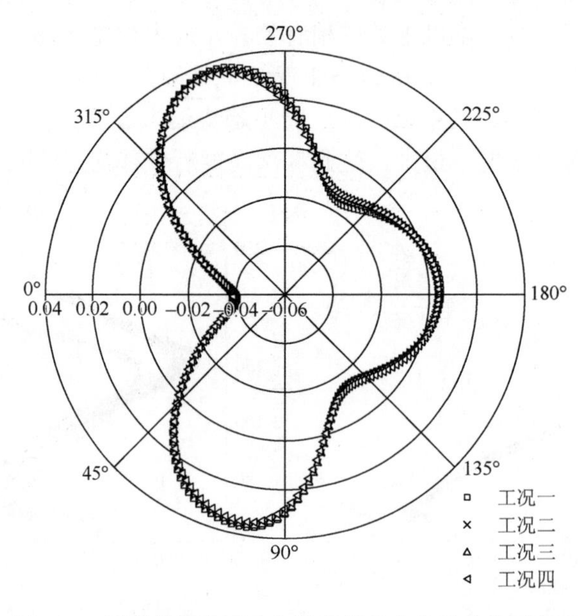

图 5.11　四种导风装置冷却塔喉部径向位移分布示意图

2. 内力响应

以无导风装置冷却塔为例，图 5.12 给出了塔筒所有节点的环向和子午向应力等值线图。由图发现环向和子午向应力较大值均出现在±70°左右。

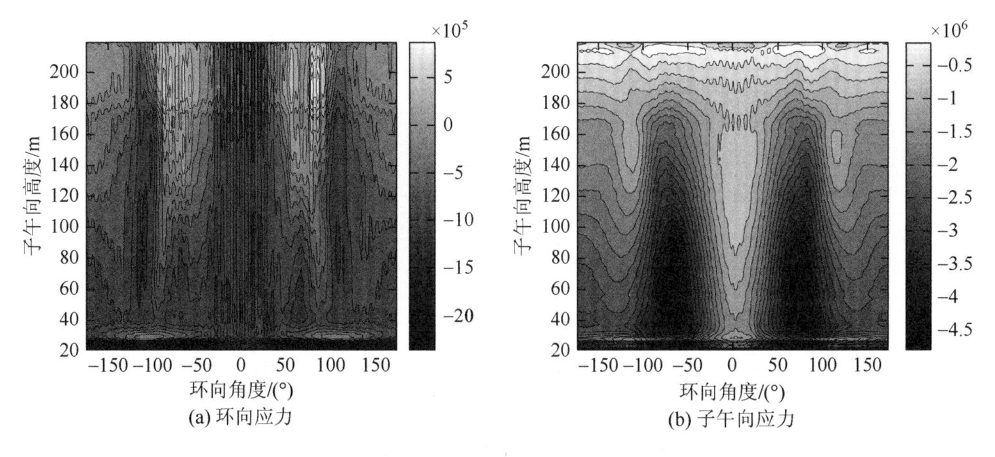

(a) 环向应力　　(b) 子午向应力

图 5.12　无导风装置冷却塔应力等值线图

图 5.13 给出了四种导风装置冷却塔 70°子午线上环向和子午向应力分布示意图。由图可见：①四种冷却塔的环向、子午向应力沿塔高变化基本相同；②由于自重的积累，塔筒底部应力最大，在导风装置设置高度处应力骤减；③随着冷却塔高度的增大，应力逐渐减小，在喉部处略有突变，但总体趋势不变，冷却塔顶部展宽平台处应力突增。

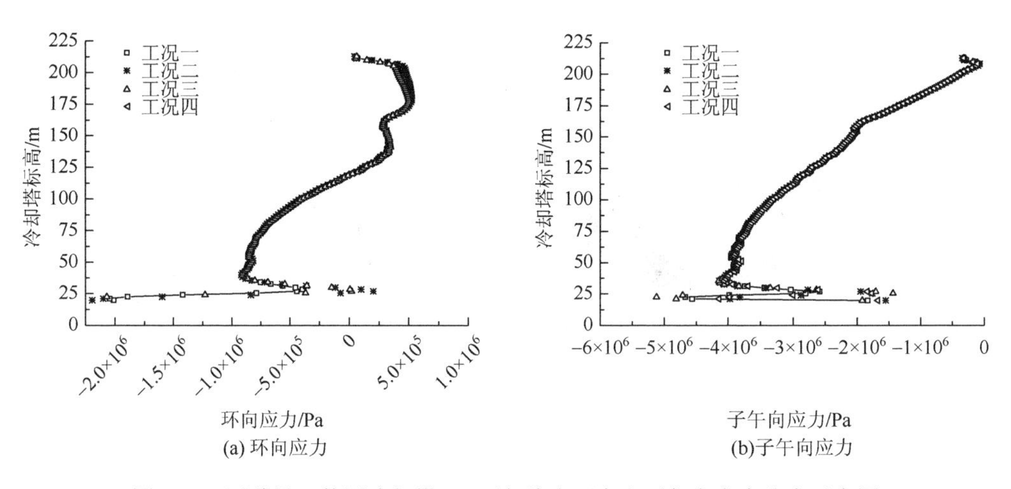

(a) 环向应力　　(b)子午向应力

图 5.13　四种导风装置冷却塔 70°子午线上环向和子午向应力分布示意图

5.5.2　支柱响应

图 5.14 给出了四种导风装置冷却塔支柱顶部轴向力分布示意图，按支柱倾斜方向分为奇数支柱和偶数支柱。由图可以看出：①奇数支柱与偶数支柱轴向力呈轴对称分布；②不同导风装置冷却塔的支柱轴向力分布趋势几乎相同，工况一奇数和偶数支柱轴向力分别在支柱编号 16～24 范围内和编号 24～32 范围内突然减小，其他范围内冷却塔支柱轴向力以工况二最大，以工况一最小，工况三和工况四对支柱轴向力影响相当。

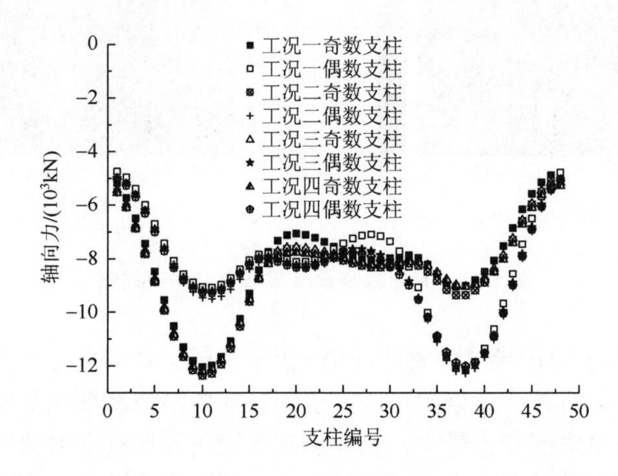

图 5.14　四种导风装置冷却塔支柱顶部轴向力分布示意图

5.5.3　环基响应

图 5.15 给出了四种导风装置冷却塔环基位移分布示意图。由图可见：①不同

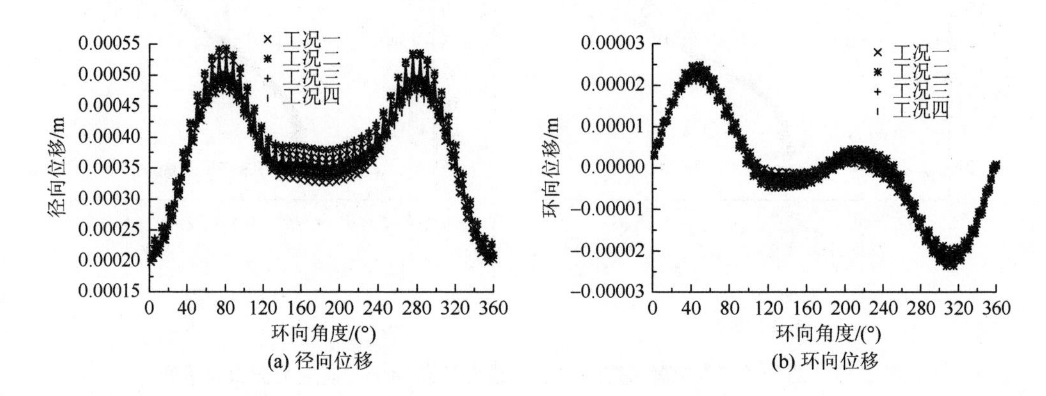

(a) 径向位移　　(b) 环向位移

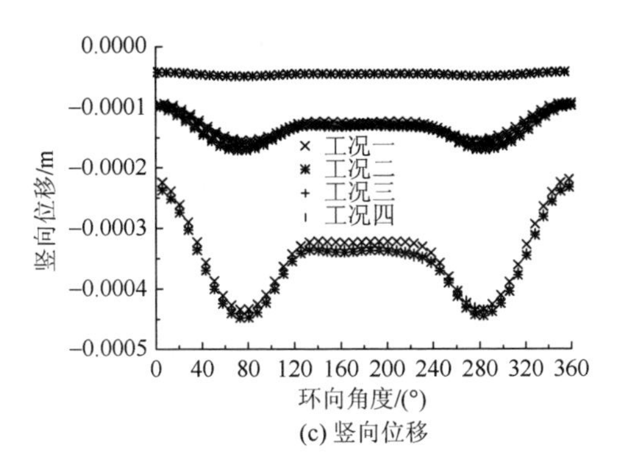

(c) 竖向位移

图 5.15　四种导风装置冷却塔环基位移分布示意图

导风装置对环基的变形影响作用较大，四种导风装置冷却塔位移变化规律一致；②不同导风装置对环基位移侧风和背风区影响较大，迎风区影响较小；③环基竖向位移变化剧烈，不同范围内节点竖向位移突变严重。

5.6　加劲环的影响

为研究内部加劲环对大型冷却塔风致响应的影响规律，以国内某电厂大型自然通风冷却塔为例（详见附录 D 工程 2），针对光滑塔和加环塔两种塔型设计方案，采用有限元方法对比分析其风致响应特征。在此基础上，提炼出内部加劲环对大型冷却塔风致响应的影响规律。

5.6.1　塔筒响应

1. 位移响应

图 5.16 给出了规范[14, 15]平均风荷载作用下两种工况冷却塔塔筒径向位移三维分布图，正值表示位移由冷却塔中心轴指向外侧，0°子午线为正迎风方向。由图可知，两种工况冷却塔塔筒位移分布规律一致，且最大正值均出现在 70°子午线左右，最大负值均出现于 0°子午线上，故后续将以 0°和±70°子午线上的位移值进行两种工况位移对比研究。

图 5.17 给出了 0°和 70°子午线上两种工况冷却塔塔筒径向位移沿高度分布示意图。由图可知，在 0°和 70°子午线上两种冷却塔位移变化规律一致，塔筒底部位移值最小，至喉部达到最大，且加劲环对塔筒径向位移影响较大，加环塔径向位移明显小于光滑塔。

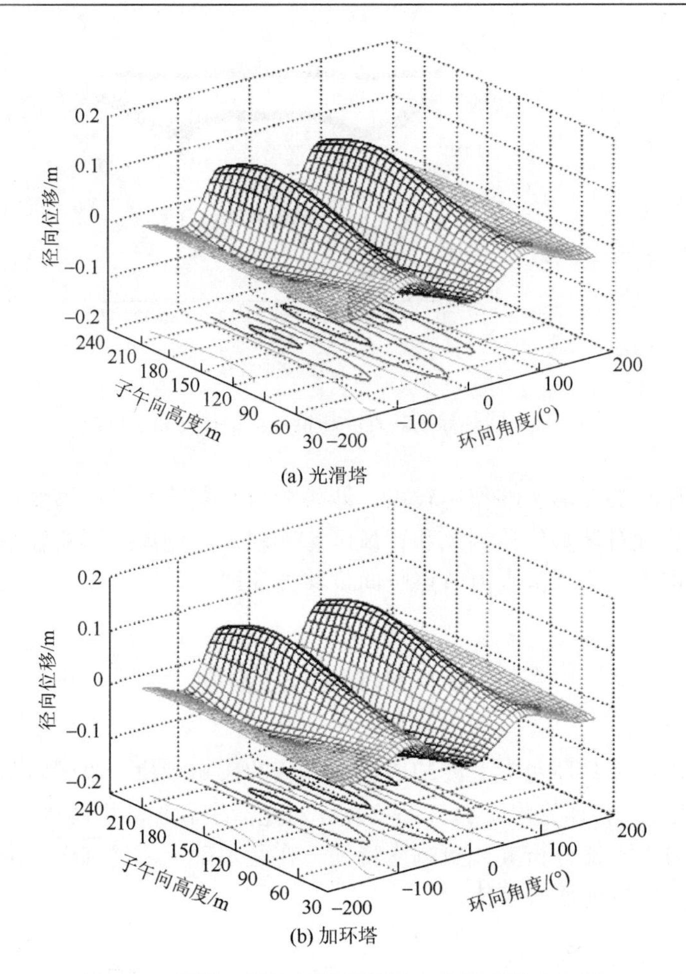

图 5.16　两种工况冷却塔塔筒径向位移三维分布图

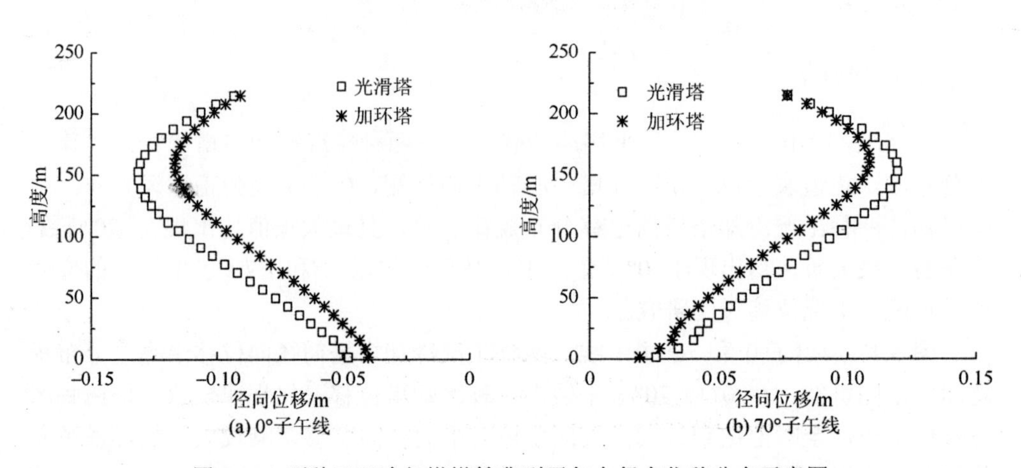

图 5.17　两种工况冷却塔塔筒典型子午向径向位移分布示意图

2. 内力响应

以光滑塔为例，图 5.18 给出了光滑塔塔筒子午向轴力和环向弯矩三维分布图。由图可知，冷却塔内力分布具有对称性，子午向轴力和环向弯矩绝对值的最大值均出现在 0°和±70°左右，故后续也将以 0°和±70°子午线上的内力值进行两种工况冷却塔内力对比研究。

图 5.19 给出了 0°和 70°子午线上两种工况冷却塔塔筒子午向轴力和环向弯矩分布示意图。对比可见，两种工况冷却塔子午向轴力和环向弯矩变化规律一致，子午向轴力和环向弯矩受加劲环影响较小；子午向轴力在 0°子午线和 70°子午线上规律变化差别较大，但环向弯矩在两条子午线上取值接近、变化规律一致。

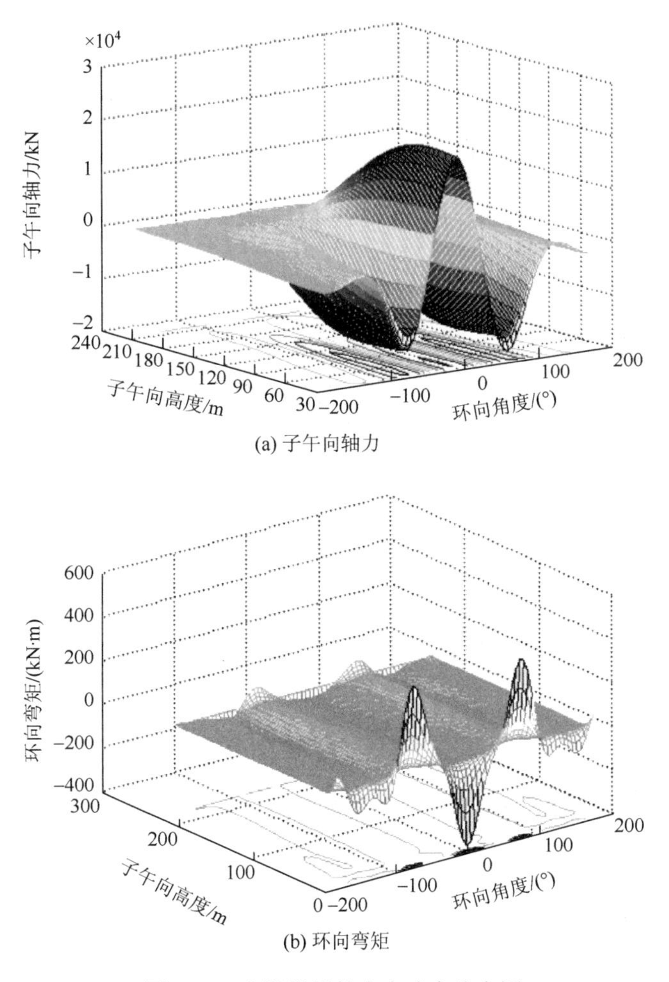

(a) 子午向轴力

(b) 环向弯矩

图 5.18　光滑塔塔筒内力响应分布图

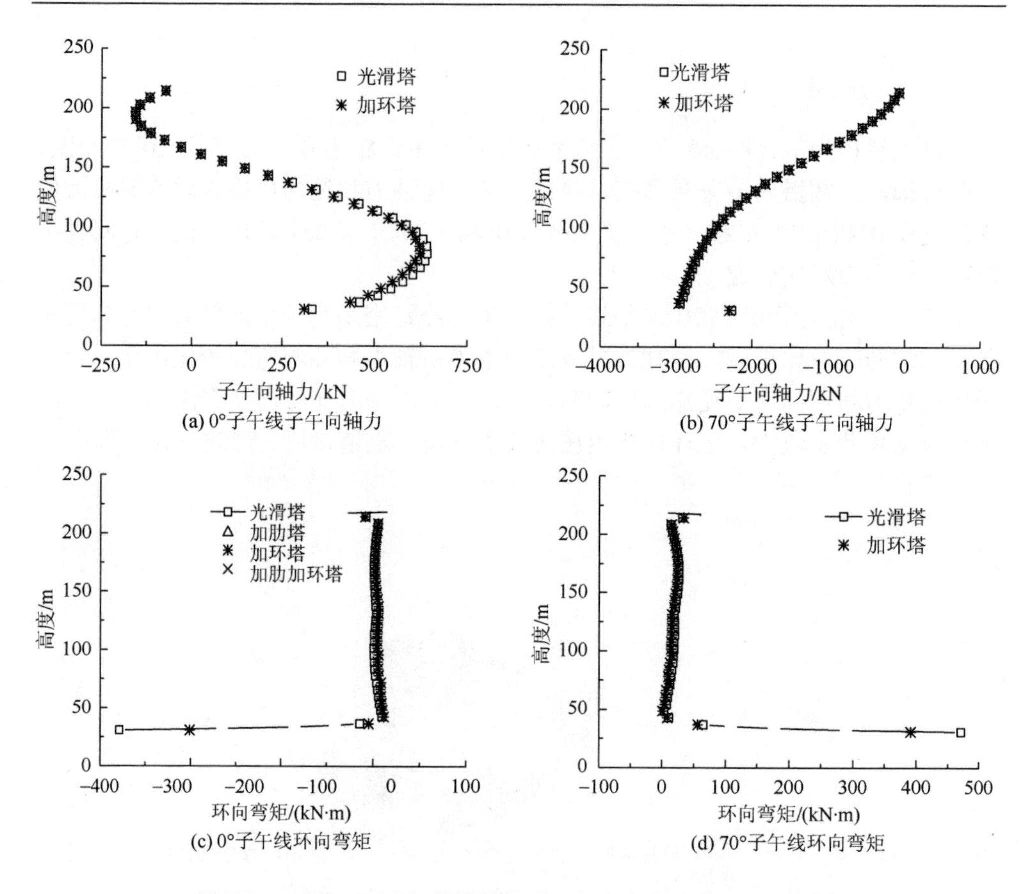

图 5.19　两种工况冷却塔塔筒典型子午向内力响应分布示意图

5.6.2　支柱响应

1. 位移响应

图 5.20 给出了两种工况冷却塔支柱径向、环向和竖向位移分布示意图。对比可知，两种工况冷却塔支柱位移变化规律一致，支柱位移受加劲环影响显著；位移响应中径向位移受影响最大，加劲环在背风区一定范围内具有减小位移的作用，加环塔竖向位移和环向位移明显小于光滑塔。

2. 内力响应

图 5.21 给出了两种工况冷却塔支柱顶部轴力和径向弯矩分布示意图，以左支柱为目标进行对比分析。由图可知，不同工况冷却塔支柱轴向力分布趋势相同，加劲环对其影响微弱。

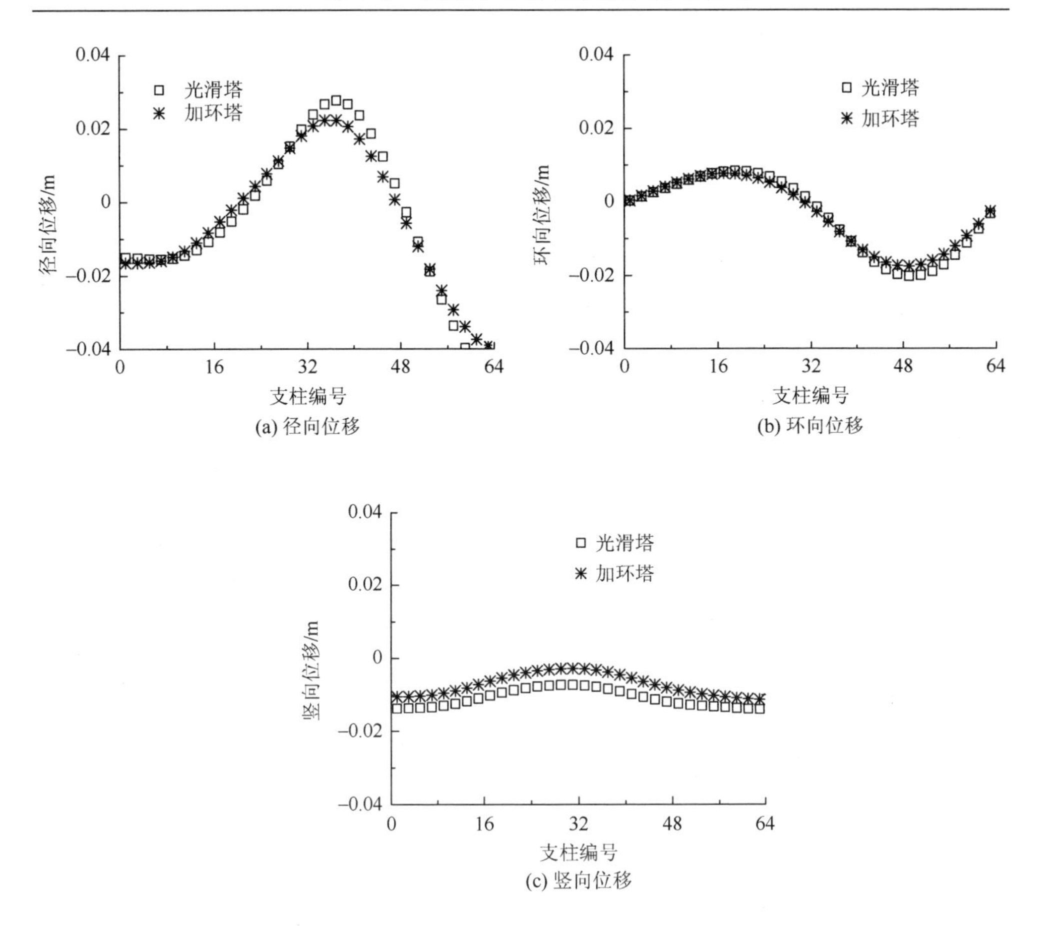

图 5.20　两种工况冷却塔支柱位移响应分布示意图

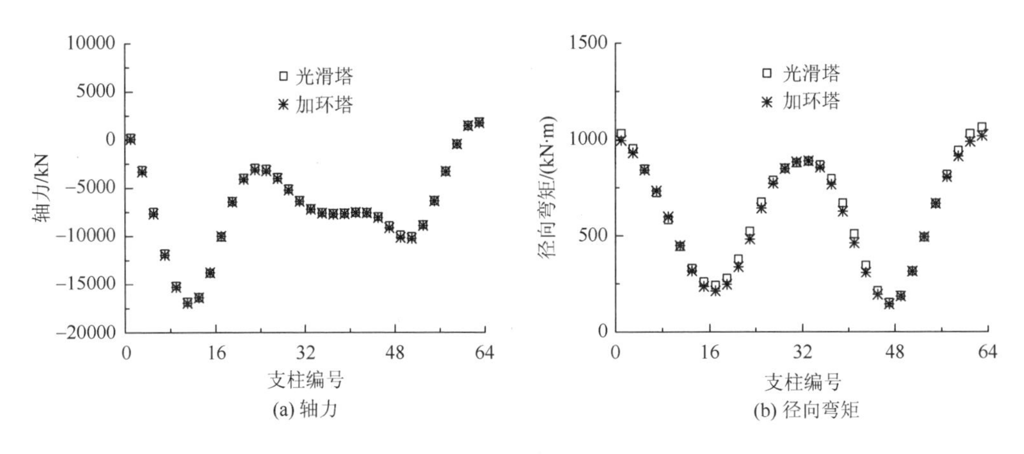

图 5.21　两种工况冷却塔支柱内力响应分布示意图

5.6.3　环基响应

1. 位移响应

图 5.22 给出了两种工况冷却塔环基径向、环向和竖向位移分布示意图。由图可见加劲环对冷却塔环基位移影响微弱，光滑塔与加环塔位移数值非常接近。

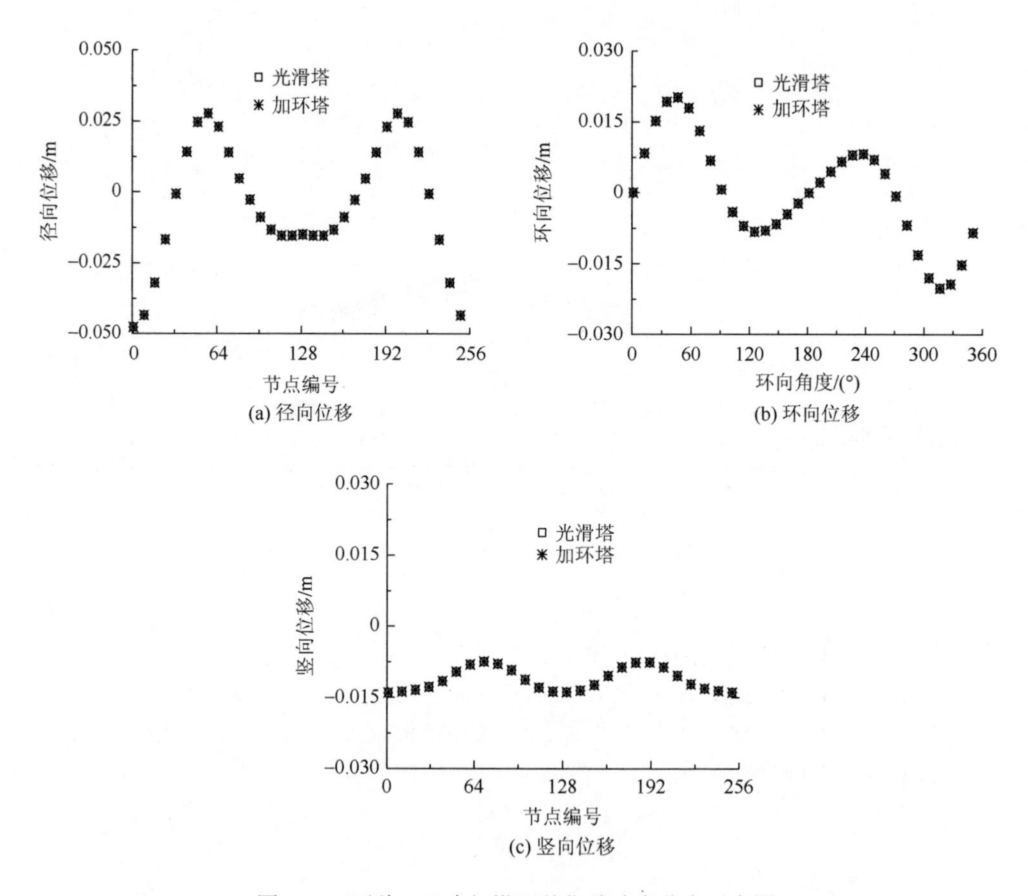

(a) 径向位移　(b) 环向位移

(c) 竖向位移

图 5.22　两种工况冷却塔环基位移响应分布示意图

2. 内力响应

图 5.23 给出了两种工况冷却塔环基轴力和径向弯矩分布示意图。由图可见，环基内力受加劲环影响较大，两种工况冷却塔环基内力变化规律一致，但加环塔

内力明显小于光滑塔，且在迎风区和侧风区尤为显著。

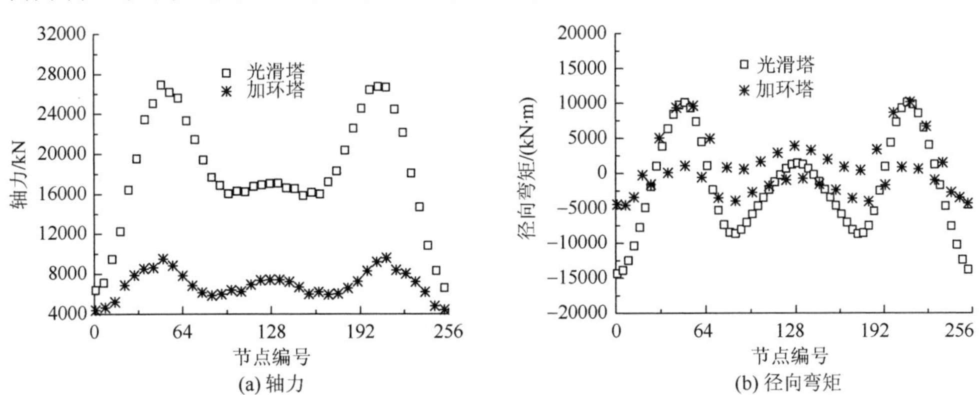

(a) 轴力　(b) 径向弯矩

图 5.23　两种工况冷却塔环基内力响应分布示意图

5.7　子午肋的影响

为研究外部子午肋对大型冷却塔风致响应的影响规律，以国内某电厂大型自然通风冷却塔为例（详见附录 D 工程 2），分别施加规范无肋和有肋塔风压进行静风响应计算对比分析。

5.7.1　塔筒响应

1. 位移响应

图 5.24 给出了规范平均风荷载作用下两种工况冷却塔塔筒径向位移三维分布图。由图可知，不同工况冷却塔塔筒位移分布规律一致，且最大正值均出现在 70°子午线左右，最大负值均出现在 0°子午线上。

图 5.25 给出 0°和 70°子午线上冷却塔塔筒径向位移沿高度分布示意图。由图可以看出，在 0°和 70°子午线上两种工况冷却塔位移变化规律一致，塔筒底部位移值最小，至喉部达到最大，且子午肋对塔筒径向位移影响较大，加肋塔径向位移明显小于光滑塔。

2. 内力响应

图 5.26 给出了 0°和 70°子午线上两种工况冷却塔塔筒子午向轴力和环向弯矩分布示意图。由图可见，两种工况冷却塔子午向轴力和环向弯矩变化规律一致，子午向轴力受子午肋影响较大，环向弯矩受子午肋影响较小；子午向轴力在 0°和 70°子午线上规律变化差别较大，但环向弯矩在两条子午线上数值接近、变化规律一致。

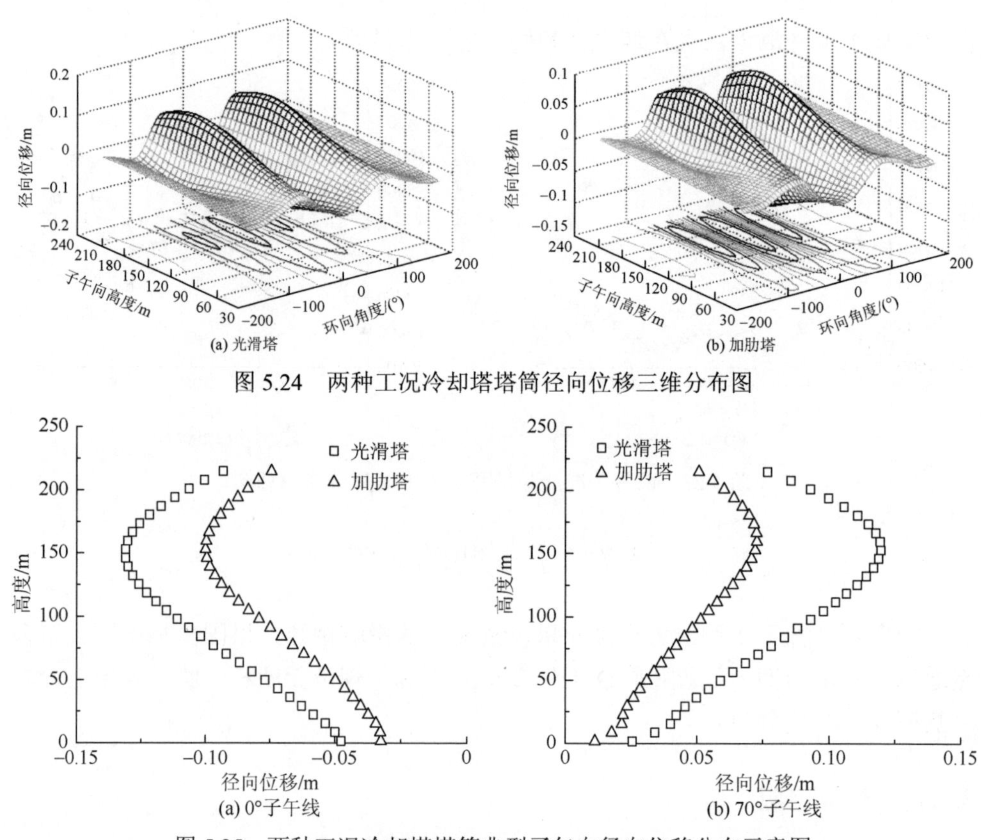

图 5.24　两种工况冷却塔塔筒径向位移三维分布图

图 5.25　两种工况冷却塔塔筒典型子午向径向位移分布示意图

5.7.2　支柱响应

1. 位移响应

图 5.27 给出了两种工况冷却塔支柱径向、环向和竖向位移分布示意图。分析

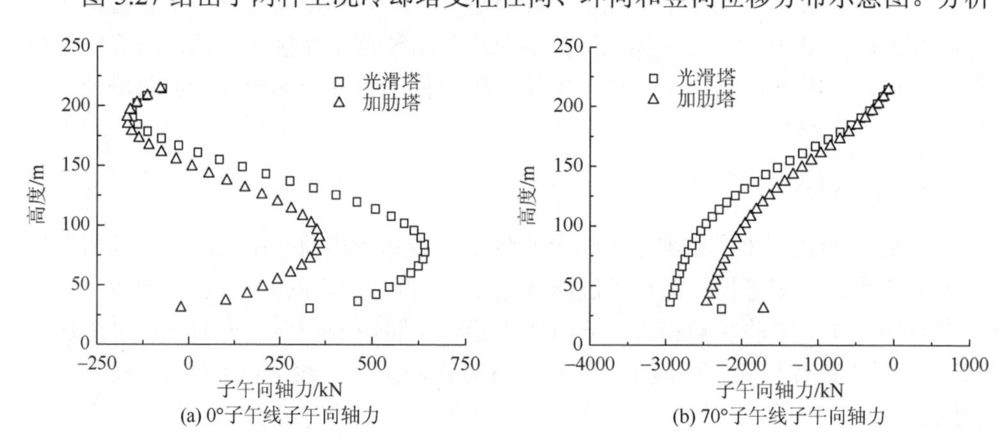

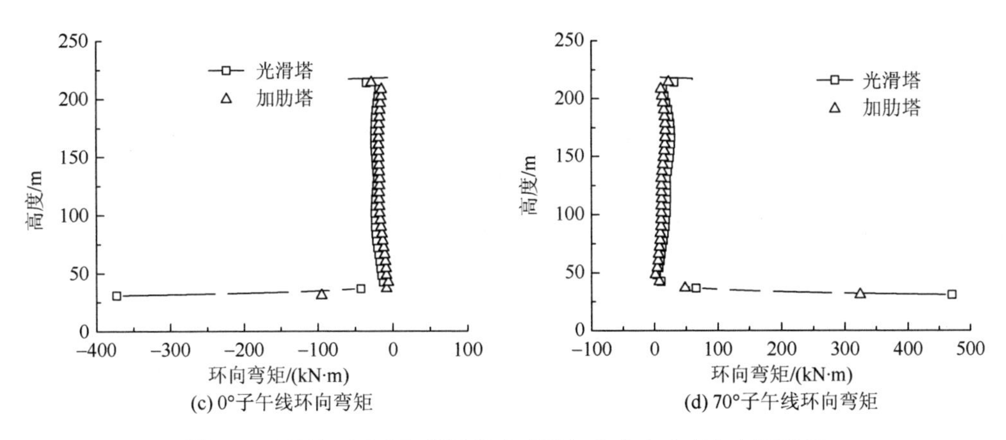

(c) 0°子午线环向弯矩　(d) 70°子午线环向弯矩

图 5.26　两种工况冷却塔塔筒典型子午向内力响应分布示意图

可知，两种工况冷却塔位移变化规律一致，支柱位移受子午肋影响显著，加肋塔径向、环向和竖向位移明显小于光滑塔。

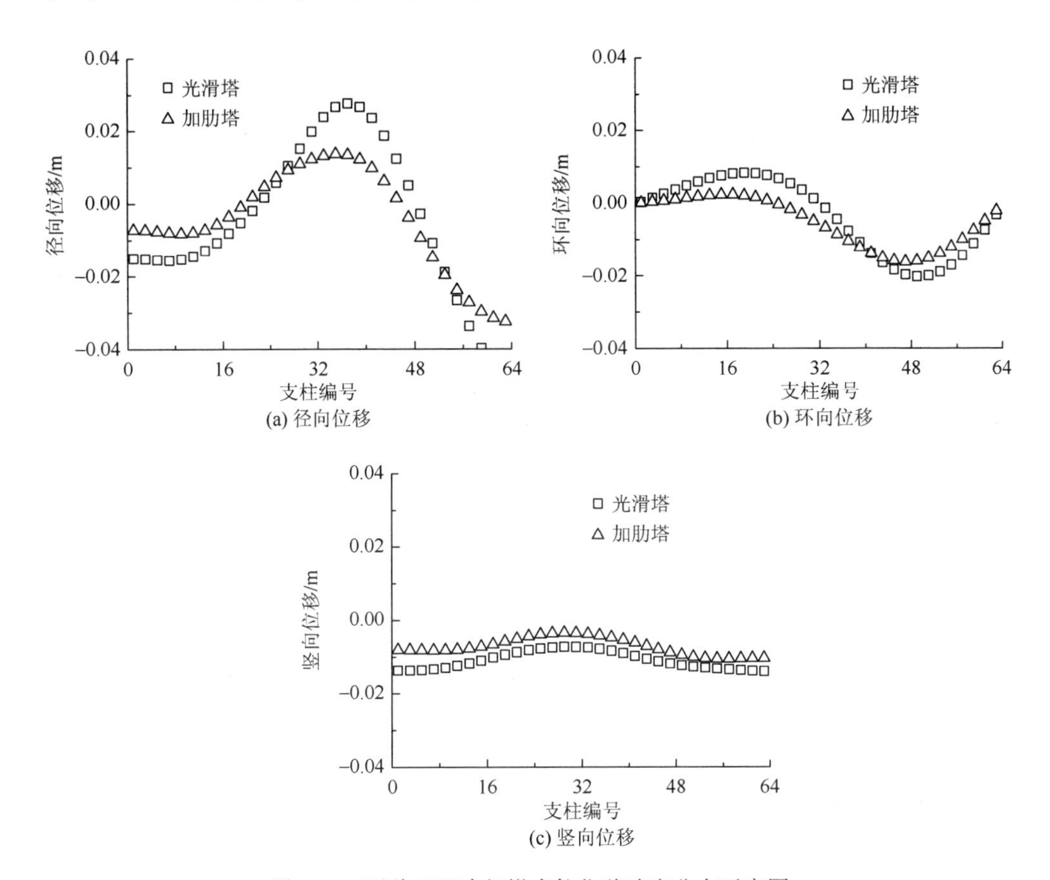

(a) 径向位移　(b) 环向位移

(c) 竖向位移

图 5.27　两种工况冷却塔支柱位移响应分布示意图

2. 内力响应

图 5.28 给出了两种工况冷却塔支柱顶部轴力和径向弯矩分布示意图，以左支柱为目标进行分析对比。由图可知，两种工况冷却塔支柱轴向力分布趋势相近，内力受子午肋影响显著。加肋塔支柱轴力在侧风区小于光滑塔，径向弯矩在迎风区及背风区小于光滑塔。

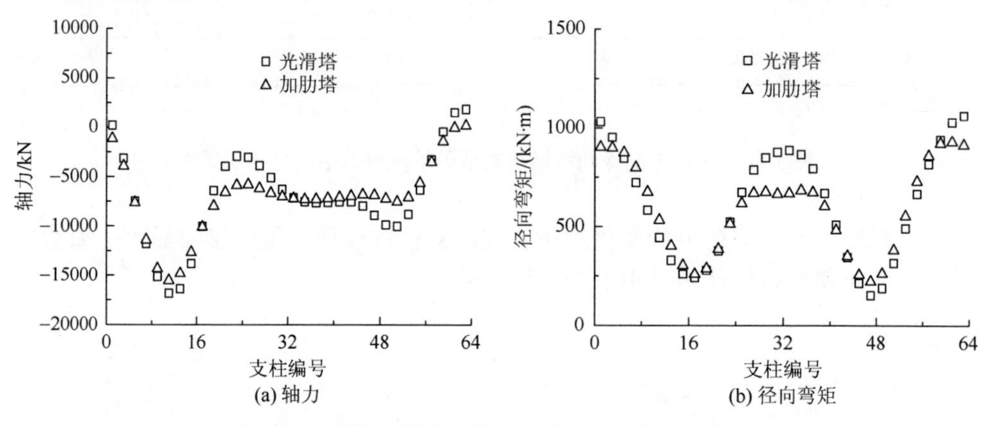

(a) 轴力　　(b) 径向弯矩

图 5.28　两种工况冷却塔支柱内力响应分布示意图

5.7.3　环基响应

1. 位移响应

图 5.29 给出了两种工况冷却塔环基径向、环向和竖向位移分布示意图。由图可见，径向和环向位移受子午肋影响较大，竖向位移受影响较小。其中环基径向位移在迎风区、侧风区及背风区受子午肋影响最大，环向位移在侧风区和背风区受影响较大。

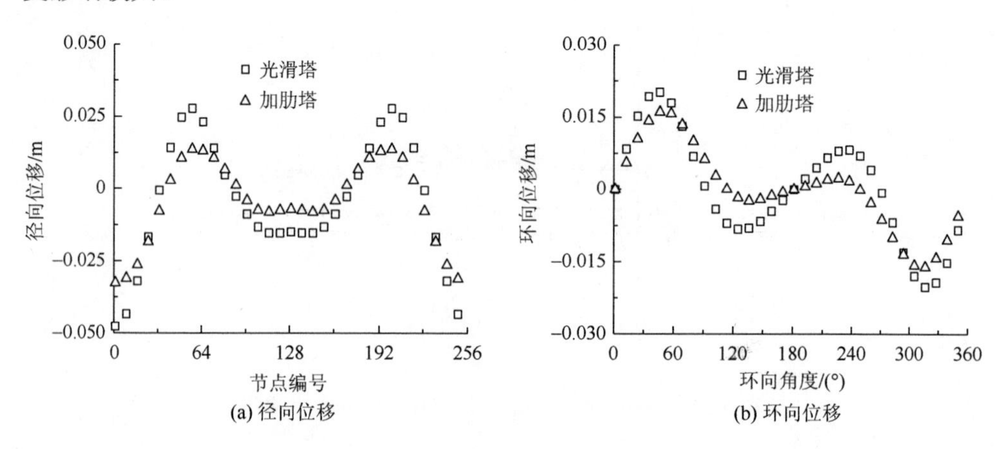

(a) 径向位移　　(b) 环向位移

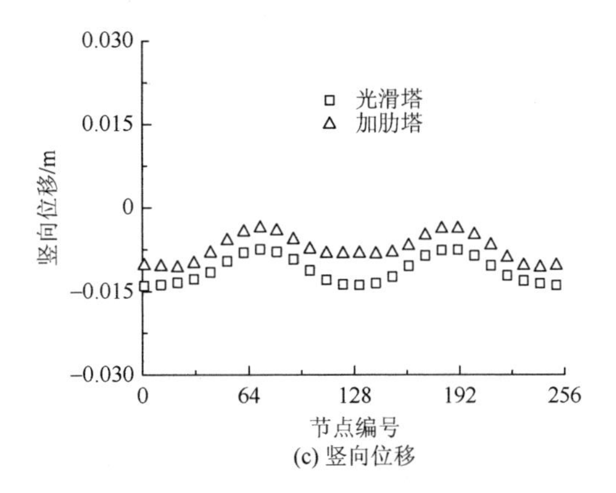

(c) 竖向位移

图 5.29　两种工况冷却塔环基位移响应分布示意图

2. 内力响应

图 5.30 给出了两种工况冷却塔环基轴力和径向弯矩分布示意图。由图可见，两种工况冷却塔内力变化规律相似，子午肋对侧风区和背风区对环基轴力影响最大，在迎风区和侧风区径向弯矩受子午肋影响较大。

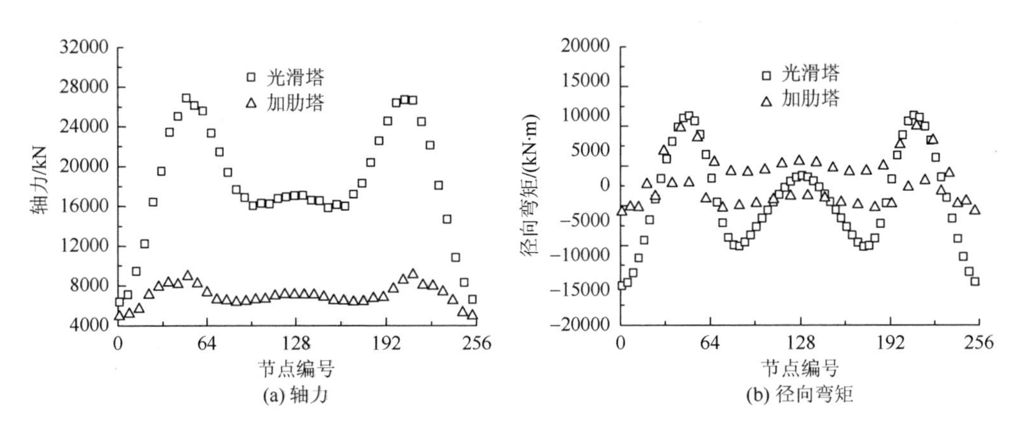

(a) 轴力　(b) 径向弯矩

图 5.30　两种工况冷却塔环基内力响应分布示意图

5.8　支柱类型的影响

工程中常采用的冷却塔斜支柱主要有 X 形、人形、V 形和 I 形支柱四种[16]。本节以国内某大型间冷塔为例（详见附录 D 工程 3），在不改变塔筒线型、进风口高度和支柱总体积的前提下，研究了不同支柱截面及支柱类型对冷却塔风致响应的影响。

5.8.1 截面形式

图 5.31 以 I 形支柱为例给出两种典型支柱截面示意图。分别改变 X 形、人形和 I 形支柱的截面为矩形与圆形，研究截面改变对冷却塔风致响应的影响。

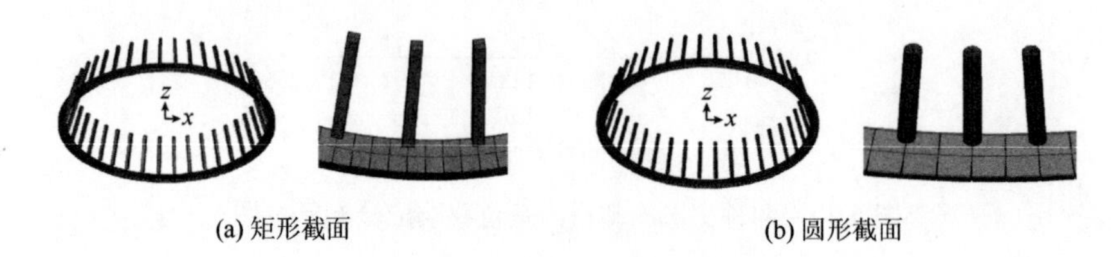

图 5.31　两种典型支柱截面示意图

图 5.32 和表 5.6 结果表明，不同支柱截面冷却塔各子午向径向位移分布规律不同，但同一子午向不同支柱类型径向位移分布规律基本相同；改变支柱截面对冷却塔下部径向位移影响较大，其中 0°子午向最为显著，180°子午向次之，70°子午向最小；改变支柱截面对冷却塔上部 0°和 70°子午向径向位移影响较小，但对 180°子午向具有一定影响。

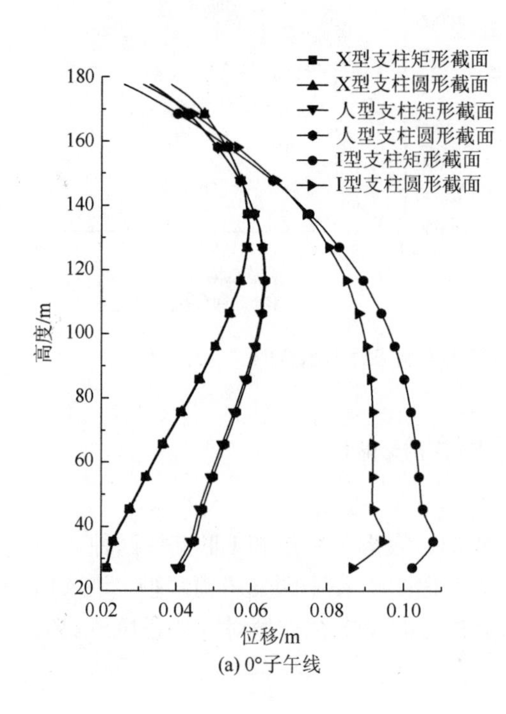

(a) 0°子午线

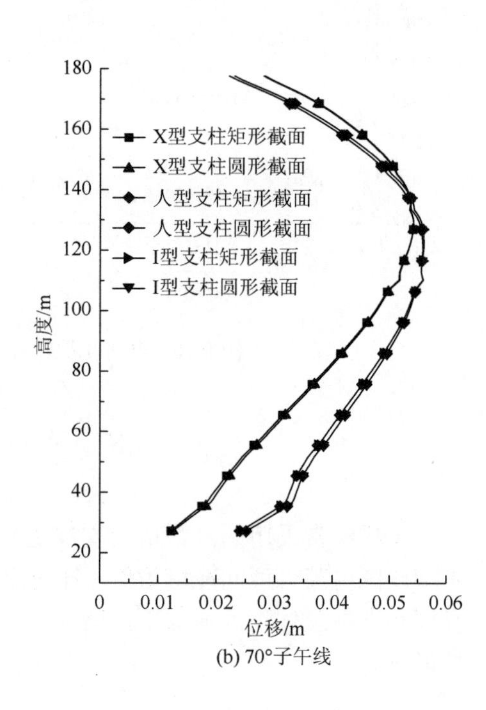

(b) 70°子午线

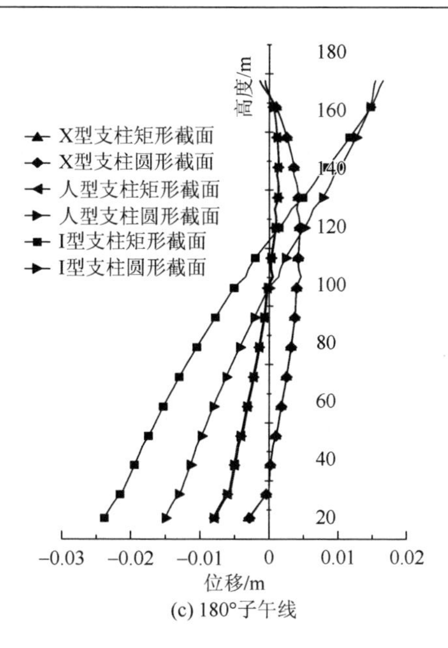

(c) 180°子午线

图 5.32　不同支柱类型冷却塔典型子午向径向位移分布示意图

表 5.6　不同支柱类型冷却塔迎风面支柱位移和应力云图

截面类型	位移云图	应力云图
X 形矩形截面		
X 形圆形截面		
人形矩形截面		
人形圆形截面		
I 形矩形截面		

续表

截面类型	位移云图	应力云图
I 形圆形截面	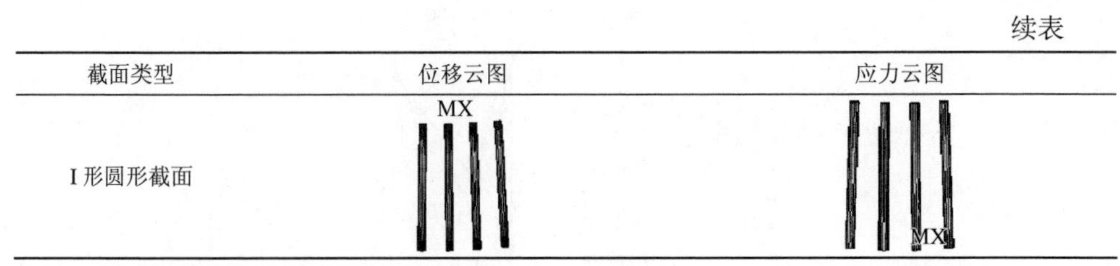	

注：MX 表示最大值；MN 表示最小值。

5.8.2　支柱形式

对四种不同支柱类型冷却塔塔筒分别施加规范风荷载，图 5.33 给出了不同支柱类型冷却塔塔筒迎风面及侧面位移云图。由图可见，位移变化中心由喉部逐步下移，I 形支柱的位移变化中心下移至下环梁附近；随着支柱类型的改变，由 X 形、人形、V 形至 I 形支柱塔筒位移变化较大的区域明显增多；塔筒 70°方向位移中心也逐渐下移。

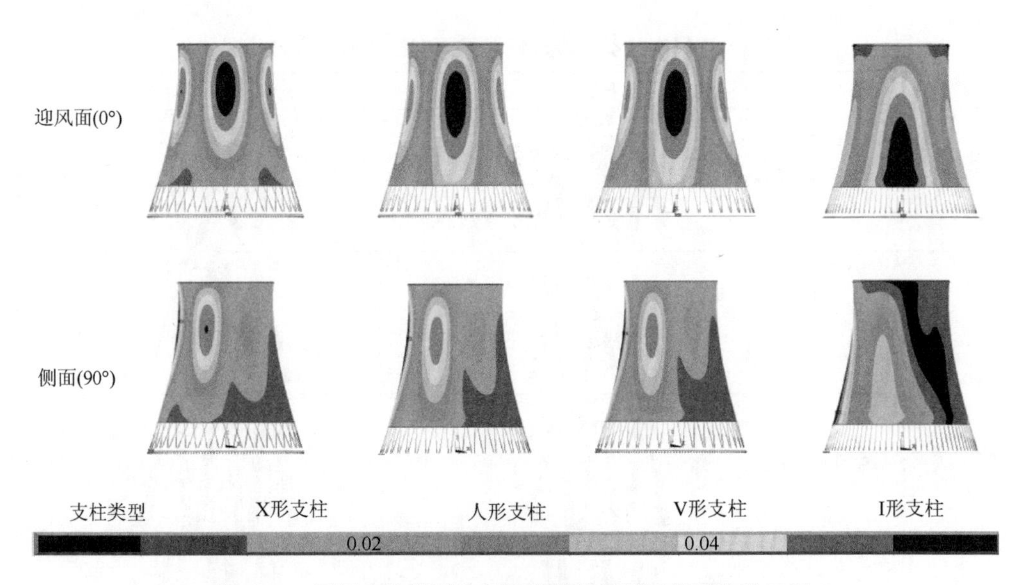

图 5.33　不同支柱类型冷却塔塔筒迎风面及侧面位移云图

图 5.34 给出了不同支柱类型冷却塔塔筒径向位移三维分布图。由图可见，不同支柱类型的冷却塔塔筒上部径向位移变化基本一致，但塔筒下部区别较大，其中迎风面 0°位置位移差距最为显著，侧面 70°差距较小；冷却塔的最大正位移与负位移均出现在喉部高度位置；X 形与 I 形支柱的冷却塔塔筒位移正负差最大，

人形与 V 形支柱的塔筒位移变化较平缓。

图 5.35 给出了不同支柱类型冷却塔支柱和环基位移与应力云图。由图可见，不同支柱类型冷却塔的支柱位移与应力基本一致，且应力变化呈轴对称分布，X 形支柱环基位移最为显著，其他三种支柱类型冷却塔环基位移均较小。

图 5.36 给出了不同支柱类型冷却塔支柱轴向力分布示意图。由图可见，各支柱轴向力基本呈对称分布，V 形支柱的轴向力最小，X 形支柱次之，人形支柱较

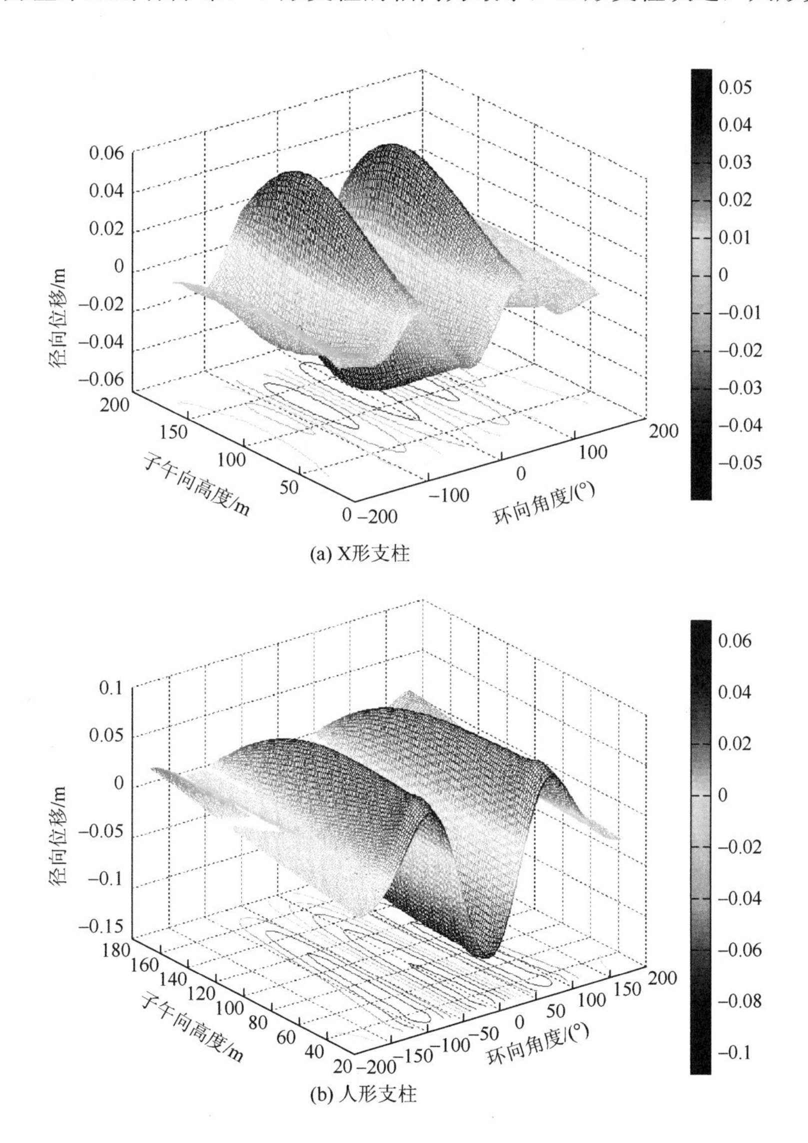

(a) X形支柱

(b) 人形支柱

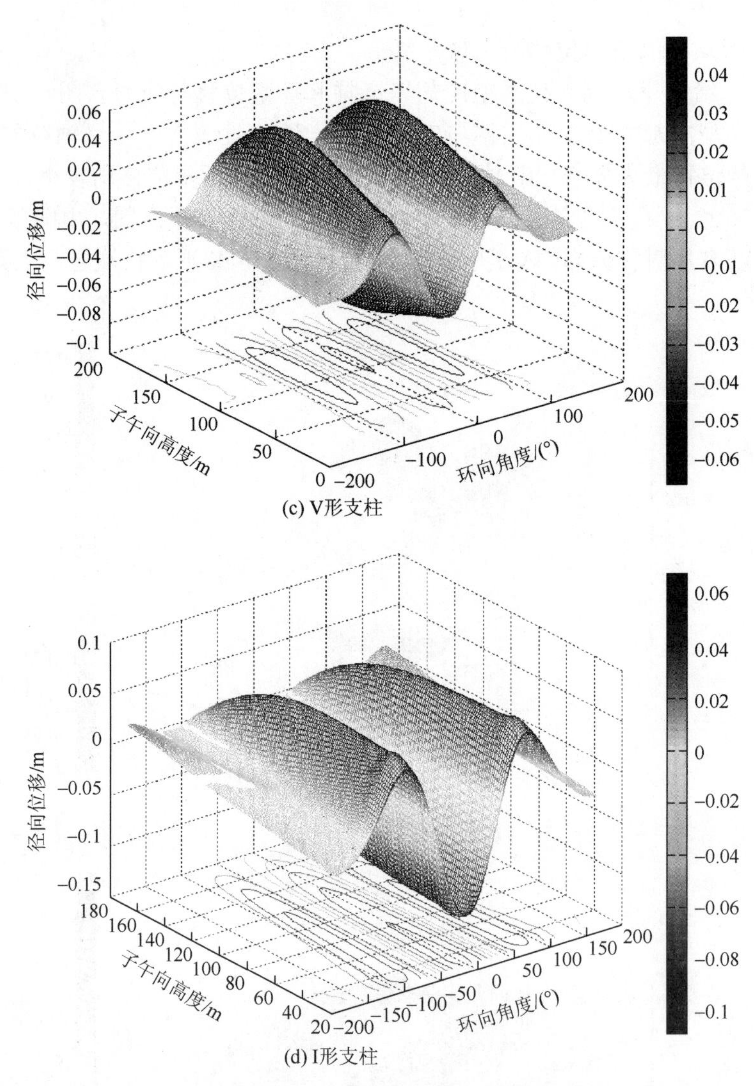

(c) V形支柱

(d) I形支柱

图 5.34　不同支柱类型冷却塔塔筒径向位移三维分布图

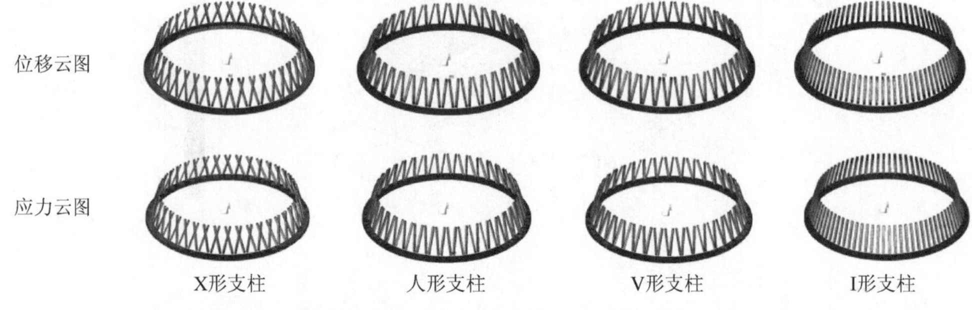

图 5.35　不同支柱类型冷却塔支柱和环基位移与应力云图

大，I 形支柱最大；对比 V 形、X 形和人形支柱，最大负轴向力均出现在环向 120°处，最小负轴向力出现在背风区；I 形支柱背风区附近出现较大正轴向力，与其他三种支柱差异显著。

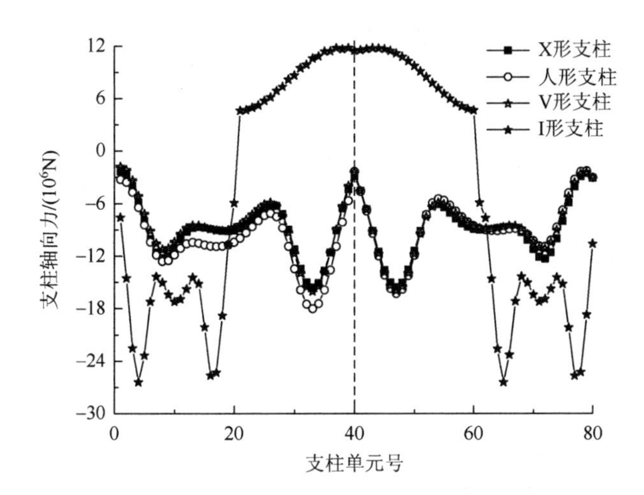

图 5.36　不同支柱类型冷却塔支柱轴向力分布示意图

5.9　子午线型的影响

5.9.1　子午线型介绍

工程实际中大多数冷却塔基本采用双曲线或类似双曲线的多段曲线作为其子午线型[17]。表 5.7 给出了三种典型双曲线型冷却塔子午线型控制方程及喉部相对高度列表，表中喉部相对高度等于喉部高度与进风口高度的高度差除以塔体总高与进风口高度的高度差。

表 5.7　三种冷却塔子午线型控制方程及喉部相对高度列表

线型分类	线型 1（附录 D 工程 3）	线型 2（附录 D 工程 7）	线型 3（附录 D 工程 6）
双曲线型控制方程	$r^2/51^2-h^2/126.052^2=1$ 喉部以下 $r^2/51^2-h^2/127.860^2=1$ 喉部以上	$r^2/38.506^2-h^2/91.364^2=1$ 喉部以下 $r^2/38.506^2-h^2/89.254^2=1$ 喉部以上	$r^2/34.357^2-h^2/81.448^2=1$ 喉部以下 $r^2/34.357^2-h^2/97.292^2=1$ 喉部以上
喉部相对高度	0.857	0.768	0.749

为控制变量得出相对精确的数据，将不同的冷却塔工程实例仅提取出它们的子午线型，控制的变量有塔体总高、壁厚、进风口高度、塔顶出风口半径和下部支柱斜率。三种线型冷却塔结构参数和尺寸见表 5.8 和图 5.37。由三种线型的双曲公式和示意图可以发现，三种双曲线型差异主要在塔筒中部，线型 1 较线型 2、3 明显“矮胖”，且喉部相对高度明显高于后两种线型。本节用线型 1 表示“矮胖”线型，线型 3 表示“高瘦”线型，线型 2 表示介于两者之间的线型。

表 5.8　三种线型冷却塔特征尺寸列表

线型分类	线型 1	线型 2	线型 3
喉部标高/m	158.40	145.85	141.69
喉部中面直径/m	103.48	99.72	98.34
塔筒底部直径/m	147.09	148.95	148.18

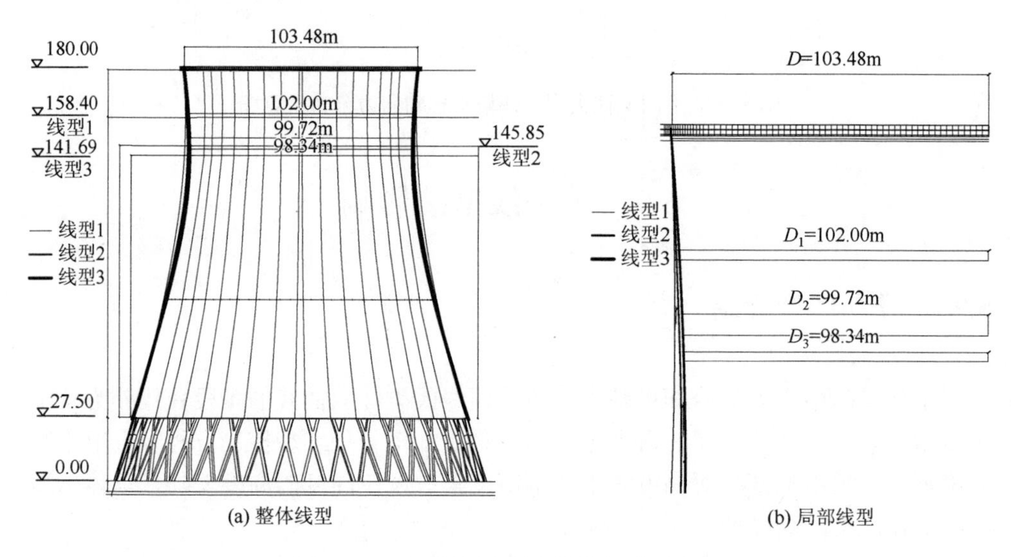

图 5.37　三种线型冷却塔结构尺寸示意图

5.9.2　塔筒响应

1. 位移响应

图 5.38 给出了规范平均风荷载作用下三种线型冷却塔塔筒径向位移三维分布图。由图可知，不同线型冷却塔塔筒位移分布规律基本一致，且最大负值均出现在 0°子午线上，最大正值均出现在 70°子午线左右。

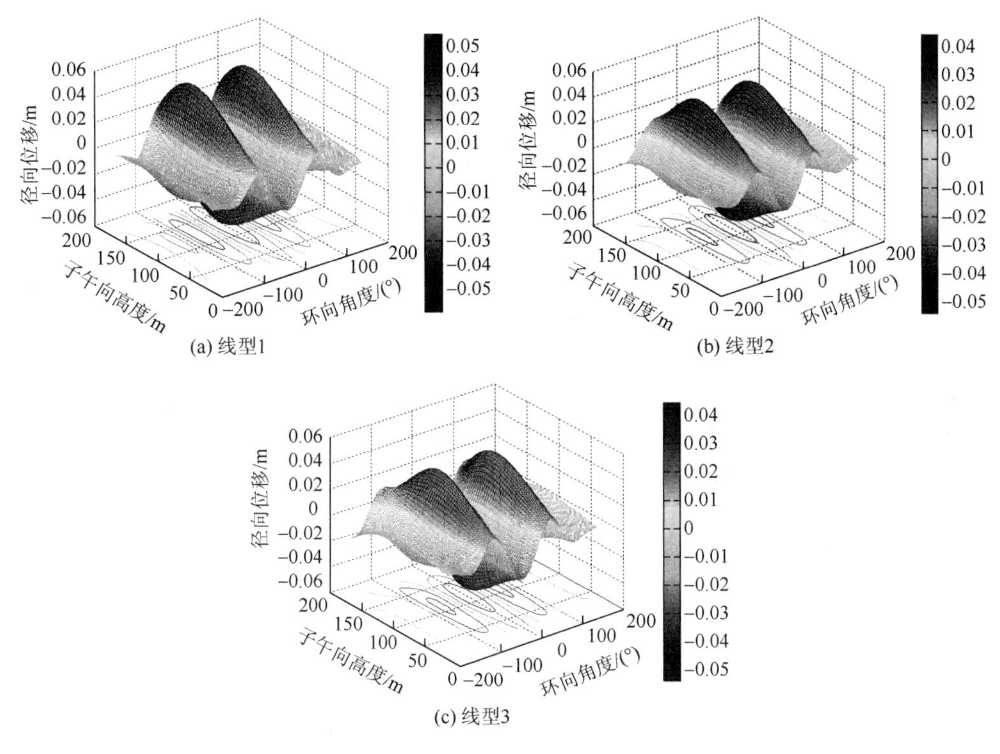

(a) 线型1　(b) 线型2　(c) 线型3

图 5.38　三种线型冷却塔塔筒径向位移三维分布图

图 5.39 给出了三种线型冷却塔 0°和 70°子午线方向上径向位移分布示意图。由图可以发现，冷却塔在 0°和 70°两条子午线上的径向位移接近，且三种线型变化规律较一致；在 0°和 70°子午线上，塔筒上部均是线型 3 位移最小、线型 2 次之、线型 1 位移最大；塔筒下部不同线型径向位移基本相同。

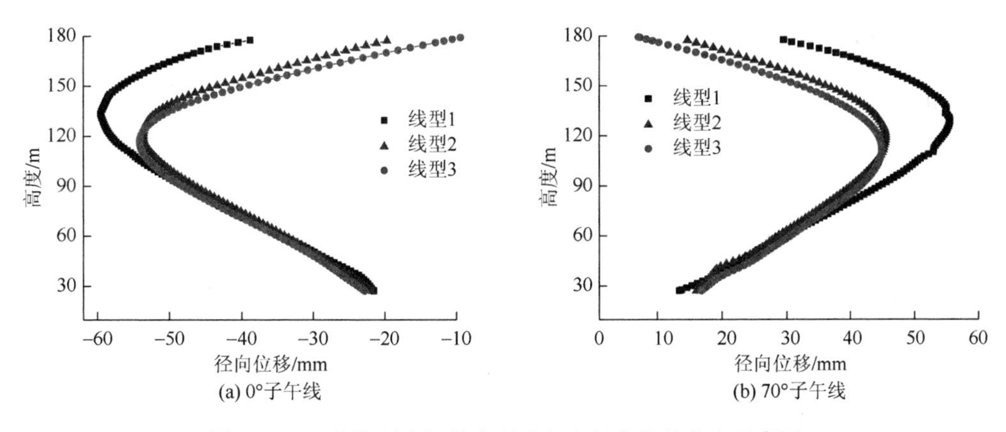

(a) 0°子午线　(b) 70°子午线

图 5.39　三种线型冷却塔典型子午向径向位移分布示意图

2. 内力响应

图 5.40 给出了规范平均风荷载作用下三种线型冷却塔塔筒子午向轴力三维分布图。由图可知，三种线型冷却塔应力分布规律基本相同，均沿迎风面对称分布且塔筒顶部应力较小；子午向应力变化范围均沿高度的增加逐渐减小，且在塔顶位置基本不变；线型 2 塔底子午向应力最大，线型 1 次之，线型 3 最小。

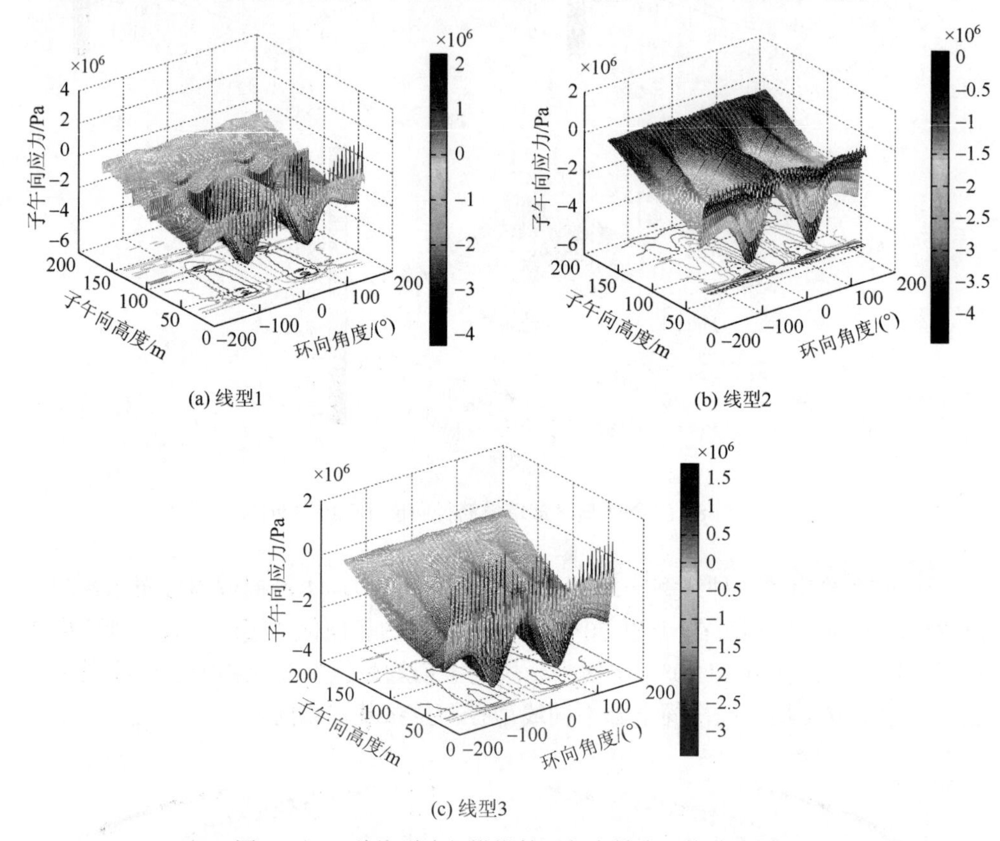

图 5.40　三种线型冷却塔塔筒子午向轴力三维分布图

图 5.41 给出了规范风荷载作用下三种线型冷却塔 0°子午线上子午向、环向和径向应力分布示意图。分析发现，130m 高度以下线型 3 子午向应力显著小于其他线型，塔筒上部线型 1 环向应力偏大，塔筒中下部线型 1 环向应力值较小，三种双曲线型冷却塔径向应力分布规律基本一致。

图 5.42 给出了三种线型冷却塔 70°子午线上各应力分布示意图。由图可见，三种线型冷却塔子午向和环向应力变化规律及数值基本一致，但线型 3 径向应力与线型 1 和 2 相比数值显著较小；三种线型子午向应力和线型 3 径向应力随着高度的增加均先由较大负值增加至较大正值，进而又逐渐减小至较小正值；线型 1

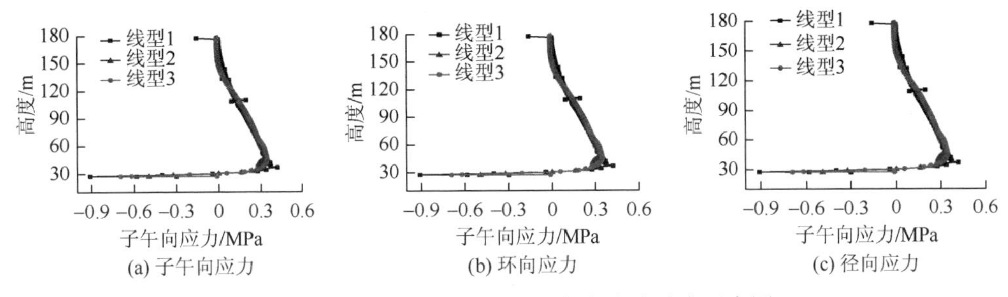

(a) 子午向应力　(b) 环向应力　(c) 径向应力

图 5.41　三种线型冷却塔 0°子午向应力分布示意图

和 2 径向应力均随着高度的增加逐渐减小；三种线型环向应力随着高度的增加先由较大正值减小至较大负值，进而又增加至较小正值且基本保持不变。

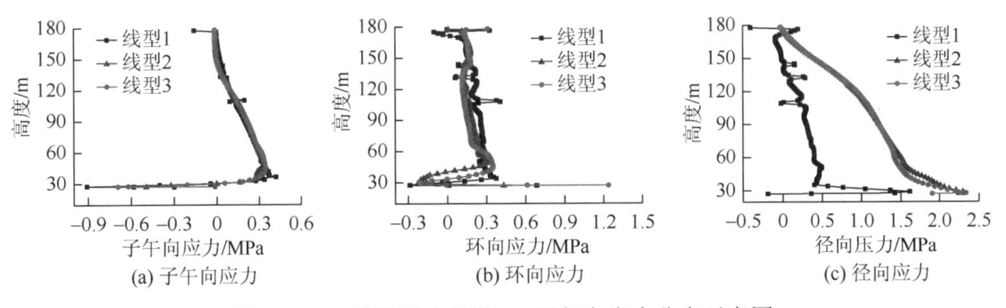

(a) 子午向应力　(b) 环向应力　(c) 径向应力

图 5.42　三种线型冷却塔 70°子午向应力分布示意图

5.9.3　支柱响应

图 5.43 给出了三种线型冷却塔支柱在柱顶和柱底的轴向力分布示意图。对比发现，支柱轴向力在支柱顶部和底部的变化规律基本一致，线型对支柱轴向力大小有一定影响，轴向力的最大值出现在环向 300°处，线型 3 最大支柱轴向力与线型 1 和 2 相差约 5%。

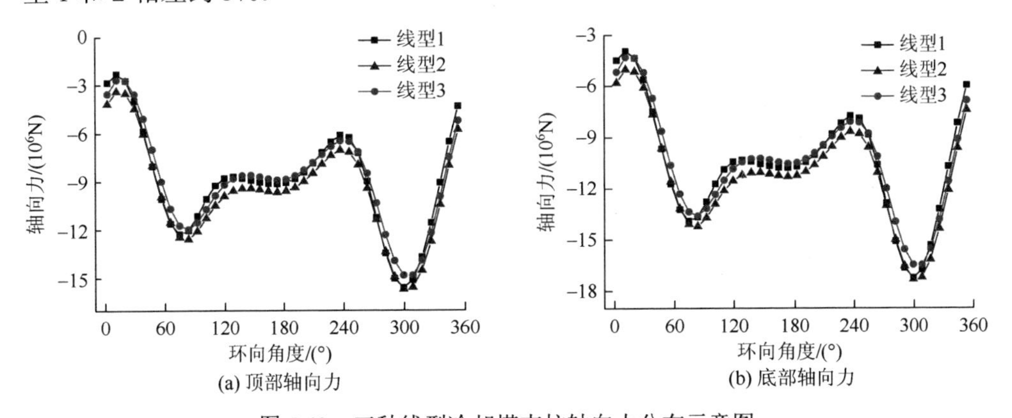

(a) 顶部轴向力　(b) 底部轴向力

图 5.43　三种线型冷却塔支柱轴向力分布示意图

5.10　小　　结

本章针对大型冷却塔风致响应特性及影响参数进行了系统分析。首先研究了平均响应、背景响应、共振响应以及交叉项响应在脉动风振总响应以及总风振响应中所占的比重；然后介绍了冷却塔结构基频以及阻尼比等自身特性对结构风振响应的影响；同时对比分析了周边干扰对结构风振响应中各脉动分量的数值、子午向和环向分布特征的影响；最后系统研究了冷却塔结构导风装置、水平加劲环、外表面子午肋条、支柱类型和子午线型等构造形式对大型冷却塔塔筒、支柱以及环基的位移和内力响应的影响。

参考文献

[1] 柯世堂. 大型冷却塔结构风效应和等效风荷载研究[D]. 上海：同济大学，2011.

[2] 柯世堂，葛耀君，赵林，等. 大型冷却塔结构的等效静力风荷载[J]. 同济大学学报（自然科学版），2011，39（8）：1132-1137.

[3] 柯世堂，陈少林，赵林，等. 超大型冷却塔等效静力风荷载精细化计算及应用[J]. 振动、测试与诊断，2013，33（5）：824-830.

[4] Ke S，Ge Y. The influence of self-excited forces on wind loads and wind effects for super-large cooling towers[J]. Journal of Wind Engineering and Industrial Aerodynamics，2014，132（5）：125-135.

[5] Ke S，Ge Y，Zhao L，et al. A new methodology for analysis of equivalent static wind loads on super-large cooling towers[J]. Journal of Wind Engineering and Industrial Aerodynamics，2012，111（3）：30-39.

[6] 柯世堂，王法武，周奇，等. 等效静力风荷载背景和共振之间的耦合效应[J]. 土木建筑与环境工程，2013，35（6）：112-117.

[7] 柯世堂，侯宪安，姚友成，等. 强风作用下大型双曲冷却塔风致振动参数分析[J]. 湖南大学学报（自然科学版），2013，40（10）：32-37.

[8] 柯世堂，葛耀君，赵林. 大型双曲冷却塔表面脉动风压随机特性——非高斯特性研究[J]. 实验流体力学，2010，24（3）：12-18.

[9] 柯世堂，葛耀君，赵林. 基于气弹试验大型冷却塔结构风致干扰特性分析[J]. 湖南大学学报（自然科学版），2010，37（11）：18-23.

[10] 张军锋，赵林，柯世堂，等. 大型冷却塔双塔组合表面风压干扰效应试验[J]. 哈尔滨工业大学学报，2011，43（4）：81-87.

[11] 柯世堂，侯宪安，姚友成，等. 大型冷却塔结构抗风研究综述与展望[J]. 特种结构，2012，29（6）：5-10.

[12] 柯世堂，朱鹏. 不同导风装置对超大型冷却塔风压特性影响研究[J]. 振动与冲击，2016，35（22）：136-141.

[13] 柯世堂，杜凌云. 不同气动措施对特大型冷却塔风致响应及稳定性能影响分析[J]. 湖南大学学报（自然科学版），2016，43（5）：79-89.

[14] DL/5339—2006 火力发电厂水工设计规范[S]. 北京：中国电力出版社，2006.

[15] GB/T 50102—2014 工业循环水冷却设计规范[S]. 北京：中国计划出版社，2014.

[16] 朱鹏，柯世堂. 大型双曲冷却塔支柱结构选型研究[J]. 应用力学学报，2016，33（1）：1-8.

[17] 王浩，柯世堂. 三种典型子午线型大型冷却塔风致响应分析[J]. 力学与实践，2015，37（6）：1-8.

第 6 章　大型冷却塔抗风稳定性

伴随着冷却塔高大化的发展趋势，风致稳定性[1-3]问题越来越重要。本章通过国内外重大工程实例系统研究了常规、开孔排烟、带导风装置以及施工全过程冷却塔的整体、局部、屈曲稳定性能和线弹性临界风速。

6.1　常规冷却塔

本节以常规冷却塔为例详细介绍冷却塔整体、局部和屈曲稳定性验算方法，具体工程参数详见附录 D 工程 2。

6.1.1　整体稳定性

根据《工业循环水冷却设计规范》[4]，冷却塔整体临界风压计算公式为

$$q_{cr} = CE_c\left(\frac{h}{r_0}\right)^{2.3} \tag{6-1}$$

$$K_B = \frac{q_{cr}}{\omega} \geqslant 5 \tag{6-2}$$

$$\omega = \mu_H \beta G_g \omega_0 \tag{6-3}$$

该冷却塔塔筒混凝土强度等级为 C40，混凝土弹性模量 E_c 为 3.25×10^4MPa；塔筒喉部半径 r_0 为 61.50m，喉部处壁厚 h 为 0.38m；50 年一遇基本风压为 0.35kN/m^2，计算得到塔筒屈曲临界压力值 q_{cr} 为 14.03kPa，塔筒整体稳定安全系数 K_B=6.55＞5，满足规范要求。

6.1.2　局部稳定性

根据《火力发电厂水工设计规范》[5]，局部稳定验算需计入内吸力，验算公式如下：

$$0.8K_B\left(\frac{\sigma_1}{\sigma_{cr1}}+\frac{\sigma_2}{\sigma_{cr2}}\right)+0.2K_B^2\left[\left(\frac{\sigma_1}{\sigma_{cr1}}\right)^2+\left(\frac{\sigma_2}{\sigma_{cr2}}\right)^2\right]=1 \tag{6-4}$$

$$\sigma_{cr1} = \frac{0.985E}{\sqrt[4]{(1-\nu^2)^3}}\left(\frac{h}{r_0}\right)^{4/3} K_1 \tag{6-5}$$

$$\sigma_{cr2}=\frac{0.612E}{\sqrt[4]{(1-\nu^2)^3}}\left(\frac{h}{r_0}\right)^{4/3}K_2 \tag{6-6}$$

式中，σ_1 和 σ_2 分别为不同荷载组合工况下的环向和子午向压应力；σ_{cr1} 为环向临界压力；σ_{cr2} 为子午向临界压力；h 和 r_0 分别为塔筒喉部壁厚与半径；E 和 ν 分别为壳体混凝土的弹性模量和泊松比；K_1、K_2 可根据塔筒几何参数插值得到，该塔取 K_1=0.2323，K_2=1.2506；K_B 为局部稳定因子，规范要求需大于 5.0。

图 6.1 和图 6.2 分别给出了冷却塔不同高度处最小局部稳定因子示意图和局部稳定因子等值线图。结果表明，最小局部稳定因子在喉部以下较小且处于临界状态，自喉部至塔顶位置逐渐增大，不同高度局部稳定因子均以 0°子午线呈对称分布。

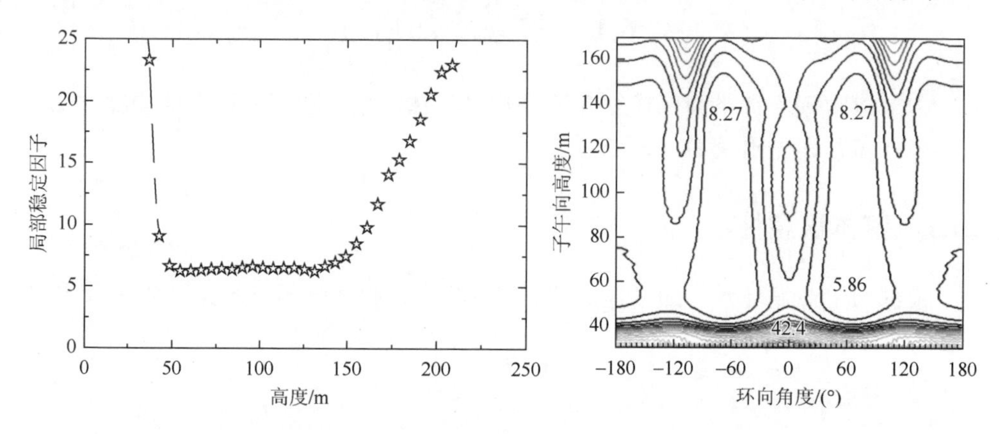

图 6.1　常规冷却塔不同高度最小局部稳定因子示意图　　图 6.2　常规冷却塔局部稳定因子等值线图

6.1.3　特征值屈曲稳定验算方法

采用特征值法[6]进行屈曲稳定性验算的输入荷载组合为自重+K（风荷载+内吸力），K 为失稳特征值，失稳临界风速是 K 的算术平方根与基本风速的乘积。以常规冷却塔为例，对考虑内吸力的冷却塔进行屈曲稳定验算，获得临界风速和最大位移，由表 6.1 可知，冷却塔最大位移发生在塔筒迎风面中下部，且随高度增加最大位移逐渐减小。

表 6.1　冷却塔屈曲模态及特征值列表

屈曲特征值		屈曲模态
屈曲系数	7.573	
临界风速/(m/s)	77.879	
最大位移/m	1.215	

6.2　开孔排烟冷却塔

开孔排烟冷却塔[7-9]的孔道破坏了冷却塔原有的旋转对称特性，因此有必要对排烟冷却塔进行风载、自重和临时施工荷载共同作用下的强度以及局部稳定性分析，并提出可行的加固方案。本节研究对象详见附录 D 工程 7。

该冷却塔塔高 167.16m，是当时国内最高、最大的烟塔合一冷却塔，在标高 40.5m 处开孔，孔洞直径为 10.5m，依照《钢筋混凝土薄壳结构设计规程》[10]中开设孔洞问题的要求，当孔洞直径或矩形孔的长边大于 3.0m 时，应进行专门分析、设计。

6.2.1　整体稳定性

根据《工业循环水冷却设计规范》[4]，冷却塔整体临界风压计算公式采用式（6-1）～式（6-3）。冷却塔塔筒混凝土强度等级为 C30，混凝土弹性模量 E_c 为 3×10^4MPa；塔筒喉部半径 r_0 为 38.51m，喉部处壁厚 h 为 0.26m；50 年一遇基本风压为 0.59kN/m^2，计算得到塔筒屈曲临界压力值 q_{cr} 为 15.88kPa，塔筒整体稳定安全系数 K_B=6.59＞5，满足规范要求。

采用离散结构的有限单元法建立冷却塔模型，孔洞周围进行局部网格细化。由整体应力分布可确定约在 24m×24m 的正方形区域内进行加固。图 6.3 给出了开孔排烟冷却塔孔洞整体和局部示意图。

(a) 开孔周围单元网格划分

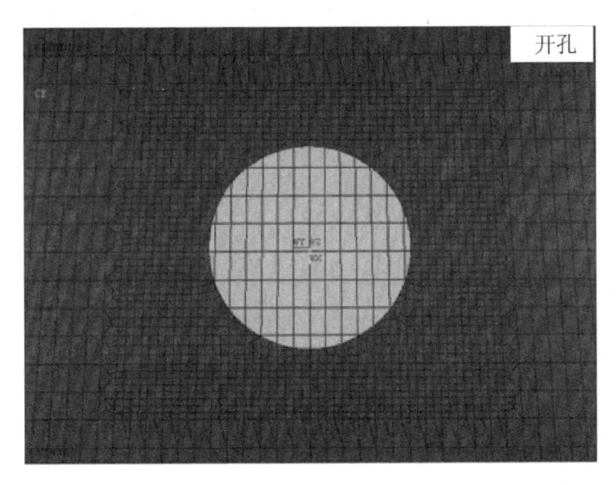

(b) 有限元模型

图 6.3　开孔排烟冷却塔孔洞整体和局部示意图

6.2.2　局部稳定性

针对排烟冷却塔的局部稳定性分析时要考虑不同的来流风向角，不同来流工况下孔洞边缘的应力分布和峰值大小是有差异的，此处取 K_1=0.1503，K_2=1.2797。图 6.4 给出了排烟冷却塔不同来流风载组合下的开孔边缘局部稳定性最小安全因子随来流角度的变化图。

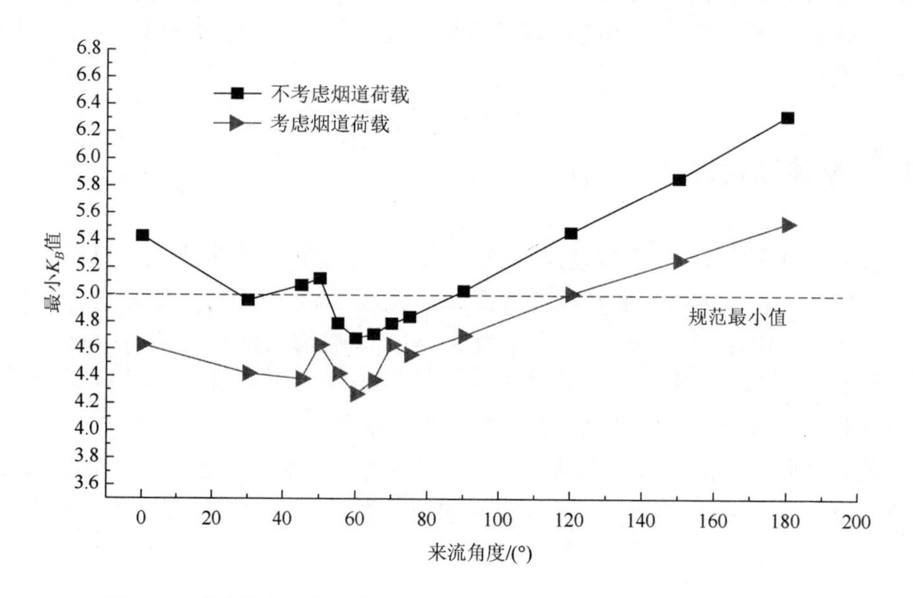

图 6.4　不同来流风载组合下的孔洞周边局部稳定性最小安全因子值

由图 6.4 可知，对于开孔边缘的局部稳定性分析，不同来流风载工况下局部稳定因子有所差异，且 60°来流风向角为最不利吹风工况角。此时最小安全因子为 4.27，低于规范限值 5.0，故必须采取加固方案。

考虑到烟道施工状态是在拆除两对人字柱的工况下进行，需对该工况冷却塔进行局部稳定性分析。对 60°来流风载组合作用下未开孔、开孔但未采取加固措施和开孔并且采用了加固措施的几种方案进行对比分析，其中采取的加固方案又分为两种：第一种方案是对边长约 24m×24m 的正方形区域进行加厚，加固区域是由开孔后孔洞边缘应力幅值变化的影响范围确定，壳体厚度从原来的 0.28m 增至 0.50m；第二种方案是采取截面大小为 0.3m×0.8m 的矩形封闭肋梁进行加固，两种加固方案如图 6.5 所示。

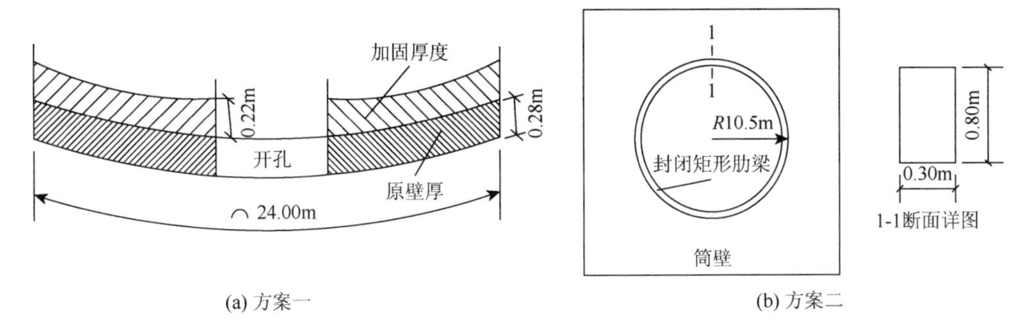

(a) 方案一　　(b) 方案二

图 6.5　两种开孔加固方案示意图

图 6.6 给出了两种方案下孔洞两翼同一高度处单元应力变化图。由图可知，两种方案均可减小塔筒子午向和环向应力。采用方案一时环向应力减小效果较为显著，而采用方案二时子午向应力下降幅度相对较大。此外，采用方案二时孔洞边缘的单元应力变化较突出，数值下降较多，但应力集中现象消除效果并不显著，主要原因是封闭环形肋梁与塔筒壳单元接触形式导致应力不符合真实变化。方案一增大了孔洞周边部分单元的子午向荷载，导致其对于应力变化幅值的大小改变并不明显。为确定加固最优方案，表 6.2 给出了最不利来流工况下孔洞周边的最小局部稳定性安全因子值。

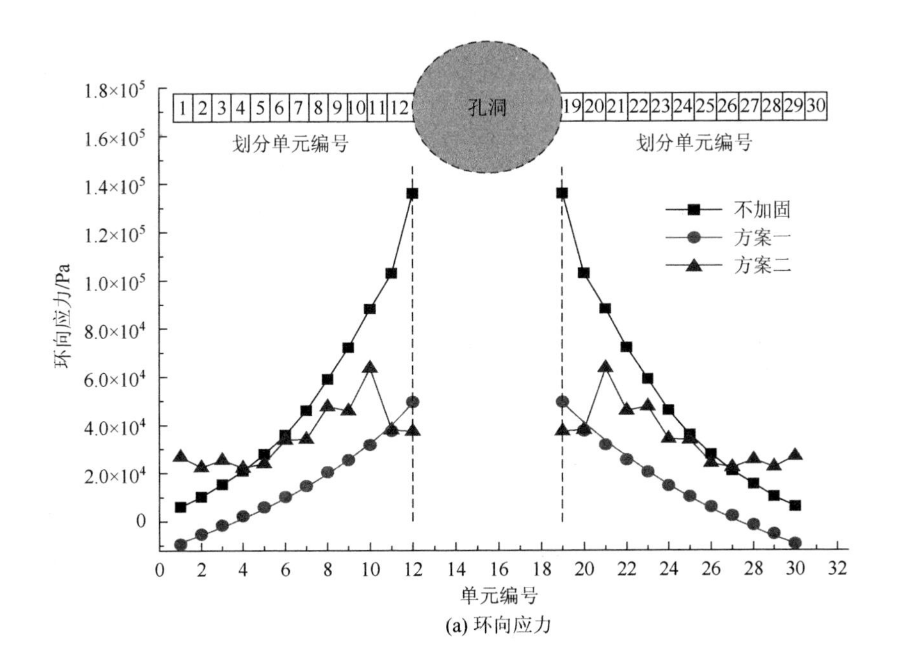

(a) 环向应力

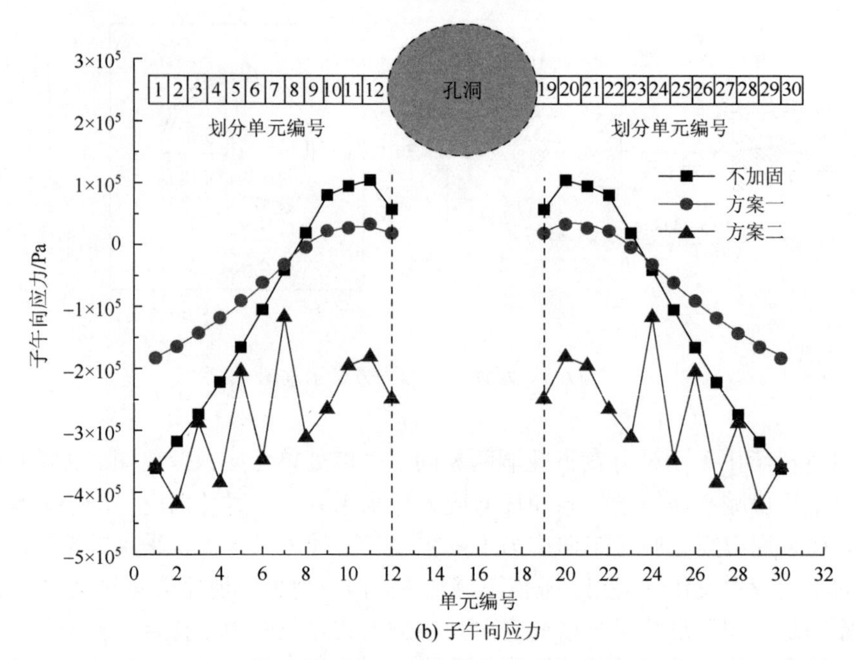

(b) 子午向应力

图 6.6　组合荷载作用下孔洞两边单元应力变化图

表 6.2　60°最不利来流风载组合作用下局部稳定性安全因子值

工况	混凝土用量/m³	未开孔	正常运营状态		烟道施工状态	
			不考虑烟道荷载	考虑烟道荷载	不考虑烟道荷载	考虑烟道荷载
未加固			4.68	4.27	3.62	3.05
增加壁厚	106.58	34.05	39.36	35.21	28.32	24.41
加封闭肋梁	7.92		12.25	10.64	9.46	8.85

由表 6.2 可知，考虑烟道施工荷载工况冷却塔的稳定性能略低于不考虑烟道施工荷载工况，而烟道施工状态下塔筒局部稳定性下降较多。为使加固后冷却塔稳定性达到未开孔前的水平，需采取方案一的加固措施。不同加固方案对塔筒局部稳定性能影响较大，方案一可将局部稳定性安全因子提升到不开孔工况下对应工况的局部稳定安全因子之上，此方法在国内普遍采用，且较为安全；方案二在考虑烟道施工荷载时局部稳定因子为 10.64，满足中国规范要求，该方案已在德国广泛应用，其施工方便、费用较低。

6.2.3　线弹性特征值屈曲稳定性

图 6.7 给出了自重和静风（包括按规范风压和按风洞试验风压及有无内吸力

的情况）作用下冷却塔屈曲模态（屈曲荷载组合 $G+\lambda W$ 和 $\lambda(G+W)$），其中屈曲系数和临界风速见表 6.3。由表可知，内吸力的存在使冷却塔临界风速均有 30%左右的下降。

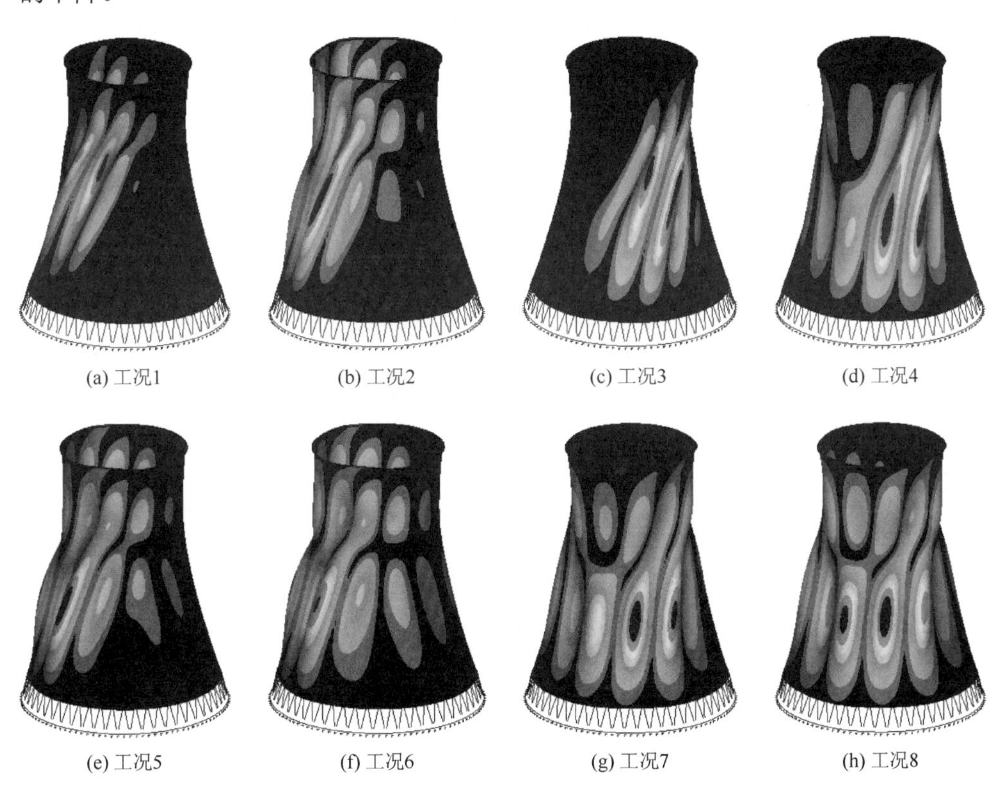

(a) 工况1　(b) 工况2　(c) 工况3　(d) 工况4

(e) 工况5　(f) 工况6　(g) 工况7　(h) 工况8

图 6.7　各工况下冷却塔整体屈曲模态

表 6.3　各工况冷却塔屈曲系数及临界风速

荷载组合	风压类型	内吸力	工况编号	屈曲系数	临界风速/(m/s)
$G+\lambda W$	按规范风压	无内吸力	1	28.64	128.43
		有内吸力	2	19.01	104.65
	按风洞试验风压	无内吸力	3	40.66	153.04
		有内吸力	4	25.67	121.61
$\lambda(G+W)$	按规范风压	无内吸力	5	12.36	84.38
		有内吸力	6	8.28	69.07
	按风洞试验风压	无内吸力	7	14.84	92.47
		有内吸力	8	11.96	82.99

6.3　带导风装置冷却塔

为研究不同导风装置[11, 12]对大型冷却塔结构强度及稳定性能的影响，以附录D工程1为对象，进行不同导风装置下大型冷却塔整体、局部和屈曲稳定性能研究。三种导风装置类型及相应计算模型详见2.3.1节，定义无导风装置为工况一，外部进水槽为工况二，矩形导风板为工况三，弧形导风板为工况四。

6.3.1　整体稳定性

根据《工业循环水冷却设计规范》，冷却塔整体临界风压计算公式采用式（6-1）～式（6-3）。塔筒混凝土强度等级为C35，混凝土弹性模量 E_c 为 3.15×10^4MPa；塔筒喉部半径 r_0 为49.64m，喉部处壁厚 h 为0.26m；50年一遇基本风压为0.34kN/m^2，计算得到塔筒屈曲临界压力值 q_{cr} 为 9.30kPa，塔筒整体稳定安全系数 K_B=6.27＞5，满足规范要求。

6.3.2　局部稳定性

图6.8给出了四种导风装置下塔筒局部稳定系数云图，由于计算得到的不同部位局部稳定因子数值相差较大，为便于对比，图中数值由实际局部稳定因子取对数给出。由图可见：①四种工况下冷却塔的最小局部稳定系数为工况一＜工况四＜工况三＜工况二，出现位置大致相同，均在环向±75°附近和高度30～80m范围内，故在设计时应加以重视；②工况一冷却塔的局部稳定因子最小，工况三冷却塔的数值分布范围比其他三者广；③工况二与工况四冷却塔的数值分布相似，但后者偏于安全。

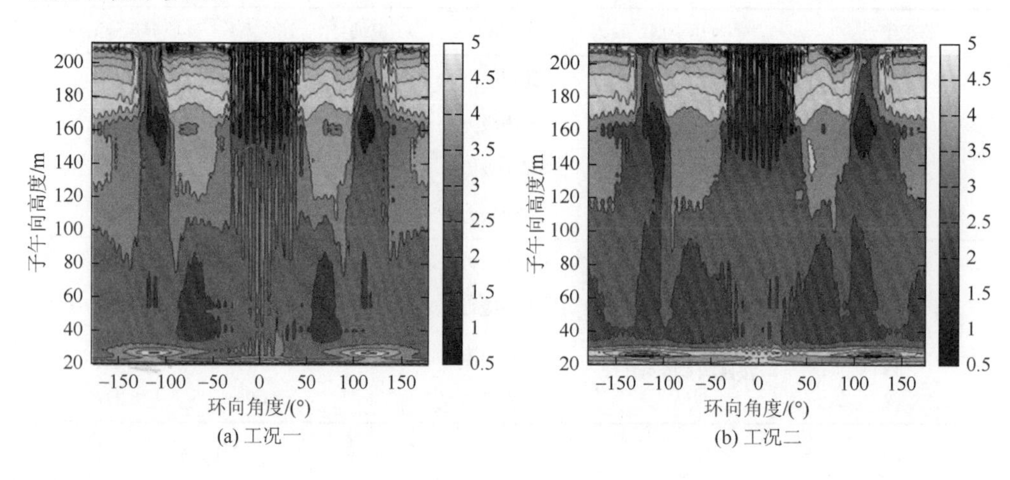

(a) 工况一　　(b) 工况二

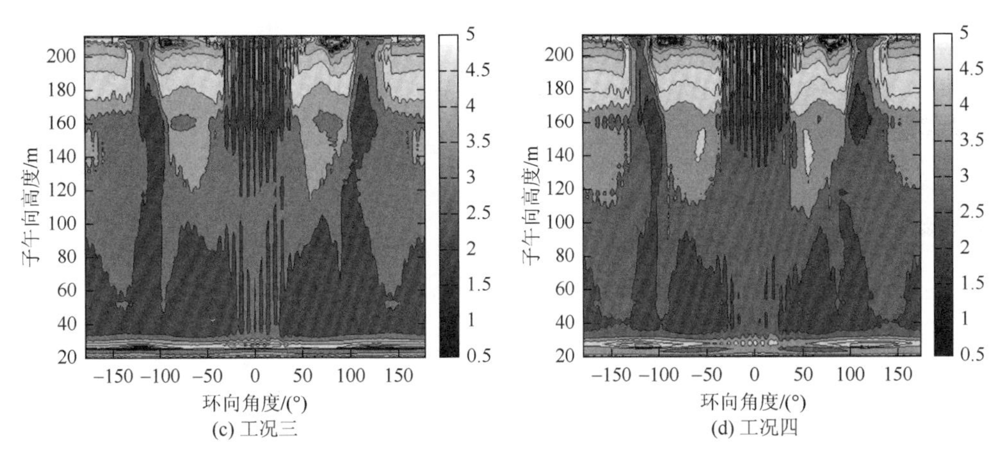

图 6.8　塔筒单元局部稳定安全系数

6.3.3　线弹性特征值屈曲稳定性

采用不同导风装置所对应各自的冷却塔外表面风荷载进行稳定性验算，计算得到四种工况下冷却塔的屈曲系数[13]、临界风速及屈曲模态如表 6.4 所示。由表可知，①气动措施的设置可以提高冷却塔的静风整体稳定性；②工况三和工况四对冷却塔整体稳定性的影响效果相当，工况二对冷却塔的整体稳定性改善效果最为显著，对应的屈曲失稳临界风速为 215.66m/s。

表 6.4　不同工况下冷却塔屈曲特征值列表

工况类型	工况一	工况二	工况三	工况四
屈曲系数	9.01	9.12	9.09	9.09
临界风速/(m/s)	213.18	215.66	215.14	215.14
最大位移/m	1.01	1.04	1.05	1.06
屈曲模态				

6.4　施工全过程冷却塔

近年来高大化和复杂化的发展趋势使冷却塔施工周期延长、难度加大，其周围流场分布、表面平均与脉动风荷载等变量也随塔筒高度的增加而变化，进而影响结构内力计算与后续稳定和承载性能分析。此外，国内外学者[14-19]均以成塔为目标进行抗风设计，该方法并不能真实反映施工期大型冷却塔动态风荷载特性与结构实际受力性能的演化，因此探究施工期稳定性是目前此类大型冷却塔抗风研究的关键和瓶颈。

6.4.1　常规冷却塔

以附录 D 工程 2 为例进行常规冷却塔施工全过程抗风稳定性能分析。基于工程实际与分析精度按照塔筒施工模板层选择了 6 个典型施工高度，依次为：施工工况一（15 层模板）、施工工况二（35 层模板）、施工工况三（55 层模板）、施工工况四（75 层模板）、施工工况五（95 层模板）和施工工况六（128 层模板），各典型工况相关参数如表 6.5 所示。

表 6.5　不同施工工况冷却塔计算参数

	工况一	工况二	工况三	工况四	工况五	工况六
三维实体模型						
模板编号	15	35	55	75	95	128
高度/m	50.90	80.07	109.60	139.43	169.41	218.84
最小半径/m	78.00	71.00	65.73	62.54	61.67	61.67
最小壁厚/m	0.51	0.49	0.45	0.38	0.38	0.38

1. *局部稳定性*

该大型冷却塔成塔结构局部稳定计算中 K_1 和 K_2 分别取为 0.2323 和 1.2506。由图 6.9 可知，常规冷却塔最小局部稳定因子在喉部以下较小且处于临界状态，自喉部至塔顶位置逐渐增大，故后续只分析塔筒喉部以下局部稳定因子。图 6.10 给出了常规冷却塔局部稳定因子三维等值线图，发现不同高度局部稳定因子均以 0°子午线为中心对称分布，后续将以此为目标与加环和加肋冷却塔进行对比。

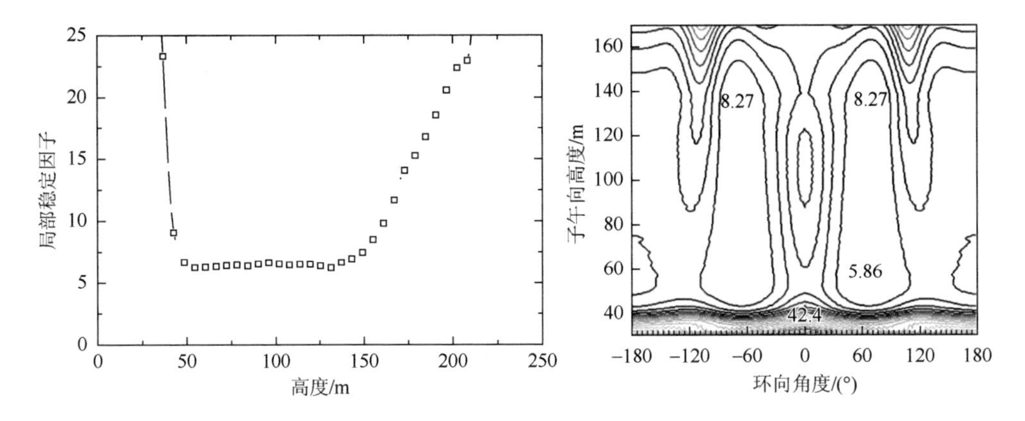

图 6.9　常规冷却塔不同高度最小局部稳定因子对比图　　图 6.10　常规冷却塔局部稳定因子等值线图

2. 线弹性特征值屈曲稳定性

施工过程中冷却塔混凝土强度随时间逐步增长，且新浇筑的混凝土强度较弱，因此施工过程中风荷载及施工荷载作用下的冷却塔稳定性亟需进行研究，以控制施工进度。计算过程中施工速度均按一天一模板考虑，并根据规范不同龄期的混凝土弹性模量按照如下标准选取：

$$E_c(t)=E_c\sqrt{\beta_t} \tag{6-7}$$

式中，β_t 为系数，$\beta_t=e^{s(1-\sqrt{28/t})}$，$s$ 取决于水泥种类，普通水泥和快硬水泥取 0.25，t 为混凝土的龄期（天）；$E_c(t)$为龄期 t 时塔筒 C40 混凝土的弹性模量；E_c 为壳体混凝土龄期为 28 天时的弹性模量（3.25×10^4kPa）；龄期为 t 的混凝土泊松比和温度线膨胀系数取值与 28 天龄期的混凝土相同；剪变模量取 0.4 倍的弹性模量。

分别对考虑内吸力和混凝土龄期及施工荷载、考虑内吸力不考虑混凝土龄期及施工荷载、不考虑内吸力考虑混凝土龄期及施工荷载、不考虑内吸力和混凝土龄期及施工荷载共计四种工况冷却塔进行施工全过程屈曲稳定验算，获得各工况下常规冷却塔不同施工阶段临界风速和最大位移，如图 6.11 所示。

以临界风速和最大位移为目标进行对比可知，同时考虑内吸力和混凝土龄期及施工荷载为屈曲稳定的最不利工况。故后续加环和加肋冷却塔将以最不利工况（考虑内吸力和混凝土龄期及施工荷载）作为研究对象，以分析加劲环和子午肋对冷却塔施工全过程屈曲稳定的影响。

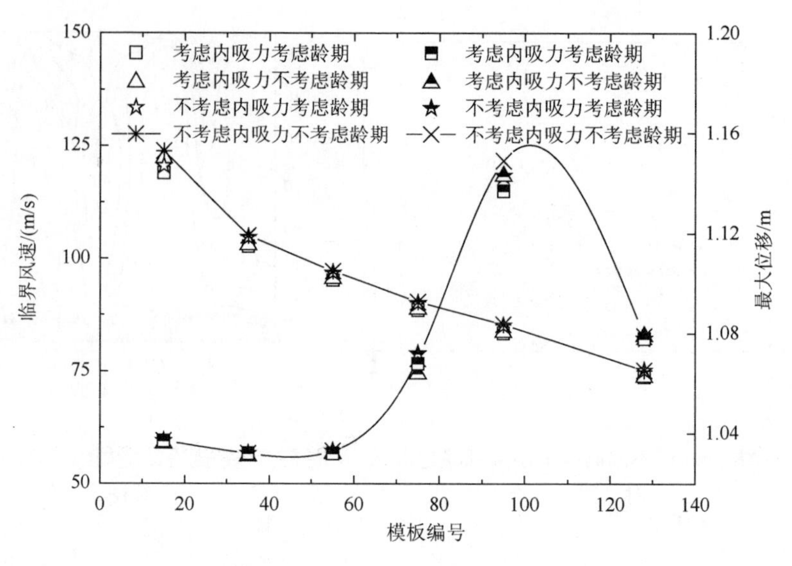

图 6.11　各工况下常规冷却塔不同施工阶段临界风速和最大位移对比图

图 6.12 给出了常规冷却塔考虑内吸力和混凝土龄期及施工荷载下不同施工高度屈曲临界风速、最大位移及屈曲模态对比图，由图可知，常规冷却塔屈曲临界风速随施工模板层数增加而减小，且自喉部至塔筒顶部临界风速减幅增大；最大位移出现区域随施工高度的增加由支柱与塔筒连接区域逐渐上移至喉部附近，且最大位移值逐渐增加，但自喉部至塔顶位置逐渐减小。

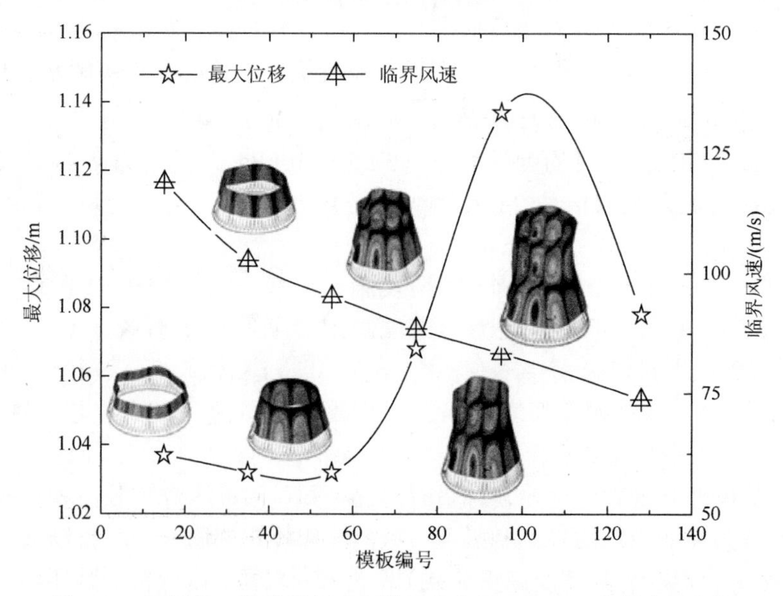

图 6.12　不同施工阶段常规冷却塔屈曲临界风速和屈曲模态对比图

3. 线弹性临界风速

比较多种工况条件风荷载作用下施工全过程线弹性临界风速，分析中以成塔为例计算考虑混凝土龄期和内吸力时结构线弹性临界风速，对比发现不同风速下同时考虑混凝土龄期和内吸力时冷却塔最大位移最大（图 6.13），故后续以最不利工况（考虑混凝土龄期和内吸力）进行分析。以 10m 高度处 23.7m/s 的初始风速作为基础进行逐级加载，加载风速步长为 1～20m/s，当风速增大至混凝土受拉破坏（C40 混凝土 $f_{tk}\geqslant$1.71MPa）时，局部区域混凝土开裂，钢筋受拉，随着风速进一步增大，塔筒受压区接近极限受力状态（C40 混凝土 $f_{ck}\geqslant$19.1MPa），冷却塔风致响应显著增大，可由最大位移随风速变化斜率确定线弹性临界风速。

图 6.14 给出了常规冷却塔各典型施工阶段位移及斜率随风速变化示意图。对比可知，随施工高度增加失稳临界风速显著减小，成塔失稳临界风速为 150m/s，该风速下工况一～工况四均未失稳；相同风速下位移梯度随施工高度增加逐渐增大，工况六位移梯度最大。

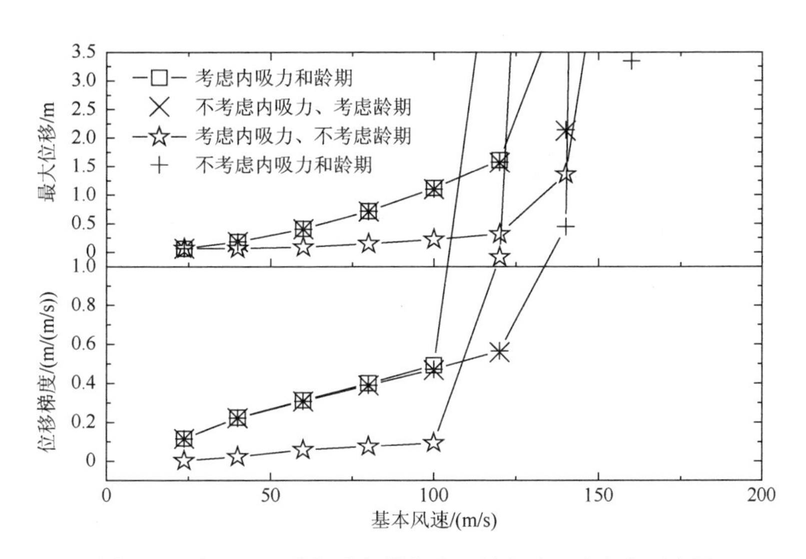

图 6.13　各工况下常规冷却塔位移及斜率随风速变化示意图

6.4.2　加环冷却塔

以附录 D 工程 2 为例进行加环冷却塔施工全过程抗风稳定性能分析。其中，加环冷却塔塔筒喉部以下共设置三道加劲环[20]，沿高度方向均厚 0.4m，沿半径方向厚为 0.71m、0.72m 和 0.74m，其高度分别为 72.75m、94.80m 和 139.43m，不同施工工况计算参数见表 6.5。

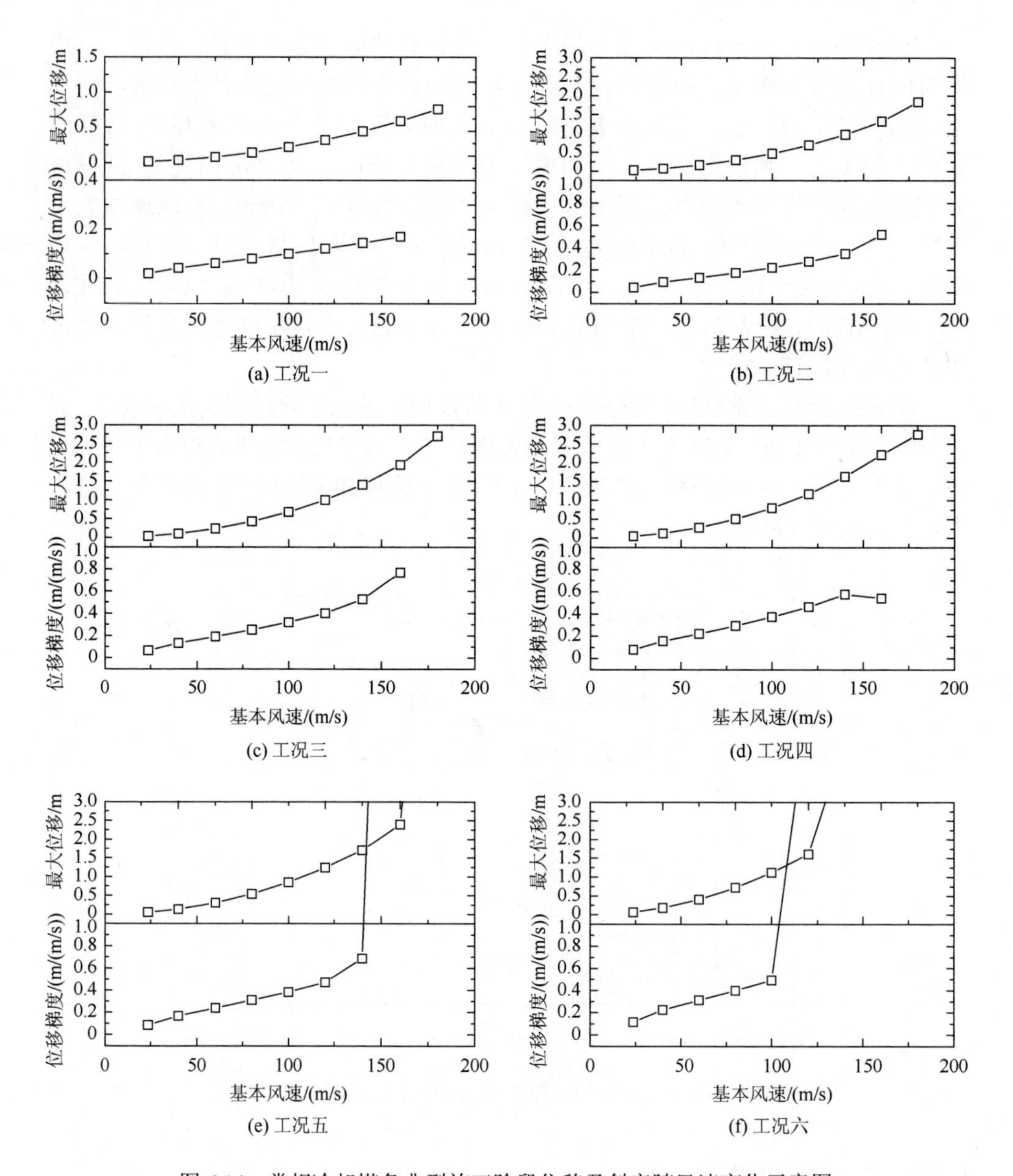

图 6.14　常规冷却塔各典型施工阶段位移及斜率随风速变化示意图

1. 局部稳定性

图 6.15 给出了加环冷却塔局部稳定因子三维等值线图。对比图 6.10 可知，

①加环冷却塔不同高度最小局部稳定因子均以 0°子午线为中心对称分布，并与常规冷却塔分布规律一致；②加劲环的布设不利于结构的局部稳定性，加环冷却塔整塔最小局部稳定因子（5.82）小于常规冷却塔（5.86）；③加环冷却塔与常规冷却塔最小局部稳定因子对应的角度较接近。

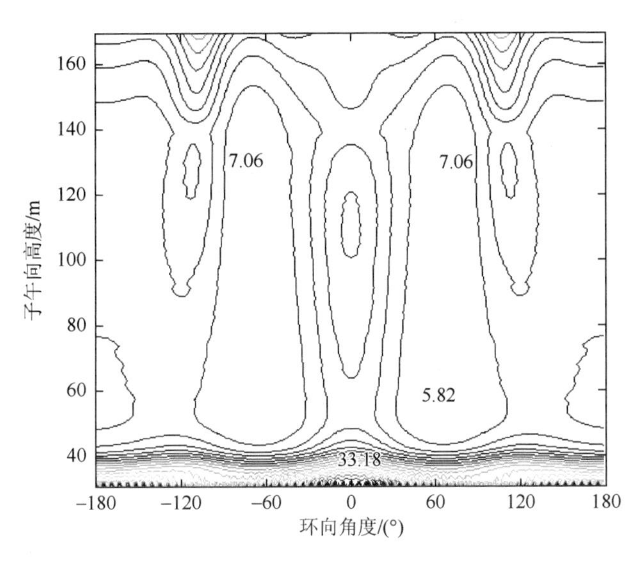

图 6.15　加环冷却塔局部稳定因子等值线图

2. 线弹性特征值屈曲稳定性

对不同施工阶段加环冷却塔施加规范无肋塔风压并进行屈曲分析，图 6.16 给出了加环冷却塔考虑内吸力和混凝土龄期及施工荷载下不同施工高度屈曲临界风速、最大位移及屈曲模态对比图。由图 6.16 可知，①加劲环有利于提高结构施工过程稳定性，增大了屈曲临界风速，减小了最大位移；②加环冷却塔屈曲临界风速均随施工模板层数增加而减小，且自喉部至塔筒顶部临界风速减幅增大，较常规冷却塔最大减幅超过 11%；③加环冷却塔最大位移出现区域随施工高度的增加由支柱与塔筒连接区域逐渐上移至喉部附近，且最大位移值逐渐增加，但自喉部至塔顶位置逐渐减小。

3. 线弹性临界风速

图 6.17 给出了加环冷却塔各典型施工阶段位移及斜率随风速变化示意图。对比分析可知，布设加劲环对塔筒最大位移影响微弱，随施工高度增加失稳临界风速显著减小，成塔为线弹性临界风速最不利工况，加环冷却塔失稳临界风速由 140m/s 降低至 100m/s。

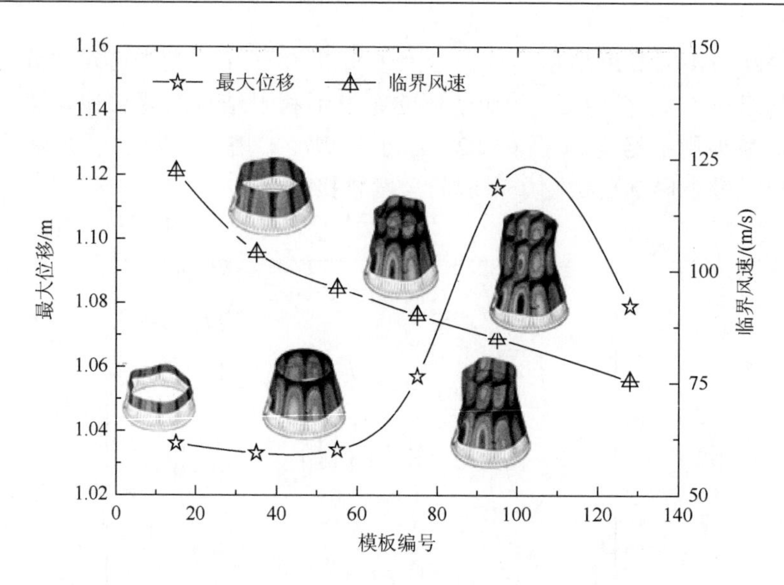

图 6.16　不同施工阶段加环冷却塔屈曲临界风速和屈曲模态对比图

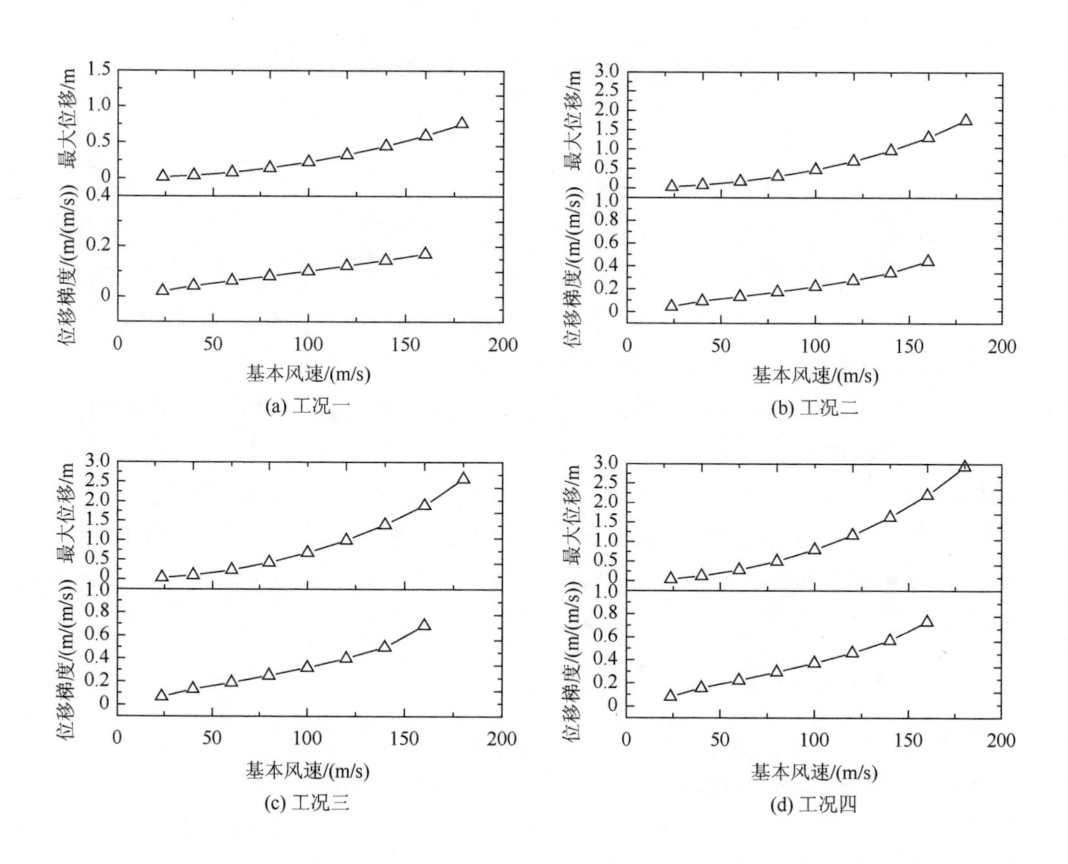

(a) 工况一　(b) 工况二

(c) 工况三　(d) 工况四

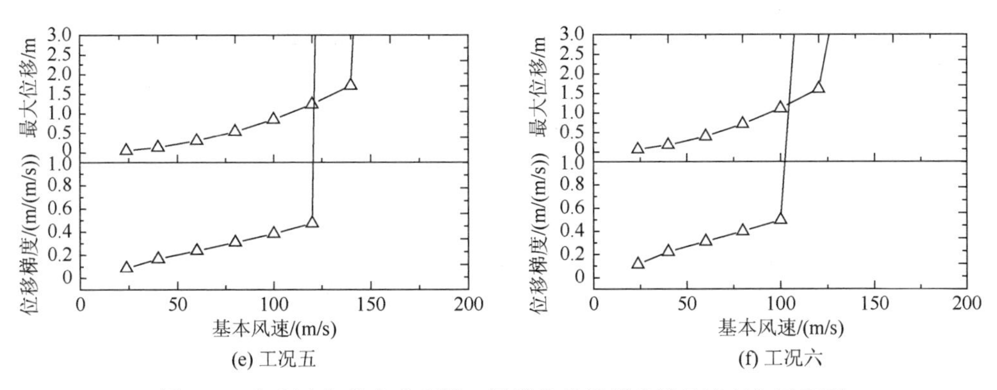

图 6.17　加环冷却塔各典型施工阶段位移及斜率随风速变化示意图

6.4.3　加肋冷却塔

以附录 D 工程 2 为例进行加肋冷却塔施工全过程抗风稳定性能分析。其中，加肋冷却塔共沿环向均匀布置 104 条子午向加劲肋[20]，其高度和宽度分别为 0.15m 和 0.175m，不同施工工况计算参数见表 6.5。

1. 局部稳定性

图 6.18 给出了加肋冷却塔最小局部稳定因子等值线图。对比图 6.10 和图 6.15 可知，①加肋冷却塔不同高度最小局部稳定因子均以 0°子午线为中心对称分布，但与常规冷却塔和加环冷却塔分布规律有所差别；②子午肋的增设可提高结构的局部稳定性，加肋冷却塔整塔最小局部稳定因子（6.19）较光滑塔增大 5.6%；③常规冷却塔、加环冷却塔和加肋冷却塔最小局部稳定因子对应的角度较接近，但加肋冷却塔最小局部稳定因子对应的高度大于常规冷却塔和加环冷却塔。

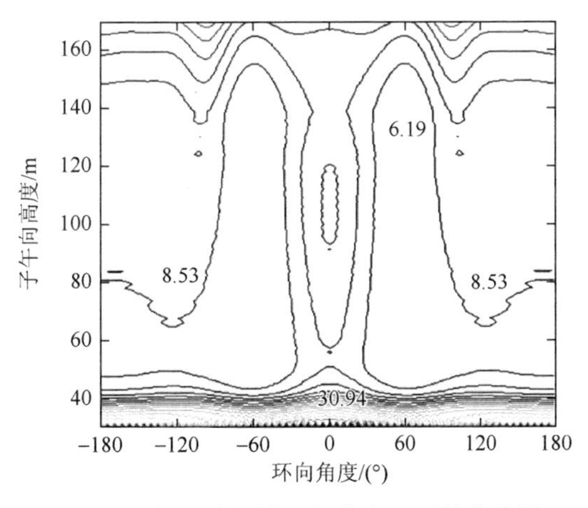

图 6.18　加肋冷却塔局部稳定因子等值线图

2. 线弹性特征值屈曲稳定性

对不同施工阶段加肋冷却塔施加规范有肋塔风压并进行屈曲分析，图 6.19 给出了加肋冷却塔考虑内吸力和混凝土龄期及施工荷载下不同施工高度屈曲临界风速、最大位移及屈曲模态对比图。对比图 6.12 和图 6.16 可知，①子午肋导致结构屈曲临界风速减小，显著增加了最大位移值，并改变了不同高度下最大位移变化趋势；②加肋冷却塔屈曲临界风速均随施工模板层数增加而减小，且自喉部至塔筒顶部临界风速减幅增大，布设子午肋后较常规冷却塔减幅在 10%左右；③加肋冷却塔风致响应最大值出现区域随施工高度的增加由支柱与塔筒连接区域逐渐上移至塔筒顶部，且最大位移逐渐增加。

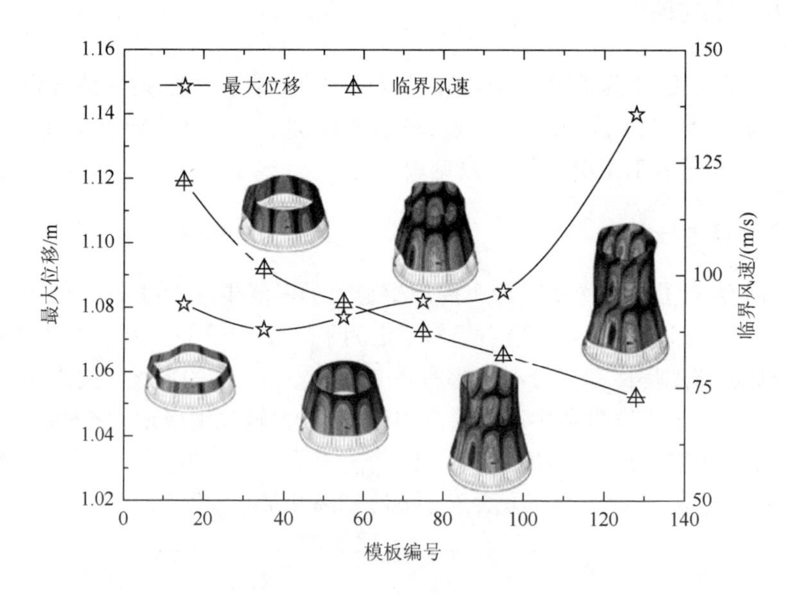

图 6.19 不同施工阶段加肋冷却塔屈曲临界风速和屈曲模态对比图

3. 线弹性临界风速

图 6.20 给出了加肋冷却塔各典型施工阶段位移及斜率随风速变化示意图。对比分析图 6.14 和图 6.17 可知，子午肋对冷却塔线弹性临界风速影响显著，各工况下布设子午肋的冷却塔在不同风速下最大位移均小于常规冷却塔和加环冷却塔，说明子午肋在改变塔筒风压分布模式的同时显著减小了塔筒变形，但加肋冷却塔线弹性临界风速明显弱于未加肋冷却塔。随施工高度增加失稳临界风速显著减小，成塔的线弹性临界风速为 6 个工况中的最不利工况，加肋冷却塔失稳临界风速由 140m/s 降低至 100m/s。

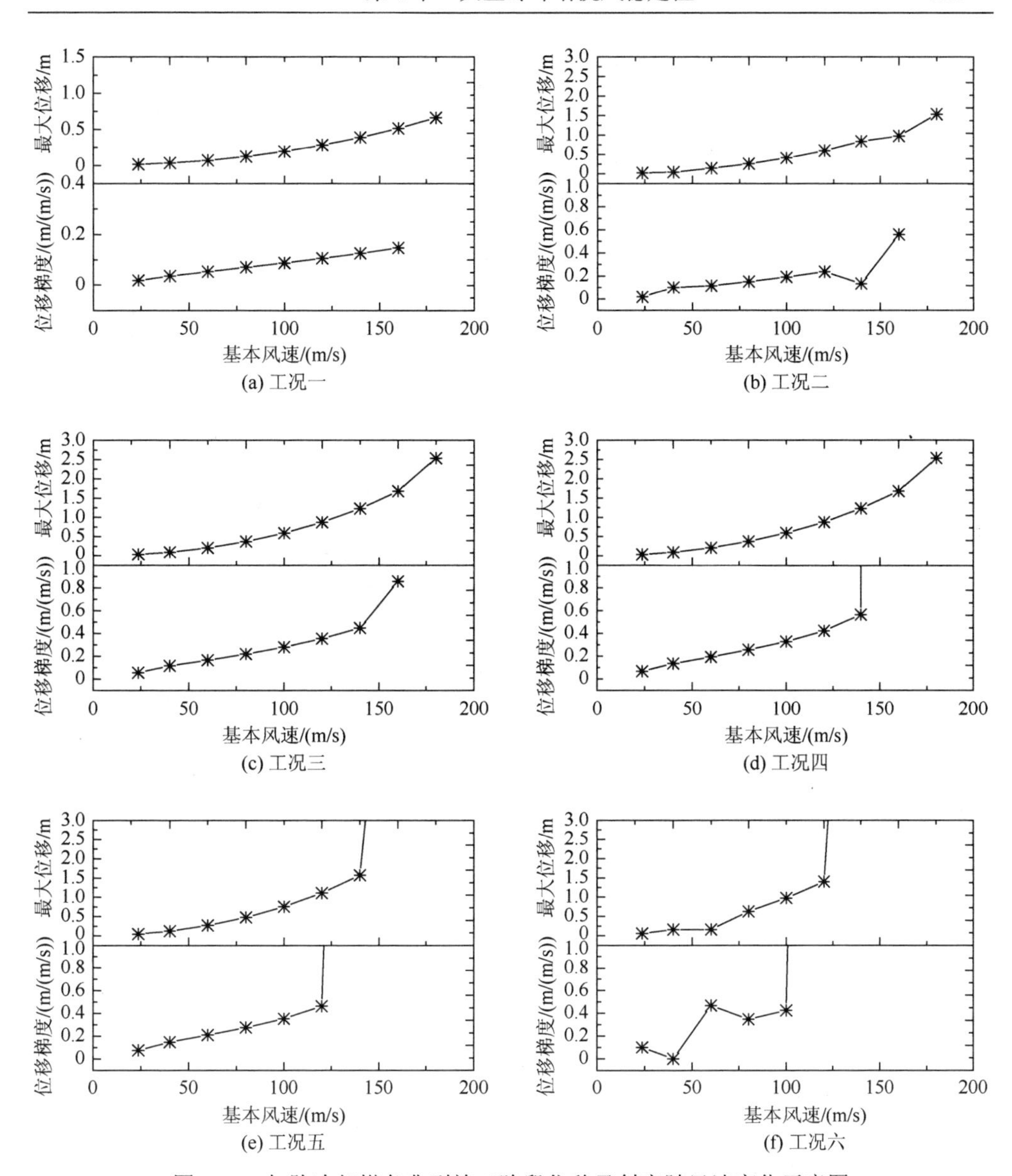

图 6.20　加肋冷却塔各典型施工阶段位移及斜率随风速变化示意图

6.5 小　　结

本章针对常规、开孔排烟、带导风装置以及施工全过程冷却塔进行了整体、局部、屈曲稳定性能和线弹性临界风速分析。研究表明，通过对开孔排烟冷却塔的开口附近局部加厚处理，可消除孔口附近的局部失稳，并提高冷却塔整体稳定性。增设导风装置可提高冷却塔整体稳定性，设置内部进水槽导风装置为最佳选择，增设弧形导风装置对于提高局部稳定性效果最为明显。加劲肋的布设可提高结构局部稳定性，并减小最大位移和失稳临界风速，加肋冷却塔局部和屈曲稳定性较好。随施工高度的增加，常规冷却塔、加环冷却塔和加肋冷却塔失稳临界风速显著减小，其中加肋冷却塔最大位移梯度变化最大，线弹性临界风速最小。

参考文献

[1] 李辉，李龙华，彭旭军. 双曲线冷却塔施工过程塔筒整体稳定分析[J]. 武汉大学学报（工学版），2012，45（s1）：191-193.

[2] 卢红前. 大型双曲线冷却塔施工期风筒强度及局部稳定验算[J]. 武汉大学学报（工学版），2007，40（s1）：414-419.

[3] 张军锋，葛耀君，赵林. 基于风洞试验的双曲冷却塔静风整体稳定研究[J]. 工程力学，2012，29（5）：68-77.

[4] GB/T 50102—2014. 工业循环水冷却设计规范[S]. 北京：中国计划出版社，2014.

[5] DL/ 5339—2006. 火力发电厂水工设计规范[S]. 北京：中国电力出版社，2006.

[6] 柯世堂. 大型冷却塔结构风效应和等效风荷载研究[D]. 上海：同济大学，2011.

[7] 柯世堂，赵林，张军锋，等. 电厂超大型排烟冷却塔风洞试验与稳定性分析[J]. 哈尔滨工业大学学报，2011，43（2）：114-118.

[8] 柯世堂，赵林，葛耀君. 大型双曲冷却塔气弹模型风洞试验和响应特性[J]. 建筑结构学报，2010，31（2）：61-68.

[9] 邵亚会，柯世堂，葛耀君，等. 超大型排烟冷却塔强度及稳定性能分析[J]. 工业建筑，2014，44（3）：80-84.

[10] JGJ/T 22—2012. 钢筋混凝土薄壳结构设计规程[S]. 北京：中国建筑工业出版社，2006.

[11] 柯世堂，朱鹏. 不同导风装置对超大型冷却塔风压特性影响研究[J]. 振动与冲击，2016，35（22）：136-141.

[12] 柯世堂，杜凌云. 不同气动措施对特大型冷却塔风致响应及稳定性能影响分析[J]. 湖南大学学报（自然科学版），2016，43（5）：79-89.

[13] 杜凌云，柯世堂. 基于 ANSYS 二次开发冷却塔施工全过程风致极限承载性能研究[J]. 振动与冲击，2016，35（16）：170-175.

[14] Jullien J，Aflak W，L'Huby Y. Cause of deformed shapes in cooling towers[J]. Journal of Structural Engineering，1994，120（5）：1471-1488.

[15] Viladkar M N，Karisiddappa，Bhargava P，et al. Static soil–structure interaction response of hyperbolic cooling towers to symmetrical wind loads[J]. Engineering Structures，2006，28（9）：1236-1251.

[16] Islam M S，Ellingwood B，Corotis R B. Transfer function models for determining dynamic wind loads on buildings[J]. Journal of Wind Engineering & Industrial Aerodynamics，1990，36（36）：449-458.

[17] Ke S，Ge Y，Zhao L，et al. Stability and reinforcement analysis of super large exhaust cooling towers based on a wind tunnel test[J]. Journal of Structural Engineering，2015，141（12）：04015066.

[18] 沈国辉，余关鹏，孙炳楠，等. 模型表面粗糙度对冷却塔风荷载的影响[J]. 工程力学，2011，28（3）：86-93.

[19] 赵林，李鹏飞，葛耀君. 等效静力风荷载下超大型冷却塔受力性能分析[J]. 工程力学，2008，25（7）：79-86.

[20] 徐璐，柯世堂. 加劲环和子午肋对特大型冷却塔静风响应的影响研究[J]. 特种结构，2016，33（6）：23-31.

第7章　大型冷却塔风振系数与参数分析

本章首先对大型冷却塔结构风振系数的定义进行说明，研究了不同等效目标冷却塔风振系数的一维和二维分布特性；在此基础上，针对阻尼比、周边干扰和施工全过程等因素进行了风振系数取值探讨；最后基于灰色-神经网络联合模型对大型冷却塔风振效应进行有效预测。

7.1　风振系数定义

风振系数分为荷载风振系数和响应风振系数，其中荷载风振系数的计算公式为

$$\beta_{Li} = \frac{P_i}{P_{ei}} = 1 + \frac{gP_{fi}}{P_{ei}} \tag{7-1}$$

式中，β_{Li}表示节点 i 的荷载风振系数；P_i、P_{ei}、P_{fi}分别为节点 i 的总荷载、平均风荷载和脉动风荷载；g 为节点 i 的峰值因子。

响应风振系数的定义为

$$\beta_{Ri} = \frac{R_i}{R_{ei}} = 1 + \frac{gR_{fi}}{R_{ei}} \tag{7-2}$$

式中，β_{Ri}表示节点 i 的响应风振系数；R_i、R_{ei}、R_{fi}分别为节点 i 的总响应、平均响应和脉动响应；g 为节点 i 的峰值因子。

规范[1]中定义的响应风振系数不需要进行随机风振响应分析，总响应可直接按式（7-3）计算得到：

$$\{R\} = \{\beta_R\} \cdot \times \{R_e\} \tag{7-3}$$

式中，“·×”表示点乘，即两个向量相同位置的元素相乘。

响应风振系数的计算相对荷载风振系数要简单方便，也可以直观地判断出结构的风振响应特性。当规定$\{\beta_{Ri}\}$为一常数时，式（7-3）可重新表示为

$$\{R\} = \beta_R \times \{R_e\} \tag{7-4}$$

当采用线性随机分析方法计算结构的风振响应时，考虑到响应与荷载之间的线性关系：

$$\{R_e\} = [I]_r \{P_e\} \tag{7-5}$$

$$\{R\} = [I]_r \{P\} \tag{7-6}$$

式中，$[I]$为响应$\{R\}$的影响函数矩阵；$\{P_e\}$、$\{P\}$分别为平均风荷载向量和总风荷

载向量。联合式（7-4），可得

$$\{P\}=\beta_R\times\{P_e\} \tag{7-7}$$

即总风荷载向量可由平均风荷载向量和响应风振系数相乘得到，这也是阵风荷载因子法的原理。然而，越来越多的大型冷却塔风振研究结果表明，对于三维效应明显的大型冷却塔结构，响应风振系数$\{\beta_{Ri}\}$通常不能取为一个常量，此时式（7-7）并不成立，总响应向量需按式（7-3）计算。现有规范和设计软件将风荷载作为一种活荷载和其他静力荷载进行工况组合，并不是按式（7-3）单独考虑，势必给结构的抗风设计带来一定的隐患。

在三维风振问题中，可能结构中某些位置的平均风响应接近于零，而脉动风响应数值较大，将出现失真的风振系数，或是当平均风响应为零时，风振系数无法计算。

7.2 不同响应等效目标

本节以国内在建某200m特大型冷却塔为工程背景，工程参数详见附录D工程8，具体对比分析了不同等效目标风振系数分布特性。

7.2.1 以径向位移为目标

图7.1～图7.3分别给出了冷却塔塔筒下部、中部和上部典型层节点径向位移均值、标准差和风振系数沿环向变化曲线示意图。由图可知，①塔筒径向位移均值及标准差变化趋势一致，低层趋势比高层较为提前，且位移均值和标准差偏小；②随着子午向高度的增加，每层节点径向位移均值更加稳定，但标准差变化范围更大；③位移最大负向均值出现在塔顶正迎风面，位移最大正向均值出现在第118层±65°环向角度处；④由于风振系数的定义与位移均值有关，故在位移均值很小的点处，风振系数失真，每层节点位移风振系数的变化趋势一致，但数值相差较大。

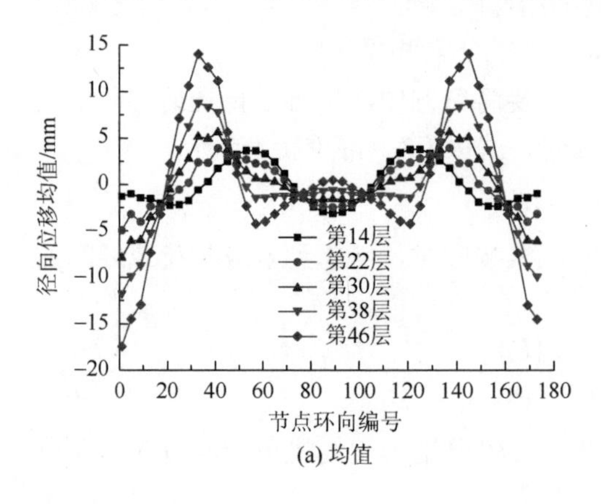

(a) 均值

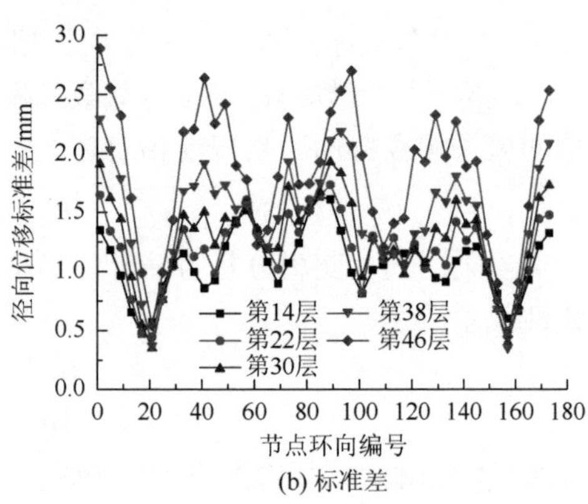

(b) 标准差

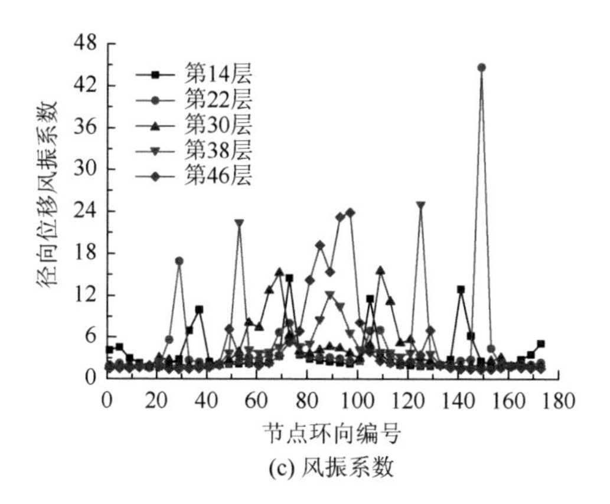

(c) 风振系数

图 7.1　塔筒下部典型层径向位移特征值和风振系数变化曲线示意图

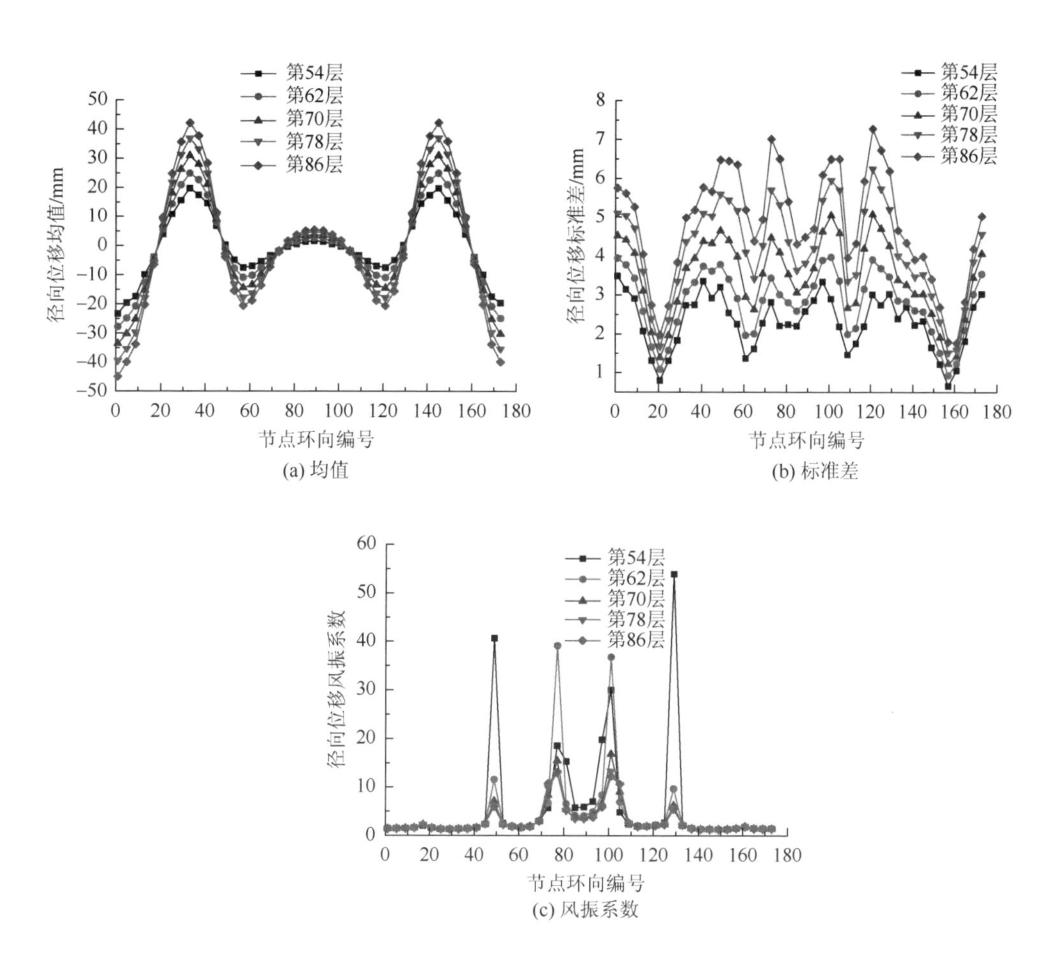

(a) 均值

(b) 标准差

(c) 风振系数

图 7.2　塔筒中部典型层径向位移特征值和风振系数变化曲线示意图

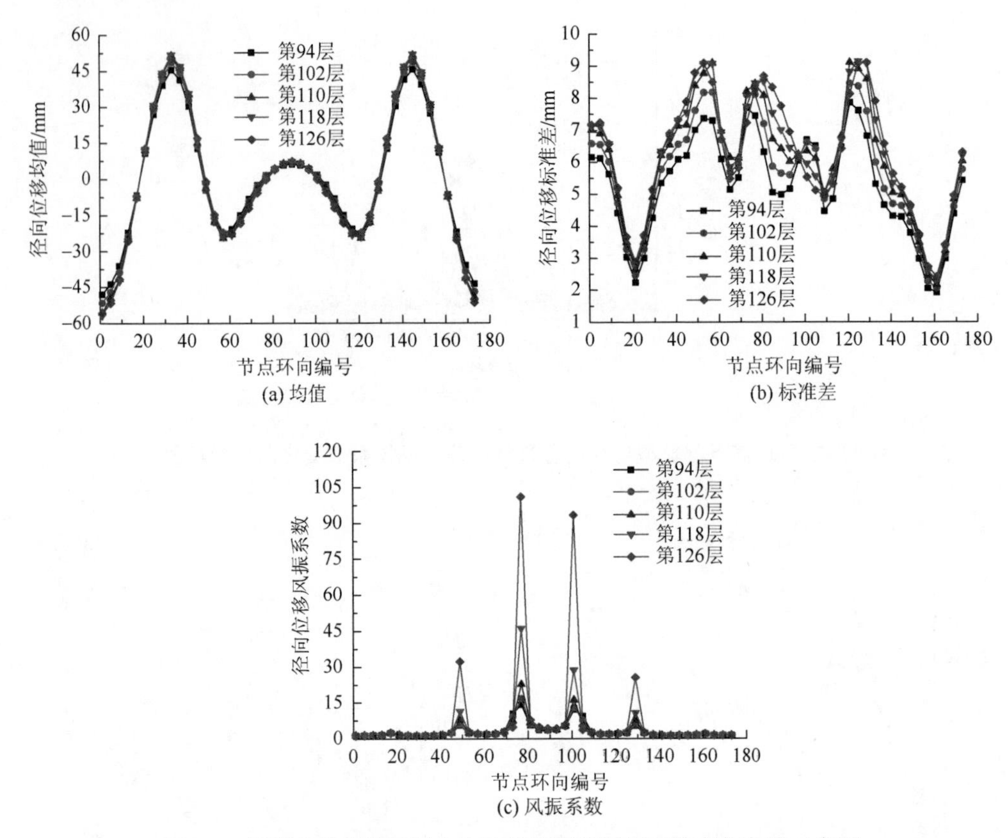

图 7.3　塔筒上部典型层径向位移特征值和风振系数变化曲线示意图

7.2.2　以子午向轴力为目标

图 7.4～图 7.6 给出了塔筒下部、中部和上部典型层单元的子午向轴力均值、标准差和风振系数沿环向变化曲线示意图。由图可知，①塔筒子午向轴力均值及均方

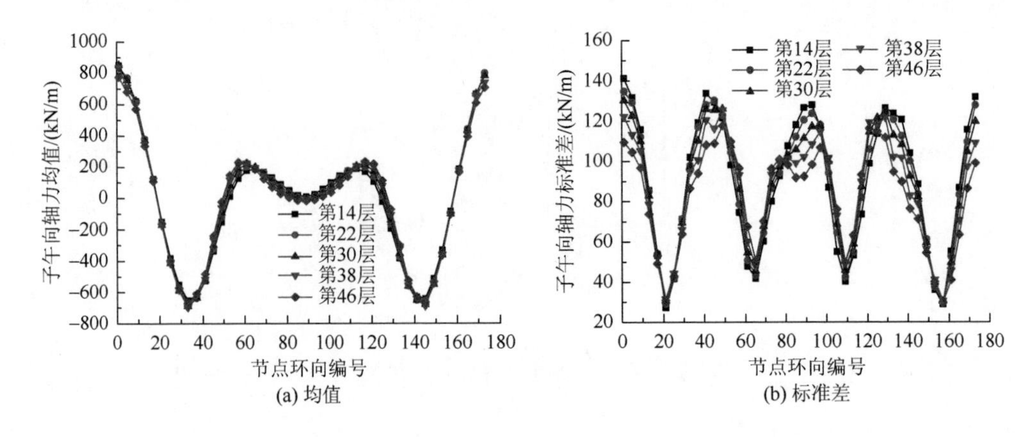

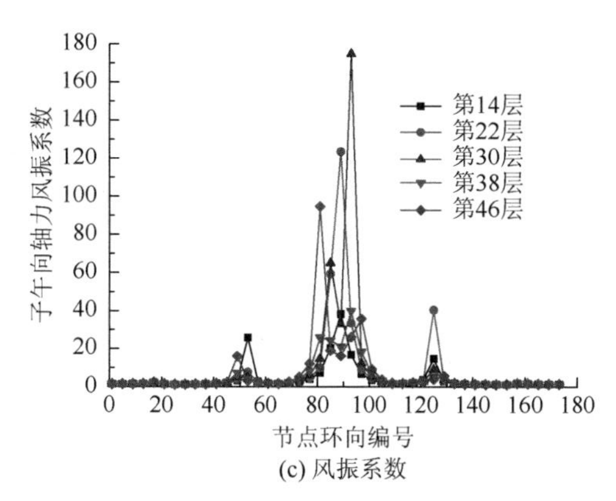

(c) 风振系数

图 7.4　塔筒下部典型层子午向轴力特征值和风振系数变化曲线示意图

差变化趋势一致，低层子午向轴力均值和标准差比高层较大；②随着子午向高度的增加，每层节点径向位移均值更加不稳定，但标准差变化范围更小；③子午向最大负轴力均值约为–698kN/m，出现在第 38 层环向±65°处，最大正轴力均值约为852kN/m，出现在第 2 层迎风面处；④风振系数局部点失真，其余变化趋势较为类似。

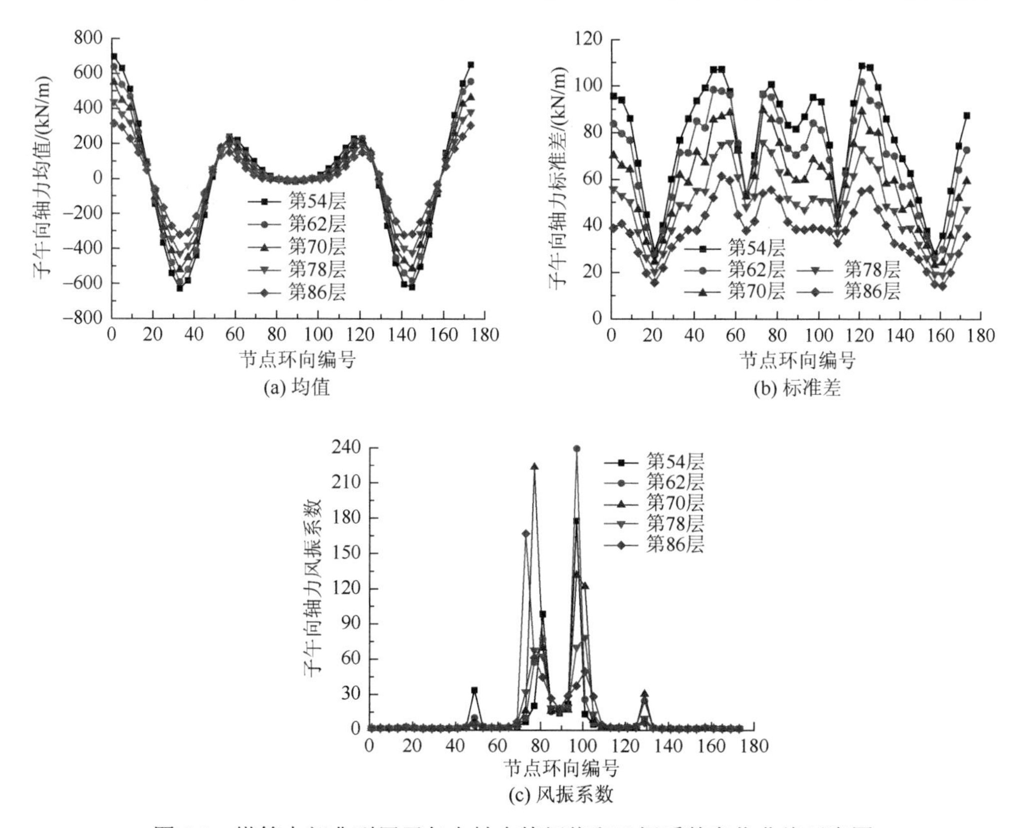

(c) 风振系数

图 7.5　塔筒中部典型层子午向轴力特征值和风振系数变化曲线示意图

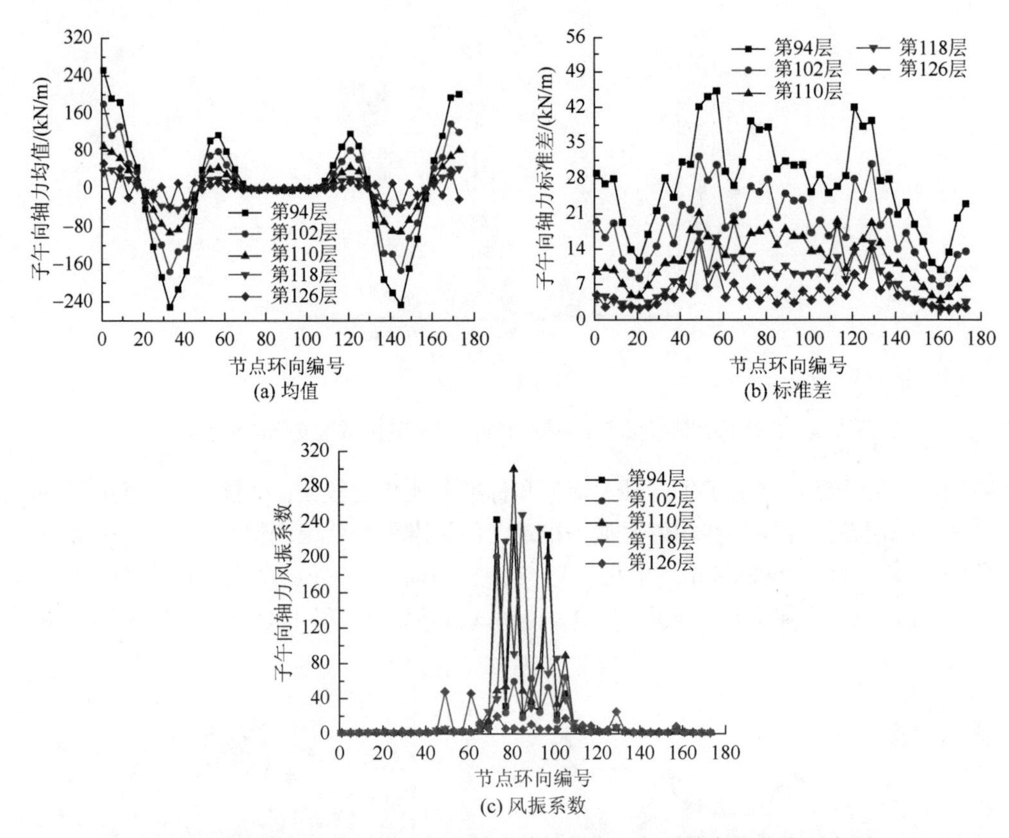

(a) 均值

(b) 标准差

(c) 风振系数

图 7.6　塔筒上部典型层子午向轴力特征值和风振系数变化曲线示意图

规范[2-4]中指定冷却塔壳体内力设计时应由子午向薄膜力起主要控制作用，且控制部位均在壳体中下部。图 7.7 给出了冷却塔 0°子午向轴力均值、标准差和风振系数沿子午向高度变化曲线示意图。由图可知，0°子午向轴力均值与标准差沿子午向分布趋势一致，均随着高度增加逐渐减小，在塔筒顶部区域由于刚性环的约束，子午向轴力出现负值。以 0°子午向轴力为目标响应的风振系数呈现随高度增加而减

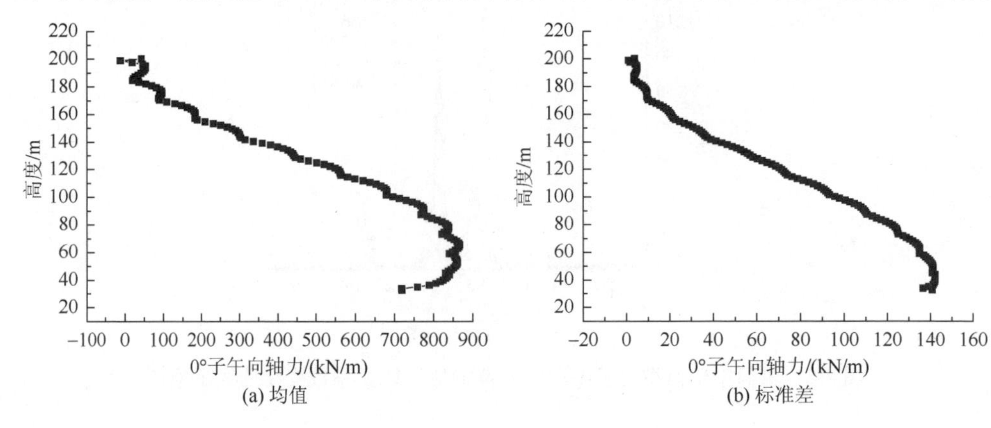

(a) 均值

(b) 标准差

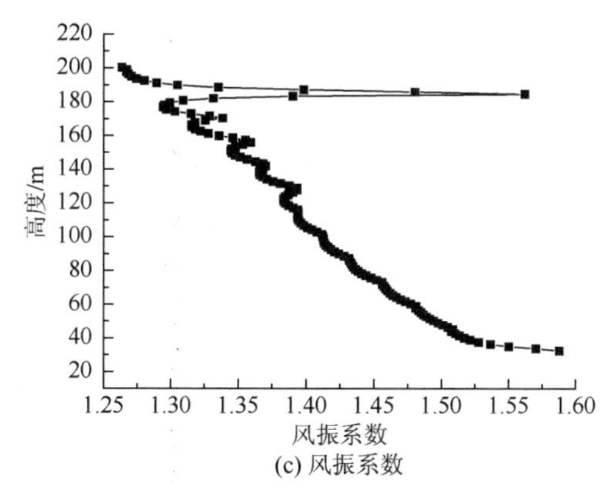

(c) 风振系数

图 7.7　塔筒典型层 0°子午向轴力特征值和风振系数变化曲线示意图

小的分布趋势，其在 180～190m 范围内数值达到最大。

7.2.3　以环向弯矩为目标

图 7.8～图 7.10 给出了塔筒下部、中部和上部典型层单元的环向弯矩均值、

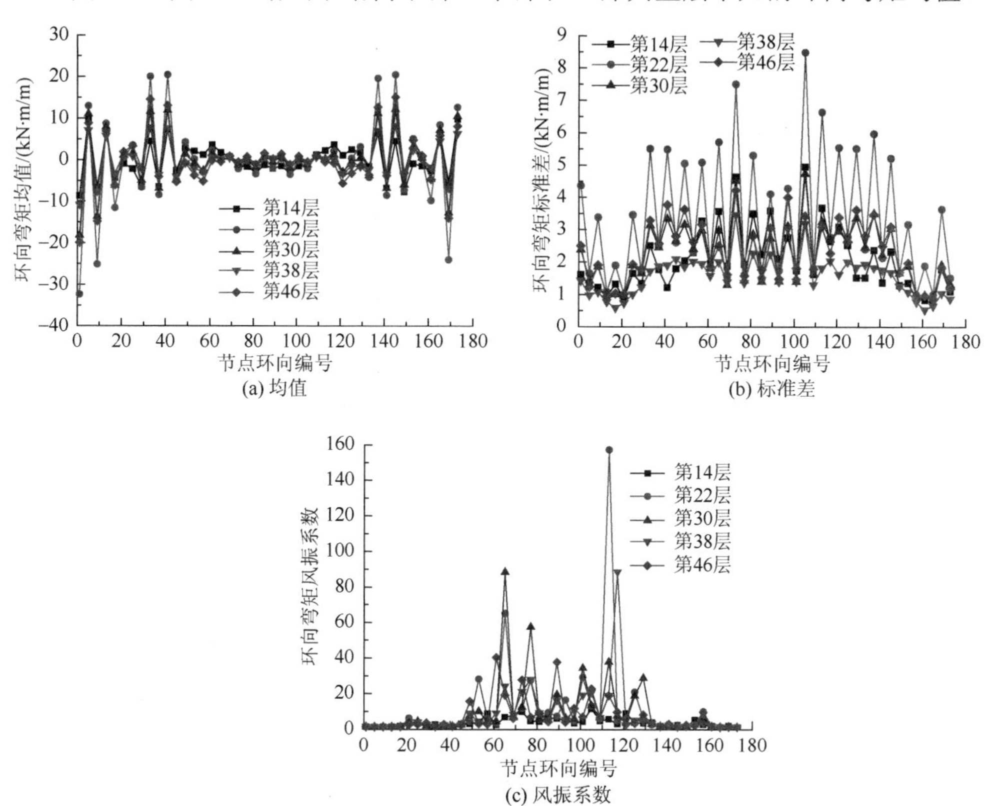

图 7.8　塔筒下部典型层环向弯矩特征值和风振系数变化曲线示意图

标准差和风振系数沿环向变化曲线示意图。由图可知，①塔筒子午向轴力均值及标准差变化趋势一致，风振系数局部点失真，其余变化趋势一致；②环向最大负弯矩均值约为–46kN·m/m，出现在第 86 层迎风面处，最大正弯矩均值约为 40kN•m/m，出现在第 86 层±65°处。

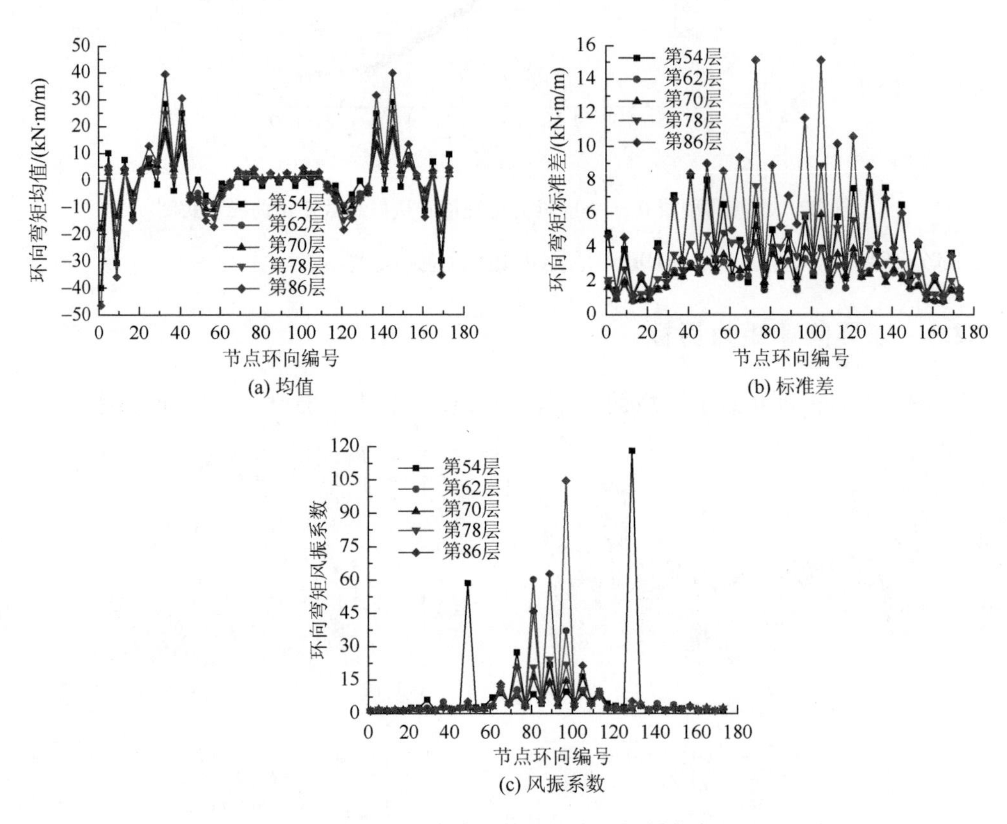

图 7.9　塔筒中部典型层环向弯矩特征值和风振系数变化曲线示意图

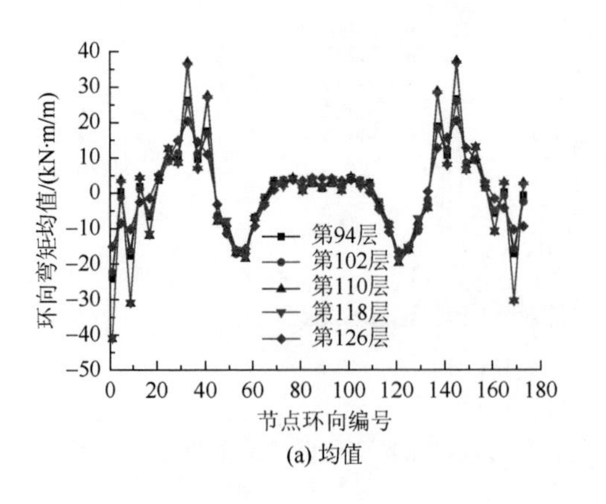

(a) 均值

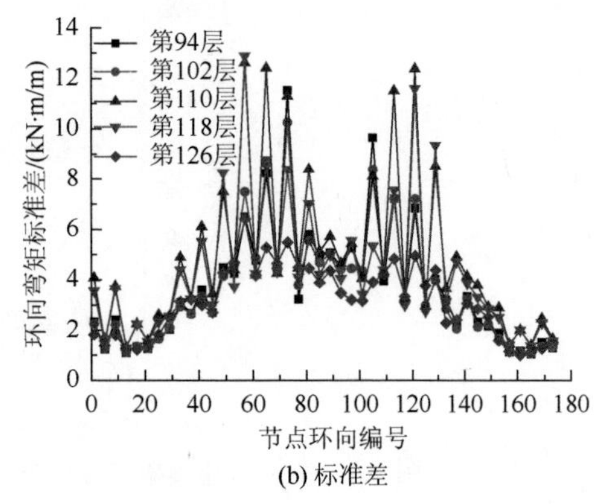

(b) 标准差

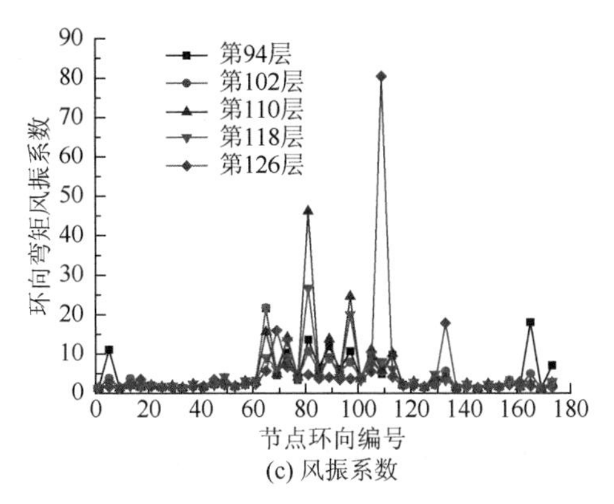

(c) 风振系数

图 7.10　塔筒上部典型层环向弯矩特征值和风振系数变化曲线示意图

7.2.4　以 Mises 应力为目标

Mises 屈服准则是指在一定的变形条件下，当材料的单位体积形状改变的弹性位能达到某一常数时材料屈服的现象。Mises 应力是基于剪切应变能的一种等效应力，能更好地反映塔筒单元综合受力性能[5, 6]。图 7.11 给出了 0° Mises 应力

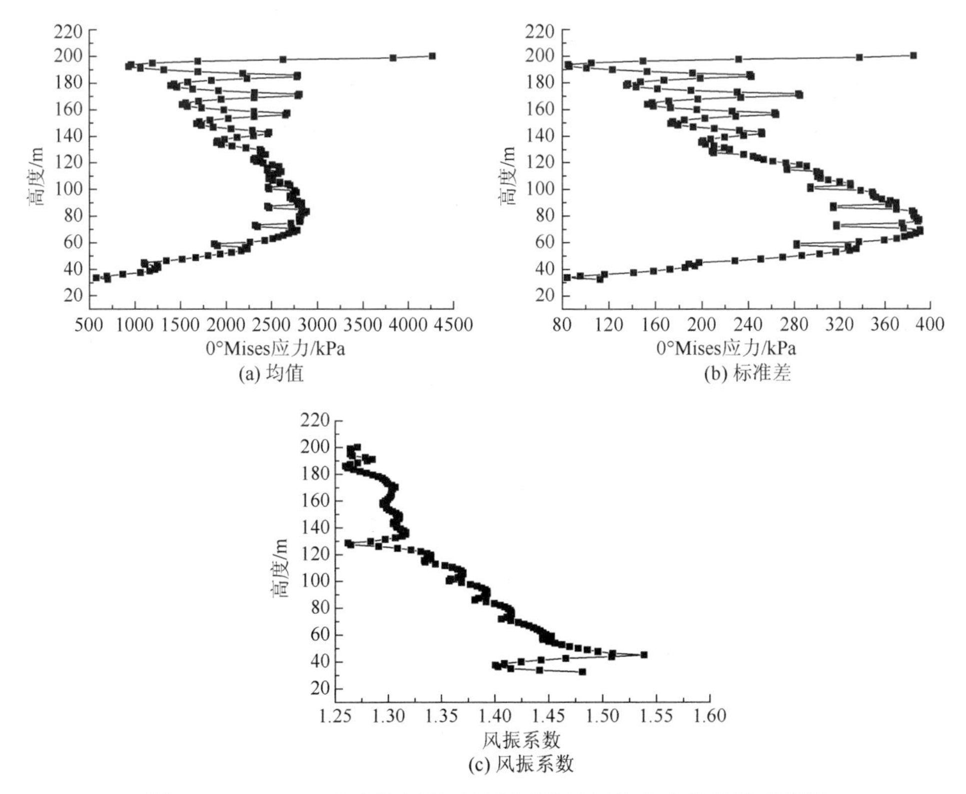

图 7.11　0° Mises 应力特征值及风振系数沿子午向变化曲线示意图

特征值及风振系数沿子午向变化曲线示意图。分析可知，塔筒 0° Mises 应力均值与标准差随着高度的增加先增大后减小，而风振系数整体随高度的增加而减小，并在塔底附近出现最大值。

7.2.5 二维分布特性

图 7.12 给出了冷却塔节点径向位移、子午向轴力和环向弯矩三种目标响应风振系数的二维分布图。整体而言，大型冷却塔结构的风振系数变化幅度较大，主要分布于 1.3～150，各目标响应风振系数在塔筒底部及背风区普遍较大，分析其原因是背风面风压偏小使得特征响应均值较小。

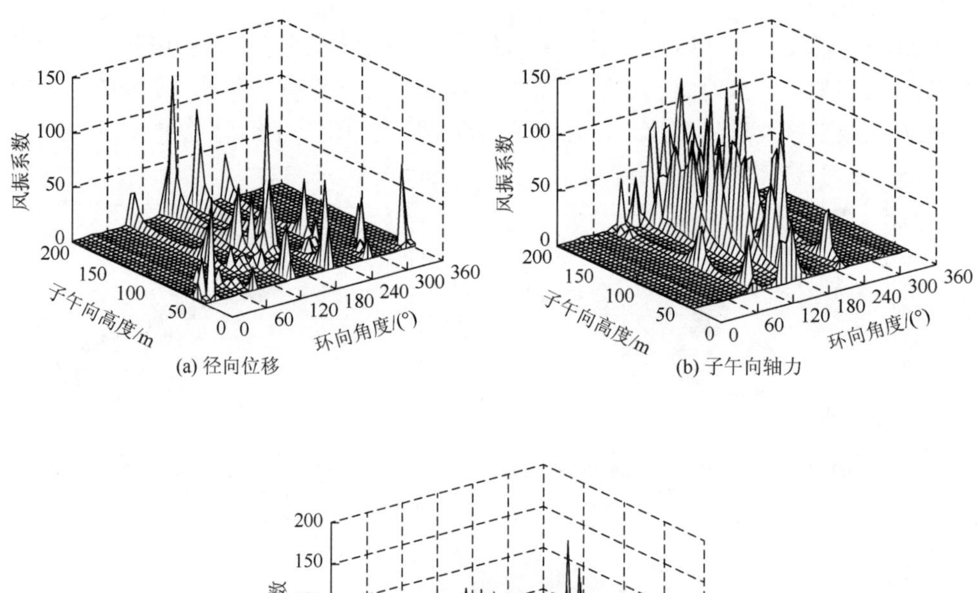

(a) 径向位移 (b) 子午向轴力

(c) 环向弯矩

图 7.12 三种响应目标风振系数三维分布图

为方便工程研究与设计人员精确获得特大型冷却塔风振系数的取值范围，以子午向轴力风振系数为目标，拟合给出此类 200m 级特大型冷却塔二维风振系数的计算公式。基于非线性最小二乘法原理，以子午向高度和环向角度为目标函数，其中冷却塔沿环向均分为 n_1 段，沿子午向均分为 n_2 段，令 $N=n_1n_2$，公式具体定义为

$$\begin{aligned}M_{\theta,z}=&(b_1\times I+b_2\times Z+b_3\times Z^{\cdot 2}+b_4\times\theta\cdot\times Z+b_5\times\theta^{\cdot 3}+b_6\times Z^{\cdot 3}+b_7\times\theta^{\cdot 4}+b_8\times Z^{\cdot 4}\\&+b_9\times\theta\cdot\times Z^{\cdot 3}+b_{10}\times\theta^{\cdot 2}\cdot\times Z^{\cdot 2}+b_{11}\times\theta^{\cdot 5}+b_{12}\times Z^{\cdot 5})\\&\cdot\div[I+b_{13}\times\exp(b_{14}\times\theta+b_{15}\times Z)]\end{aligned}\tag{7-8}$$

式中，I 为元素全为 1 的 $N\times 1$ 矩阵；θ 为以 n_1 个角度为循环单位且循环 n_2 次的 $N\times 1$ 矩阵；Z 为以每 n_2 个相同的高度为循环单位且循环 n_1 次的 $N\times 1$ 矩阵；$\cdot\times$ 为矩阵对应元素相乘；$\cdot\div$ 为矩阵对应元素相除；$\cdot^{n}$ 为矩阵对应元素的 n 次方；exp()为返回括号内矩阵每个元素作为以 e 为底的指数的矩阵；$M_{\theta,Z}$ 表示以 n_1 个环向角度对应的风振系数为单位且沿子午向高度变化 n_2 次的 $N\times 1$ 矩阵；$b_i(i=1,2,\cdots,15)$为拟合系数，具体见表 7.1。

表 7.1　冷却塔二维风振系数拟合公式系数表

拟合系数	数值	拟合系数	数值	拟合系数	数值
b_1	40.13	b_6	-6.77×10^{-4}	b_{11}	-7.56×10^{-11}
b_2	−0.39	b_7	5.21×10^{-8}	b_{12}	-6.42×10^{-9}
b_3	0.06	b_8	3.47×10^{-6}	b_{13}	322.08
b_4	−0.01	b_9	-1.42×10^{-7}	b_{14}	−0.04
b_5	-7.96×10^{-6}	b_{10}	1.14×10^{-7}	b_{15}	0.01

图 7.13 给出了以子午向轴力为目标响应的风振系数二维分布及拟合曲面对比图。图中散点数值为冷却塔真实风振系数，曲面对应数值为根据二维拟合公式计算得到的风振系数。由图可知：

（1）塔筒以子午向轴力为目标响应的风振系数沿子午向及环向存在明显二维分布特征，在塔筒底部和背风面数值明显较大；

（2）拟合得到的二维风振系数与真实风振系数在塔筒背风区和底部区域差异较大，该区域子午向轴力平均响应很小，相应内力不控制结构设计，对应的风振系数存在失真现象；

（3）从拟合风振系数的整体分布来看，其沿子午向和环向的变化规律与实际风振系数分布基本一致，对比结果表明式（7-8）可为此类 200m 级特大型冷却塔

风振系数取值范围提供计算依据。

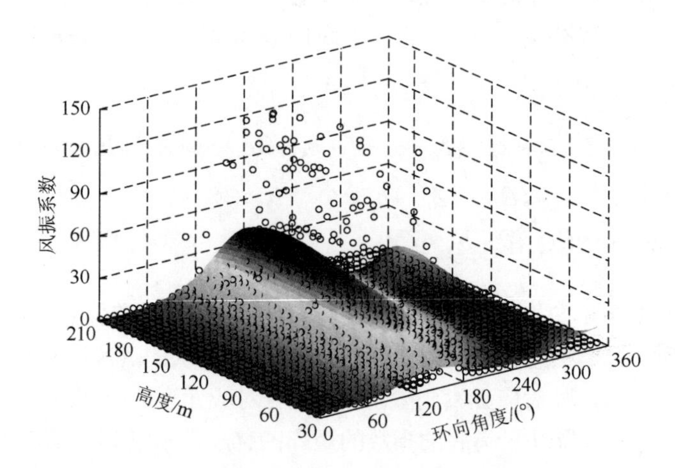

图 7.13　以子午向轴力为目标响应的风振系数二维实际及拟合曲面对比图

7.3　风振系数参数分析

冷却塔的风振响应取决于结构的动力特性和外部荷载激励，例如，结构特征尺寸和阻尼比的变化会对风振系数的数值和分布特征产生影响，且当存在周边干扰时冷却塔结构风振机理会更加复杂。鉴于此，本节基于大型冷却塔风振计算方法，结合风洞测压试验获得的表面气动力模式，分析了各种因素对风荷载作用下冷却塔结构风致振动的影响规律，最终归纳并探索出各参数对风振响应的影响机理。

7.3.1　阻尼比的影响

以国内首次针对 7 座冷却塔现场实测为背景，选取其中高位收水冷却塔为对象，具体参数详见附录 D 工程 9。基于实测阻尼比取值范围设置四种阻尼比计算工况（阻尼比分别为 0.5%、1%、2%和 3%）进行风振瞬态分析，并将计算结果与建筑荷载规范阻尼比 5%下风振响应进行对比。

图 7.14 给出了不同阻尼比下该冷却塔风振响应时程曲线示意图。由图可知，不同阻尼比下冷却塔风振响应分布规律一致，阻尼比的改变不影响风振响应均值，仅改变其脉动程度，随着阻尼比的减小，风振响应均方差增大。

表 7.2 给出了规范阻尼比下的响应特征值以及不同阻尼比下脉动响应增量。

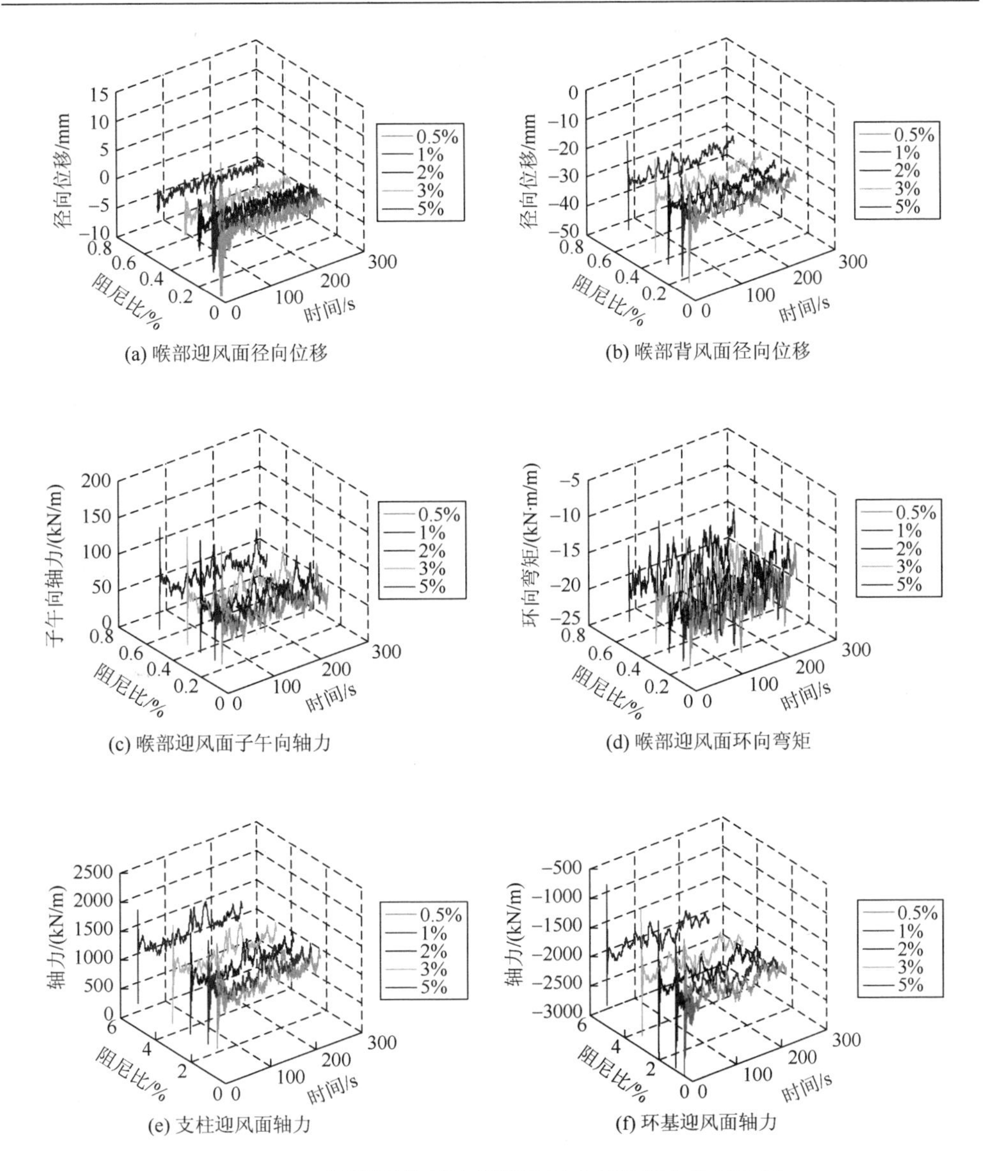

(a) 喉部迎风面径向位移
(b) 喉部背风面径向位移
(c) 喉部迎风面子午向轴力
(d) 喉部迎风面环向弯矩
(e) 支柱迎风面轴力
(f) 环基迎风面轴力

图 7.14　不同阻尼比下冷却塔风振响应时程曲线示意图

由表可知，①塔筒平均响应最大值对应的脉动响应并非最大值，此时阻尼比的改变引起脉动响应增大从而导致极值的增大较小；②支柱和环基平均响应最大值对应的脉动响应均较大，当阻尼比减少至规范阻尼比的 10%时脉动响应增加不超过 31%，此时响应极值的增加较为显著。

表 7.3 给出了冷却塔不同阻尼比和等效目标风振系数的整体平均唯一取值列表。由表可知，①以响应均值绝对值的平均值为目标计算得到风振系数较大，以

表 7.2　规范阻尼比下风振响应最大值及不同阻尼比下脉动响应增量列表

响应类型	5%响应值		0.5%增量/%	1%增量/%	2%增量/%	3%增量/%
	平均响应	脉动响应				
塔筒径向位移/mm	−24.21	1.90	33.37	19.92	9.71	4.76
塔筒子午向轴力/(kN/m)	361.75	26.02	29.01	16.66	8.00	3.89
塔筒环向弯矩/(kN·m/m)	34.87	0.81	109.38	48.20	13.48	3.67
支柱轴力/(kN/m)	1387.63	118.53	23.46	12.88	5.92	2.81
支柱径向弯矩/(kN·m/m)	−82.10	22.73	22.01	15.40	7.40	3.39
环基轴力/(kN/m)	−1784.36	119.48	30.46	17.45	8.35	4.06
环基径向弯矩/(kN·m/m)	2637.47	428.087	14.27	6.80	2.75	1.21

0°子午向响应和响应均值绝对值的最大值为目标计算得到的风振系数较小且数值接近；②以 0°子午向响应为等效目标，阻尼比分别为 0.5%、1%、2%和 3%时风振系数相比较规范阻尼比增加不超过 7%、3.7%、1.7%和 0.9%；③以响应均值绝对值的平均值为等效目标，阻尼比分别为 0.5%、1%、2%和 3%时风振系数相比较规范阻尼比增加不超过 9.1%、5.2%、2%和 1.1%；④以响应均值绝对值的最大值为等效目标，阻尼比分别为 0.5%、1%、2%和 3%时风振系数相比较规范阻尼比增加不超过 8.5%、4%、1.8%和 0.9%；⑤以不同等效目标计算得到的风振系数，阻尼比减小为 0.5%、1%、2%和 3%时，其风振系数增加不超过 10%、6%、2%和 1%。

表 7.3　冷却塔不同阻尼比下不同等效目标风振系数整体取值列表

阻尼比取值	以 0°子午向响应为目标		以响应均值绝对值的平均值为目标			以响应均值绝对值的最大值为目标		
	子午向轴力/(kN/m)	Mises 应力/MPa	径向位移/mm	子午向轴力/(kN/m)	环向弯矩/(kN·m/m)	径向位移/mm	子午向轴力/(kN/m)	环向弯矩/(kN·m/m)
0.5%	1.47	1.36	1.93	1.84	2.00	1.41	1.42	1.60
1%	1.44	1.34	1.88	1.81	1.93	1.38	1.39	1.53
2%	1.41	1.32	1.85	1.77	1.87	1.35	1.36	1.49
3%	1.40	1.32	1.82	1.75	1.86	1.34	1.35	1.48
5%	1.39	1.31	1.81	1.74	1.84	1.33	1.34	1.47

以上研究表明，阻尼比增大引起脉动风振较大幅度的降低，而结构平均响应不变将导致结构风振系数减小。为方便工程研究与设计人员精确获得大型冷却塔风振系数考虑阻尼比的取值范围，以子午向高度和阻尼比为目标函数，拟合给出

此类大型冷却塔 0°子午向轴力二维风振系数计算公式，定义为

$$\begin{aligned}\beta(\xi,h)=&(b_1+b_2h+b_3h^2+b_4\xi h+b_5\xi^3+b_6h^3+b_7\xi^4\\&+b_8h^4+b_9\xi h^3+b_{10}\xi^2h^2\\&+b_{11}\xi^5+b_{12}h^5)/[1+b_{13}\exp(b_{14}\xi+b_{15}h\\&+b_{16}\xi^2+b_{17}h^2+b_{18}\xi h)]\end{aligned}\tag{7-9}$$

式中，ξ 为阻尼比；h 为冷却塔的高度（m）；β（ξ, h）为考虑阻尼比和高度的以 0°子午向轴力为目标的风振系数；$b_i(i=1,2,\cdots,18)$为拟合系数，详见表 7.4。

表 7.4　不同阻尼比冷却塔风振系数目标拟合公式系数表

拟合系数	数值	拟合系数	数值	拟合系数	数值
b_1	2.02×10^4	b_7	−1.37	b_{13}	2.67×10^4
b_2	-7.61×10^2	b_8	3.51×10^{-4}	b_{14}	0.01
b_3	11.76	b_9	-1.58×10^{-6}	b_{15}	−0.06
b_4	−0.02	b_{10}	-6.08×10^{-5}	b_{16}	−0.01
b_5	3.58	b_{11}	0.14	b_{17}	1.25×10^{-4}
b_6	−0.09	b_{12}	-5.35×10^{-7}	b_{18}	5.86×10^{-4}

图 7.15 给出了以子午向轴力为目标响应的风振系数随阻尼比和高度变化的二维分布及拟合曲面对比图。图中散点数值为冷却塔真实风振系数，曲面对应数值为根据二维拟合公式模拟得到的风振系数。

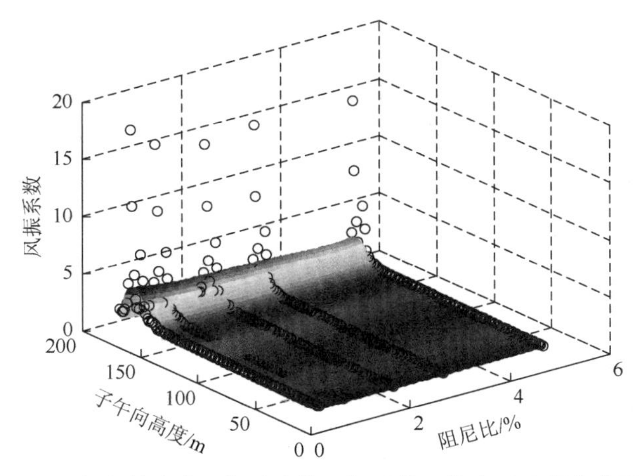

图 7.15　以子午向轴力为目标响应的风振系数二维实际及拟合曲面对比图

7.3.2 周边干扰的影响

本节工程算例冷却塔高 167m，结构参数详见附录 D 工程 7。气动弹性模型采用等效梁格方法设计，风速过大会使纵横条交接处节点松弛，导致模型整体刚度下降，为了更精确地研究冷却塔这一类结构的风振性能，在合理范围内，有意降低了结构的频率比，同时提高了风速比，这样可以在确保模型精度条件下获得结构的较大振幅。

图 7.16 为单体和群塔工况试验模型布置图。试验时将被测塔模型放置在转盘中心，沿冷却塔气弹模型环向均匀布置 8 个位移测点，沿子午向不同测量高度布置 6 个位移测点。在气弹模型测振试验过程中，冷却塔相同高度环向多个测点为完全同步测量，不同高度处位移测量采用调整激光位移计托盘位置方法实现[7]。

(a) 单体布置图

(b) 干扰布置图

图 7.16 单塔和群塔工况试验模型布置图

考虑到冷却塔中下部刚度较大，风振平均位移响应相对较小，由此换算得到的风振系数不具有代表性，故在试验数据分析过程设定大小为 10cm 的平均位移（原型结构位移）阈值，当测量点风振响应平均位移达到 10cm 以上时，计入风振系数的贡献[8, 9]。

冷却塔气弹模型环向截面形变如图 7.17 所示，最大形变出现在冷却塔喉部位置迎风向和侧风向（与来流方向成 70°～90°夹角），呈现迎风位置喉部向内收缩，侧向鼓出的特点。

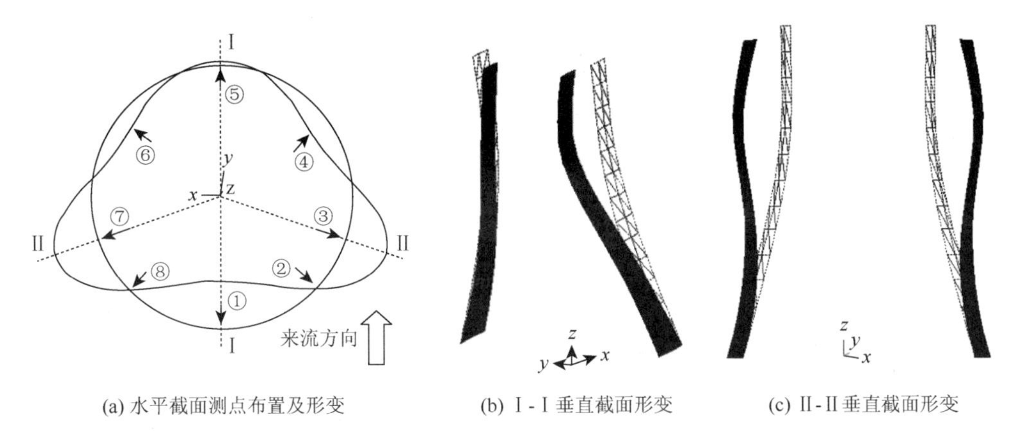

(a) 水平截面测点布置及形变　(b) I - I 垂直截面形变　(c) II - II 垂直截面形变

图 7.17　冷却塔气弹模型变形示意图

单塔和多塔位移测点响应特征值结果列于表 7.5 和表 7.6 中。比较可知，主要的风振位移均出现于冷却塔的上半部分，且喉部附近（断面 5）测点风振位移响应起控制作用。冷却塔环向多个测点中，迎风面测点风振位移最大，负压极大值（测点 2 和 3 之间，与来流 72°夹角）测点风振位移次之。多个控制测点平均位移响应均值为 16.828cm，位移根方差均值为 2.807cm，极值位移均值为 26.654cm，平均风振系数为 1.65。对群塔干扰下冷却塔响应特征进行分析发现风振响应平均位移达到 10cm 的测点减少，但是根方差增大，使得风振系数较单塔偏大，建议对周边存在复杂地形的群塔组合冷却塔风振系数取值应予以重视。

表 7.5　单塔测点响应统计特征值

断面编号	测点编号	风振位移/cm			风振系数
		均值	根方差	极值	
6	1	10.248	2.185	17.896	1.75
6	3	11.144	2.047	18.309	1.64
5	1	32.643	4.320	47.762	1.46
5	3	19.774	2.712	29.267	1.48
5	7	13.105	2.606	22.227	1.70
5	8	10.288	3.036	20.915	2.03
4	1	20.597	2.745	30.205	1.47
测点均值		16.828	2.807	26.654	1.65

表 7.6　群塔干扰测点响应统计特征值

断面编号	测点编号	风振位移/cm			风振系数
		均值	根方差	极值	
6	1	14.139	3.080	24.919	1.76
5	1	19.565	6.019	40.633	2.08
5	3	11.914	4.064	26.139	2.19
5	7	14.422	3.446	26.484	1.84
测点均值		15.010	4.152	29.544	1.97

7.3.3　施工全过程的影响

本节工程算例为 210m 高特大型冷却塔，结构参数详见附录 D 工程 4。为系统分析施工全过程特大型冷却塔风振响应特性及风振系数演化规律，综合考虑工程施工进度与数值计算精度，按塔筒施工模板层数划分了八个典型施工工况，各工况典型参数如表 7.7 所示。

表 7.7　特大型冷却塔施工全过程典型工况参数列表

工况示意								
施工工况	工况一	工况二	工况三	工况四	工况五	工况六	工况七	工况八
模板层数	10	30	50	70	90	105	120	139
高度/m	44.1	69.8	94.9	120.4	146.2	165.7	185.2	210.0
出风口直径/m	154.41	140.31	127.61	117.21	111.21	110.61	112.61	115.81

1. 塔顶位移风振响应

图 7.18 给出了特大型冷却塔施工全过程各工况塔顶迎风面节点位移响应功率谱。对比分析得到各工况冷却塔结构的背景与共振响应在频谱上分离显著，并且由于冷却塔表面气动力荷载输入的能量主要集中在 0～0.5Hz，各施工阶段冷却塔的背景与共振响应所占比例不同；随着施工高度的增加塔顶位移功率谱峰值呈现出先增大后减小的趋势，施工高度较低时响应谱毛刺较多。

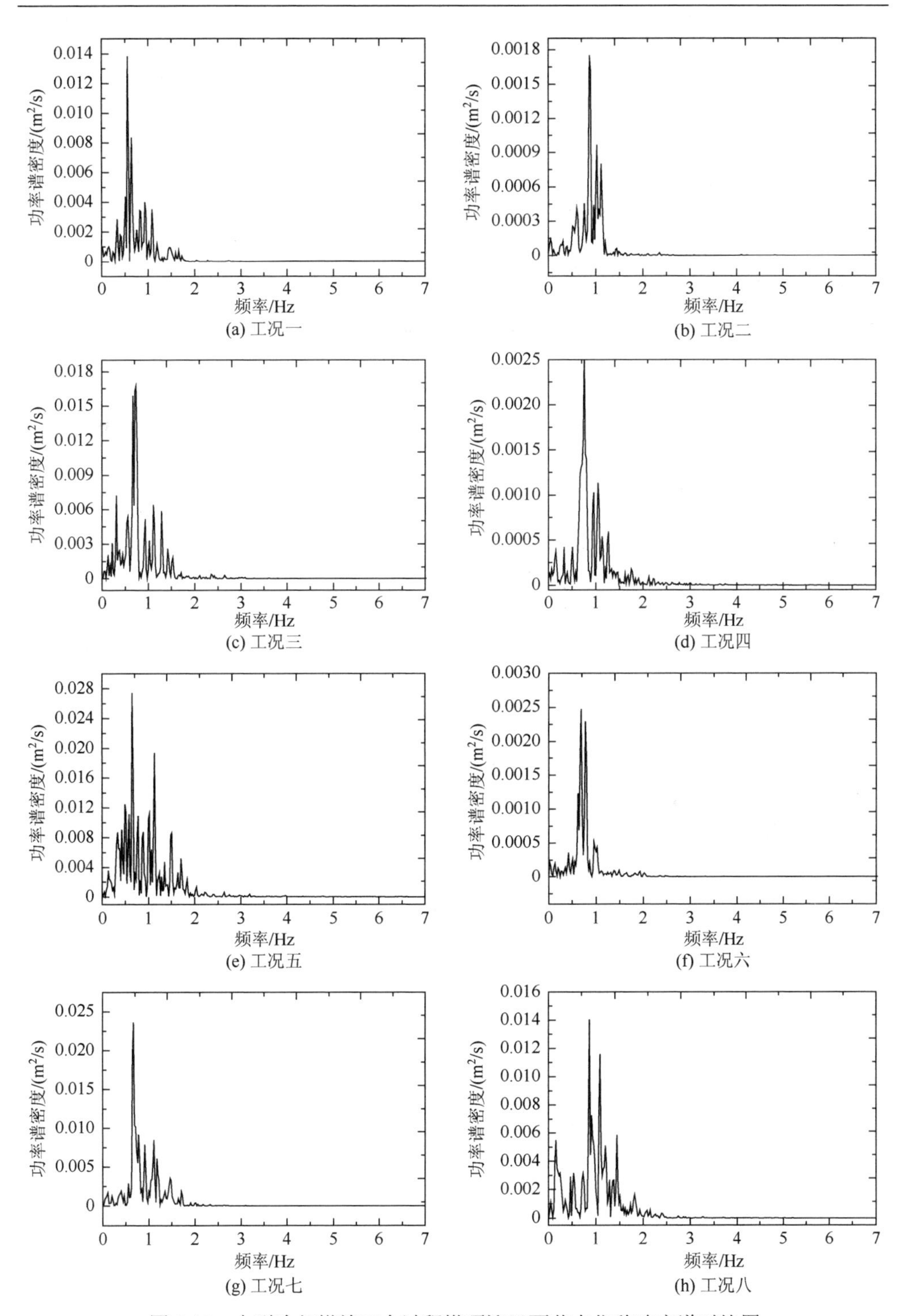

图 7.18　大型冷却塔施工全过程塔顶迎风面节点位移响应谱对比图

2. 迎风面典型内力风振响应

图 7.19 与图 7.20 分别给出了冷却塔子午向轴力与环向弯矩响应均值和标准差随施工高度变化示意图。对比发现，各工况冷却塔子午向轴力和环向弯矩的均值与标准差分布范围随施工高度的增加不断增长，而单个工况数值随高度不断减小。当冷却塔施工高度较低时，环向弯矩变化呈现出折叠减小的趋势；冷却塔施工高度较高时，各工况冷却塔环向弯矩标准差在塔筒中上部出现突起。

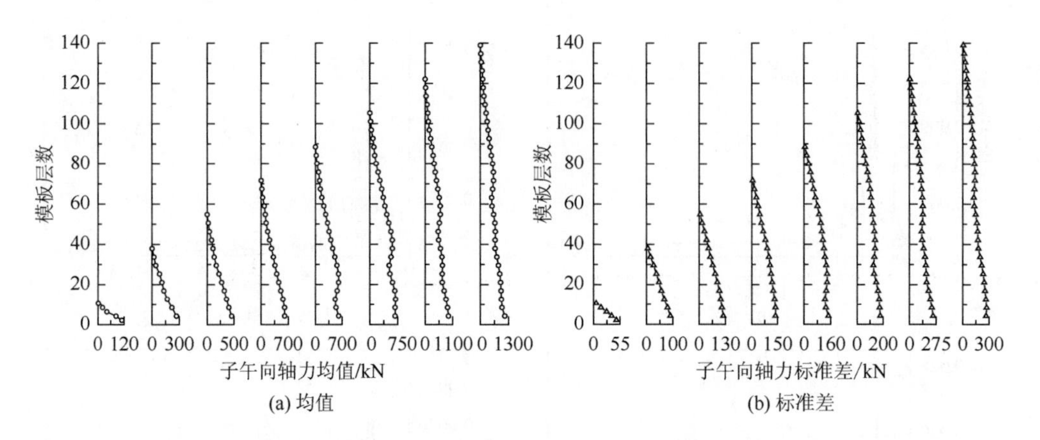

图 7.19　施工全过程迎风面子午向轴力风振响应均值与标准差变化示意图

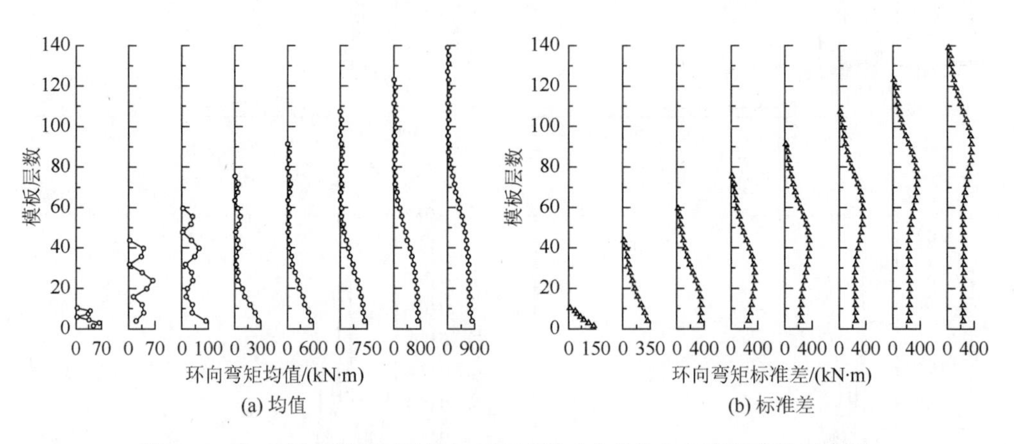

图 7.20　施工全过程迎风面环向弯矩风振响应均值与标准差变化示意图

3. 整体结构风振系数分布特征

图 7.21～图 7.23 给出了以径向位移、子午向轴力和环向弯矩三种响应为等

效目标的不同工况风振系数三维分布图。对比发现，单个冷却塔不同位置的风振系数并不统一，数值沿环向起伏较大，在平均风压较小的区域，如环向 40°与 120°附近，风振系数数值往往偏大，但由于风压绝对值较小，导致该区域的风振响应对整体结构响应影响较小。三种响应目标下各工况风振系数均在环向 40°与 120°附近出现极大值，但子午向高度上风振系数极大值的位置有所提前或延迟。此外，未达到成塔工况时，由于没有上部刚性环的约束，导致结构上端出风口风振系数数值偏大，以子午向轴力和环向弯矩进行风振系数取值分析时该特征表现最为显著。

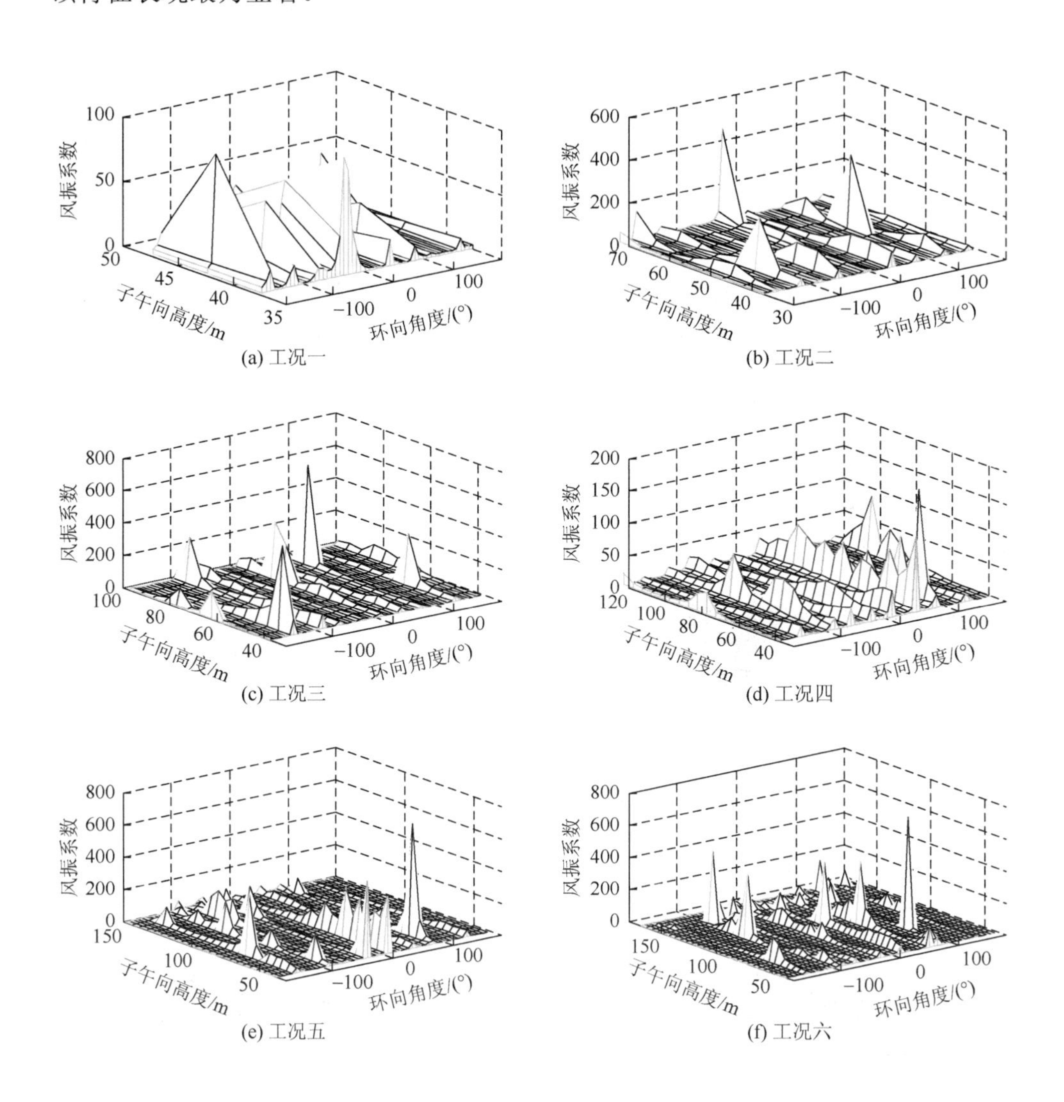

(a) 工况一

(b) 工况二

(c) 工况三

(d) 工况四

(e) 工况五

(f) 工况六

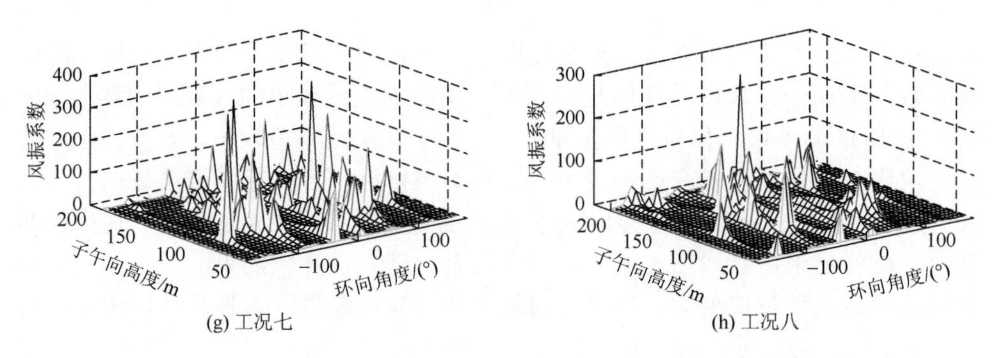

(g) 工况七　　(h) 工况八

图 7.21　大型冷却塔施工全过程位移响应风振系数示意图

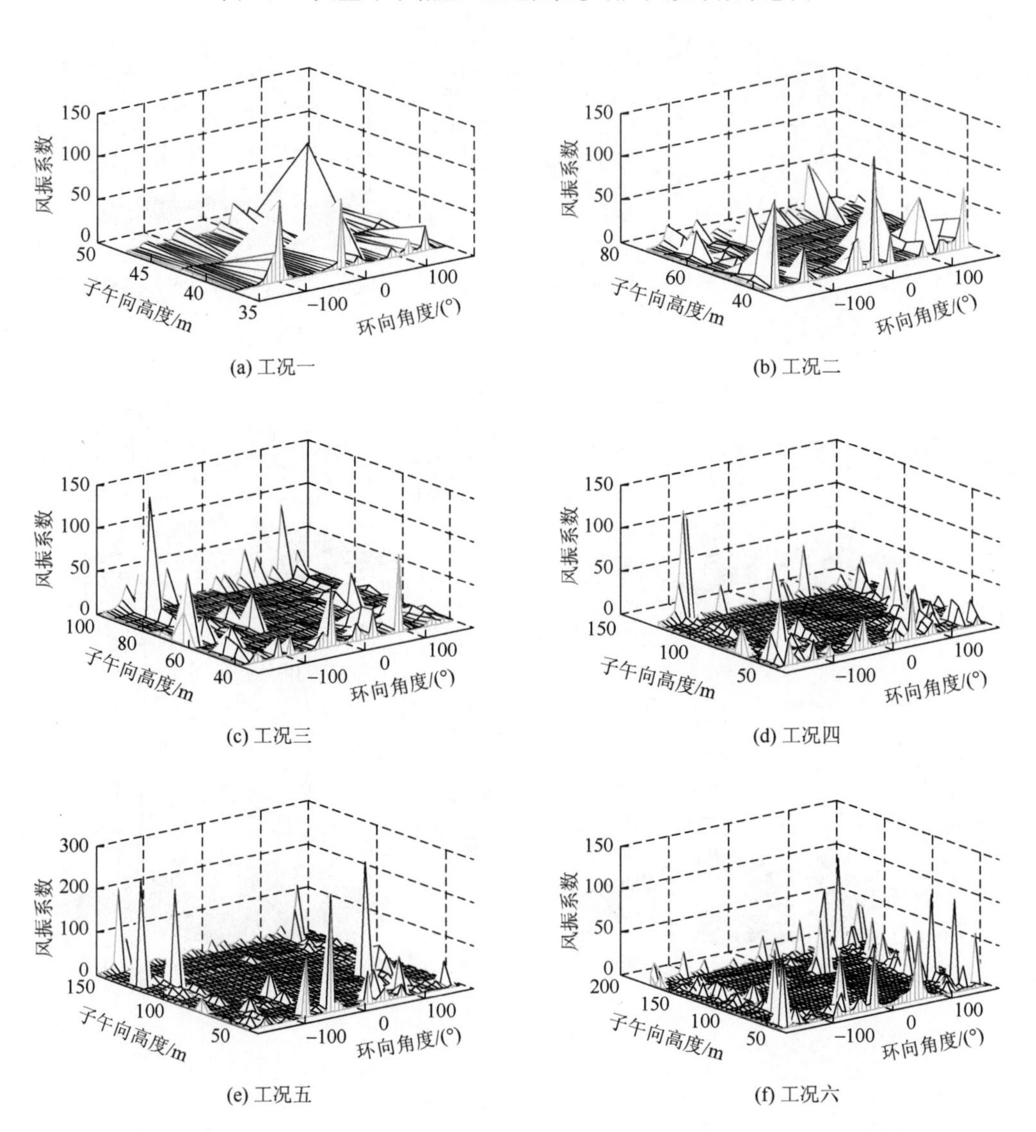

(a) 工况一　　(b) 工况二

(c) 工况三　　(d) 工况四

(e) 工况五　　(f) 工况六

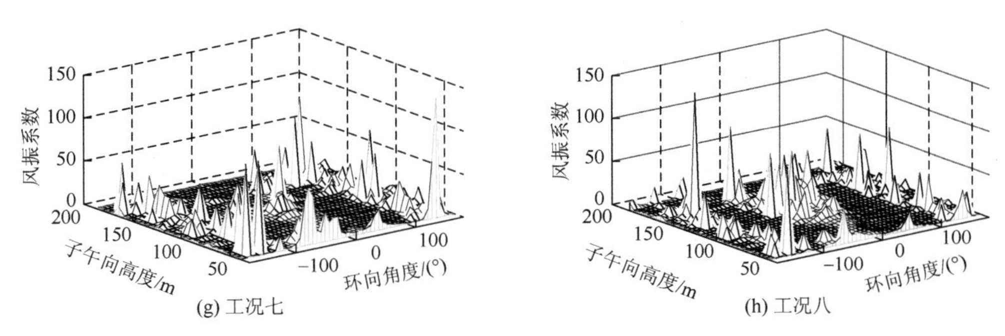

(g) 工况七　(h) 工况八

图 7.22　大型冷却塔施工全过程子午向轴力风振系数示意图

4. 施工期风振系数取值建议

以五种常规主流的风振系数等效目标讨论八个典型施工阶段风振系数的取值与变化趋势，具体如下。

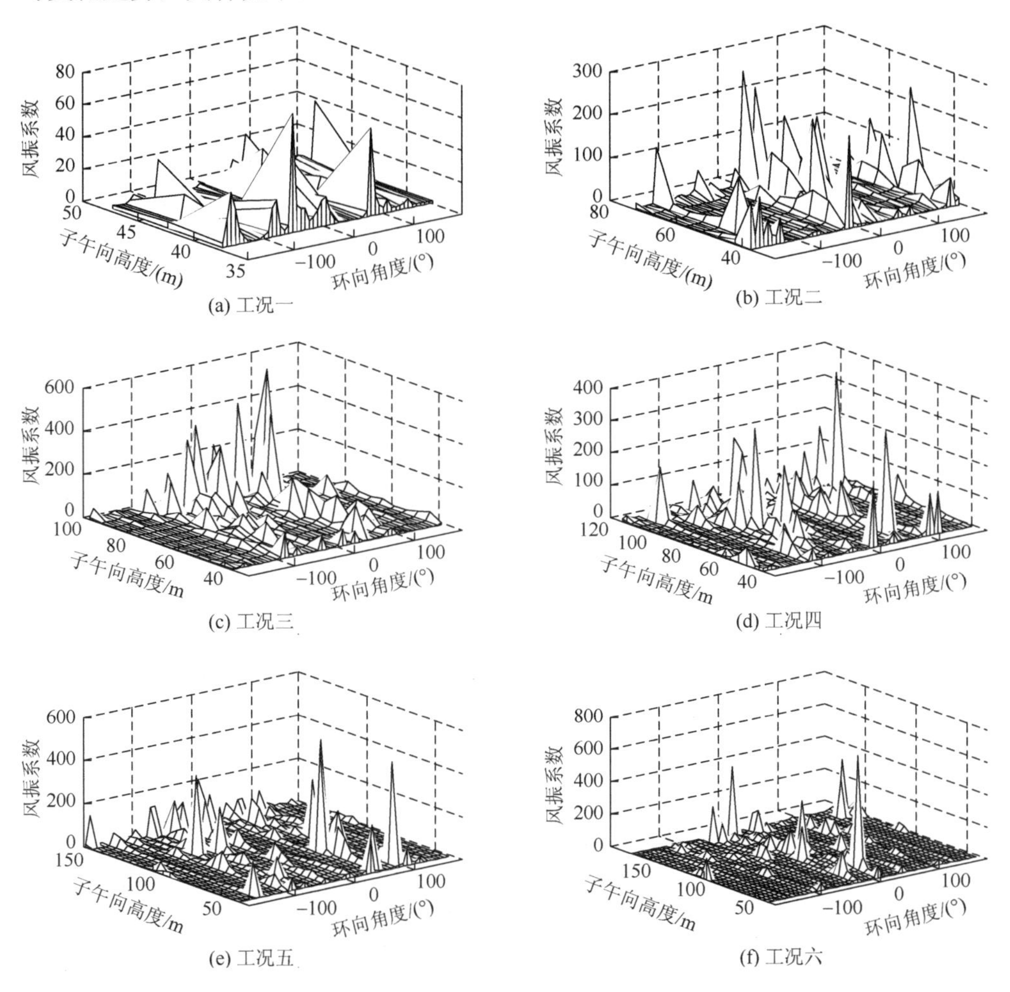

(a) 工况一　(b) 工况二

(c) 工况三　(d) 工况四

(e) 工况五　(f) 工况六

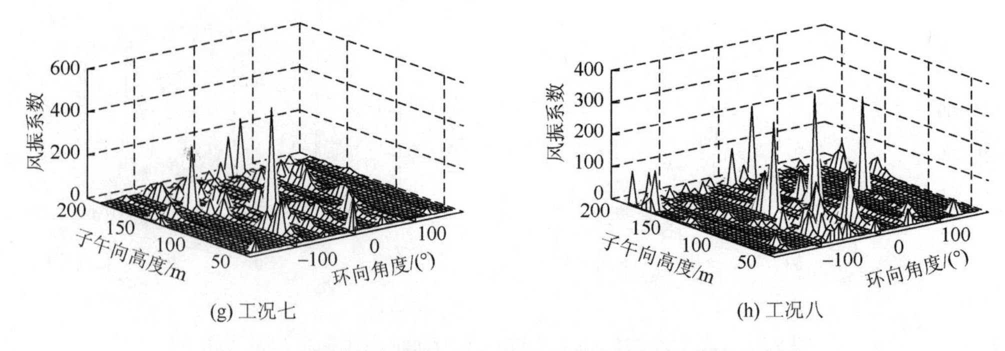

(g) 工况七　　　　(h) 工况八

图 7.23　大型冷却塔施工全过程环向弯矩风振系数示意图

等效目标一：以迎风面子午向轴力为目标，规范风振系数条款即采用这一等效目标。

等效目标二：以迎风面 Mises 应力为目标。

等效目标三：以响应均值绝对值的平均值为目标，统计各响应平均值的绝对值，再以该绝对值的平均数为阈值，扣除目标响应均值绝对值小于阈值所对应的失真风振系数。

等效目标四：以响应均值绝对值的最大值为目标，统计各响应平均值的绝对值，然后计算每层绝对值的最大值位置处的风振系数。

等效目标五：以最大风压系数*为目标，定义最大风压系数*=风振系数×｜风压系数｜，找出各层最大值所对应的位置坐标，然后计算每层最大风压系数*位置处的风振系数。

图 7.24 给出了五种等效目标下施工全过程风振系数沿高度分布示意图。图中Ⅰ、Ⅱ和Ⅲ分别代表以子午向轴力、环向弯矩及径向位移响应为目标的风振系数。八个施工工况下冷却塔风振系数沿塔高均呈现逐渐减小的趋势，同一个施工期模型等效目标五风振系数最大，等效目标一的风振系数最小，建议选取迎风面子午向轴力为等效目标进行施工全过程风振系数取值。

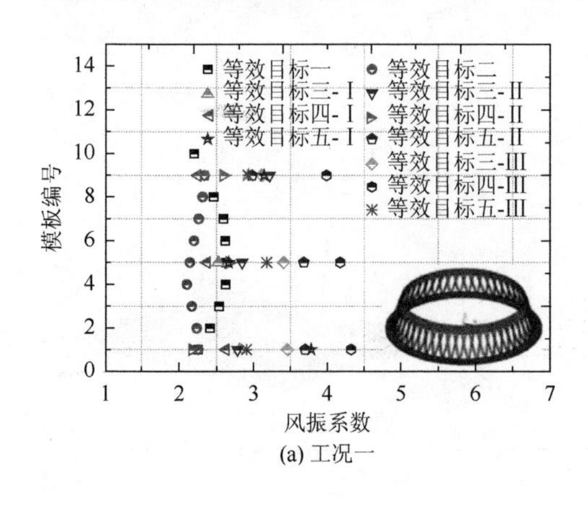

(a) 工况一

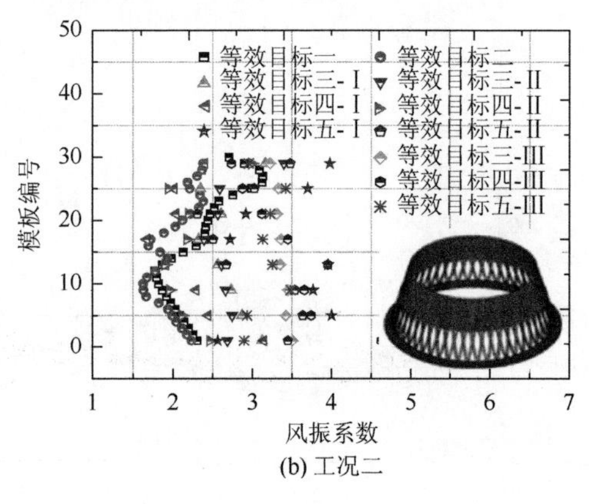

(b) 工况二

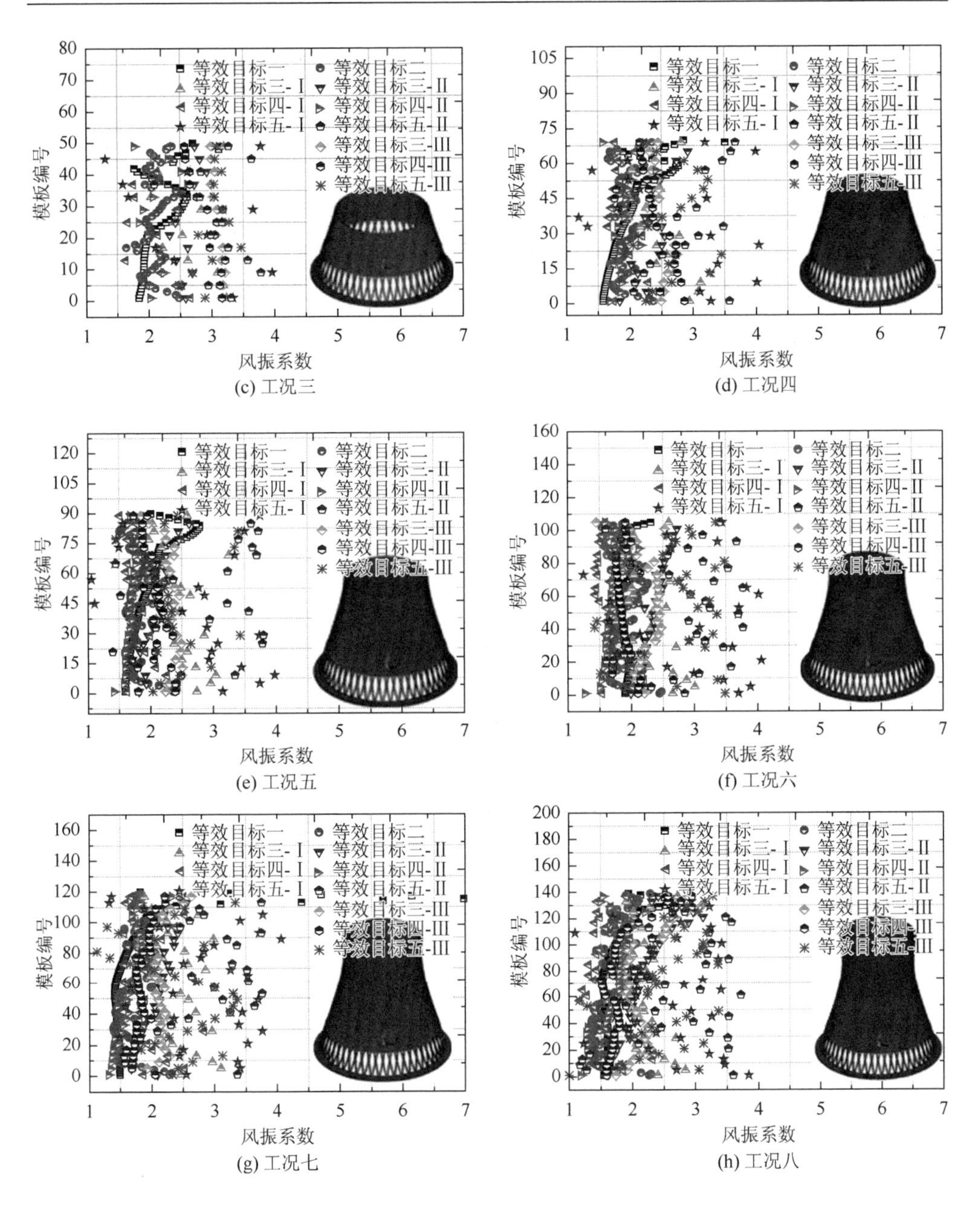

(c) 工况三　(d) 工况四

(e) 工况五　(f) 工况六

(g) 工况七　(h) 工况八

图 7.24　大型冷却塔施工全过程子午向风振系数分布示意图

为方便工程实际应用给出施工全过程风振系数取值建议，图 7.25 汇总给出了五种等效目标下八个典型施工阶段冷却塔风振系数取值。

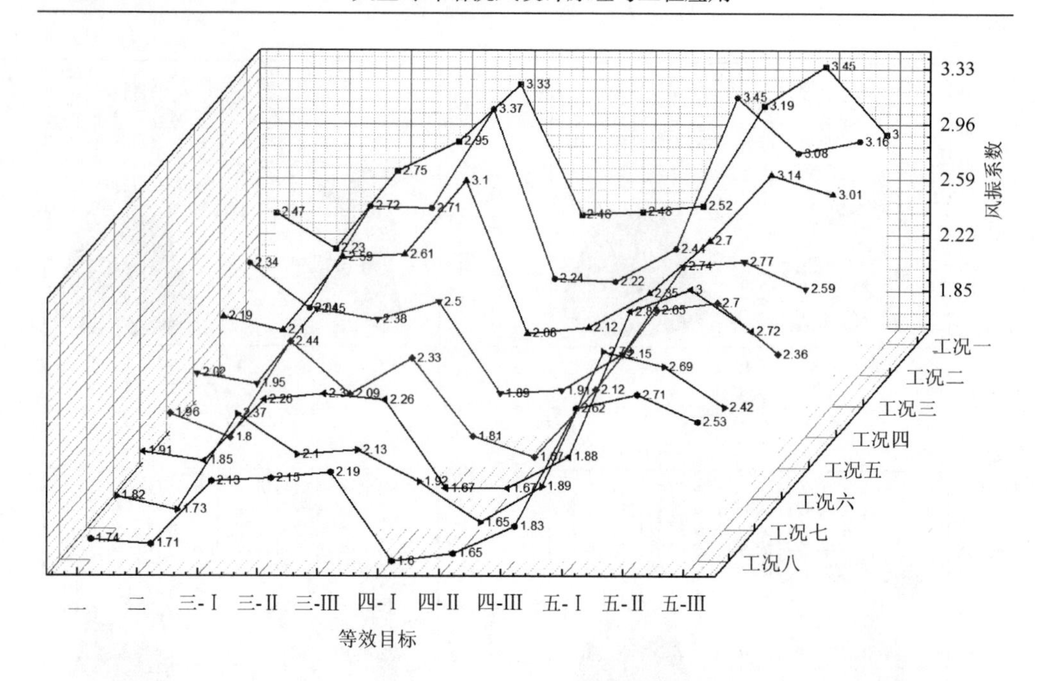

图 7.25　五种等效目标下八个典型施工阶段冷却塔风振系数取值对比示意图

5. 施工全过程风振系数拟合公式

综上可知，特大型冷却塔施工全过程风振系数受结构性能和风压分布等多种因素的影响，风振系数随塔高并未呈现出显著的线性增长趋势。本节提出特大型冷却塔施工全过程以子午向轴力为目标（等效目标一，即规范等效目标）时风振系数的计算公式：

$$y=\frac{m-\beta_0}{1+\left(\dfrac{x}{n}\right)^k}+\beta_0 \tag{7-10}$$

式中，β_0 为成塔风振系数数值，β_0=1.74；m、n 与 k 为计算参数；x 为施工模板层数；y 为模板层数对应的风振系数取值。经过多次迭代得到特大型冷却塔施工全过程风振系数拟合公式中计算参数分别为：m=2.526，n=116.511，k=1.320。

图 7.26 给出了风振系数拟合曲线与五种等效目标下风振系数对比示意图，拟合曲线的数值及趋势分布能够较好地体现以子午向轴力为目标时施工全过程风振系数差异化取值。

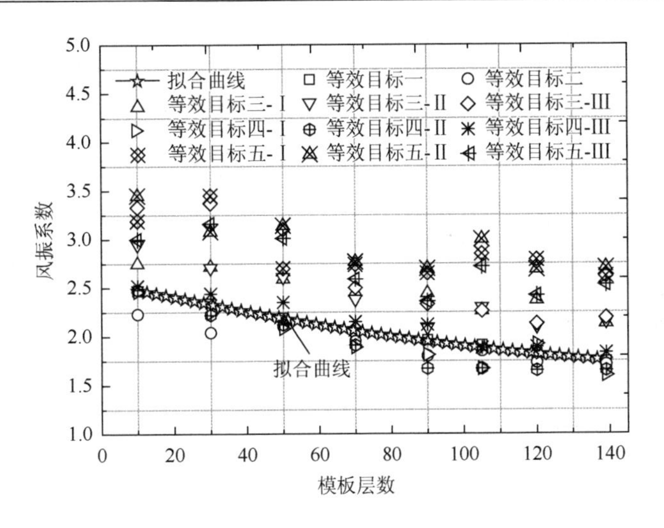

图 7.26　大型冷却塔施工全过程风振系数拟合曲线对比示意图

7.3.4　塔高的影响

为对比研究冷却塔不同高度对其风振系数的影响，选择了 3 座体型比例相近而塔高不同的冷却塔作为研究对象，塔高分别为 125m、167m 和 220m，分别对应附录 D 工程 10、12 和 14。

图 7.27 给出了 3 座冷却塔节点径向位移风振系数三维分布图。由图可知，在相同的激励下，单个冷却塔不同部位的风振系数并不统一，数值起伏较大；平均风压分布较小的区域（如在环向 40°和 120°处）内风振系数较大；对比发现风振系数数值沿子午向和环向变化较大，但均在环向 40°和 120°出现最大值。

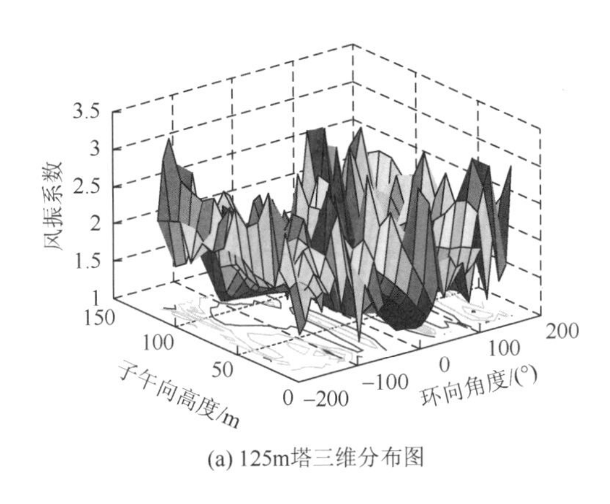

(a) 125m塔三维分布图

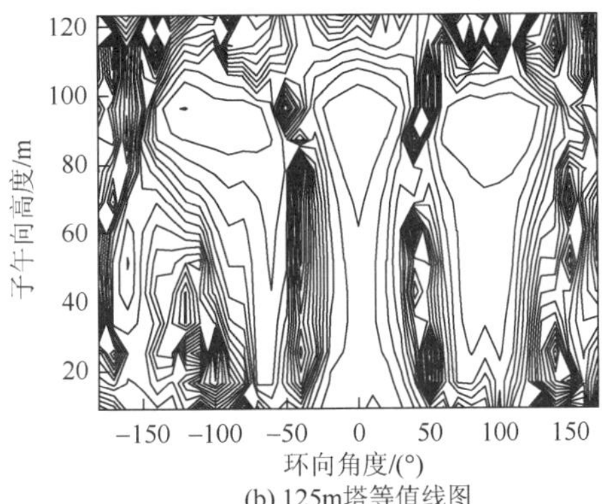

(b) 125m塔等值线图

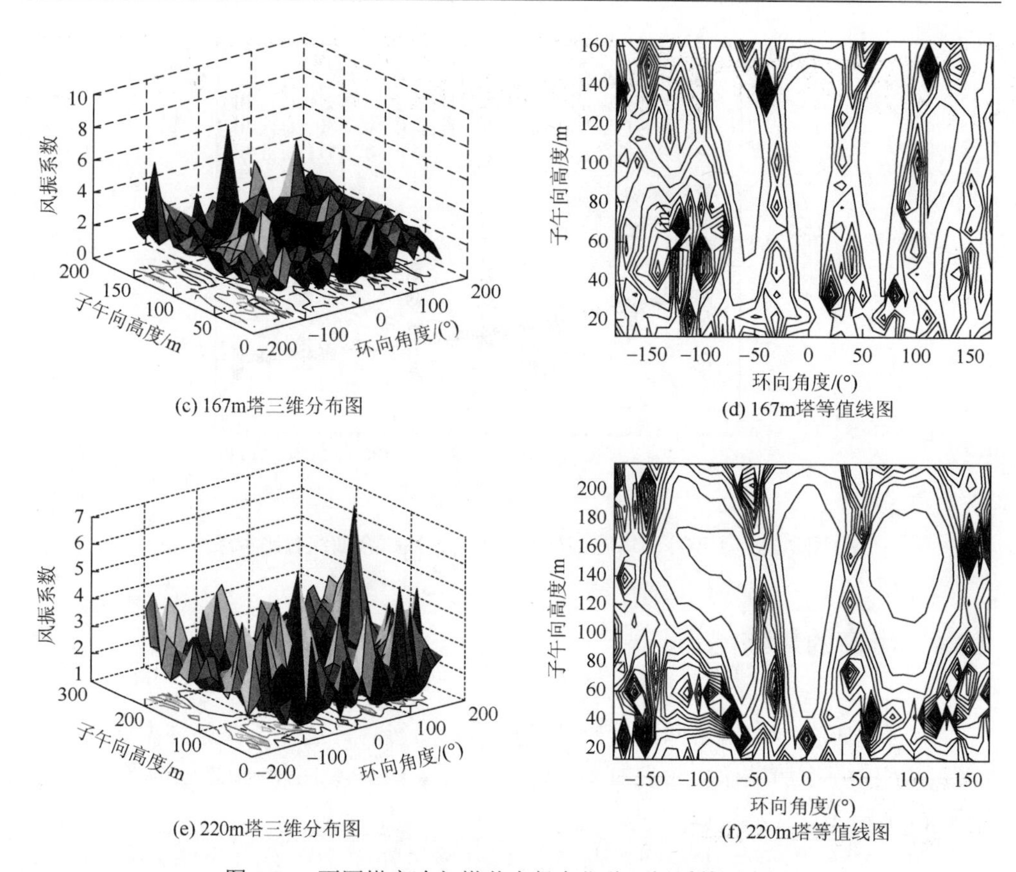

图 7.27 不同塔高冷却塔节点径向位移风振系数示意图

图 7.28 给出了 3 座冷却塔三种等效目标层风振系数，分别为环向平均风振系数、0°子午线和 70°子午线风振系数。由图可知，无论平均风振系数还是典型部位的风振系数，3 座冷却塔均表现出相同的趋势：冷却塔越高，风振系数越大；3 个塔沿着子午向高度的增大均呈现先增大、再减小、最后再增大的规律；不同标高处各点的风振系数数值差别较大；由于 0° 子午线区域的来流风脉动比侧风区及尾流区小，因此 0°子午线各点的风振系数与 70°子午线风振系数相比偏小。

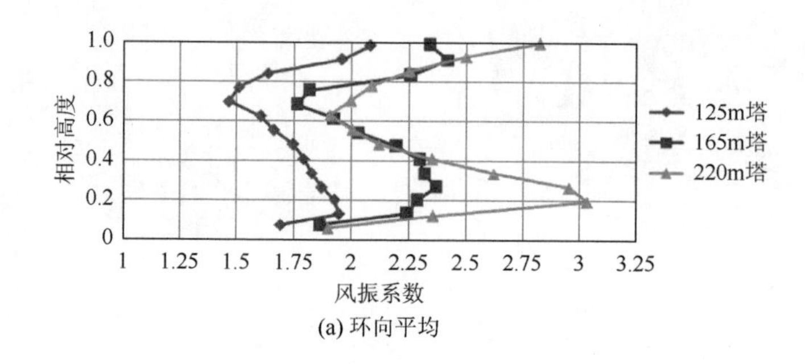

(a) 环向平均

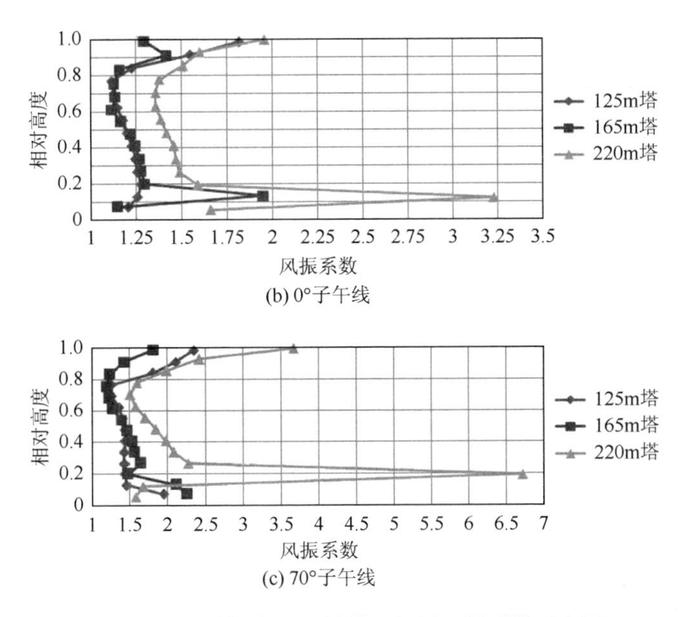

(b) 0°子午线

(c) 70°子午线

图 7.28　三种塔高不同等效目标层风振系数示意图

图 7.29 给出了 3 座冷却塔三种等效目标环向风振系数分布，分别为喉部高度环向风振系数、子午向平均风振系数和子午向平均风振系数等效风压分布。尽管某些环向区域的风振系数数值较大，然而其对等效风压的影响并不如风振系数本身变化剧烈，但仍不可忽略。

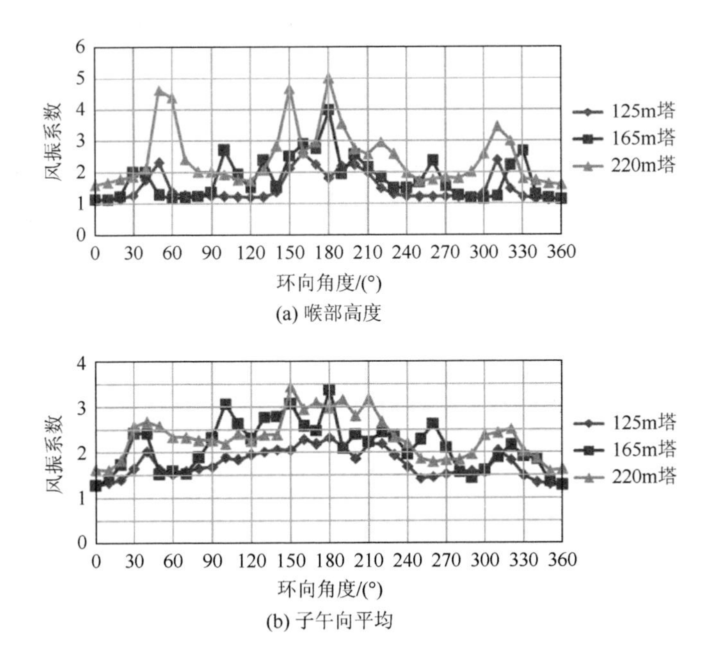

(a) 喉部高度

(b) 子午向平均

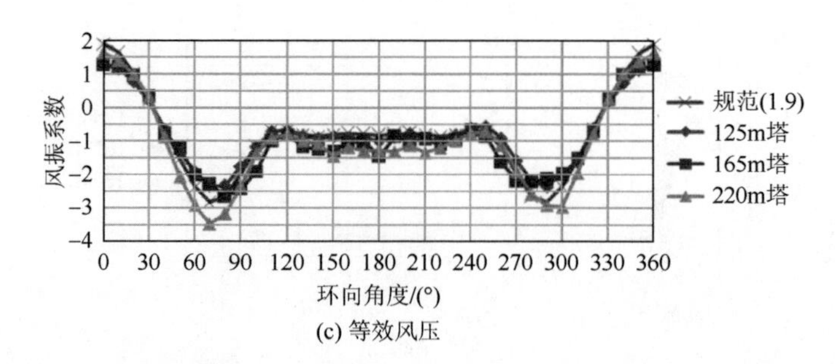

(c) 等效风压

图 7.29　三种塔高不同等效目标环向风振系数及等效风压示意图

综上所述，研究表明冷却塔塔高越大风振系数存在增大的趋势。这主要是由于风振系数与结构自振频率有关，体型相同的条件下，结构自振频率越低，越接近自然界风脉动的频率，风振系数将增大[9-12]。

7.3.5　塔型的影响

为对比研究冷却塔不同体型对其风振系数的影响，选择了 3 座塔高均为 165m 的冷却塔作为研究对象，其中塔 A 是在某高度较小的实塔尺寸基础上缩放而成的，塔 B 和塔 C 均为工程实塔，分别对应附录 D 工程 11、12 和 13。

图 7.30 给出了 3 座冷却塔节点径向位移风振系数三维分布图。相同的激励下，冷却塔风振系数存在明显的三维分布特征，平均风压分布较小的区域风振系数数值较大，但对结构响应的整体影响并不大。

图 7.31 给出了 3 座冷却塔三种等效目标层风振系数，分别为环向平均风振系数、0°子午线和 70°子午线风振系数。由图可知，无论沿高度的平均风振系数还是典型部位的风振系数，冷却塔风振系数均表现出相同的趋势，即体型越“胖”，风振系数越大；三个塔沿着子午向高度的增大均是先增大、再减小、最后再增大的

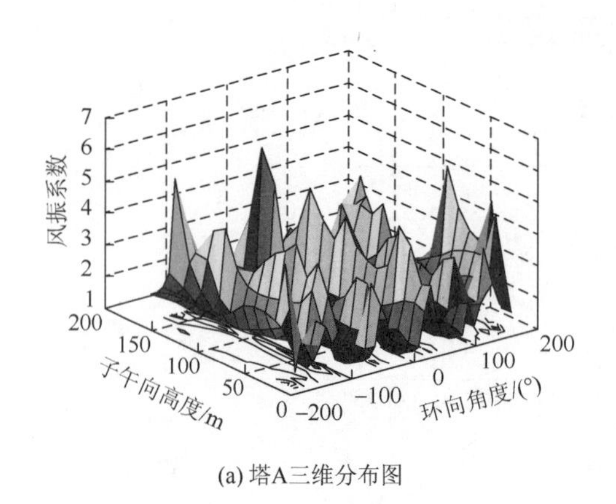

(a) 塔A三维分布图

(b) 塔A等值线图

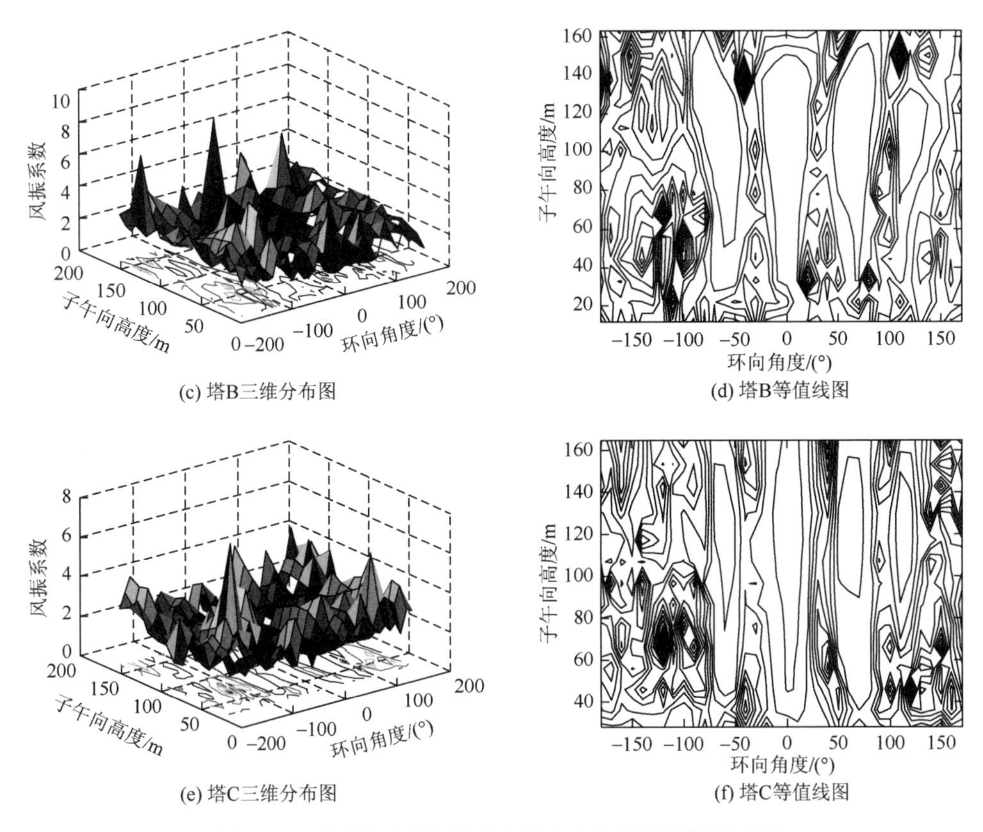

(c) 塔B三维分布图

(d) 塔B等值线图

(e) 塔C三维分布图

(f) 塔C等值线图

图 7.30　不同塔型冷却塔节点径向位移风振系数示意图

变化规律，并且风振系数的最大值均出现在塔筒部和喉部以上部位。

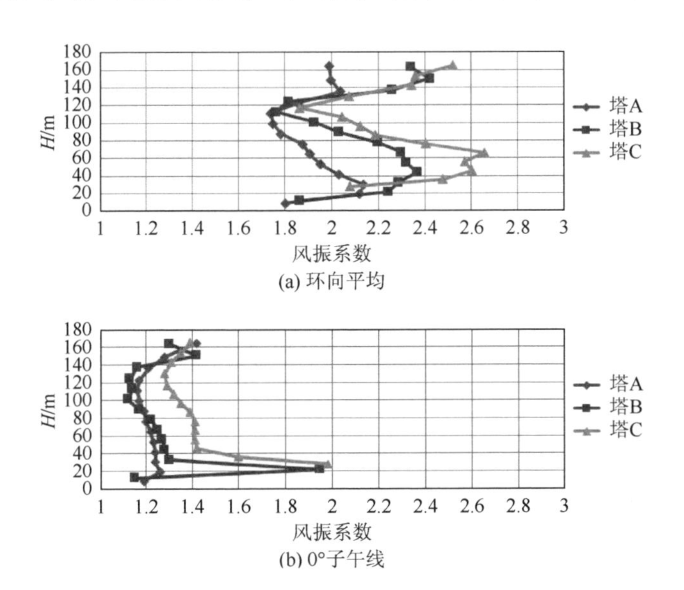

(a) 环向平均

(b) 0°子午线

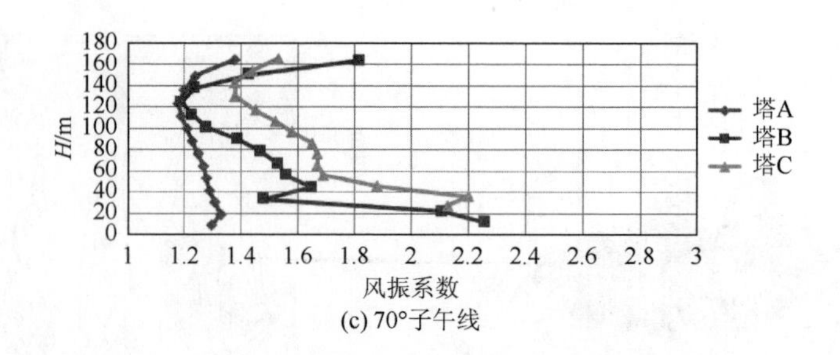

(c) 70°子午线

图 7.31　三种塔型不同等效目标层风振系数示意图

图 7.32 给出了 3 座冷却塔三种等效目标环向风振系数分布，分别为喉部高度环向风振系数、子午向平均风振系数和子午向平均风振系数等效风压分布。研究表明，冷却塔风振系数受体型的影响明显，体型较“胖”的冷却塔风振系数也大。与湿式冷却塔相比较，间接空冷冷却塔的体型明显较“胖”，风致动力响应更显著，故在进行间接空冷冷却塔结构抗风设计时应更重视风振效应对结构的影响。

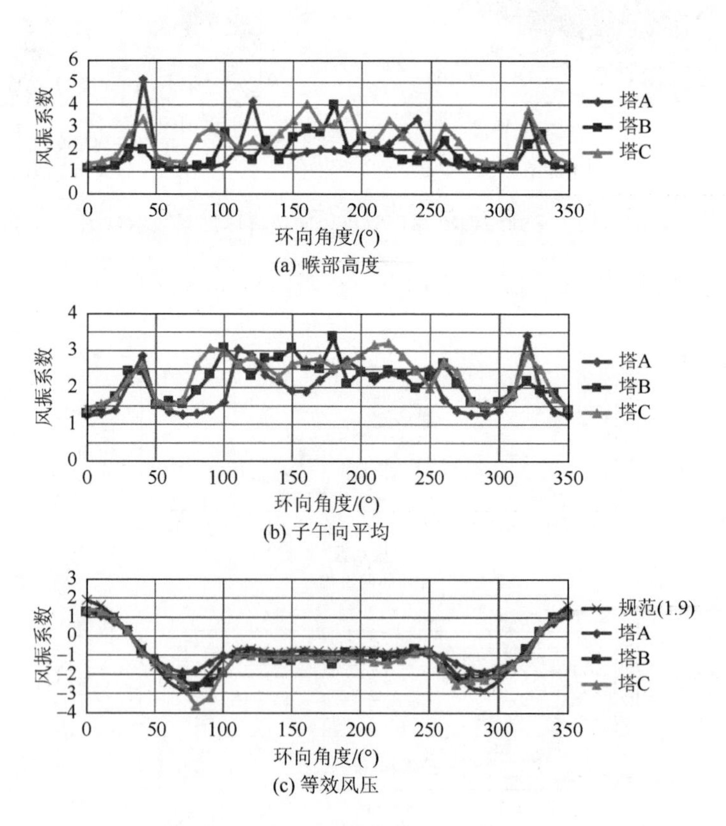

(a) 喉部高度

(b) 子午向平均

(c) 等效风压

图 7.32　三种塔高不同等效目标环向风振系数及等效风压示意图

7.3.6　内吸力风振系数取值初探

风振系数是冷却塔结构风荷载设计取值的重要参数，规范[2-4]中仅针对不同地面粗糙度类别给出了风振系数整体统一取值，但对于塔筒内吸力引起的风振系数取值并无说明，在稳定和内力计算时均采用外表面风荷载引起的风振系数，这一做法没有理论依据和实践证明。因此本节以 210m 高特大型冷却塔为工程背景对内吸力风振系数取值进行探讨，冷却塔结构参数详见附录 D 工程 4。

本节共选择四种响应等效目标进行节点风振系数计算，其中等效目标 A 为径向位移，等效目标 B 为子午向轴力，等效目标 C 为环向弯矩，等效目标 D 为 Mises 应力。图 7.33～图 7.36 分别给出了四种等效目标和不同透风率下内吸力风振系数三维分布图，并与相应的外压风振系数进行对比。由图可知，内、外压作用下风振系数沿环向和子午向差异显著，采用不同等效目标计算得到的风振系数有较大差别，内、外压作用下分别以等效目标 A 和 C 下的风振系数失真最为严重，等效目标 D 风振系数分布最为合理，百叶窗透风率达到 100%时风振系数失真较为严重，内吸力风振系数失真现象主要发生在背风面及塔筒端部。

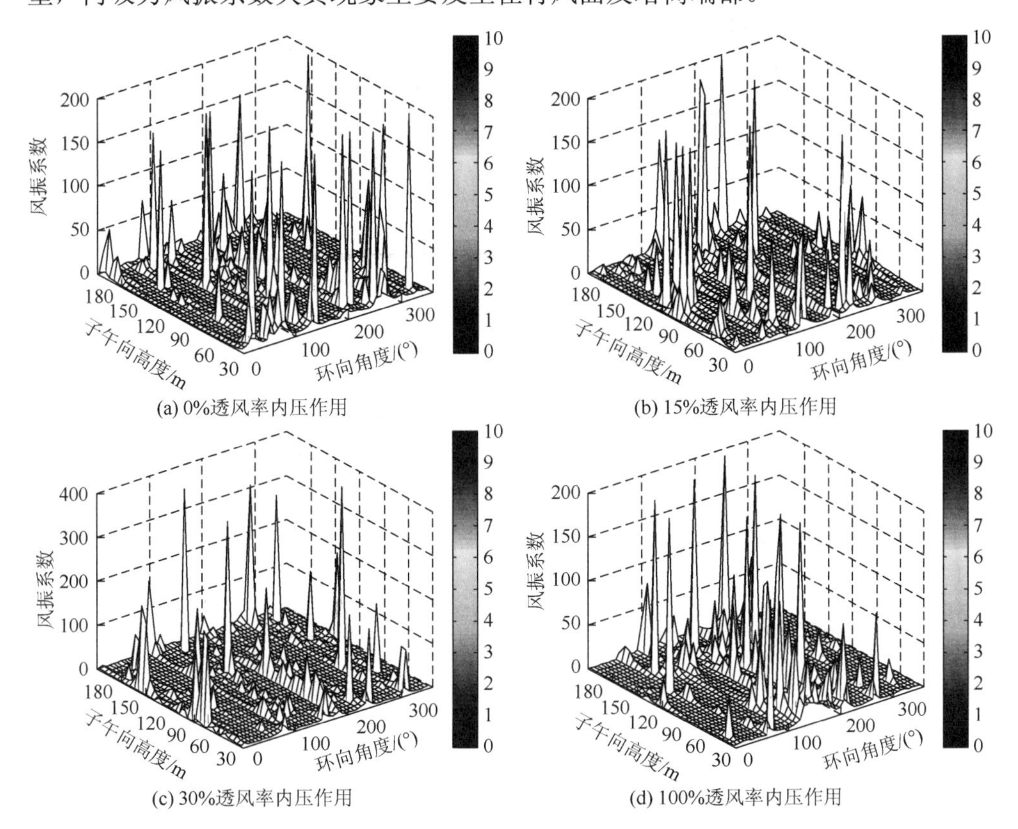

(a) 0%透风率内压作用　(b) 15%透风率内压作用

(c) 30%透风率内压作用　(d) 100%透风率内压作用

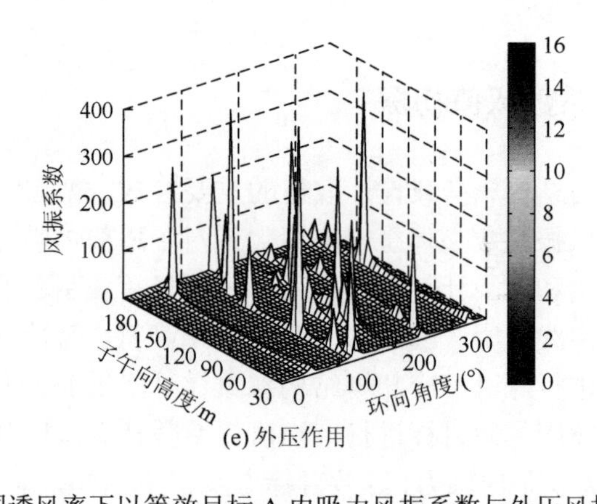

(e) 外压作用

图 7.33　不同透风率下以等效目标 A 内吸力风振系数与外压风振系数对比示意图

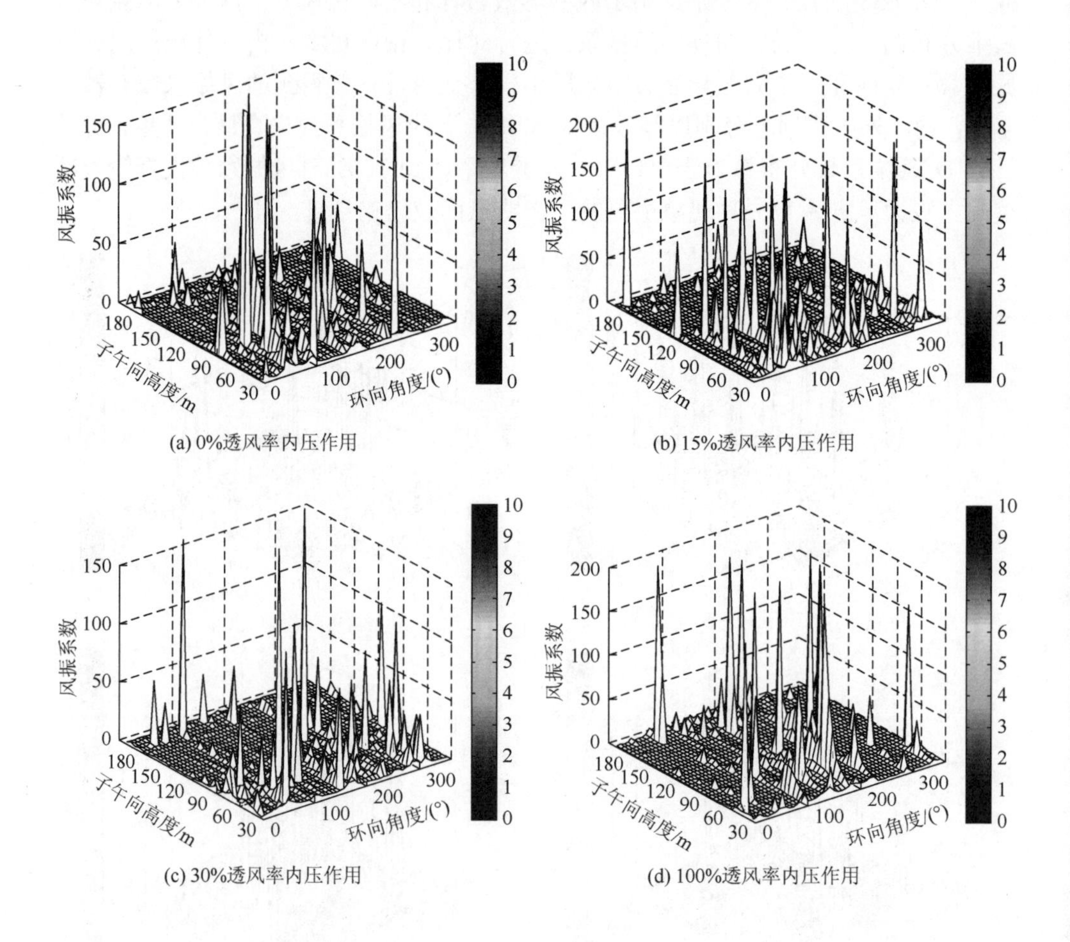

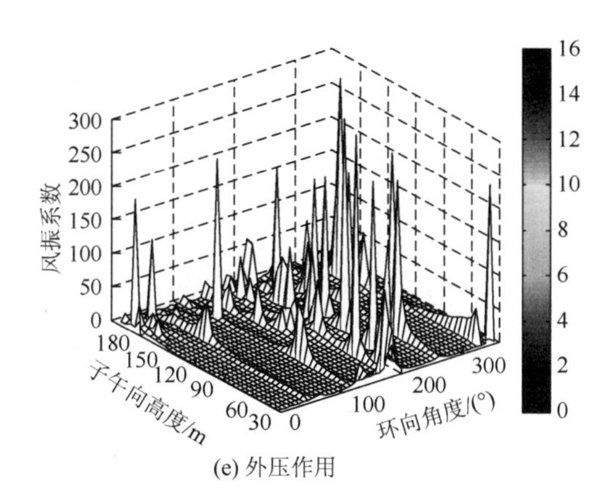

(e) 外压作用

图 7.34　不同透风率下以等效目标 B 内吸力风振系数与外压风振系数对比示意图

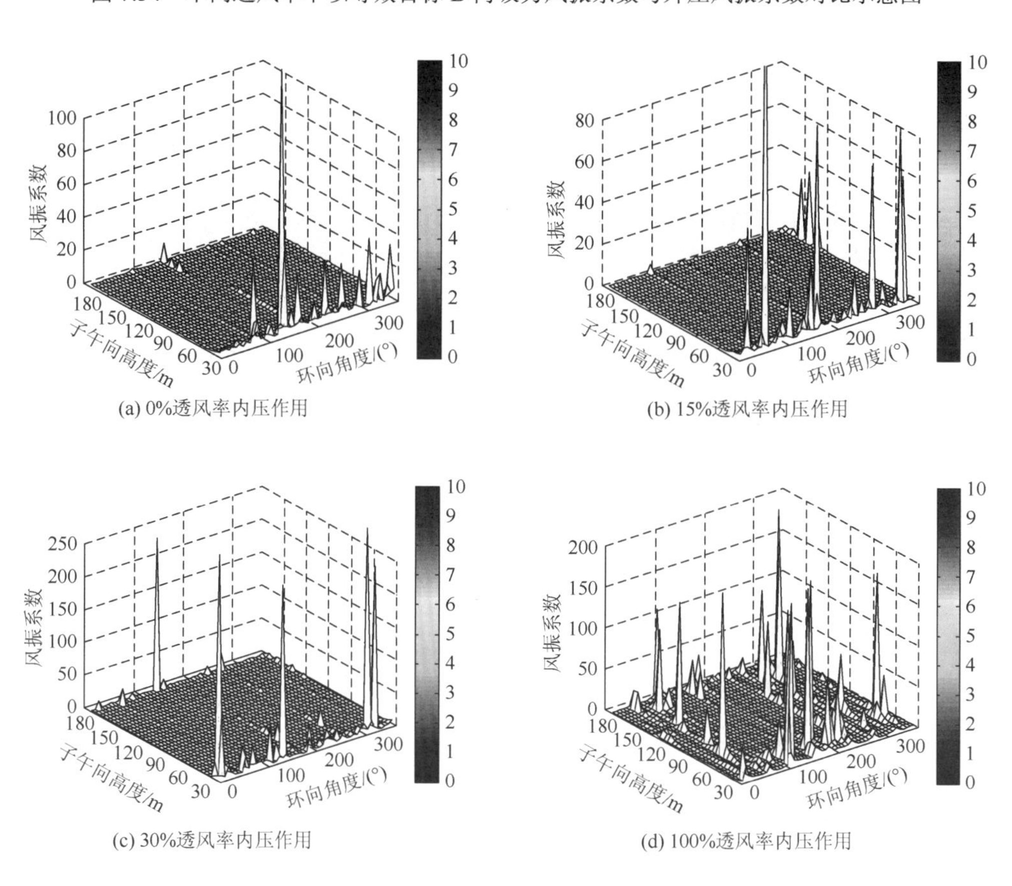

(a) 0%透风率内压作用

(b) 15%透风率内压作用

(c) 30%透风率内压作用

(d) 100%透风率内压作用

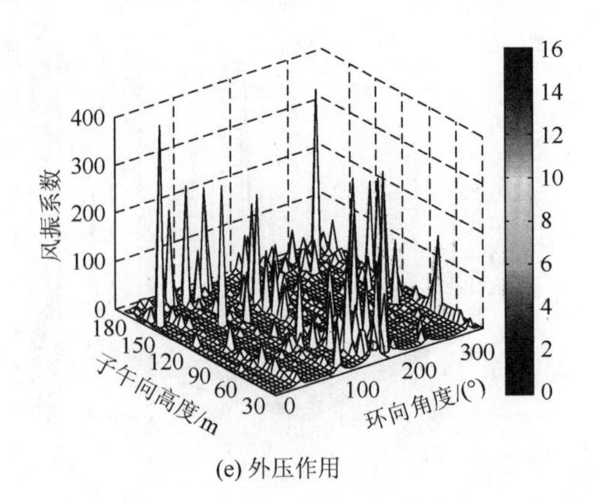

(e) 外压作用

图 7.35　不同透风率下以等效目标 C 内吸力风振系数与外压风振系数对比示意图

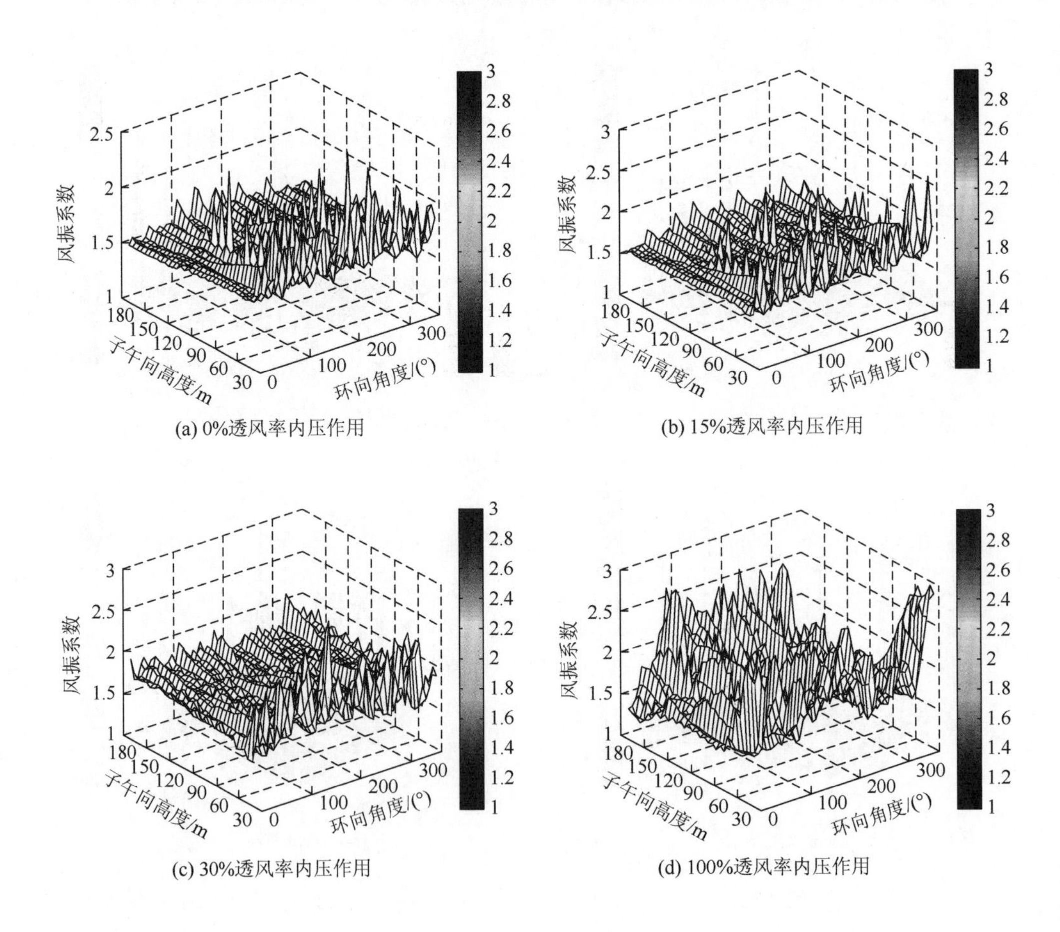

(a) 0%透风率内压作用　　(b) 15%透风率内压作用

(c) 30%透风率内压作用　　(d) 100%透风率内压作用

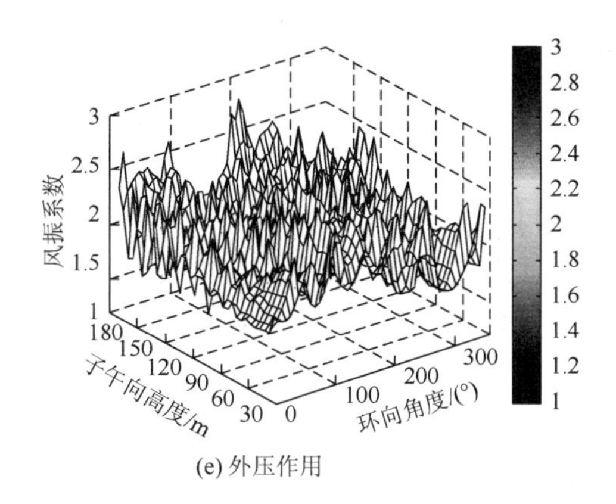

(e) 外压作用

图 7.36　不同透风率下以等效目标 D 内吸力风振系数与外压风振系数对比示意图

图 7.37 给出了 0° 子午线响应风振系数。对比分析可知，内吸力层风振系数在塔筒底部较大，随着高度的增加风振系数逐渐减小，到达塔筒上部后风振系数增大；等效目标 B 和 D 下的内吸力层风振系数分布范围相对等效目标 A 和 C 较为合理；不同百叶窗透风率下层风振系数沿塔高分布不尽相同，外压作用下风振系数沿高度方向分布与内压作用下相比偏离较远，且风振系数值相比内吸力风振系数较大。

基于节点与竖向层风振系数计算结果，给出不同透风率下以四种响应为等效目标的结构整体内吸力风振系数建议取值，并与外荷载风振系数进行对比，如表 7.8 所示。由表可知，①不同等效目标下内吸力整体风振系数均小于外荷载整体风振系数；②随着透风率的增加，风振系数在透风率为 15%时达到最大，然后逐渐减小；③以等效目标 B 和 D 均值作为整体内吸力风振系数推荐取值，分别为 1.69、1.79、1.69 和 1.57，小于外压作用下的风振系数 1.89 和规范[2, 3]风振系数 1.9，因此在结构设计时建议分别采用对应透风率下内吸力风振系数和外压作用下真实风振系数替代规范[2, 3]中单一统一风振系数取值。

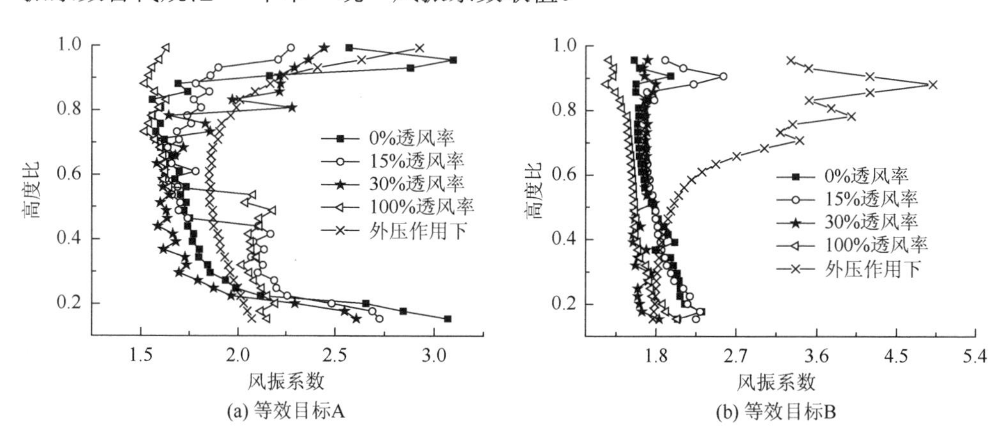

(a) 等效目标A　　(b) 等效目标B

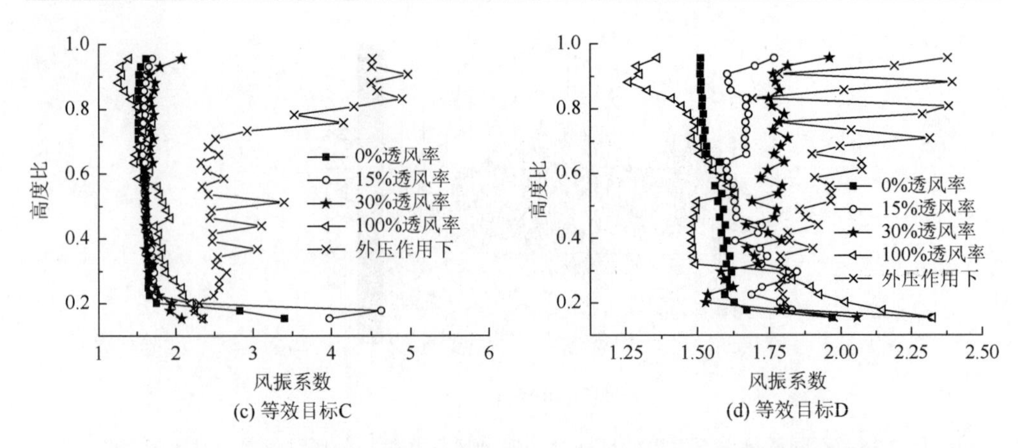

图 7.37 不同透风率下四种等效目标的层内吸力风振系数对比曲线示意图

表 7.8 内吸力整体风振系数取值列表

荷载种类	透风率	等效目标 A	等效目标 B	等效目标 C	等效目标 D	建议值
内压作用下	0%	1.94	1.80	1.68	1.58	1.69
	15%	1.96	1.88	1.81	1.70	1.79
	30%	1.89	1.69	1.73	1.69	1.69
	100%	1.84	1.56	1.72	1.58	1.57
外压作用下	/	2.01	1.99	1.86	1.78	1.89

7.4 风振系数预测

考虑到费用和仪器限制，冷却塔风洞试验表面一般布置的测点有限，如何通过少量的试验结果预测大型冷却塔的风振效应或提供风振反应精细化计算的参数输入是冷却塔抗风研究中亟待解决的问题之一。已有研究采用 BP 神经网络和模糊神经网络方法对大跨度屋盖和高层建筑等结构表面平均风压进行了预测。研究成果表明，该方法在结构风工程领域具有较好的应用前景[13, 14]。本书结合灰色理论和人工神经网络的优点，建立灰色-神经网络联合预测模型，尝试用其解决大型冷却塔气弹模型试验中壳体表面测点平均位移和风振系数的预测问题。

7.4.1 灰色-神经网络联合模型的建立

本节以国内某 167m 高冷却塔为工程背景，具体参数详见附录 D 工程 7。以气弹模型风洞试验结果作为灰色-神经网络的有效训练和验证样本，将 48 个测点的试验结果分为两类，其中 38 个测点样本作为灰色-神经网络模型的训练样本（记为●），其余 10 个试验结果作为预测样本（记为○）。图 7.38 详细给出了每层子午向断面环向测点的分类。针对大型双曲冷却塔气弹模型自身特性和已有试验结果建立结构风振效应的预测模型思路如下：

（1）确定四个输入层单元，分别是测点高度、断面半径、塔壁厚度和环向角度；两个输出单元，即为测点的平均位移和风振系数；

（2）确定 38 组试验结果作为训练网络的训练样本，剩余 10 组试验结果作为检验样本；

（3）对 38 组输入和输出样本进行灰色 GM(1, 1)模型预测，将其拓展为 180 组样本；

（4）将灰色系统预测出来的 180 组样本（图 7.38 中●测点）作为 BP 神经网络的输入和输出单元进行网络训练，建立的网络即为大型双曲冷却塔壳体平均位移和风振系数的预测模型；

（5）采用训练好的网络进行检验样本（图 7.38 中○测点）预测，对比气弹试验结果进行评价。

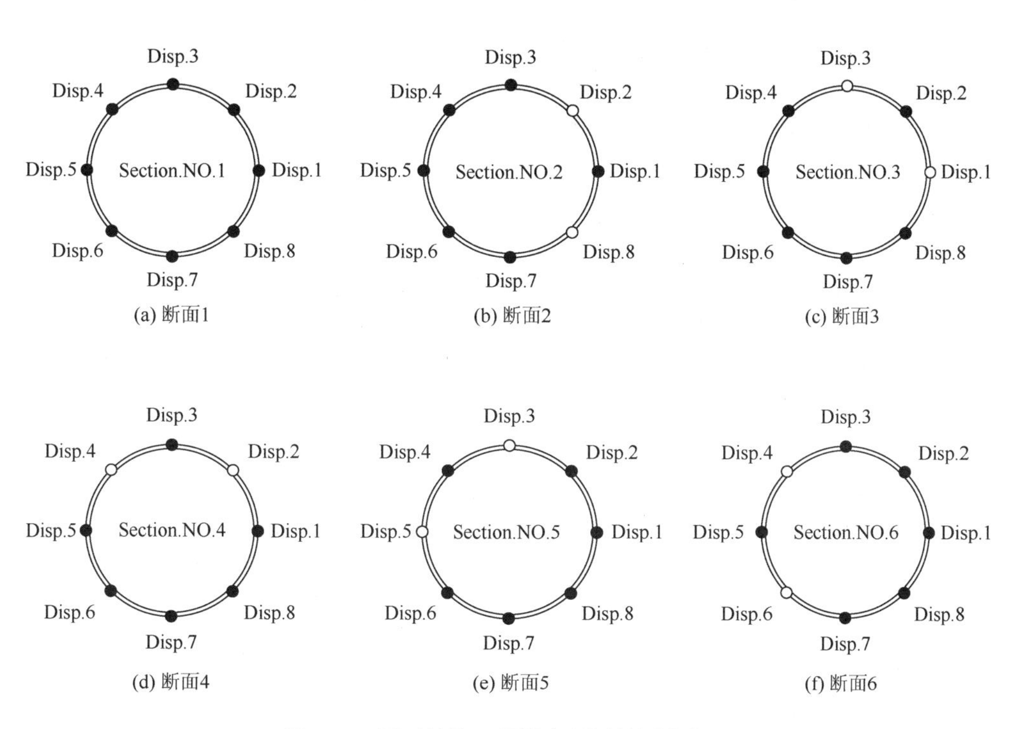

图 7.38　用于结构风振效应预测的测点位置

7.4.2　网络的有效性验证

取图 7.38 中“●”表示的 38 组测点归一化后的高度、断面半径、塔壁厚度、环向角度以及平均位移和风振系数试验结果作为灰色-神经网络联合模型中的原始训练数据，如表 7.9 所示（表中所有作为 BP 神经网络模型的训练和预测样本均为归一化后的数据）。

通过建模思路的第三步实现原始训练数据的拓展，然后按第四步建立由拓展训练样本作为输入的 BP 神经网络预测模型。图 7.39 给出了“○”代表的 10 个检验样本的平均位移和风振系数的预测值与试验值的对比图。值得注意的是，与表 7.9 不同的是，图中平均位移和风振系数数值是试验获得的真实值，为了进行更为直观的比较，没有进行归一化处理。

表 7.9　灰色-神经网络联合模型的原始训练样本

编号	输入单元			输出单元			编号	输入单元			输出单元		
	测点高度	断面半径	塔壁厚度	环向角度	平均位移	风振系数		测点高度	断面半径	塔壁厚度	环向角度	平均位移	风振系数
1	0.29	1.00	1.00	0.00	0.25	0.29	20	0.57	0.79	1.00	1.00	0.11	0.15
2	0.29	1.00	1.00	0.14	0.06	0.11	21	0.71	0.74	0.84	0.00	0.06	0.09
3	0.29	1.00	1.00	0.28	0.11	0.16	22	0.71	0.74	0.84	0.28	0.29	0.32
4	0.29	1.00	1.00	0.42	0.22	0.25	23	0.71	0.74	0.84	0.57	0.00	0.04
5	0.29	1.00	1.00	0.57	0.13	0.17	24	0.71	0.74	0.84	0.71	0.02	0.05
6	0.29	1.00	1.00	0.71	0.18	0.22	25	0.71	0.74	0.84	0.85	0.00	0.05
7	0.29	1.00	1.00	0.85	0.04	0.08	26	0.71	0.74	0.84	1.00	0.09	0.12
8	0.29	1.00	1.00	1.00	0.29	0.32	27	0.86	0.75	0.84	0.00	0.04	0.08
9	0.43	0.88	1.00	0.00	0.02	0.07	28	0.86	0.75	0.84	0.14	0.04	0.08
10	0.43	0.88	1.00	0.28	0.02	0.07	29	0.86	0.75	0.84	0.42	0.00	0.04
11	0.43	0.88	1.00	0.42	0.06	0.12	30	0.86	0.75	0.84	0.71	0.00	0.05
12	0.43	0.88	1.00	0.57	0.09	0.13	31	0.86	0.75	0.84	0.85	0.00	0.04
13	0.43	0.88	1.00	0.71	0.09	0.13	32	0.86	0.75	0.84	1.00	0.09	0.13
14	0.43	0.88	1.00	0.85	0.02	0.07	33	1.00	0.80	0.76	0.00	0.02	0.07
15	0.57	0.79	1.00	0.14	1.00	1.00	34	1.00	0.80	0.76	0.14	0.04	0.08
16	0.57	0.79	1.00	0.42	0.02	0.06	35	1.00	0.80	0.76	0.28	0.06	0.10
17	0.57	0.79	1.00	0.57	0.09	0.13	36	1.00	0.80	0.76	0.57	0.02	0.06
18	0.57	0.79	1.00	0.71	0.04	0.09	37	1.00	0.80	0.76	0.85	0.00	0.05
19	0.57	0.79	1.00	0.85	0.02	0.06	38	1.00	0.80	0.76	1.00	0.04	0.09

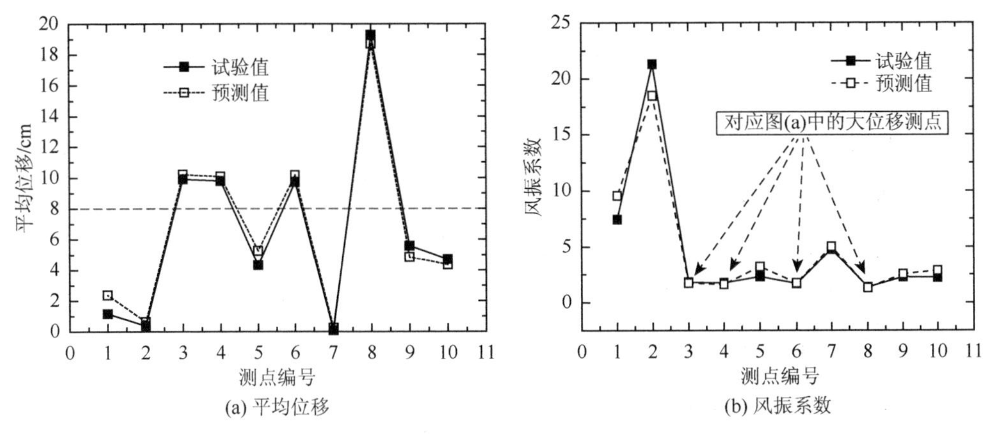

图 7.39　壳体表面测点平均位移和风振系数预测值和试验值示意图

风振效应在塔筒底部并不突出，此处风致平均位移较小，一般不控制结构设计，在风振效应评价中不具备代表性。设定 8cm 的位移阈值为界限，风振效应主要考虑平均位移在阈值以上测点贡献。

图 7.39（a）中在阈值界限以上的为风振效应的主要贡献测点，其中测点 3、4、6 和 8 属于这个区域，最大预测误差绝对值未超过 5%（平均误差约为 3%），对于平均位移，这样的误差在工程应用的允许误差范围内。从图 7.39（b）中可以发现，箭头标识的测点为对应于图 7.39（a）中的大位移测点，其预测值和试验值的相对误差均在 5% 以下。而对应于小位移测点，其风振系数的预测相对要偏大一些，但由于小位移测点对结构风振效应的影响较弱，故并不影响结构风振效应预测[15]。综上所述，本书提出的灰色-神经网络联合模型可以对大型双曲冷却塔的平均位移和风振系数进行较好的预测。

7.4.3　精细化风振系数预测

采用已建立的网络模型进行大型冷却塔精细化风振效应预测，表 7.10 给出了 5 个不同高度处环向断面 8 个测点归一化后的平均位移和风振效应的预测值。其中，断面的高度、环向半径、壳体厚度和环向角度均已给出。基于表中预测得到的参数可进行更为精细化的风致响应计算，并与气弹测振试验结果进行对比验证。这为此类结构的风振响应精细化计算提供了一种新的思路。

表 7.10　精细化风振效应分析所需的计算参数预测结果

编号	输入单元				输出单元		编号	输入单元				输出单元	
	测点高度	断面半径	塔壁厚度	环向角度	平均位移	风振系数		测点高度	断面半径	塔壁厚度	环向角度	平均位移	风振系数
1	0.36	0.94	1.00	0.00	0.41	0.20	3	0.36	0.94	1.00	0.28	0.22	0.06
2	0.36	0.94	1.00	0.14	0.04	0.67	4	0.36	0.94	1.00	0.42	0.14	0.18

续表

编号	输入单元			输出单元			编号	输入单元			输出单元		
	测点高度	断面半径	塔壁厚度	环向角度	平均位移	风振系数		测点高度	断面半径	塔壁厚度	环向角度	平均位移	风振系数
5	0.36	0.94	1.00	0.57	0.14	0.16	22	0.64	0.76	0.92	0.85	0.50	0.06
6	0.36	0.94	1.00	0.71	0.12	0.16	23	0.64	0.76	0.92	1.00	0.15	0.13
7	0.36	0.94	1.00	0.85	0.32	0.07	24	0.78	0.74	0.84	0.00	0.16	0.25
8	0.36	0.94	1.00	1.00	0.02	0.23	25	0.78	0.74	0.84	0.14	0.21	0.13
9	0.50	0.83	1.00	0.00	0.48	0.00	26	0.78	0.74	0.84	0.28	0.00	0.26
10	0.50	0.83	1.00	0.14	0.01	0.99	27	0.78	0.74	0.84	0.42	0.79	0.08
11	0.50	0.83	1.00	0.28	0.46	0.12	28	0.78	0.74	0.84	0.57	0.87	0.02
12	0.50	0.83	1.00	0.42	0.26	0.05	29	0.78	0.74	0.84	0.71	0.50	0.04
13	0.50	0.83	1.00	0.57	0.12	0.12	30	0.78	0.74	0.84	0.85	1.00	0.04
14	0.50	0.83	1.00	0.71	0.16	0.11	31	0.78	0.74	0.84	1.00	0.08	0.13
15	0.50	0.83	1.00	0.85	0.43	0.07	32	0.94	0.76	0.84	0.00	0.19	0.12
16	0.50	0.83	1.00	1.00	0.08	0.16	33	0.94	0.76	0.84	0.14	0.14	0.05
17	0.64	0.76	0.92	0.00	0.12	0.56	34	0.94	0.76	0.84	0.28	0.14	0.12
18	0.64	0.76	0.92	0.14	0.20	0.76	35	0.94	0.76	0.84	0.42	0.23	0.04
19	0.64	0.76	0.92	0.28	0.03	0.13	36	0.94	0.76	0.84	0.57	0.29	0.04
20	0.64	0.76	0.92	0.57	0.69	0.13	37	0.94	0.76	0.84	0.71	0.19	0.05
21	0.64	0.76	0.92	0.71	0.40	0.09	38	0.94	0.76	0.84	0.85	0.41	0.04

注：表中所有作为BP神经网络模型的训练和预测样本均为归一化后的数据。

7.5　小　　结

本章首先针对大型冷却塔结构不同塔型和等效目标下一维、二维及三维风振系数的取值标准与分布特征进行研究，在此基础上分析了考虑阻尼比、周边干扰和不同施工阶段等参数的影响规律及不同透风率下内吸力风振系数的取值，最后基于灰色-神经网络对大型冷却塔结构风振系数进行了精细化预测。

参考文献

[1] GB 50009—2012. 建筑结构荷载规范[S]. 北京：中国建筑工业出版社，2012.

[2] DL/T 5339—2006. 火力发电厂水工设计规范[S]. 北京：中国电力出版社，2006.

[3] GB/T 50102—2014. 工业循环水冷却设计规范[S]. 北京：中国计划出版社，2014.

[4] VGB-R610Ue. VGB-Guideline：Structural Design of Cooling Tower-technical Guideline for the Structural Design，Computation and Execution of Cooling Towers[S]. Essen：BTR Bautechnik Bei Kuhlturmen，2005.

[5] Ke S，Ge Y，Zhao L，et al. Wind-induced responses of super-large cooling towers[J]. Journal of Central South University，2013，20（11）：3216-3228.

[6] Ke S，Ge Y，Zhao L，et al. Stability and reinforcement analysis of super-large exhaust cooling towers based on a wind tunnel test[J]. Journal of Structural Engineering，2015，141（12）：04015066.

[7] 柯世堂，赵林，葛耀君，等. 大型双曲冷却塔气弹模型风洞试验和响应特性[J]. 建筑结构学报，2010，31（2）：61-68.

[8] 刘若斐，沈国辉，孙炳楠. 大型冷却塔风荷载的数值模拟研究[J]. 工程力学，2006，23（S1）：177-184.

[9] 柯世堂，侯宪安，赵林，等. 超大型冷却塔风荷载和风振响应参数分析：自激力效应[J]. 土木工程学报，2012，45（12）：45-53.

[10] 张军锋，葛耀君，赵林，等. 双曲冷却塔表面三维绕流特性及风压相关性研究[J]. 工程力学，2013，30（9）：234-242.

[11] 柯世堂，侯宪安，姚友成，等. 强风作用下大型双曲冷却塔风致振动参数分析[J]. 湖南大学学报（自然科学版），2013，40（10）：32-37.

[12] 柯世堂，朱鹏. 不同导风装置对超大型冷却塔风压特性影响研究[J]. 振动与冲击，2016，35（22）：136-141.

[13] 柯世堂，葛耀君，赵林. 基于气弹试验大型冷却塔结构风致干扰特性分析[J]. 湖南大学学报（自然科学版），2010，37（11）：18-23.

[14] 柯世堂，初建祥，陈剑宇，等. 基于灰色-神经网络联合模型的大型冷却塔风效应预测[J]. 南京航空航天大学学报，2014，46（4）：652-658.

[15] 柯世堂，葛耀君，赵林. 大型双曲冷却塔表面脉动风压随机特性——风压极值特性探讨[J]. 实验流体力学，2010，24（4）：7-12.

第8章　大型冷却塔等效静力风荷载

以CCM方法的理论框架为指导，推导并求解了大型冷却塔结构的脉动风等效静力风荷载背景、共振、交叉项分量，组合得到了脉动风等效静力风荷载和总等效静力风荷载。在此基础上，对多目标等效静力风荷载的实质和优缺点进行了总结，提出了改进的多目标等效静力风荷载计算方法，总结出不同等效目标下大型冷却塔结构多目标等效静力风荷载的分布特性。最终，给出了大型冷却塔等效静力风荷载的简化计算方法和不同高度环向断面上多目标等效风荷载的拟合多项式。

8.1　单目标等效静力风荷载

本节基于作者提出的CCM方法分别从等效静力风荷载背景分量、共振分量、交叉项分量，脉动等效静力风荷载和总风荷载几个方面计算了附录D工程1大型冷却塔实际等效静力风荷载。在此基础上，深入探讨了大型冷却塔基于典型节点位移响应目标的等效静力风荷载分布特征，并对比分析了基于其他响应目标的等效静力风荷载分布特征。

8.1.1　平均分量

规范[1, 2]给出的沿环向分布的平均风压分布系数为

$$C_p(\theta)=\sum_{k=0}^{m}a_k\cos k\theta \tag{8-1}$$

式中，θ为环向断面测点与来流风向的夹角；a_k为拟合系数；m一般取7～10项，具体取值见附录A。

8.1.2　背景分量

依据CCM方法的理论框架，在风致响应各分量的求解基础上，统一采用

荷载响应相关方法[3, 4]求解相应的等效静力风荷载。其中，节点 i 的背景响应为

$$S_{Ri,b}=\frac{I_i RGE_\lambda G^{\mathrm{T}} R^{\mathrm{T}} I_i^{\mathrm{T}}}{S_{Ri,b}} \tag{8-2}$$

式中，I_i 为影响系数矩阵 I 的第 i 行向量，表示 i 自由度的影响系数向量。令

$$P_{eb,i}=\frac{RGE_\lambda G^{\mathrm{T}} R^{\mathrm{T}} I_i^{\mathrm{T}}}{S_{Ri,b}} \tag{8-3}$$

则式（8-1）可表示为

$$S_{Ri,b}=I_i P_{eb,i} \tag{8-4}$$

由此可见，式（8-4）定义的 $P_{eb,i}$ 即为背景响应 R_i 对应的等效静力风荷载。

考虑到冷却塔结构自身动力特性和施工进程[5]，选取六个典型节点位移响应作为等效目标给出壳体结构的等效静力风荷载分布图和等值线图。等效目标定义如下。

目标 A：迎风面人字柱顶节点。

目标 B：塔底断面负压极值区节点。

目标 C：中部断面背风区节点。

目标 D：喉部断面迎风区节点。

目标 E：塔顶断面迎风区节点。

目标 F：塔顶断面背风区节点。

图 8.1 和图 8.2 给出了六个等效目标下冷却塔结构背景等效静力风荷载三维分布图和等值线图。由图可知：

（1）不同等效目标对应的背景等效静力风荷载分布形式完全不同，且数值变化范围差异明显，目标 A 和 B 对应的等效静力风荷载最大幅值为 15kN，等效目标 C 对应的等效静力风荷载最大幅值仅为 4kN，人字柱和塔底等壁厚较大、刚度较强部位的风振响应相对塔顶和喉部区域较小，但相应的等效静力风荷载数值却较大；

（2）等效目标 C 和 F 对应的背景等效静力风荷载数值明显较小，均属于不同高度断面的背风区节点，该区域的平均风荷载和响应较小；

（3）不同等效静力风荷载在环向断面上存在多个波峰，但其等效目标节点必然存在一个峰值且当等效目标在迎风面时峰值出现的次数较少，当等效目标在背风区时峰值出现的次数明显增多。

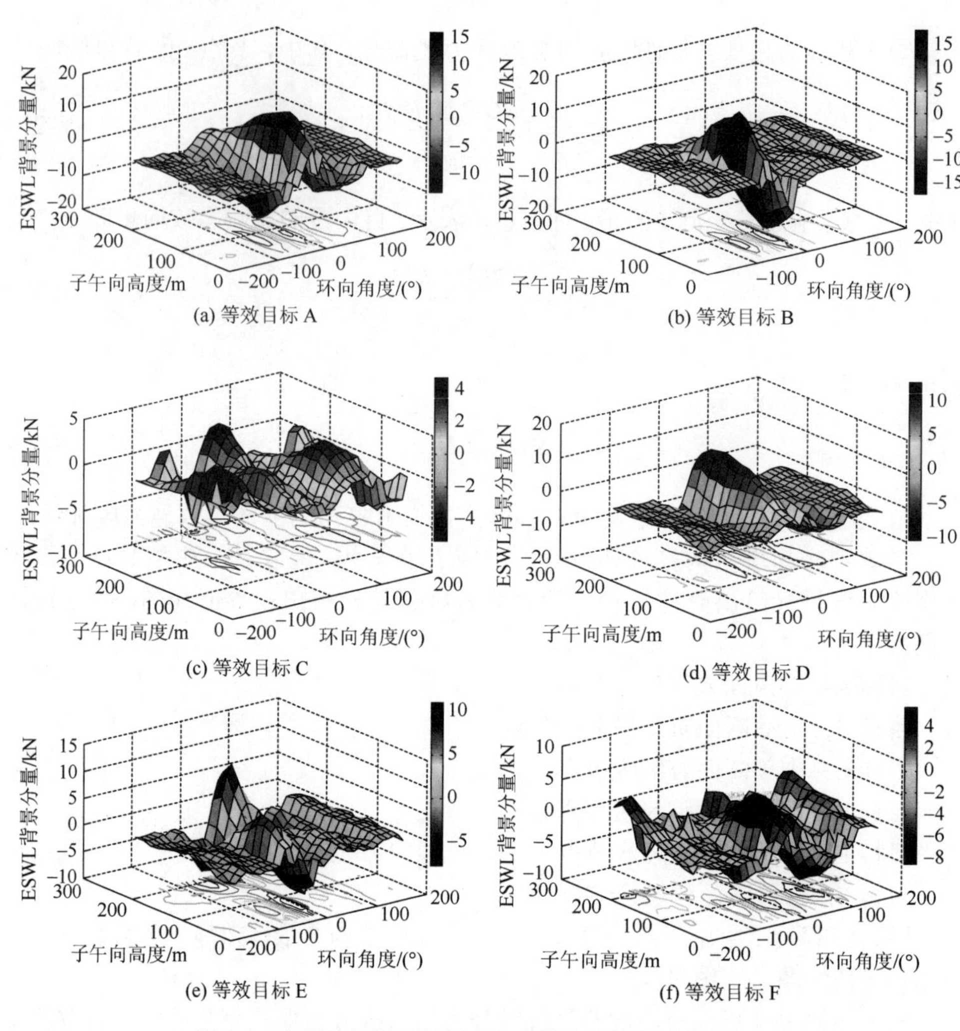

图 8.1　大型冷却塔等效静力风荷载背景分量三维分布图

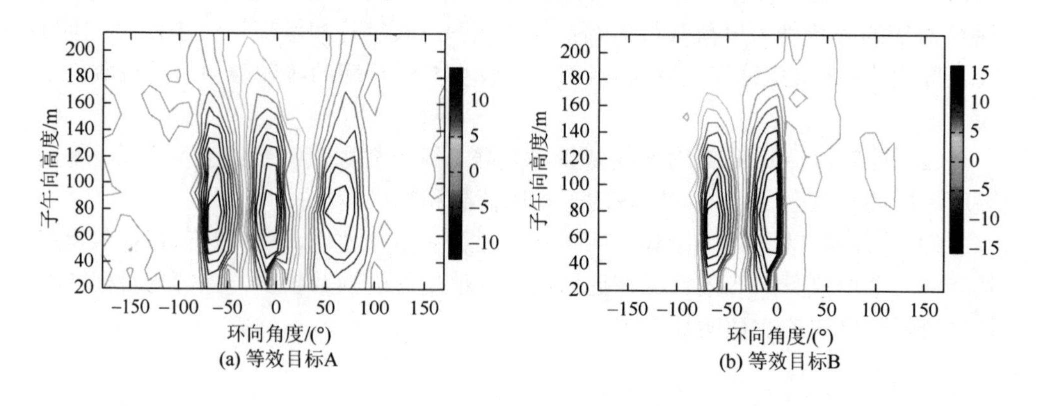

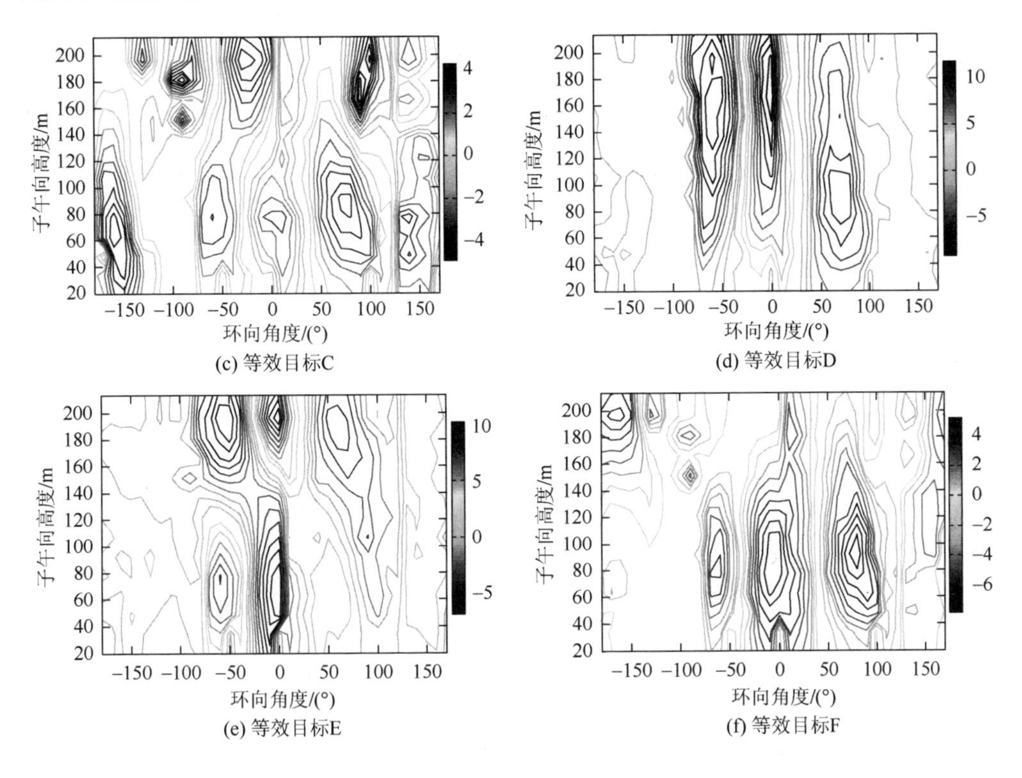

图 8.2　大型冷却塔等效静力风荷载背景分量等值线图

8.1.3　共振分量

结构的共振响应协方差矩阵[6, 7]为

$$[C_{rr}] = \overline{\{r(t)\}_r \{r(t)\}_r} = [I][C_{pp}]_r[I]^{\mathrm{T}} \tag{8-5}$$

则结构各节点的共振响应向量为

$$\sigma_{R,r} = \sqrt{\mathrm{diag}([C_{rr}])} \tag{8-6}$$

式中，diag(·)表示取矩阵的对角元素组成列向量。

共振响应 R_i 对应的等效静力风荷载为

$$P_{er,i} = [C_{pp}]_r I_i^{\mathrm{T}} / \sigma_{Ri,r} \tag{8-7}$$

图 8.3 和图 8.4 给出了不同等效目标结构共振等效静力风荷载三维分布图和等值线图。对比图 8.1 可以发现：

（1）不同等效目标等效静力风荷载的共振分量明显大于背景分量，且分布形式差异较大，大型冷却塔结构的共振响应大多由低阶模态共振引起，而背景响应不仅受低阶模态作用，高阶模态对于准静力的贡献同样不可忽略，导致背景和共振等效静力风荷载的分布形式各异；

（2）不同等效目标对应的等效静力风荷载共振分量数值基本一致，不同于背景分量分布规律，其中背风区节点等效目标 C 和 F 均明显较小；

（3）不同等效目标共振分量分别在子午向 60m 高度处和塔顶位置出现峰值，这是由结构自身动力特性所决定的，与等效目标的选取无必然联系。

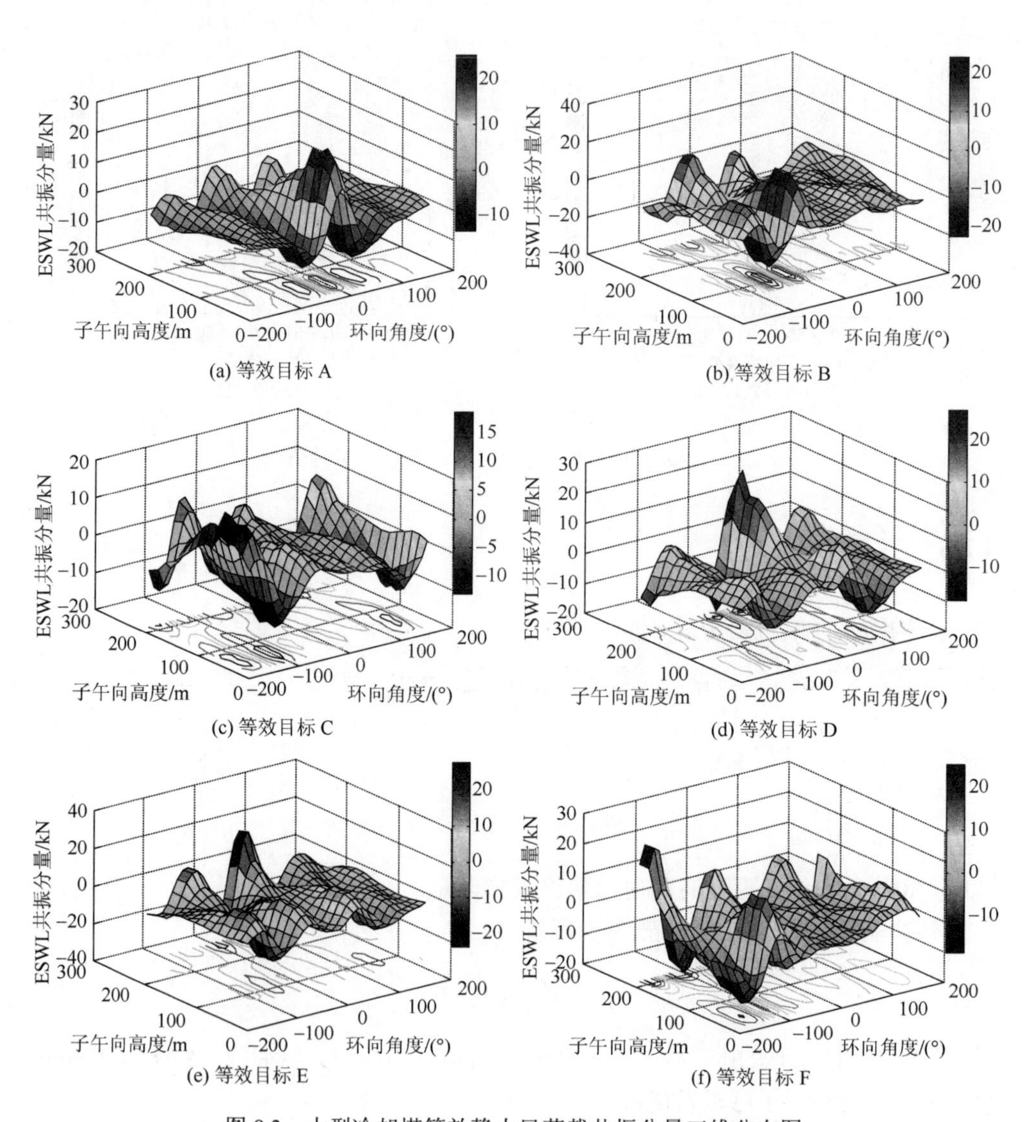

图 8.3　大型冷却塔等效静力风荷载共振分量三维分布图

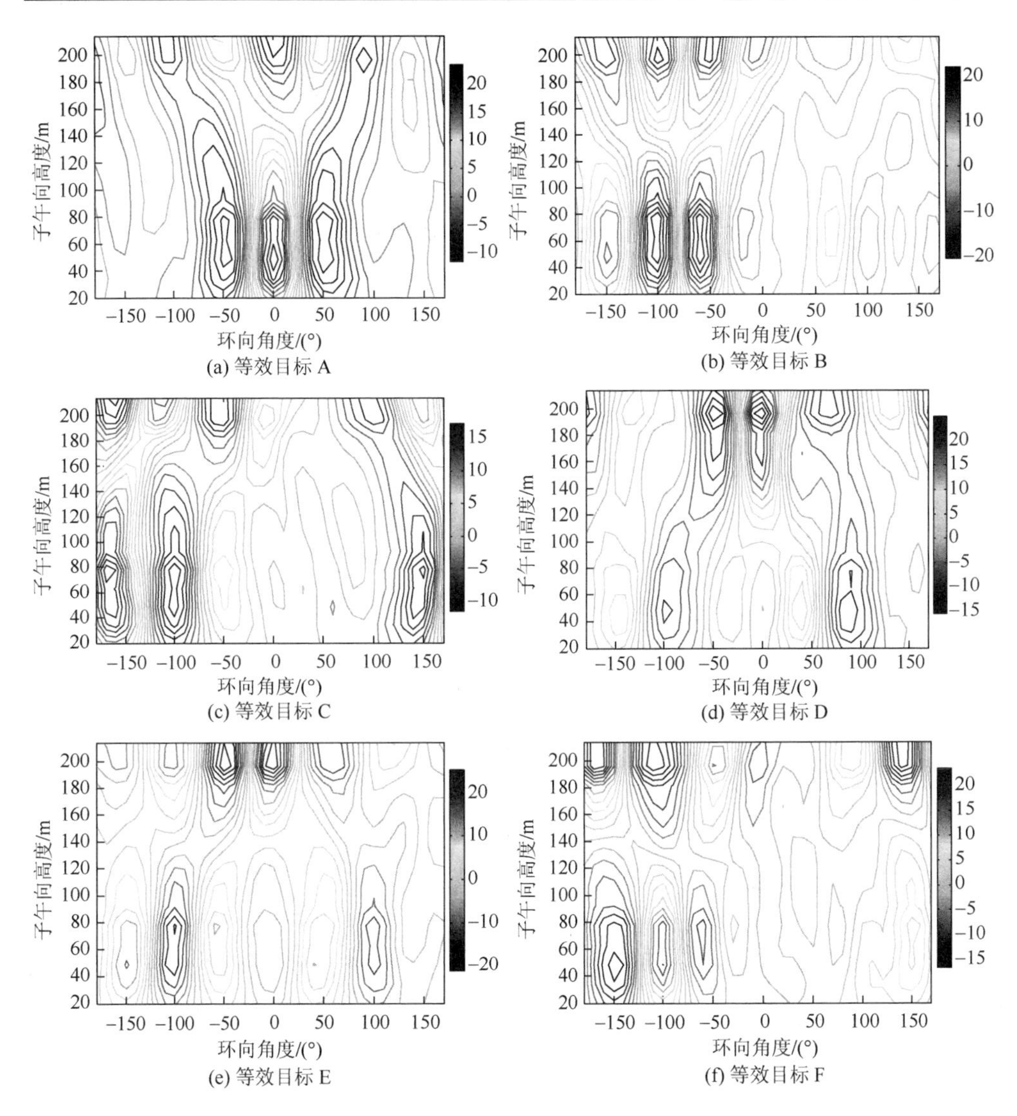

图 8.4　大型冷却塔等效静力风荷载共振分量等值线图

8.1.4　交叉项分量

在耦合恢复力协方差矩阵的基础上，基于 LRC 原理[8]求解任一节点交叉项响应对应的等效静力风荷载，可知

$$\{r(t)\}_c = [I]\{P_{eq}\}_c \tag{8-8}$$

当 I 为柔度矩阵时，$r(t)$即为结构的背景和共振交叉项响应，其协方差矩阵为

$$[C_{cc}]=\overline{\{r(t)\}_c\{r(t)\}_c}=[I][C_{pp}]_c[I]^{\mathrm{T}} \tag{8-9}$$

考虑到$[C_{pp}]_c$中的对角元素可能出现的负值，其物理意思说明忽略交叉项对于结构脉动响应的结果估计偏于保守。结构的交叉项响应根方差可表示为

$$\sigma_{R,c}=\mathrm{sign}(\mathrm{diag}([C_{cc}]))\cdot\left|\mathrm{diag}([C_{cc}])\right| \tag{8-10}$$

则交叉项响应R_i对应的等效静力风荷载为

$$P_{ec,i}=[C_{pp}]_c I_i^{\mathrm{T}}\big/\sigma_{Ri,c} \tag{8-11}$$

图 8.5 和图 8.6 给出了交叉项分量的三维分布图和等值线图。对比背景和共振等效静力风荷载分布图，可以发现：

（1）交叉项等效静力风荷载数值有正有负，这是由于耦合恢复力协方差矩阵的元素存在负值，计算结果若为负说明忽略交叉项等效静力风荷载分量计算获得的风振响应偏于保守，忽略这一分量将导致风振响应计算结果偏于危险；

（2）环向断面交叉项分量在等效目标节点出现峰值，整个环向断面出现多次峰值，且峰值分布规律并不相同，但与共振分量的分布规律类似，和背景分量的分布差异较大；

（3）等效目标 A 和 B 的交叉项分量在子午向分布上均仅有一个明显峰值，这与背景分量分布类似，底部断面节点的目标等效静力风荷载主要由准静力荷载贡献，而中部和上部断面节点的目标等效静力风荷载在子午向上均出现两个明显的峰值，这与共振等效静力风荷载分布相同，说明中上部区域节点响应对应的等效静力风荷载交叉项分量主要由结构共振荷载控制；

（4）不同等效目标对应的交叉项分量一般均大于背景分量，但不能说明其贡献一定比背景分量大，因为在组合总脉动风等效静力风荷载时仍需参考各分量的权重因子。

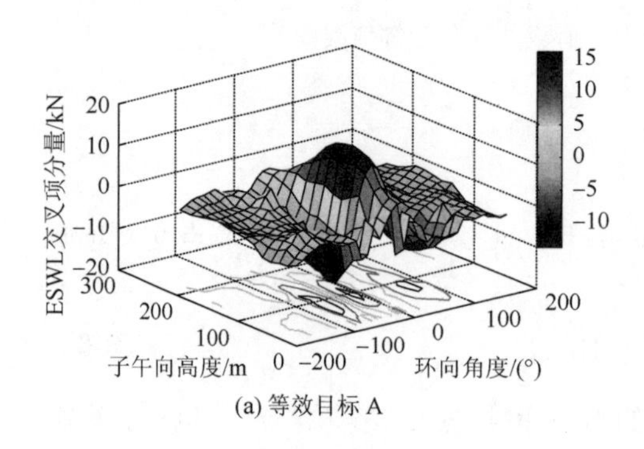

(a) 等效目标 A

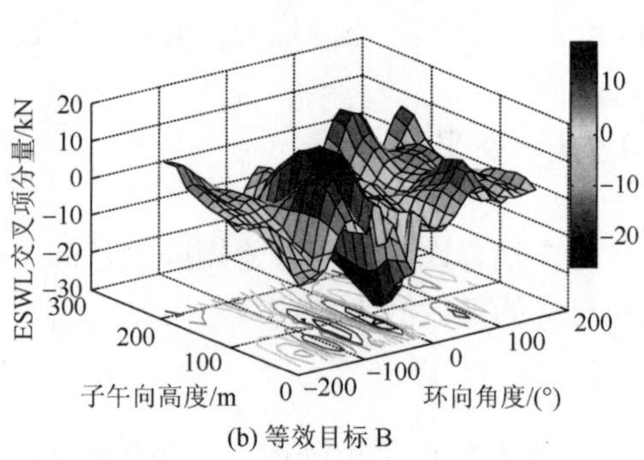

(b) 等效目标 B

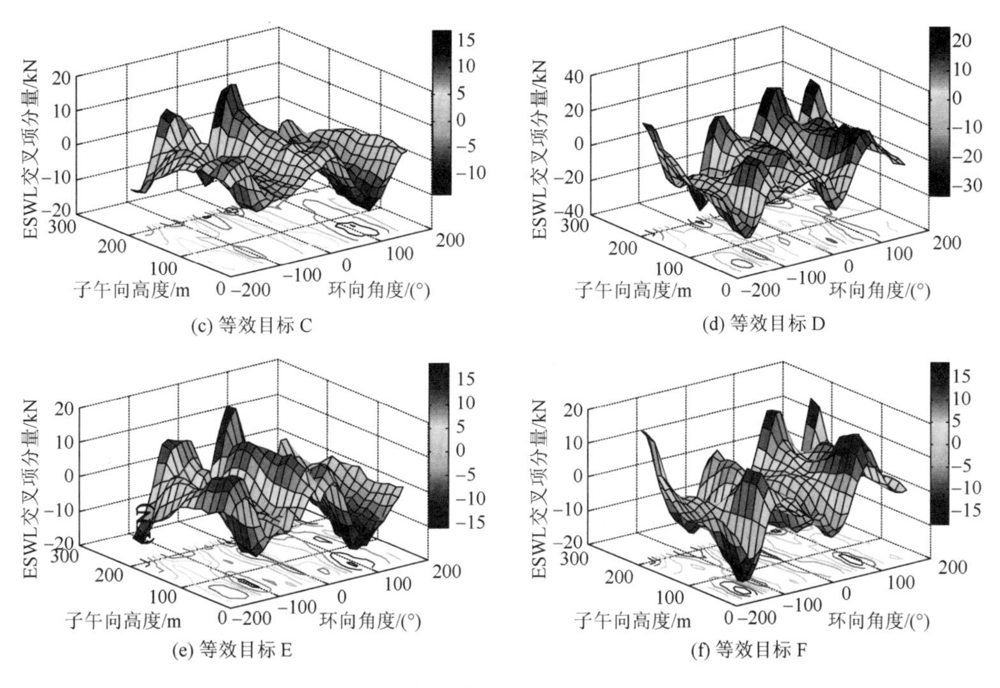

(c) 等效目标 C
(d) 等效目标 D
(e) 等效目标 E
(f) 等效目标 F

图 8.5 大型冷却塔等效静力风荷载交叉项分量三维分布图

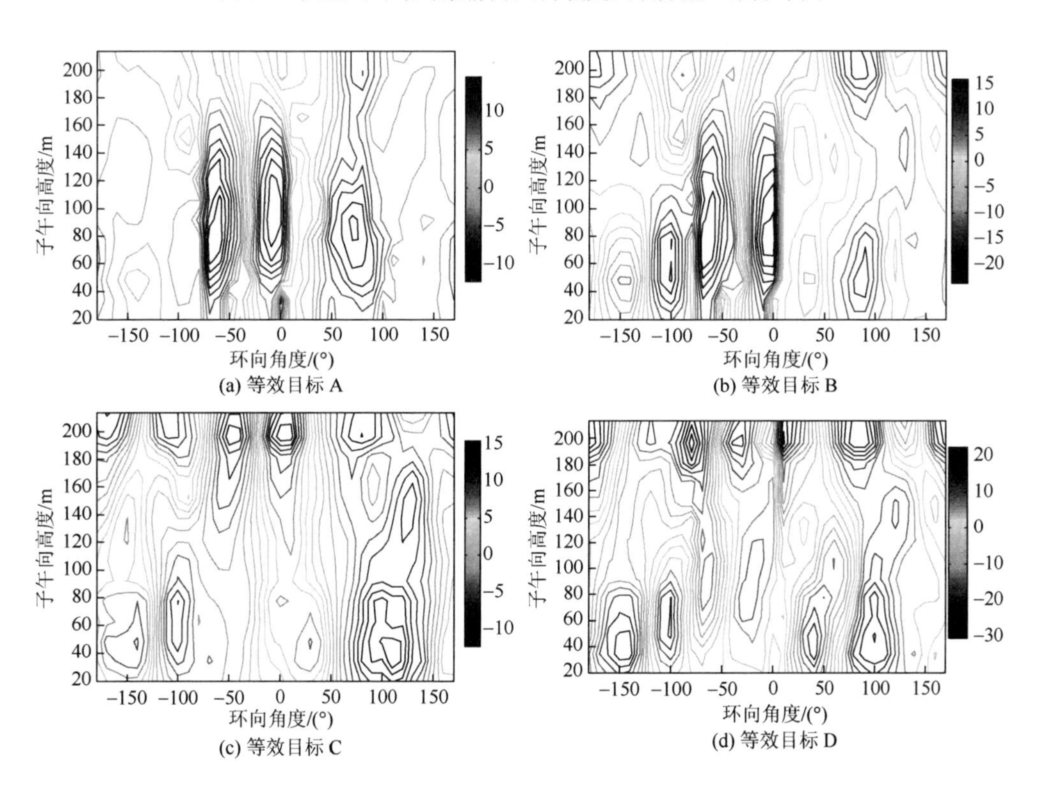

(a) 等效目标 A
(b) 等效目标 B
(c) 等效目标 C
(d) 等效目标 D

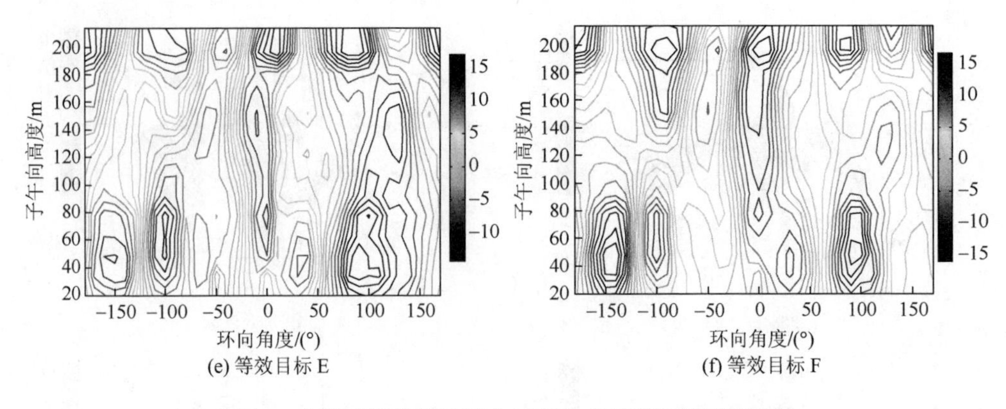

图 8.6　大型冷却塔等效静力风荷载交叉项分量等值线图

8.1.5　脉动风等效静力风荷载

表 8.1 给出了六个等效目标对应各分量的权重因子。由表可知，共振分量的权重因子明显大于背景和交叉项分量，平均值在 0.9 以上，而背景分量权重因子平均值为 0.4 左右，交叉项分量权重因子绝对值的平均值为 0.3 左右。三个等效静力风荷载分量数值排序为，共振分量＞交叉项分量＞背景分量，考虑权重因子后共振分量占主导作用，而背景和交叉项分量所占比重不相上下，均不可忽略。

表 8.1　典型节点等效静力风荷载各分量权重因子

节点编号	权重因子		
	背景分量	共振分量	交叉项
支柱顶部	0.56	0.93	−0.44
2-7	0.46	0.93	−0.31
7-18	0.20	0.92	0.33
10-1	0.46	0.87	0.15
14-1	0.30	0.90	0.30
14-18	0.21	0.91	0.34

图 8.7 和图 8.8 分别给出了不同等效目标下结构脉动风等效静力风荷载三维分布图和等值线图。分析可得：

(1) 不同等效目标对应的脉动风等效静力风荷载数值和分布形式均差别较大，

在实际应用中等效目标的选取需根据不同设计阶段进行选择，或引入多目标等效静力风荷载方法；

（2）对比共振等效静力风荷载的分布图可知，脉动风等效静力风荷载的分布与共振分量基本一致，在子午向上的 60m 和塔顶高度处均出现两次峰值，在环向断面上出现多次峰值，且峰值的出现无明显规律可循；

（3）当等效目标为迎风点时，结构的脉动风等效静力风荷载分布在环向断面上有明显的对称特性，而当以其他区域节点响应为等效目标时，脉动风等效静力风荷载分布不再具有对称性。

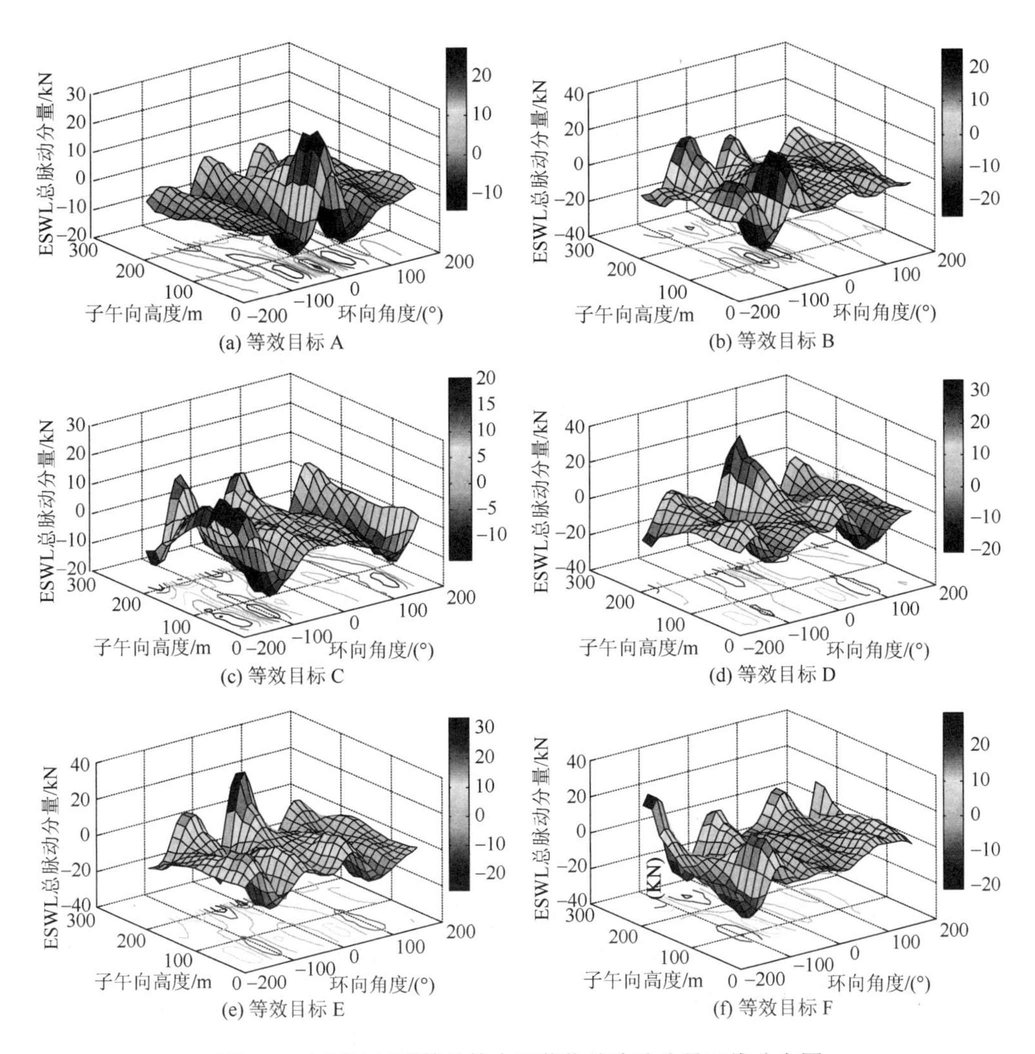

(a) 等效目标 A　(b) 等效目标 B

(c) 等效目标 C　(d) 等效目标 D

(e) 等效目标 E　(f) 等效目标 F

图 8.7　大型冷却塔等效静力风荷载总脉动分量三维分布图

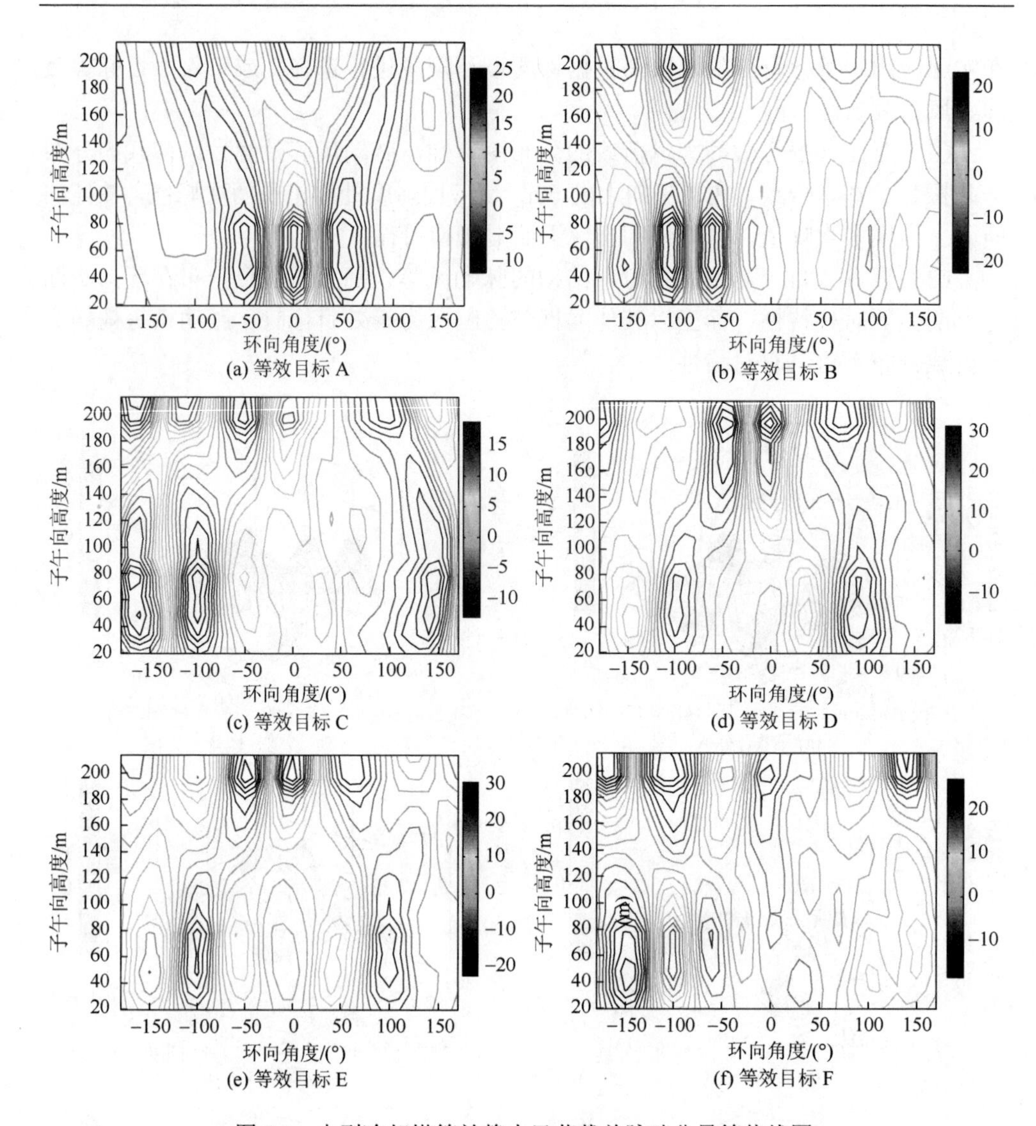

(a) 等效目标 A　(b) 等效目标 B　(c) 等效目标 C　(d) 等效目标 D　(e) 等效目标 E　(f) 等效目标 F

图 8.8　大型冷却塔等效静力风荷载总脉动分量等值线图

8.1.6　总风荷载分布特征

结合以上推导可知，总等效静力风荷载为

$$\{P_e\}=\{\bar{P}\}+\{\mathrm{sign}(\bar{R})\}\times g\cdot\times(\{W_B\}\cdot\times\{P_{eb}\}+\{W_R\}\cdot\times\{P_{er}\}+\{W_C\}\cdot\times\{P_{ec}\}) \tag{8-12}$$

式中，W_B、W_R 和 W_C 分别表示背景、共振和交叉项各自的权重因子，计算公式如下：

$$W_R=\frac{\sigma_{R,r}}{\sigma_{R,t}},\quad W_B=\frac{\sigma_{R,b}}{\sigma_{R,t}},\quad W_C=\frac{\sigma_{R,c}}{\sigma_{R,t}} \tag{8-13}$$

验证由总等效静力风荷载引起的静力响应有效性：

$$
\begin{aligned}
I\times\{P_e\} &= I\times(\{\bar{P}\}+\{\text{sign}(\bar{R})\}\times g\cdot\times(\{W_B\}\cdot\times\{P_{eb}\}+\{W_R\}\cdot\times\{P_{er}\}+\{W_C\}\cdot\times\{P_{ec}\}))\\
&= \{\bar{R}\}+\{\text{sign}(\bar{R})\}\times g\cdot\times(\{\sigma_{R,b}\}\cdot\times\{W_B\}+\{\sigma_{R,r}\}\cdot\times\{W_R\}+\{\sigma_{R,c}\}\cdot\times\{W_C\})\\
&= \{\bar{R}\}+\{\text{sign}(\bar{R})\}\times g\times\sqrt{\{\sigma_{R,r}^2\}+\{\sigma_{R,b}^2\}+\{\text{sign}(\text{diag}([C_{cc}]))\sigma_{R,c}^2\}}\\
&= \{R_a\}
\end{aligned}
\tag{8-14}
$$

根据 CCM 方法[9, 10]组合获得大型冷却塔的总等效静力风荷载，并考虑脉动等效静力风荷载的放大作用，即各节点脉动分量乘以采用 Sadek-Sumiu 法计算的峰值因子 g。图 8.9 和图 8.10 给出了不同等效目标下的大型冷却塔结构总等效静力风荷载分布图和等值线图。由图可知：

（1）与脉动风等效静力风荷载及其各分量等效静力风荷载明显不同的是，总等效静力风荷载的分布形式和等效目标的改变并无较大联系，说明平均风荷载在总等效静力风荷载的确定中具有显著的“引导”作用，在后续的多目标等效静力风荷载分析中，根据该特征引入了平均风荷载作为构造多目标等效静力风荷载的基本向量；

（2）脉动等效静力风荷载及其共振分量均在子午向上出现两处峰值，但总等效静力风荷载在所有等效目标下均仅有一个峰值，且等效目标为大型冷却塔中上部节点响应时的峰值均出现在塔筒顶部区域；

（3）总等效静力风荷载环向断面分布特性与平均风荷载较一致，迎风面出现峰值，并在±70°区域出现负压极值，背风区域均较稳定。

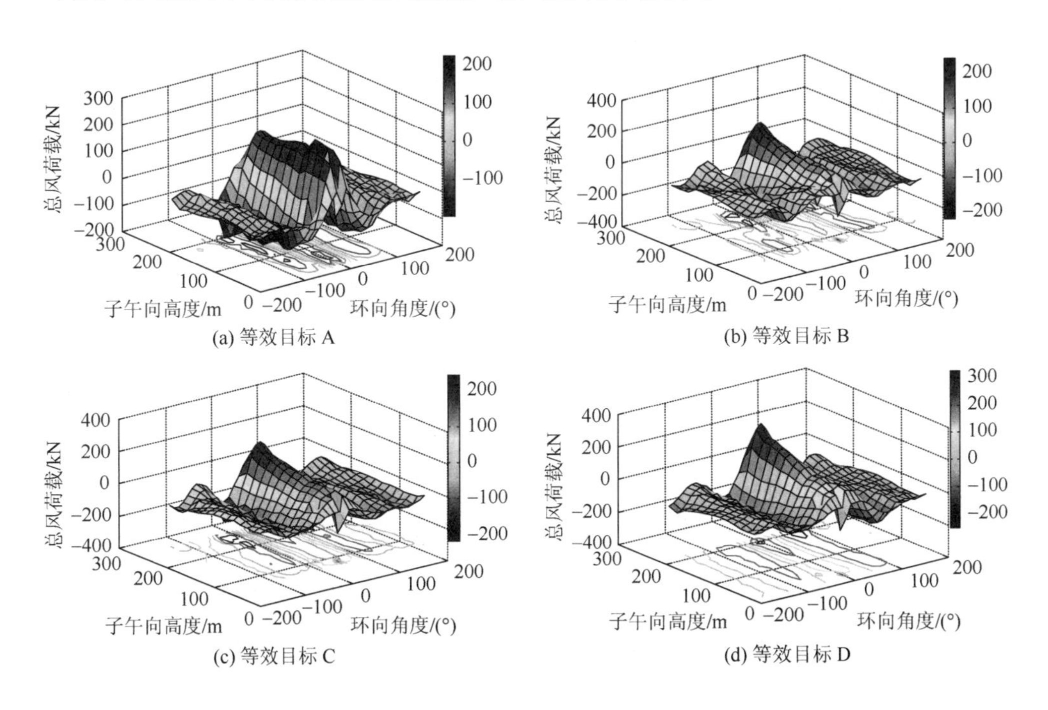

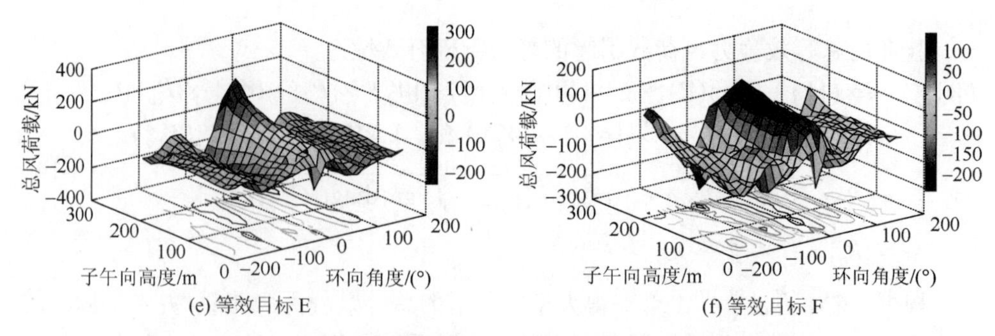

(e) 等效目标 E　(f) 等效目标 F

图 8.9　大型冷却塔等效静力风荷载交叉项分量三维分布图

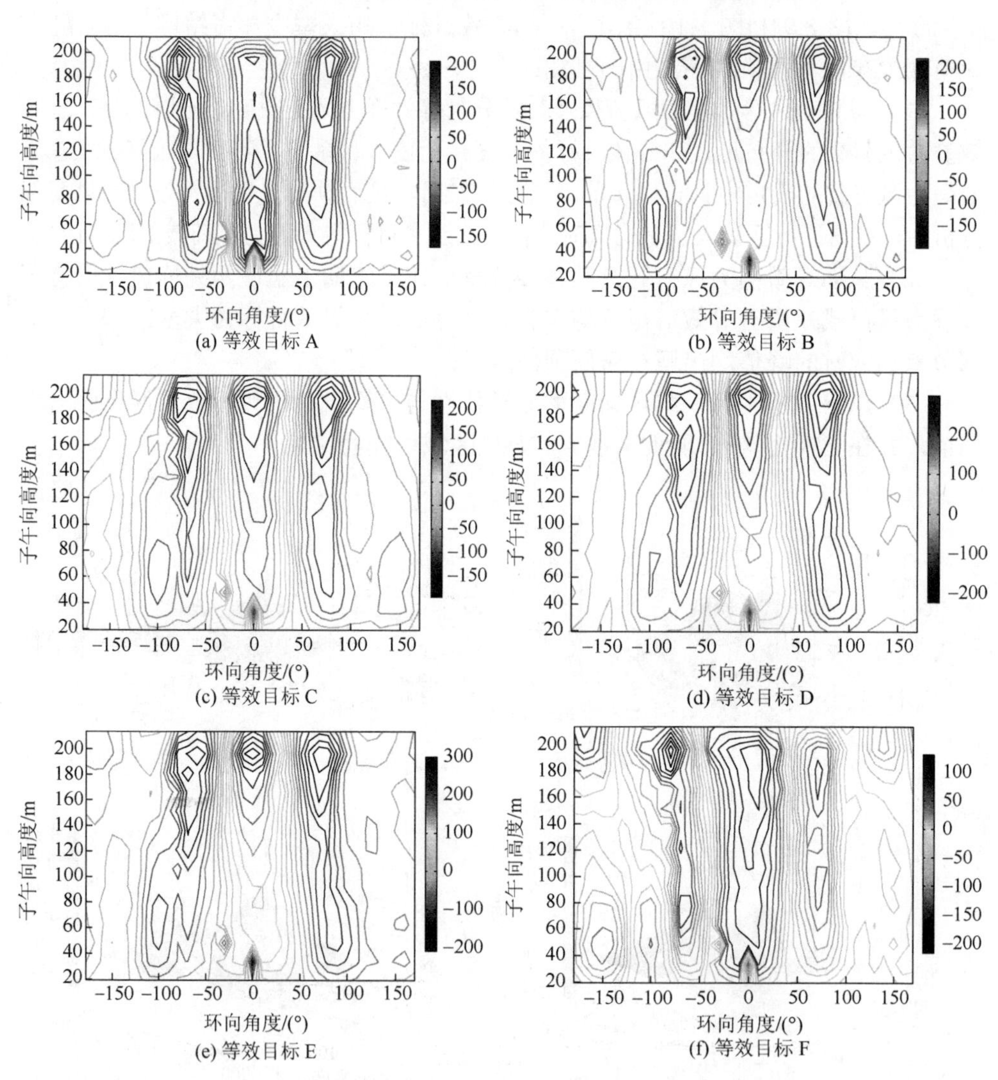

(a) 等效目标 A　(b) 等效目标 B

(c) 等效目标 C　(d) 等效目标 D

(e) 等效目标 E　(f) 等效目标 F

图 8.10　大型冷却塔等效静力风荷载交叉项分量等值线图

8.2　多目标等效静力风荷载

冷却塔结构设计并不仅由顶部位移或基底弯矩控制，其在不同的设计阶段可能会需要不同的控制目标，即多目标等效静力风荷载[11-13]。因此，本节从评价多目标等效静力风荷载的实质和优缺点出发，针对大型冷却塔结构自身特性提出了改进的多目标等效静力风荷载计算方法。并结合三个多目标等效工况实例评估了多目标等效静力风荷载的合理性，详细工程参数见附录 D 工程 1。

8.2.1　实质与优缺点

图 8.11 给出了大型冷却塔结构在喉部断面迎风点等效静力风荷载作用下节点 1～8 的响应结果，同时给出了实际脉动风荷载作用下的动力响应极值。由图可知，只有等效点响应与动力极值响应吻合，其余大部分节点的响应都较大地偏离实际响应极值。

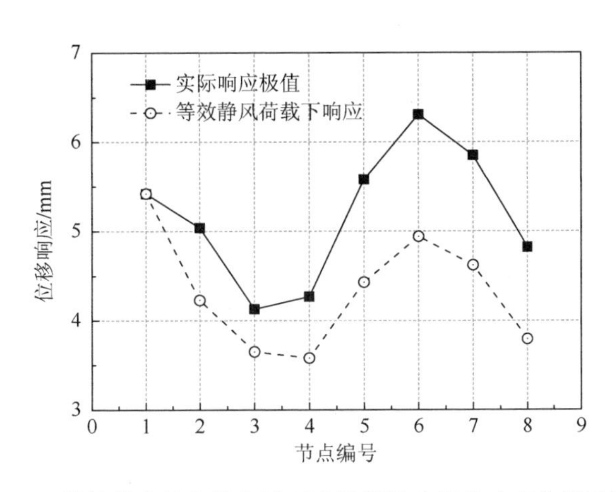

图 8.11　等效静力风荷载作用下冷却塔脉动极值响应曲线示意图

单目标等效静力风荷载只能适用特定的响应极值，近年来很多学者开展了多目标等效静力风荷载的相关研究[14-16]，总结如下。

（1）多目标等效静力风荷载实质是通过一定的数值优化方法找到一个“误差最小”的等效静力风荷载分布模式以同时接近多个响应目标的极值。已有研究均在数值优化的大框架下进行局部改进，即选取不同基本向量作为目标优化函数，但仍不可避免其核心问题：目标响应的等效误差很小，但没有对等效静力风荷载的分布进行探讨，导致等效荷载的分布并不合理，集中表现在等效静力风荷载数值可能达到数百甚至数千帕，且某些区域分布异常集中或者剧烈变化，不符合常规分布特征。

（2）多目标等效静力风荷载计算方法并无结构随机振动相关的理论概念，即没有实际的物理意义，其核心仍是单一目标等效静力风荷载求解理论。

8.2.2　改进计算方法

多目标等效静力风荷载的核心是利用最小二乘优化方法求解出基本向量对应的组合系数，因此，下面首先简单介绍最小二乘法的基本原理。

设 $A\in\mathbf{R}^{m\times n}$（$\mathbf{R}^{m\times n}$ 表示所有 $m\times n$ 个实元素矩阵的全体），$b\in\mathbf{R}^{m}$（$\mathbf{R}^{m}$ 表示所有 m 个实元素向量的全体）。线性最小二乘（linear least squares，LLS）问题，是指求 $x\in\mathbf{R}^{n}$，满足

$$\rho(x)=\|Ax-b\|_2=\min_{\upsilon\in\mathbf{R}^n}\|Ax-b\|_2 \tag{8-15}$$

LLS 问题（8-15）的解为

$$x=A^{\dagger}b+(I-A^{\dagger}A)z \tag{8-16}$$

式中，z 表示 $\mathbf{R}^{n}$ 中任一向量。式（8-16）有唯一的极小范数解：

$$x_{\mathrm{LS}}=A^{\dagger}b \tag{8-17}$$

它同时满足式（8-17）和

$$\|x_{\mathrm{LS}}\|_2=\min_{x\in S}\|x\|_2 \tag{8-18}$$

上述各式中，$A^{\dagger}$表示 A 的 M-P 逆，S 为 LLS 问题（8-15）的解集。应该说明，LLS 问题是针对矛盾方程组的，或称为非一致方程组，对于方程组：

$$Ax=b \tag{8-19}$$

如果方程组是矛盾的，即 $\mathrm{rank}(A, b)>\mathrm{rank}(A)$，那么式（8-17）得到的解满足式（8-15）的最小二乘解；如果方程组是适定的，即 $\mathrm{rank}(A, b)=\mathrm{rank}(A)=m=n$，那么式（8-15）得到的解是式（8-16）的唯一解，等同于方程组直接求逆；如果方程组是不定的，即 $\mathrm{rank}(A, b)=\mathrm{rank}(A)<n$，则式（8-17）得到的解是满足式（8-15）的最小范数解。

最小二乘解通常有 3 种常见解法：①按原矛盾方程组的正则方程组求解，从数值上看，$A^{\dagger}A$ 的条件数是原矩阵[A]的平方，从而这种方法的计算精度要降低，一般只在比较简单、矩阵条件数好的问题上采用；②采用广义逆求解，这种方法建立在奇异值分解的基础上，计算结果是可靠的，即使在[A]发生列秩亏损时，也能给出最小范数最小二乘解；③直接对原矛盾方程组进行 Householder 变换，然后求解。这种方法当矩阵[A]列满秩时和第二种方法结果一致。

设计动响应极值的计算公式：

$$\{\hat{R}\} = \mathrm{sign}\{\bar{R}\} \cdot \times g\{\sigma_r\} \tag{8-20}$$

$\{\hat{R}\}$可由 $\mathbf{R}^n$ 空间的一组基来线性表示：

$$\{\hat{R}\} = \sum_{\mathrm{i}=1}^{m} \{R_{0,i}\} c_i = [R_0]\{c\} \tag{8-21}$$

式中，$\{R_{0,i}\}(i=1, 2, \cdots, m)$为 $\mathbf{R}^n$ 空间线性无关的一组基；$\{c\}$为组合系数向量；$[R_0]$为由$\{R_{0,i}\}$组成的矩阵，称为标准响应，可近似表示为

$$[R_0] = [I_R][P_0] \tag{8-22}$$

式中，$[I_R]$为响应$\{R\}$相应的影响线函数矩阵，为 $n\times l$ 阶矩阵，其中 l 为风荷载向量的维数，n 为响应$\{R\}$的维数；$[P_0]$为 $l\times l$ 阶矩阵，其每一列向量都表示一种荷载分布形式。

将式（8-22）代入式（8-21）可得

$$\{\hat{R}\} = [I_R][P_0]\{c\} \tag{8-23}$$

再令

$$\{P_{eq}\} = [P_0]\{c\} \tag{8-24}$$

则

$$\{\hat{R}\} = [I_R]\{P_{eq}\} \tag{8-25}$$

由此可见，$\{P_{eq}\}$作为等效静力风荷载作用在结构上时，可以同时产生多个节点的设计动响应，$\{P_{eq}\}$即为多目标等效静力风荷载。

多目标等效静力风荷载由基本荷载分布向量$\{P_{0,i}\}$线性组合得到，而组合系数向量$\{c\}$通过最小二乘法来求解矛盾方程（8-23）获得，再代入式（8-24）即可得到对应多个响应极值的等效静力风荷载$\{P_{eq}\}$。由最小二乘解法原理可知，$\{P_{eq}\}$在范数意义上是最优的。

综上所述，多目标等效静力风荷载并无物理上的意义，仅为一种数学处理方法，可以近似得到所有构件或节点的最大响应从而减少等效静力风荷载的数目，具有一定的工程实用性。

本节针对大型冷却塔结构本身特性以及多目标等效静力风荷载自身定义上的缺陷，对大型冷却塔多目标等效静力风荷载的计算方法作了进一步改进，主要体现在构造多目标等效静力风荷载的基本向量$\{P_{0,i}\}$和数值求解算法两方面。

（1）构造多目标等效静力风荷载的基本向量是最关键的一步，因为构造的基本向量最大程度上决定了数值优化出来的多目标等效静力风荷载在分布规律和数值大小上的合理性。从最初采用表面风荷载的协方差到主要本征模态、平均风压+脉动风压协方差、主要本征模态+惯性风荷载，再到单一目标的等效静力风荷载，应用到不同的结构其效果也不尽相同。对于背景分量占主要地位的结构，采用主要本征模态即可获得较合理的结果；对于共振分量占据主要地位的大跨空间结构，

采用单一目标等效静力风荷载作为基本向量得到的多目标等效静力风荷载结果更加合理；对脉动风荷载和平均风荷载均占主要地位的结构，采用平均风荷载+脉动风压协方差作为基本向量时结果较合理。

大型冷却塔结构脉动响应中共振分量占据明显的主导地位，平均风荷载相对总风荷载来说不可忽略，因为其决定了大型冷却塔类圆柱断面的风压绕流分布特性。采取平均风压+惯性风荷载作为构造大型冷却塔结构多目标等效静力风荷载的基本向量。

根据式（8-24）多目标等效静力风荷载可表示为

$$\{P_{eq}\}=[P_0]\{c\}=\{P_{ev}\}c_0+\{P_{0,r1}\}c_1+\{P_{0,r2}\}c_2+\cdots+\{P_{0,rm}\}c_m \tag{8-26}$$

式中，$\{P_{ev}\}$为表面平均风荷载；$\{P_{0,ri}\}$为第 i 响应极值对应的惯性风荷载，采用 CCM 方法求解。

（2）若对式（8-23）采用最小二乘法直接求解，最终得到的多目标等效静力风荷载的分布可能出现不合理的现象，为了克服这个缺陷，本书引入约束条件的最小二乘法来进行控制，以尽量减小结果的不合理性。下面简单介绍最小二乘优化解法。

对式（8-23）进行约束最小二乘优化，需要确定目标函数和约束条件。目标函数有如下两种取法。

第一类目标函数：

$$T(P_e)=\min\|IP_e-R\|_2 \tag{8-27}$$

第二类目标函数：

$$T(P_e)=\min\|(IP_e)\cdot\div R-1\|_2 \tag{8-28}$$

式中，“$\cdot\div$”表示两向量之间的点除，即两向量对应的元素相除，这要求 R 的各元素 $r_i\neq0$。如果 $r_i=0$，若将等效静力风荷载产生的相应静力响应记为 r_{ei}，那么对应的误差项由“r_{ei}/r_i-1”改为 r_{ei}。实际上，除了边界被约束的响应，r_i 一般情况下不会为零，此时需要平均响应和脉动响应同时为零，所以可排除被约束响应，而只针对非约束响应进行最小二乘优化。

第二类目标函数实际上是对第一类目标函数作了归一化处理。约束条件可以分为以下三类。

第一类约束条件：仅控制等效静力风荷载的数值大小，可以表示为

$$P_{\min}\leqslant P_e\leqslant P_{\max} \tag{8-29}$$

为使等效静力风荷载符合实际情况，并提高其等效精度，将数值大小限定在±100kN 以内，即 $P_{\min}$ 各元素均为−100，$P_{\max}$ 各元素均为 100。如果要求所得到的等效静力风荷载更加符合实际可能的情况，可以将数值范围适当缩小，如可以选择经过统计分析得到的峰值荷载作为上下限。

第二类约束条件：不仅限制等效静力风荷载的数值大小，还要求部分需要重点控制的响应（如典型节点和单元的响应）精确等效，因此可以将约束条件表示为

$$\begin{cases} I_E P_e = R_E \\ P_{\min} \leqslant P_e \leqslant P_{\max} \end{cases} \tag{8-30}$$

式中，I_E 和 R_E 分别表示需要精确等效响应的影响系数矩阵和目标响应向量。

第三类约束条件：不要求部分需要重点控制的响应（如典型节点和单元的响应）精确等效，但要求其静力响应的绝对值不小于目标响应的绝对值，可以将约束条件表示为

$$\begin{cases} \text{abs}(I_G P_e) \geqslant \text{abs}(R_G) \\ P_{\min} \leqslant P_e \leqslant P_{\max} \end{cases} \tag{8-31}$$

式中，I_G 和 R_G 分别表示需要控制绝对值大小响应的影响系数矩阵和目标响应向量。

本节采用的约束最小二乘优化与无约束最小二乘有很大的区别，除多加约束条件以外，误差控制是针对结构所有节点（排除了人字柱的约束节点）。不仅要求等效静力风荷载能够精确等效典型节点和单元的响应，还要求尽可能地等效整个结构上其他节点和单元的响应。

8.2.3　分布特征与合理性探讨

根据大型冷却塔结构脉动风振响应的分析结果及其施工特征，计算了三种工况下的多目标等效静力风荷载，并将其作为静力荷载作用在结构上计算风振响应，与实际动力响应极值进行对比和误差分析。最后，结合单一目标等效静力风荷载分布特性探讨了多目标等效静力风荷载分布的合理性。

分别给出计算多目标等效静力风荷载的三种主要等效工况，具体如下。

等效工况一：以塔顶环向 18 个节点（间隔 20°）位移响应极值作为等效目标。

等效工况二：以喉部断面环向 18 个节点（间隔 20°）位移响应极值作为等效目标。

等效工况三：以人字柱顶、塔底、中部、喉部和塔顶典型节点位移响应极值作为等效目标。

图 8.12 给出了工况一多目标等效静力风荷载三维分布图和等值线图。由图可知，①单从多目标等效静力风荷载数值上看并未出现分布很不合理的区域或现象，介于−17～15kN；②子午向上 60m 高和顶部存在两个峰值，与脉动等效静力风荷载的子午向分布规律吻合，说明共振分量在多目标等效静力风荷载中占有主导地

位；③与单目标等效静力风荷载明显不同的是，冷却塔顶部断面出现多个峰值，且数值较大。

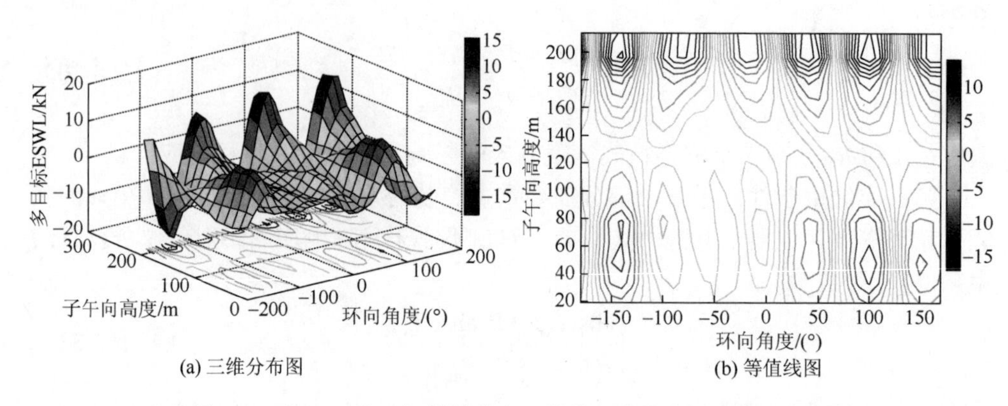

图 8.12　工况一多目标等效静力风荷载三维分布图和等值线图

为验证多目标等效静力风荷载的精度，将其作为静力荷载加载到大型冷却塔结构上，求解相应的风振响应，并与结构实际响应极值进行对比，如图 8.13 所示。由图可见，多目标等效静力风荷载计算结果与实际响应极值误差很小，最大误差仅 6%，这是由于最小二乘求解时增加了约束条件，误差满足要求。

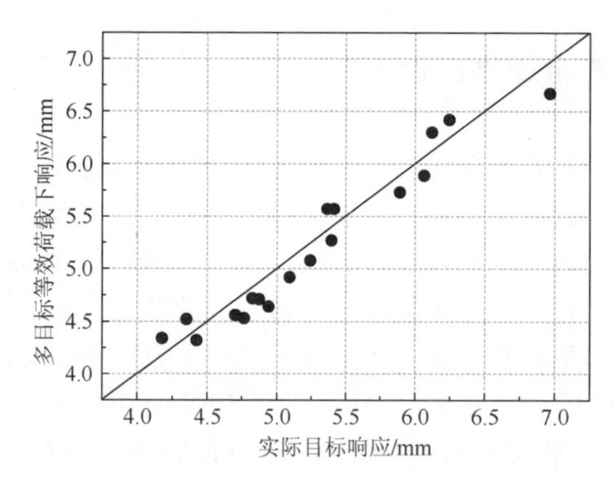

图 8.13　工况一等效目标响应误差分析示意图

图 8.14 给出了工况二多目标等效静力风荷载三维分布图和等值线图。由图可知，①工况二多目标等效静力风荷载数值介于−15～18kN；②子午向 60m 高和顶部存在两个峰值，这与脉动等效静力风荷载的子午向分布规律吻合，说明共振分量在多目标等效静力风荷载中占有主导地位；③与工况一不同的是，在顶部断面出现的峰值数量减小，且数值也更加合理，与实际的等效静

力风荷载分布特征接近。

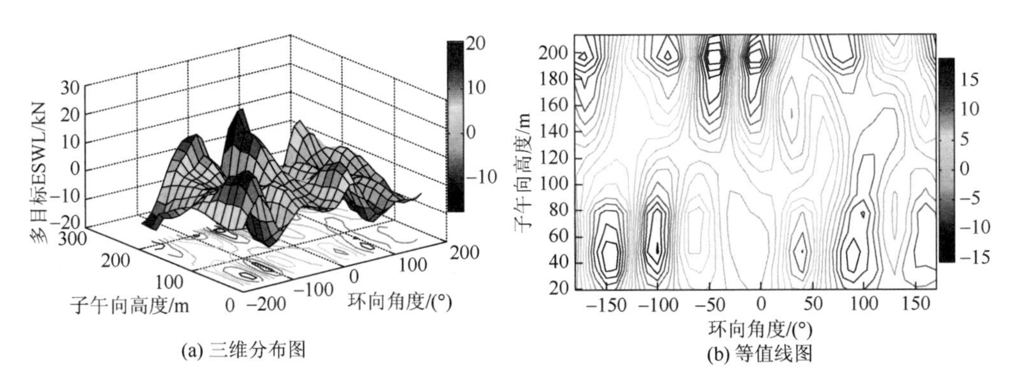

(a) 三维分布图　(b) 等值线图

图 8.14　工况二多目标等效静力风荷载三维分布图和等值线图

为验证工况二多目标等效静力风荷载的精度，将其作为静力荷载加载到大型冷却塔结构上，求解相应的风振响应，并与结构实际响应极值进行对比，如图 8.15 所示。由图可见，多目标等效静力风荷载计算结果与实际响应极值误差很小，最大误差为 5%。

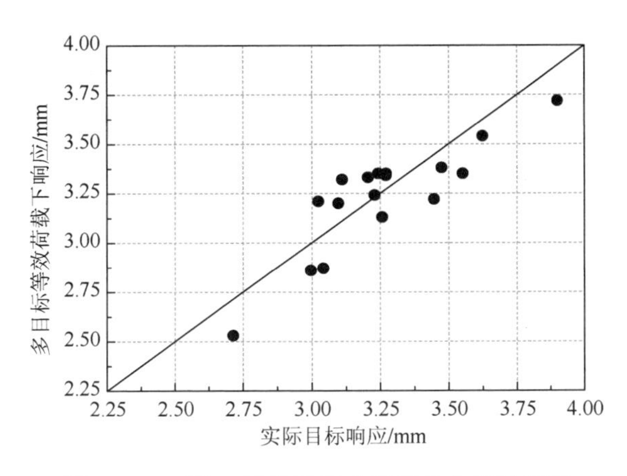

图 8.15　工况二等效目标响应误差分析示意图

图 8.16 给出了工况三多目标等效静力风荷载三维分布等值线图。由图可知，①工况三给出的等效目标节点不同于前两个工况，且分布较为离散，使得工况三多目标等效静力风荷载分布很不合理，最大荷载约为 70kN，由前面分析可知，总脉动等效静力风荷载最大数值约 30kN，显然不符合大型冷却塔等效静力风荷载分布特性；②在子午向 60m 高和顶部出现两个峰值，这与脉动等效静力风荷载的子午向分布规律吻合，说明共振分量在多目标等效静力

风荷载中占有主导地位。

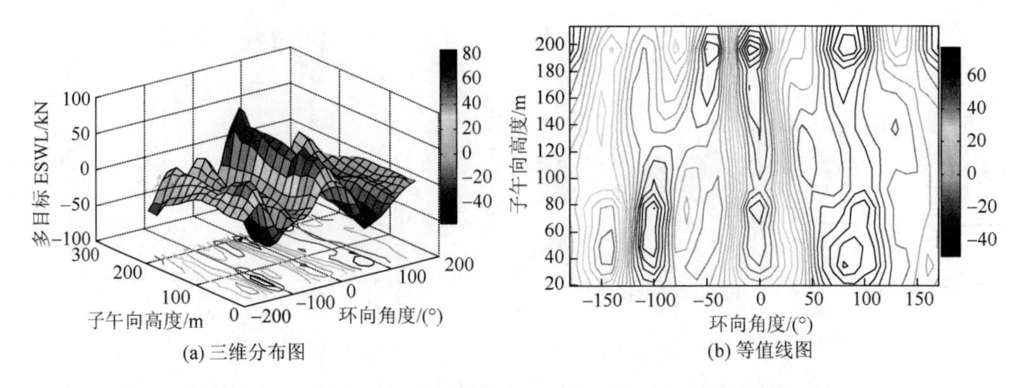

图 8.16　工况三多目标等效静力风荷载三维分布图和等值线图

为了验证工况三多目标等效静力风荷载的精度，将其作为静力荷载加载到大型冷却塔结构上，求解相应的风振响应，并与结构实际响应极值进行对比，如图 8.17 所示。由图可见，多目标等效静力风荷载计算结果与实际响应极值误差很小，最大误差为 5%。

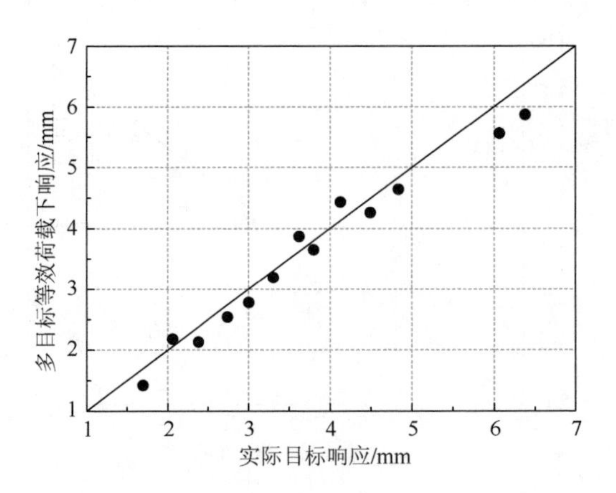

图 8.17　工况三等效目标响应误差分析示意图

图 8.18 分别给出了冷却塔下部、中部、喉部和塔顶四个高度上环向断面工况三下多目标等效静力风荷载和规范分布曲线图，并给出了各个典型断面上随环向角度变化的等效静力风荷载拟合多项式。由图可知，考虑多目标的等效静力风荷载曲线分布模式和数值均与规范值差别较大。多目标等效静力风荷载的曲线分布在不同断面分布模式完全不同，不存在绝对的正、负压区域，且其峰值也不一定出现在迎风面。从不同断面多目标等效静力风荷载的拟合多项式来看，不同断面

采用统一的多项式表达存在一定的难度和较大的误差，因此采用分断面表示更为合理。

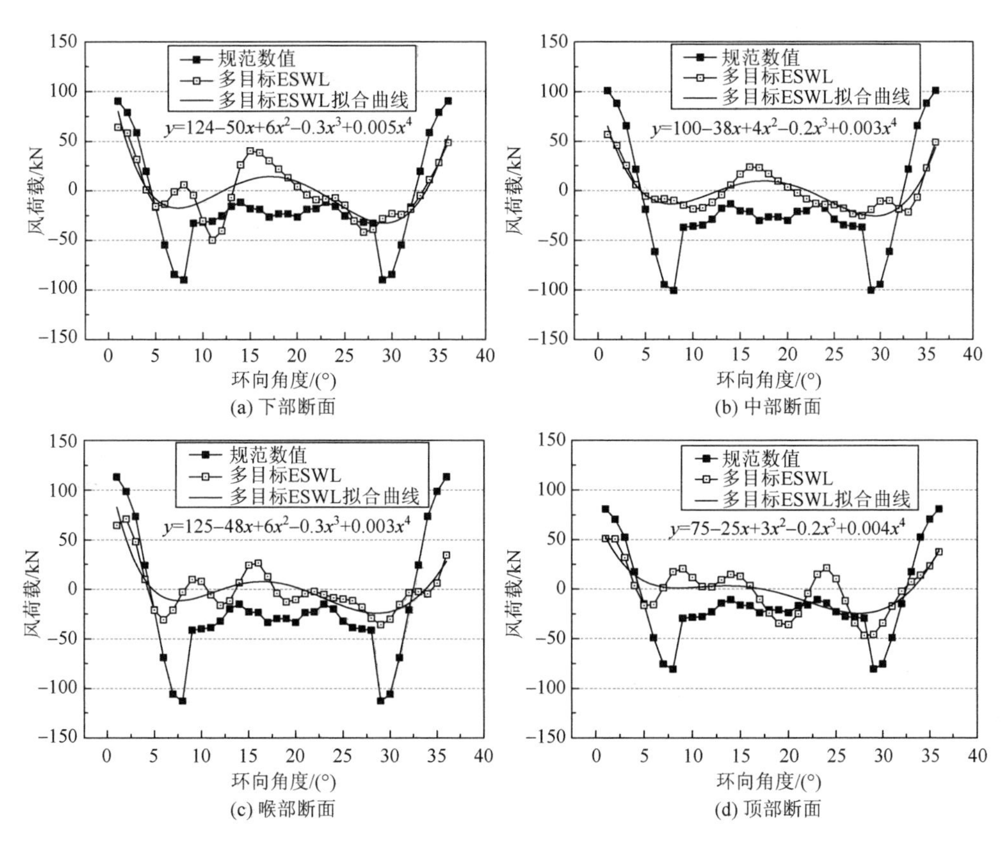

图 8.18　冷却塔典型断面环向风荷载分布曲线示意图

8.3　CCM 简化计算方法

确定大型冷却塔等效静力风荷载过程中需要注意以下两个阶段的组合：

（1）风振响应组合时需考虑背景、共振和交叉项三个分量，结构自身特性导致各模态之间的共振耦合项不能忽略，而 CCM 方法最大的优点即采用统一的理论来求解背景、共振和交叉项分量，使得每个分量包含了各自所考虑模态之间的耦合项，并赋予每个响应分量对应的等效静力风荷载明确的物理意义和理论基础；

（2）等效静力风荷载组合时需要考虑背景、共振和交叉项三个分量，对应不同的等效目标，各分量相应的权重因子各不相同，对应多个等效目标的等效静力风荷载在分布形式和数值大小上并不合理，并且没有明确的物理含义，应用到实际工程中还需要进一步发展。

8.3.1 简化计算方法的提出

大型冷却塔风振响应以共振分量为主，为简化计算，等效静力风荷载的求解中不再计算背景和交叉项分量，采用修正系数 k_r 与共振分量相乘进行补偿，即不需要进行二阶段的组合。总脉动风振响应可表示为

$$\{\sigma_{R,t}\}=\{k_r\}\cdot\times\{\sigma_{R,r}\} \tag{8-32}$$

总风致响应根方差表达式为

$$\{R_a\}=\{\bar{R}\}+\{g\}\cdot\times\{\sigma_{R,t}\} \tag{8-33}$$

进而获得总等效静力风荷载为

$$\{P_e\}=\{\bar{P}\}+\{\mathrm{sign}(\bar{R})\}\cdot\times\{k_r\}\cdot\times\{P_{er}\} \tag{8-34}$$

式中，k_r 为待定的修正系数，由式（8-35）确定：

$$I_iP_{e,f}=I_i(\{P_{er}\}\cdot\times\{k_r\})=\sigma_{Ri,t} \tag{8-35}$$

求得的 k_r 是满足式（8-35）的最小范数解。将 k_r 代入式（8-34）即可求得响应目标 R_i 对应的等效静力风荷载。

8.3.2 简化计算方法的应用

采用简化计算方法对附录 D 工程 1 大型冷却塔结构进行风振响应计算。图 8.19 给出了不同环向断面上所有节点的实际响应极值和简化计算结果。由图可知，采用简化方法计算的脉动风振响应和实际极值响应的分布曲线很接近，最大误差约为 10%，说明采用简化计算方法可以较好地估算结构的极值响应。

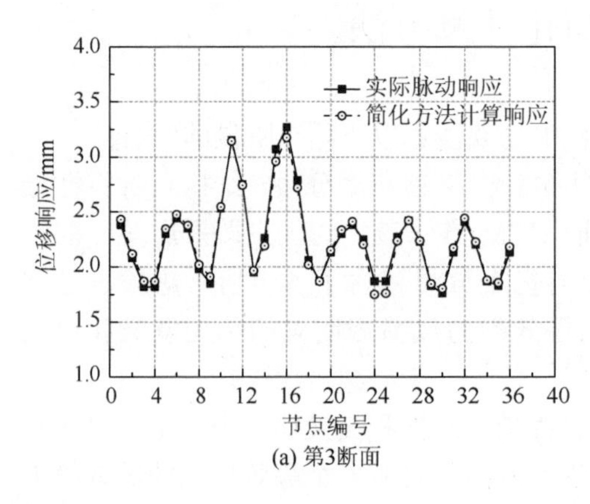

(a) 第3断面

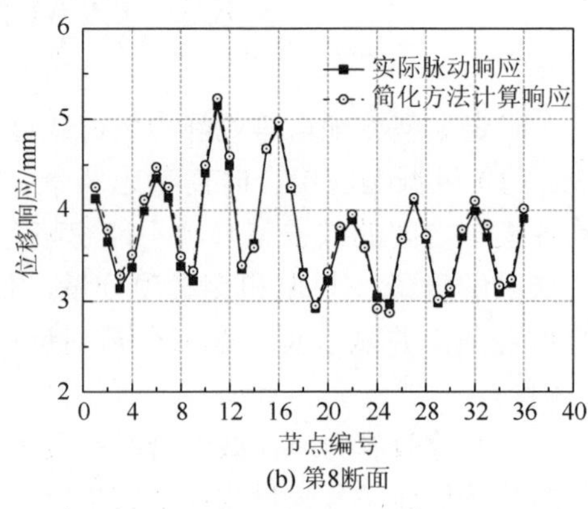

(b) 第8断面

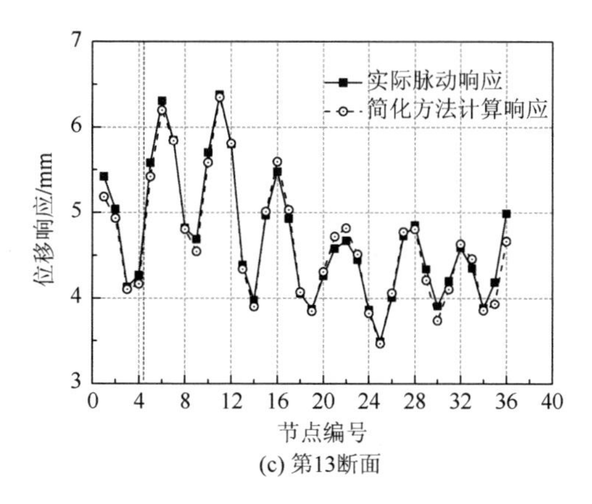

(c) 第13断面

图 8.19　简化方法计算的第 3 断面节点极值响应示意图

图 8.20 给出了不同等效目标简化方法等效静力风荷载等值线图。结合图 8.8 可知，采用简化计算方法获得的总脉动风等效静力风荷载的分布特性和实际极值响应非常吻合，且数值误差较小，最大约 15%，进一步证明了简化方法计算结果的可靠性。

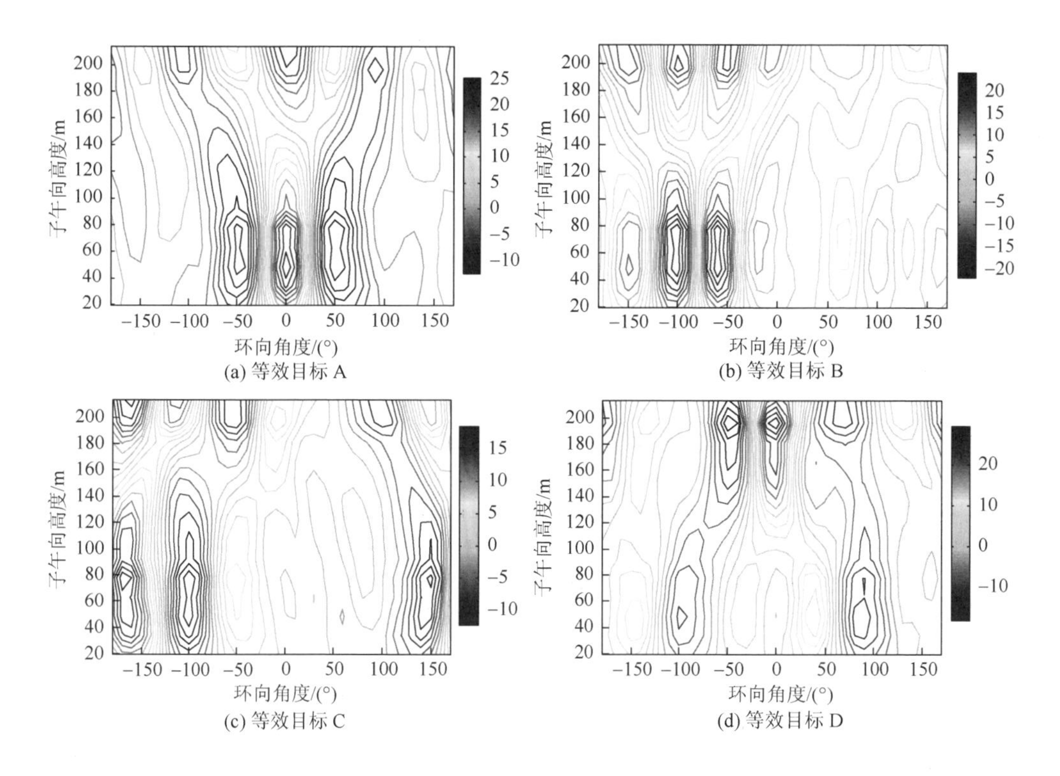

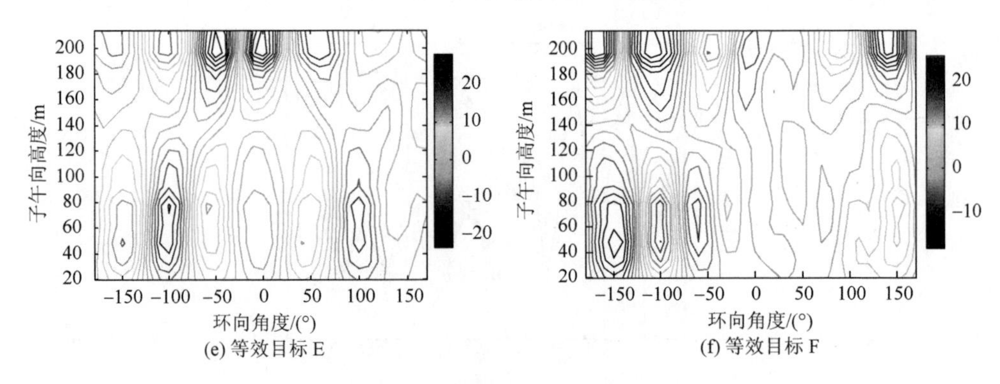

图 8.20 采用简化方法计算的等效静力风荷载等值线图

8.4 小 结

本章主要研究了大型冷却塔结构等效静力风荷载的分布特征和合理取值。首先，基于 CCM 方法计算了大型冷却塔结构的脉动风等效静力风荷载背景、共振和交叉项分量，组合得到了脉动风等效静力风荷载和总等效静力风荷载，提炼出等效静力风荷载的分布规律。然后，对多目标等效静力风荷载的实质和优缺点进行了总结，提出了改进的多目标等效静力风荷载计算方法。在此基础上，给出了不同等效目标下超大型冷却塔结构多目标等效静力风荷载，并探讨了其分布特性及合理性，最终提出了大型冷却塔等效静力风荷载的实用简化计算方法。

参 考 文 献

[1] DL/T 5339—2006. 火力发电厂水工设计规范[S]. 北京：中国电力出版社，2006.

[2] GB/T 50102—2014. 工业循环水冷却设计规范[S]. 北京：中国计划出版社，2014.

[3] Hu X. Wind Loading Effects and Equivalent Staticwind Loading on Low-rise Buildings[D]. Lubbock：Texas Technology University，2006.

[4] 柯世堂. 大型冷却塔结构风效应和等效风荷载研究[D]. 上海：同济大学，2011.

[5] Ke S，Ge Y，Zhao L，et al. Stability and reinforcement analysis of superlarge exhaust cooling towers based on a wind tunnel test[J]. Journal of Structural Engineering，2015，141（12）：04015066.

[6] Ke S，Ge Y，Zhao L，et al. Wind-induced responses of super-large cooling towers[J]. Journal of Central South University，2013，20（11）：3216-3228.

[7] Ke S，Ge Y，Zhao L，et al. Wind-induced vibration characteristics and parametric analysis of large hyperbolic cooling towers with different feature sizes[J]. Structural Engineering & Mechanics，2015，54（5）：891-908.

[8] Ke S，Ge Y. The influence of self-excited forces on wind loads and wind effects for super-large cooling towers[J]. Journal of Wind Engineering & Industrial Aerodynamics，2014，132（9）：125-135.

[9] Ke S，Ge Y，Zhao L，et al. A new methodology for analysis of equivalent static wind loads on super-large cooling towers[J]. Journal of Wind Engineering & Industrial Aerodynamics，2012，111（3）：30-39.

[10] 柯世堂，侯宪安，陈少林，等. 大型冷却塔结构多目标等效静力风荷载分析[J]. 电力建设，2012，33（9）：6-10.

[11] 邹云峰，李寿英，牛华伟，等. 双曲冷却塔等效静力风荷载规范适应性研究[J]. 振动与冲击，2013，32（11）：100-105.

[12] 柯世堂，侯宪安，赵林，等. 超大型冷却塔风荷载和风振响应参数分析：自激力效应[J]. 土木工程学报，2012，45（12）：45-53.

[13] 陈波，杨庆山，武岳. 大跨空间结构的多目标等效静力风荷载分析方法[J]. 土木工程学报，2010，43（3）：62-67.

[14] 柯世堂，葛耀君，赵林，等. 大型冷却塔结构的等效静力风荷载[J]. 同济大学学报（自然科学版），2011，39（8）：1132-1137.

[15] 柯世堂，陈少林，赵林，等. 超大型冷却塔等效静力风荷载精细化计算及应用[J]. 振动、测试与诊断，2013，33（5）：824-830.

[16] 柯世堂，陈少林，葛耀君，等. 济南奥体馆屋盖结构风振响应和等效静力风荷载[J]. 振动工程学报，2013，26（2）：214-219.

第9章　基于二次开发大型冷却塔抗风计算软件

本章基于ANSYS二次开发语言APDL、UIDL[1]及MATLAB设计语言[2, 3]分别进行大型冷却塔风致静动力计算模块和软件的二次开发，对复杂的建模、计算及后处理过程进行封装，开发出针对性强、简便实用的冷却塔风致静动力计算软件，以便于用户和程序的交互，使冷却塔结构抗风设计人员可通过输入简单的参数，实现大型双曲冷却塔参数化、可视化的建模及风致静动力计算和分析。

9.1　ANSYS二次开发

大型双曲冷却塔的风敏感特性使得其风致受力性能的研究成为结构设计的重要课题。有限元方法是分析大型双曲冷却塔结构受力性能的重要手段之一[4]。其基本思想是首先对一个连续变化的求解区域分割成有限个单元，在单元内假设近似解的插值多项式，这些单元由若干个节点相互联结而成，特征通过给定有限个节点上的未知参数来表示，然后采用适当的方法将含有这些未知参数的各个单元之间的关系以方程组形式表示出来，最后求解方程组，即可获得各节点的未知参数并利用插值函数求得近似解。若需解更精确，则可通过缩小单元尺寸使解更加收敛于真实解[5]。

9.1.1　开发语言简介

ANSYS作为一种功能强大的大型通用工程仿真软件，以有限元方法为核心，具备强大的前处理、计算分析及后处理模块，应用范围极广，深受广大科研工作者和设计人员的青睐。前处理是在前处理器中完成的，包括定义材料、几何常数和单元类型、建立几何模型并划分网格，前处理器的核心是建模；加载与求解是在求解器中完成的，主要是对边界或节点进行位移、力的加载和求解；后处理是将计算所得的结果可视化，是在后处理器中完成的，包括通用后处理器和时间历程后处理器两种。然而在界面中直接建立复杂的冷却塔几何模型时操作烦琐、建模效率低且不易修改和掌握，但其良好的开放性和可定制性为多种语言的二次开发提供接口。

其中，APDL（ANSYS parameter design language）——参数化设计语言作为 ANSYS 的专用解释型语言之一，具有顺序、选择、循环和宏等结构，以完成有限元常规分析操作或通过参数化变量方式建立分析模型，可实现智能化的有限元分析，满足用户对重复性设计分析的需要，其分析功能强大，但文件方式不直观、可视化程度差，仅能开发出简单的界面。

UIDL（user interface design language）——用户界面设计语言是 ANSYS 专门为用户提供编写或改造图形界面的设计语言，允许用户灵活改变 GUI 的组件，实现自己的个性菜单定制，进而完成主菜单系统及菜单项、对话框及联机帮助系统三种图形界面的设计，是进行 ANSYS 二次开发强有力的工具，其控制 GUI 图形界面的开发，但不能实现复杂问题的建模和分析。

故用户可结合自身的需要，基于 APDL 和 UIDL 两种设计语言针对特定专业问题在标准 ANSYS 版本上进行修改编制和功能补充，开发出具有行业特点、操作简单、易用高效、界面友好的专用有限元程序模块。

9.1.2　二次开发流程

1. UIDL 控制文件

控制文件是 UIDL 进行二次开发的核心，是用户定制个性化图形界面的手段，其文件结构层次分明，控制文件结构如图 9.1 所示。

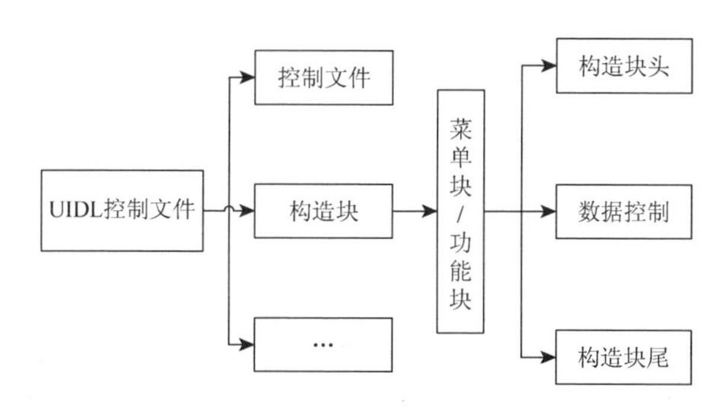

图 9.1　控制文件结构示意图

2. 菜单设计

用户采用文本编辑器建立自己的 MYMENU.GRN 菜单控制文件。控制文件头为：

图 9.2　主菜单示意图

```
: F MYMENU.GRN
: D Modified on %E%, Revision (SID)
=%I%-for use with ansys
: I      0, 0, 0
: !
```

第一行：F 后为控制文件名。

第二行：D 后为对本文件的一些说明。

第三行：I 描述 GUI 的位置信息，初始值为 0，必须位于第 9、18、27 列。

第四行：！ 作为分隔标记。

菜单控制文件中构造块用来定制 GUI 上的菜单，部分内容及说明如表 9.1 所示。根据用户编辑的控制文件，并保存为 UTF-8 格式，运行 ANSYS 程序，即可生成中文化菜单，如图 9.2 所示。

表 9.1　菜单构造块部分内容及说明

内容	说明
: N Men_MyProject	！定义构造块名称
: S　0,　0,　0	！描述 GUI 位置信息，0 位于第 9，16，23 列
: T Menu	！定义构造块类型
: A 冷却塔模块	！定义出现在界面菜单上的名字
: D Construct the model and do analysis	！描述该构造块的信息
-前处理-	！定义出现在二级菜单上的名字
Fnc_TaTong	！数据控制部分
…	！…
: E END	！构造块尾部分
: !	！分隔符不是必需的

3. 对话框设计

用户首先建立自己的 MYFUNC.GRN 对话框控制文件并保存为默认 ASIN 格式。其控制文件头及构造块头部分和尾部分与上述相同，构造块部分内容及说明如表 9.2 所示。根据该对话框控制文件，运行 AYSYS 即可生成前处理、计算、后处理中文对话框，分别如图 9.3 所示。

表 9.2　对话框构造块部分内容及说明

内容	说明
…	！…
: D 塔筒参数设置	！定义出现在对话框标题
: C）*set，iNumPo，123	！设置参数默认值
Cmd_）*Cset，1，3	！设置数值域的总数
Fld_0	！静态文本储存于 0 域中
Typ_Lab	！显示提示字符串
Prm_请输入塔筒参数	
Fld_2	
Prm_塔筒混凝土等级	！Prm_定义输入框前提示内容
Typ_Lis_OptionB	！定义下拉列表
Lis_C15，15	！定义其中一个列表选项
…	！…
Cmd_）/GO	
Cmd_）*GET，CT，CPAR，1	！获取参数，指向第一个实数域
Cal_Fnc_ZhiZhu	！设置点击“OK”按钮后弹出下一个参数对话框
…	！…

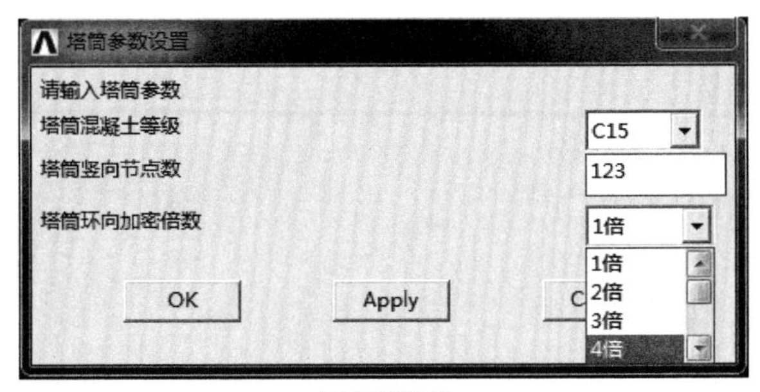

(a) 塔筒参数

支柱参数设置

请输入支柱参数

支柱混凝土等级　C15

支柱类型

- X形柱
- 人字柱

支柱断面类型

- 圆形截面
- 矩形截面

支柱对数	40	
支柱圆形断面半径	0	
支柱矩形断面宽高	2	1.2
支柱底部标高	-0.602	
支柱底端所在圆的半径	81.87	
支柱与底部墩基中心点的距离	1.452	
支柱与顶部墩基中心点的距离	2.566	

OK　Apply　Cancel

(b) 支柱参数

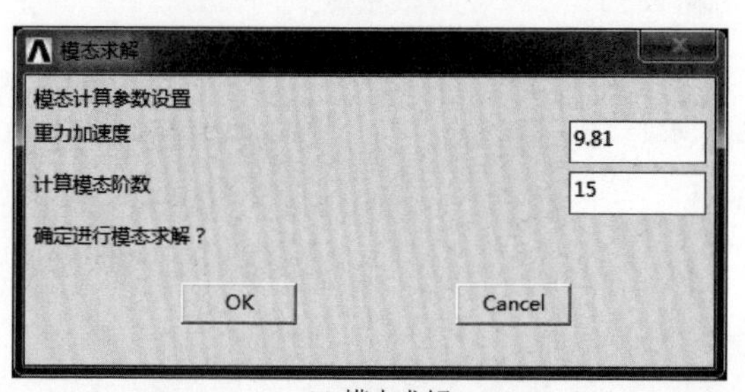

(c) 模态求解

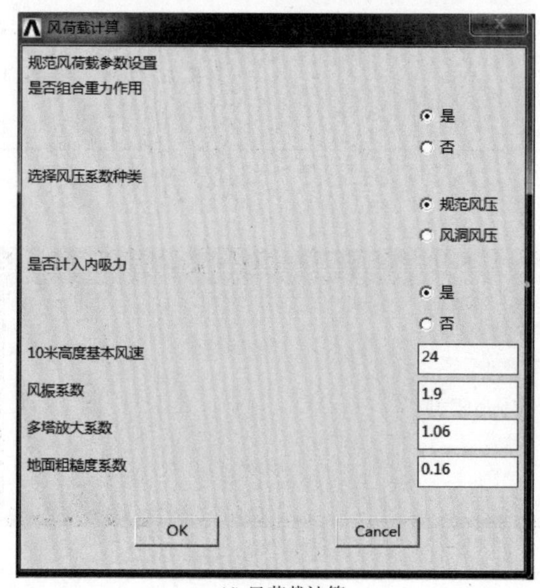

(d) 风荷载计算

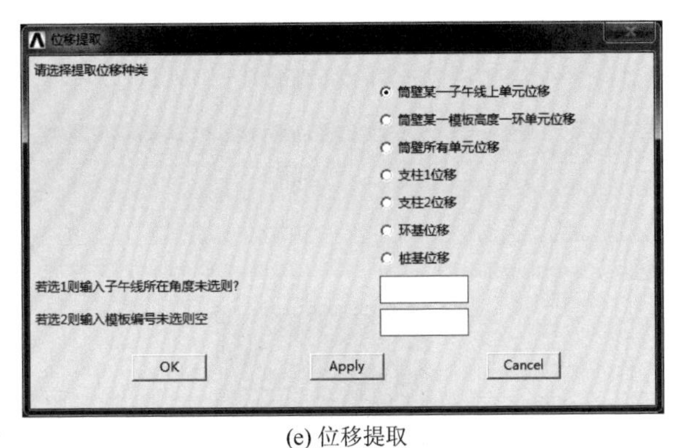

(e) 位移提取

图 9.3　对话框示意图

4. APDL 程序调用

前述界面设计皆通过 UIDL 命令来实现，而实现建模及分析的基础是 APDL 语言程序。控制文件调用 APDL 程序流程图如图 9.4 所示。

5. UIDL 程序调用

ANSYS 调用 UIDL 控制文件有两种方式。基于 ANSYS12.0 环境对 ANSYS 调用 UIDL 的过程进行说明。ANSYS 在启动时会优先在用户设定的工作目录中搜寻用户自定义 menulist120.ans 文件，并调用其指向的 UIDL 控制文件。当前工作目录中若无用户自定义 menulist120.ans 文件，则 ANSYS 自动调用安装目录的 uidl 文件夹中的 menulist120.ans 文件，并据此运行其指向的 UIDL 控制文件。

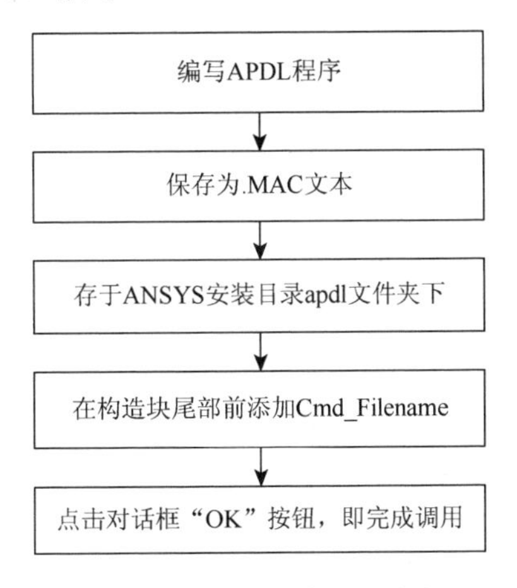

图 9.4　APDL 程序调用流程

本书建立了 MYMENU.GRN 菜单控制文件和 MYFUNC.GRN 对话框控制文件，同时在 menulist120.ans 添加“当前工作路径\MYMENU.GRN”和“当前工作路径\MYFUNC.GRN”指向命令，并将三者放置于当前工作目录下，启动 ANSYS 即实现自定义的 GUI 界面。

9.1.3　模块开发成果

图 9.5 给出了冷却塔抗风分析模块进行三维建模、风荷载计算、模态求解及位移云图的界面示意图。

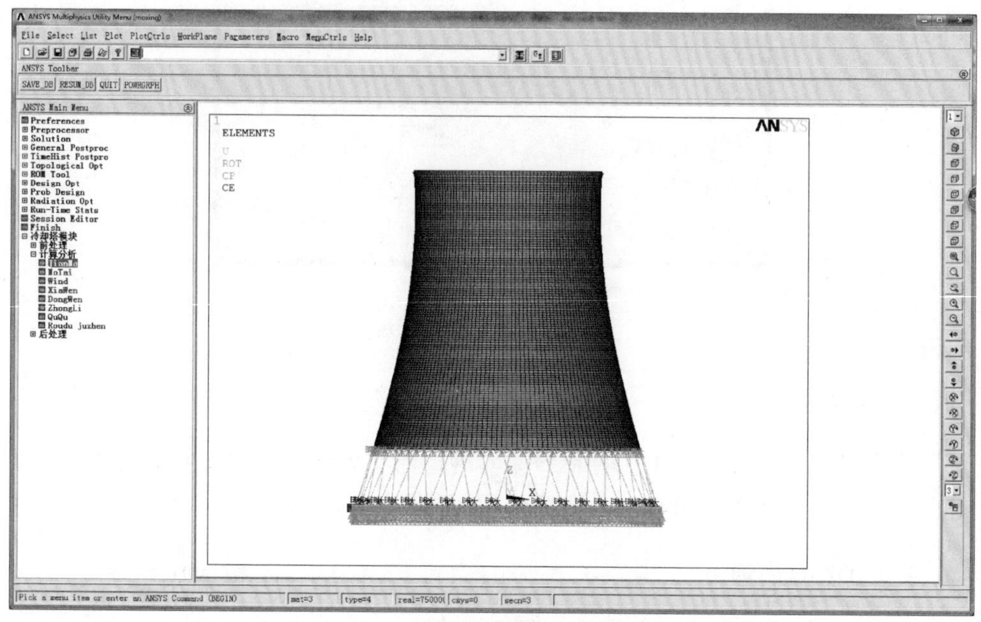

(a) 三维建模

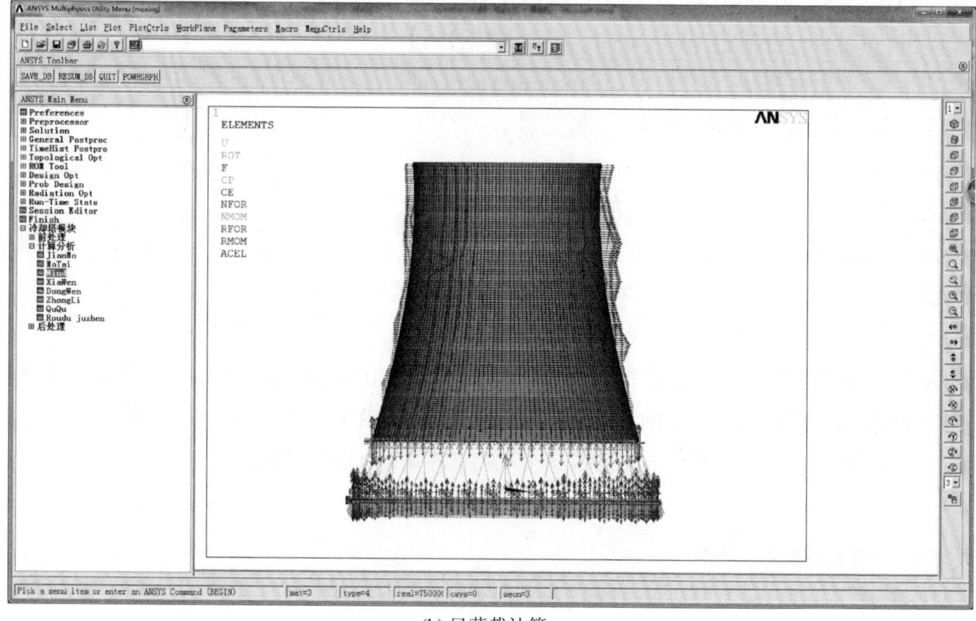

(b) 风荷载计算

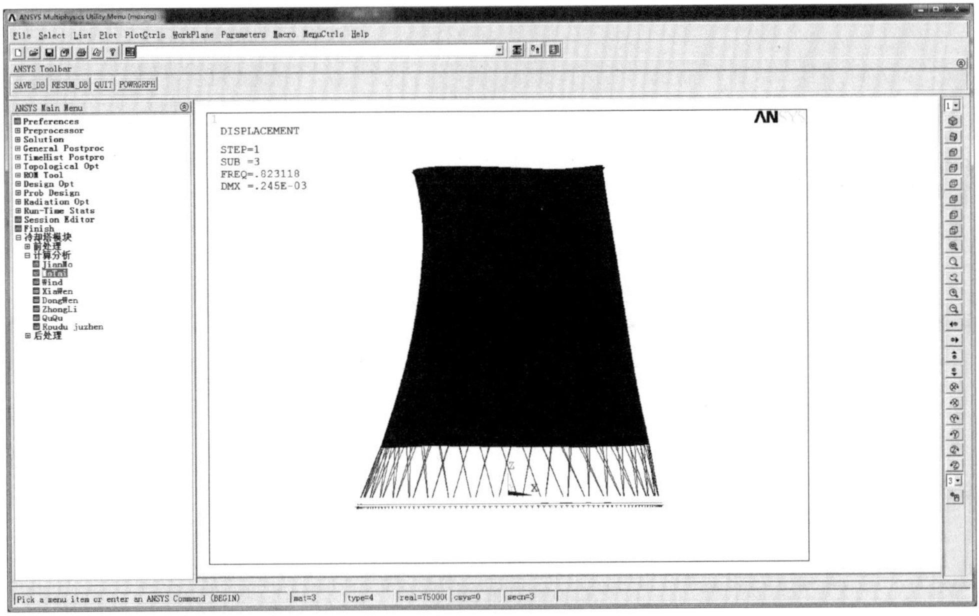

(c) 模态求解

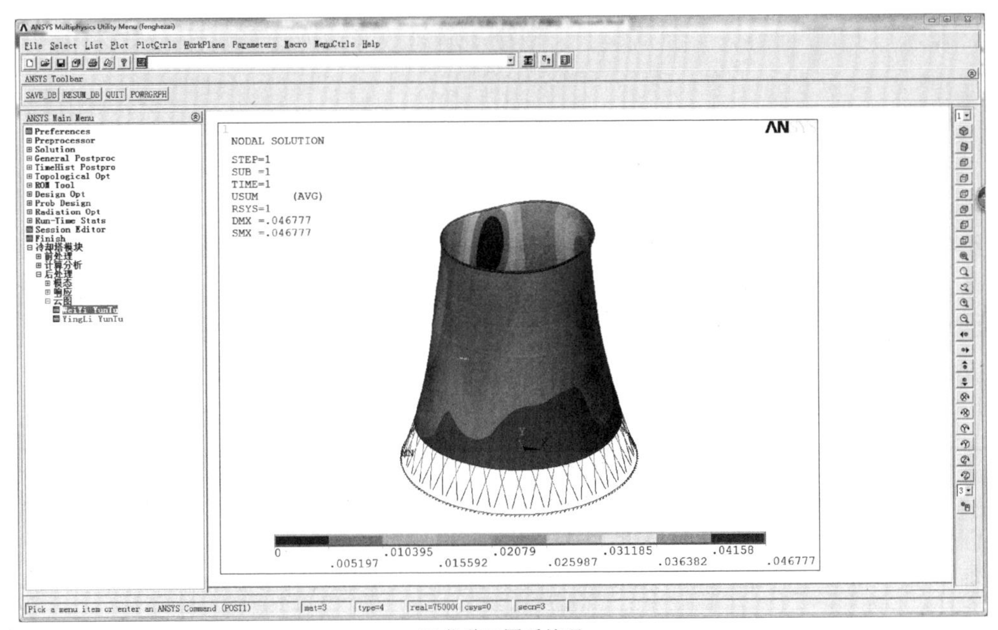

(d) 位移云图后处理

图 9.5　二次开发模块界面示意图

9.2　MATLAB 二次开发

MATLAB 语言具有不同于其他高级语言的特点，被称为第四代计算机语言，其最大的特点就是简单和直接，正如第三代计算机语言（如 Fortran 语言和 C 语言）使人们摆脱计算机硬件操作一样，MATLAB 语言使人们从烦琐的程序代码中解放出来，它丰富的函数使开发者无需重复编程，只要简单的调用和使用即可。

MATLAB 具有编程效率高、使用方便、扩充能力强、交互性好、语言简单、函数丰富、可高效方便矩阵和数组运算、便捷强大的绘图功能、具备功能强大设计边界的工具箱、移植性和开放性好等优点[6]。MATLAB 的主要组成部分按功能划分为开发环境、数学函数库、编程与数据类型、文件 I/O、图形处理、三维可视化、创建图形用户界面和外部接口。MATLAB 既能进行科学计算，又能开发出所需要的图形界面[7, 8]。

9.2.1　开发语言简介

本书与中国工程顾问集团电站冷却塔技术中心及西北电力设计院有限公司合作，基于 MATLAB 平台完成了大型冷却塔风致静动力计算软件的开发，使用户通过一系列鼠标、键盘操作指挥后台程序实现对大型冷却塔风致静动力响应的计算。

在 MATLAB 中，GUI 编程和 M 文件编程相比，除了要编写程序的内核代码外，还需要编写前台界面。MATLAB 图形界面程序的前台界面由一系列交互组件组成，主要包括按钮、单选按钮、框架、复选框、文本标签、编辑文本框、滑动条、下拉菜单、列表框和双位按钮等。MATLAB 把实现程序功能的内核代码和这些交互组件的鼠标或键盘时间并联起来，即通过设置这些交互组件的回调函数来完成特定交互事件下后台程序完成的功能。

MATLAB 中设计 GUI 程序的前台界面有全命令行的 M 文件编程和 GUIDE（graphical user interface development environment）辅助的图形界面设计两种方式。全命令行的 M 文件编程设计 GUI 程序界面即通过低级句柄图形创建函数，设置 GUI 界面下各个交互组件的属性。使用 GUIDE 辅助设计是一种更简单的创建 GUI 程序界面的方法。GUIDE 是 MATLAB 提供的 GUI 程序的开发环境，实际上就是一个图形用户界面程序，MATLAB 用户只需要通过简单的鼠标拖拽等操作即可设计 GUI 程序界面，是用户实现 GUI 编程的首选方法。

9.2.2　二次开发流程

1. 设计原则

由于要求不同，设计出来的界面亦千差万别，设计好的图形界面需要考虑以下因素。

（1）简单性。在设计界面时，力求简洁、清晰地体现界面的功能和特征，删去可有可无的一些设计，保持整洁。图形界面要直观，减少窗口数目，避免在不同的窗口进行来回切换。

（2）一致性。要求界面的风格尽量一致，不要和已经存在的界面风格截然相反。

（3）习常性。设计界面时，应尽量使用人们所熟悉的标志和符号。

（4）其他因素。还要注意界面的动态性能，如界面的响应要迅速、连续，对长时间运算要给出等待时间的提示，并允许用户中断运算等。

2. 设计步骤

界面的制作包括界面设计和程序实现，其过程不是一步到位的，需要反复修改，才能获得满意的界面，一般设计步骤如下：

（1）分析界面所要求实现的主要功能，明确设计任务；

（2）构思草图，从使用者和功能实现的角度出发，并上机实现；

（3）编写对象的相应程序，对实现的功能进行逐项审查。

3. 设计目标

基于国际通用的有限元计算分析软件 ANSYS 和第四代高级计算机语言 MATLAB 语言进行二次开发，建立有限元仿真模型，并进行风致静力与动力计算，开发可以进行结构响应绘图的程序，实现前处理、计算与分析的可视化与便捷化。

开发软件除具备国内主流专用程序功能外，还具备以下功能：

（1）具有友好的前后处理界面，程序的输入数据可以采用交互的方式输入，也可以采用数据文件的方式一次输入完成，自动生成输入参数，从而进行各目标的计算；

（2）可实现用户输入工程参数保存和另存，并在二次打开界面时，可一次性读入保存的工程参数文件从而实现参数的快速设置；

（3）当用户完成一个工程的计算后，可生成工程计算报告，其中包括用户输入的工程参数信息及计算结果信息；

（4）具备基本的符号、数字及参数范围的容错功能；

（5）可满足支柱为 X 形、人形及 I 形以及断面为矩形、圆形等工程的建模要求；

（6）可实现不同形式刚性环和子午肋的冷却塔有限元建模；

（7）可进行动力特性计算及结构振型与柔度矩阵的提取；

（8）可进行平均风荷载作用下结构静力响应、整体稳定性、屈曲稳定性、局部稳定性以及施工期屈曲稳定性的计算；

（9）可进行不同响应及位置等效目标下等效静力风荷载[9-11]的计算；

（10）可采用时域法和频域法[12-15]进行脉动风荷载作用下的节点、层及整体风振系数的计算。

4. 功能模块

大型冷却塔风致动力计算软件共分为如下八个功能模块。

（1）ANSYS 核心参数设置，如图 9.6 所示，首先用于设置 ANSYS 执行文件、ANSYS 工作目录及计算软件所需的参数文件目录和计算结果目录，其次用于设置 ANSYS 建模参数、进行有限元建模并绘制冷却塔结构示意图。

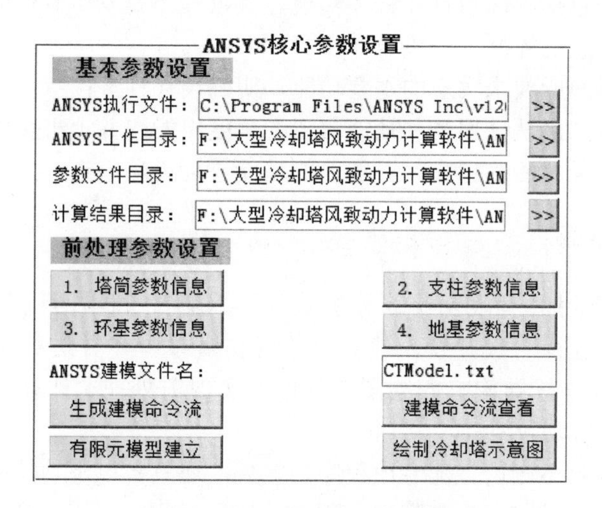

图 9.6　ANSYS 核心参数设置

（2）风荷载设计参数，如图 9.7 所示，地貌类型、平均风荷载[16,17]、基本风压、群塔系数、风振系数、竖向测点层数、测点环向点数等用于冷却塔结构的静力计算与输出输入参数；风荷载设计参数中除风振系数外的所有数据均用于冷却塔动力计算与输出的输入参数。

图 9.7　风荷载设计参数

（3）动力特性分析，如图 9.8 所示，“结构振型阶数”一方面用于动力特性计算，从而了解冷却塔结构的自振特性；另一方面，用于结构的“频域计算参数提取”中结构振型提取阶数的设置，频域计算参数提取包括结构振型提取和柔度矩阵提取两部分。

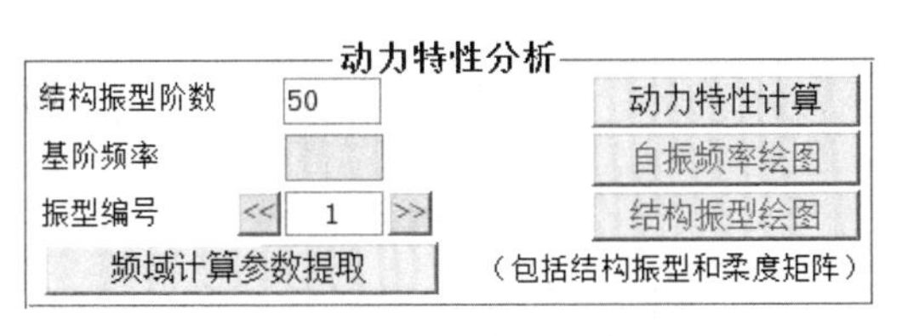

图 9.8　动力特性分析

（4）静力计算与输出，如图 9.9 所示，静风响应计算、屈曲稳定验算和施工期屈曲稳定性验算均需要首先对是否组合重力进行选择，重力加速度默认为 $9.8\mathrm{m/s^2}$；

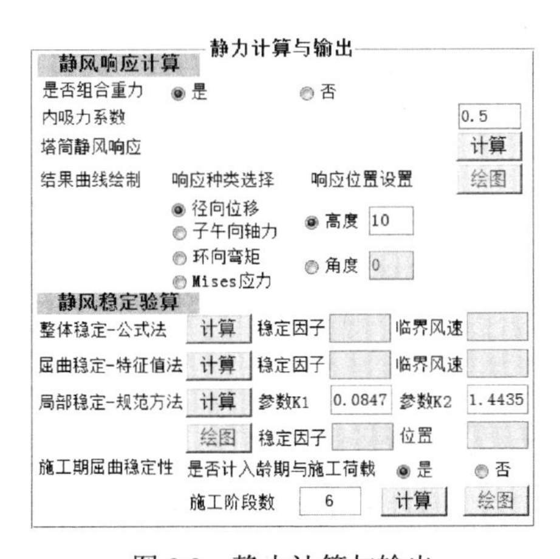

图 9.9　静力计算与输出

然后设置内吸力系数，如果不计内吸力，则输入 0；如果计入内吸力，则输入相应数据。局部稳定性验算需要用户输入计算参数 K_1 和 K_2；施工期屈曲稳定性可选择是否计入龄期和施工荷载。

（5）动力计算与输出，如图 9.10 所示，包括等效静力风荷载计算与风振系数计算。风振系数计算分为两种方法：频域法与时域法，需首先进行选择，然后计算结构风振系数。

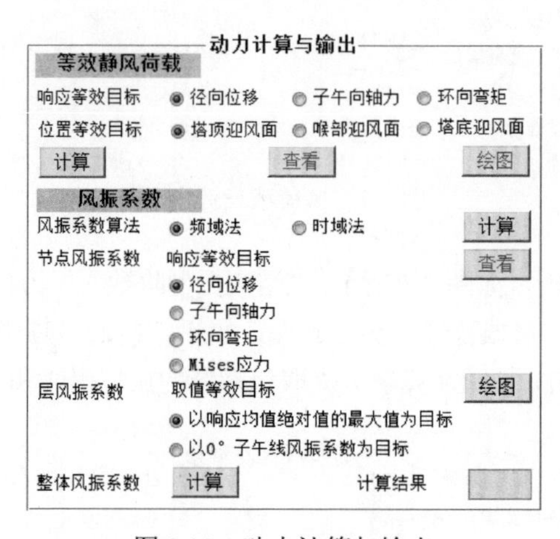

图 9.10　动力计算与输出

（6）图形显示区，如图 9.11 所示，主要用于显示冷却塔结构示意图、振型云图和计算结果示意图等。

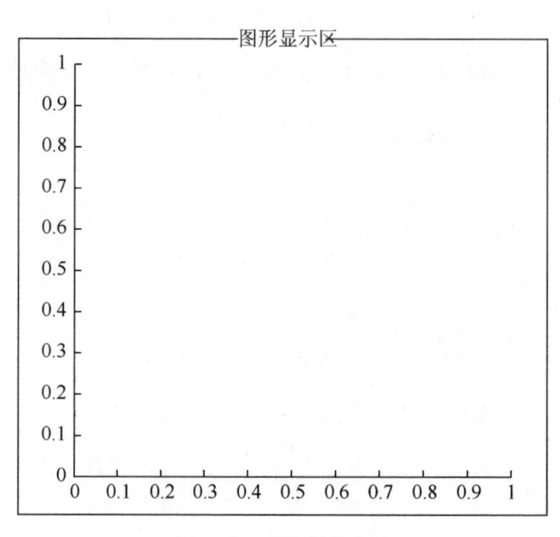

图 9.11　图形显示区

（7）用户交互框，如图 9.12 所示，主要用于提示用户的下一步行为、记忆用户上一步的操作以及提示软件当前正在进行的步骤。

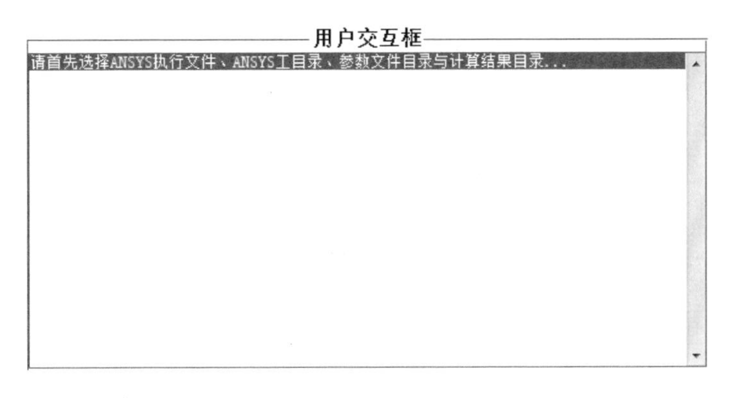

图 9.12　用户交互框

（8）菜单栏，如图 9.13 所示，包含界面的部分快捷方式，并提供典型的工程数据库和风荷载数据库供用户选择与计算，同时菜单栏具备了用户输入新工程参数后的保存、另存、打开输入以及生成工程计算报告的功能。

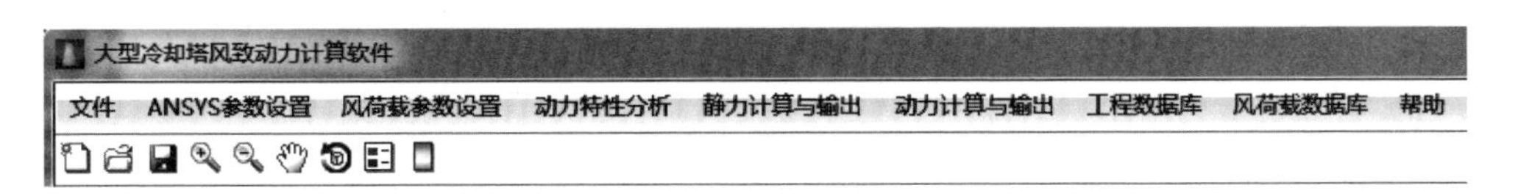

图 9.13　菜单栏

软件整体界面如图 9.14 所示。

9.2.3　软件开发成果

以附录 D 工程 2 为例，基于 MATLAB 二次开发的风致静动力计算软件给出冷却塔界面示意图绘制、规范风压曲线查看、动力特性计算、静风响应计算、静风稳定验算、等效风荷载计算和风振系数计算等结果界面示意如图 9.15～图 9.24 所示。

软件各功能模块操作性强，用户界面友好，使用简便高效。

图 9.14　大型冷却塔风致动力计算软件主界面示意图

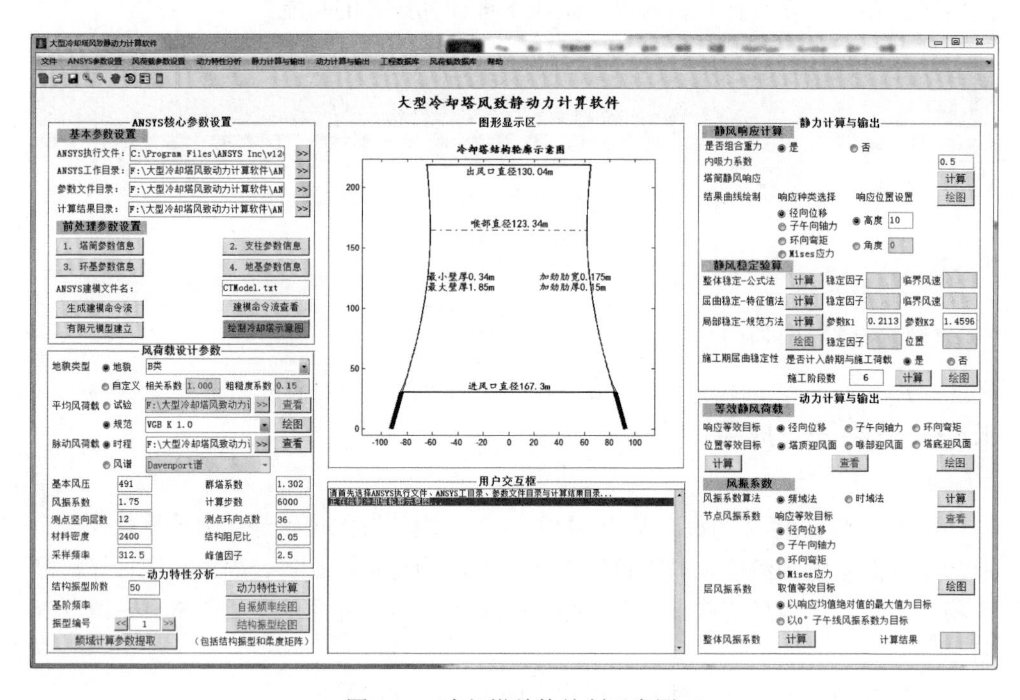

图 9.15　冷却塔结构绘制示意图

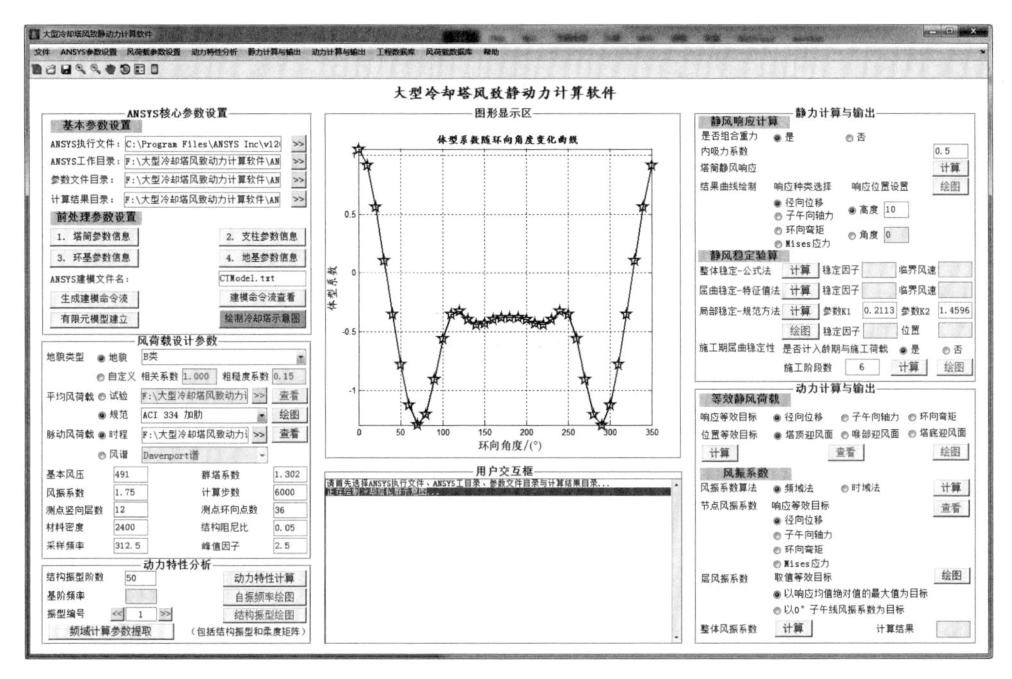

图 9.16　规范风压曲线绘制示意图

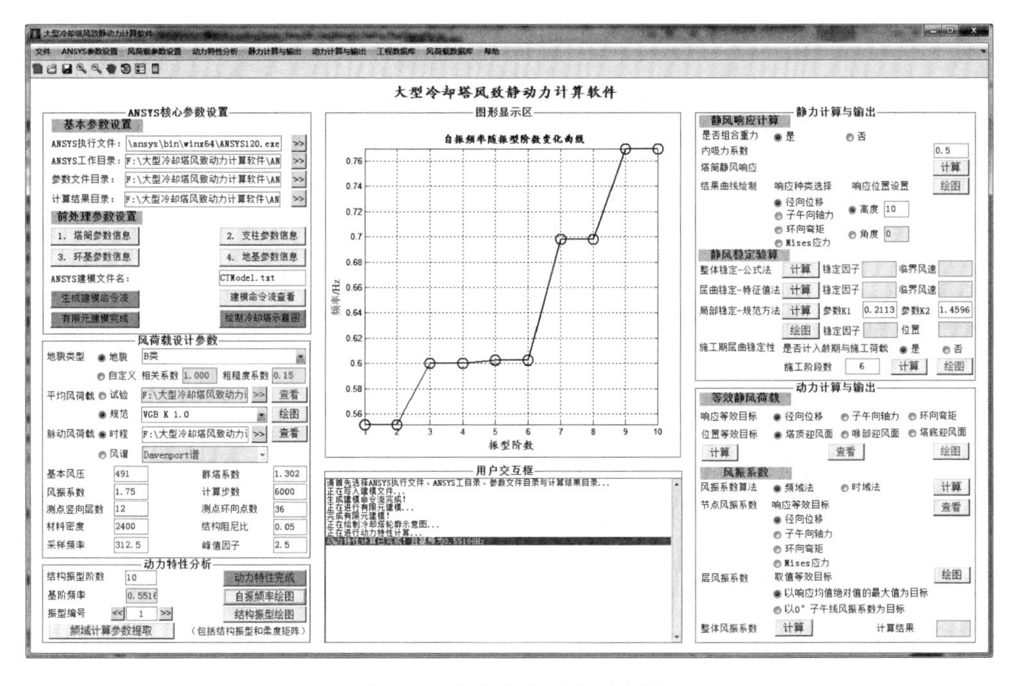

图 9.17　自振频率绘制示意图

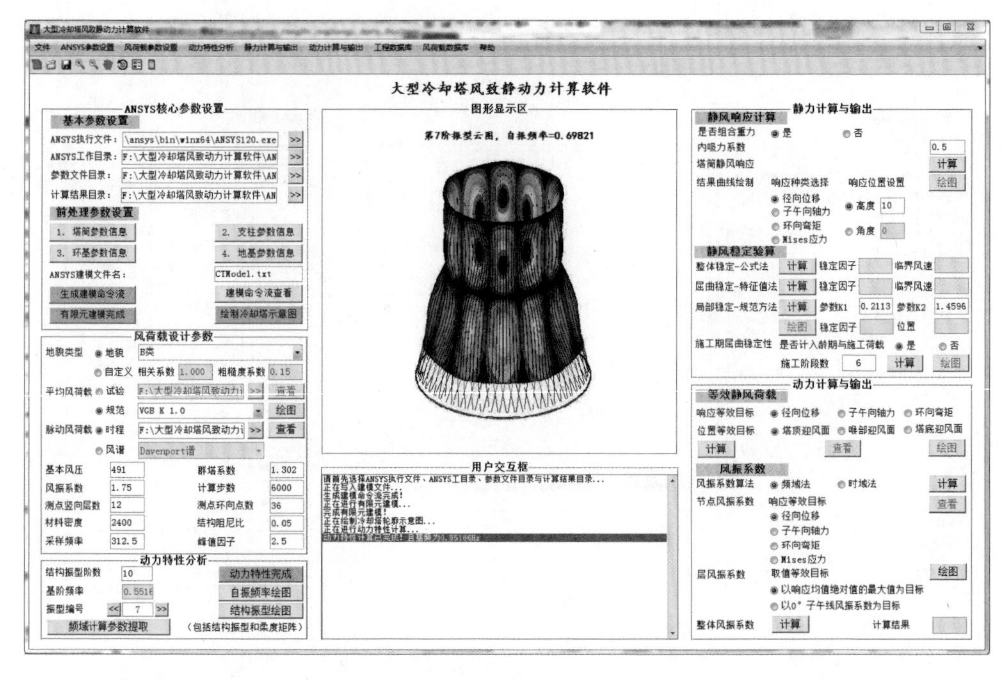

图 9.18　结构振型绘制示意图

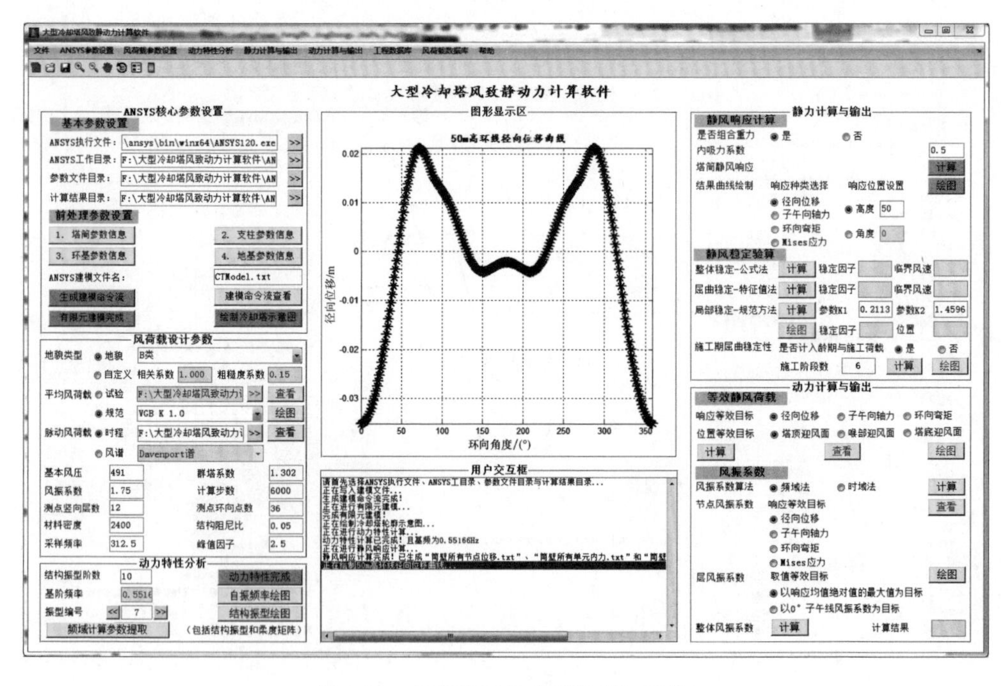

图 9.19　某高度环线响应绘制示意图

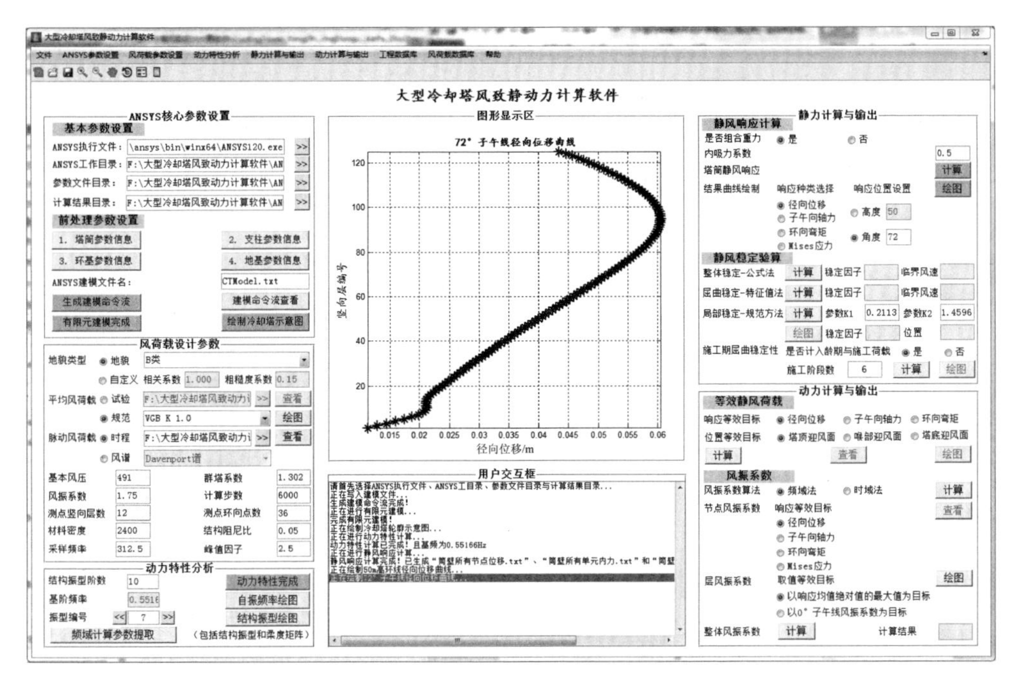

图 9.20　某角度子午线响应绘制示意图

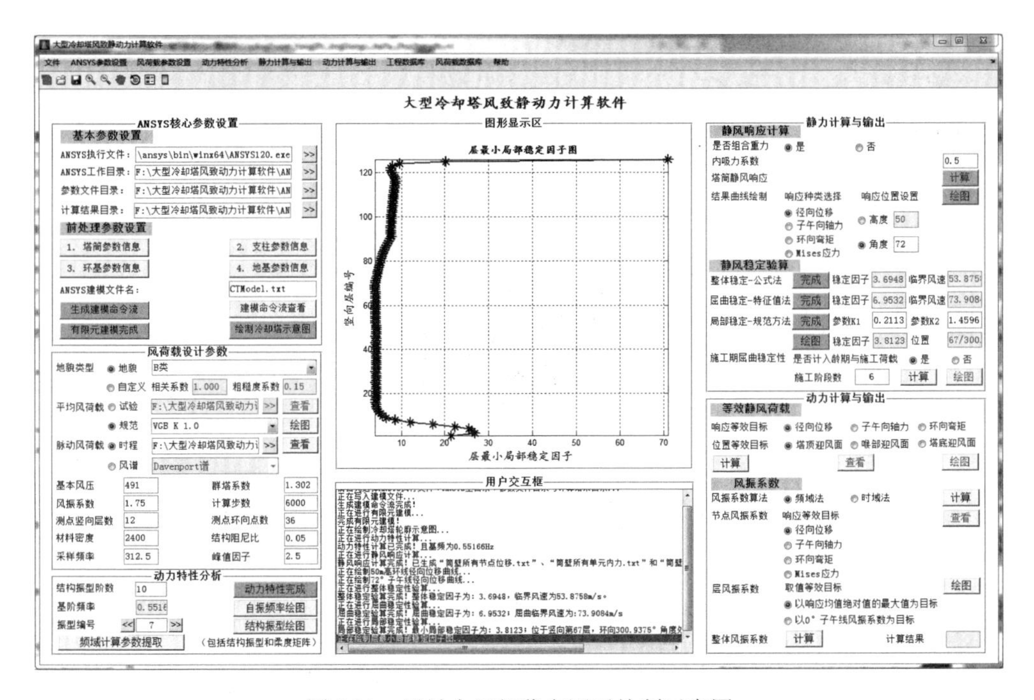

图 9.21　层最小局部稳定因子绘制示意图

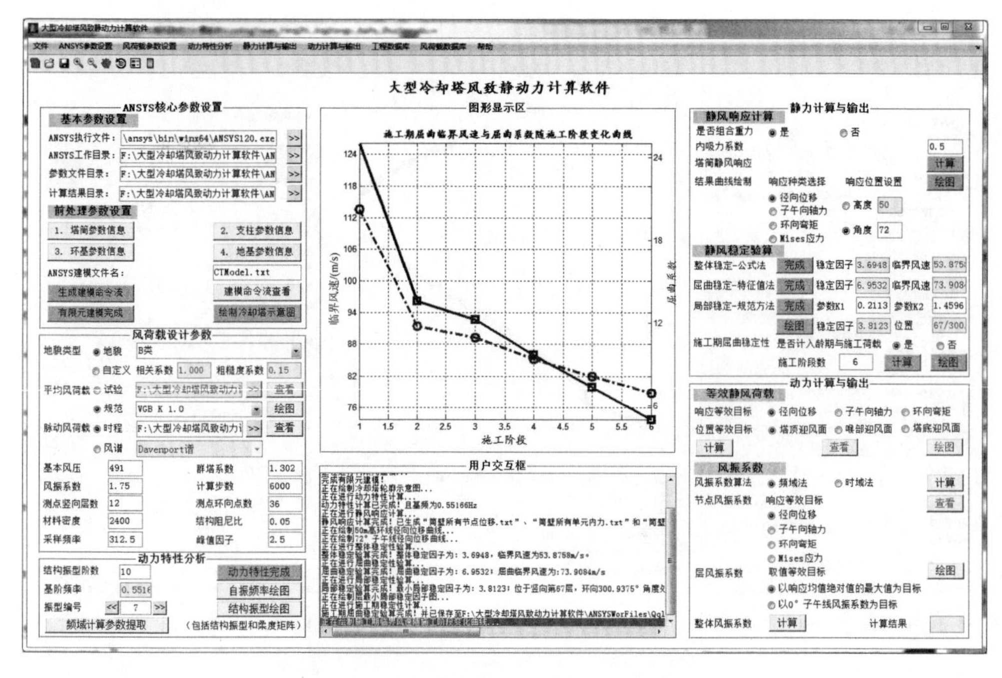

图 9.22　施工期屈曲稳定因子绘制示意图

图 9.23　等效静力风荷载绘制示意图

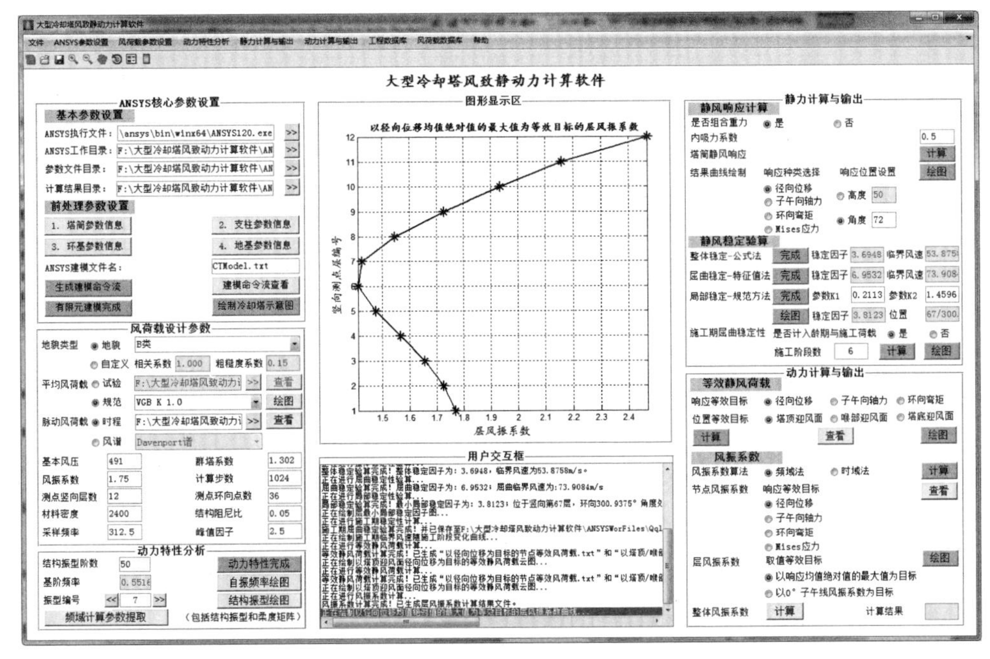

图 9.24　层风振系数绘制示意图

9.3　算 例 分 析

采用完整软件进行附录 D 工程 4 冷却塔的动力特性、静风响应、静风稳定及风振动力测试，测试结果符合常规冷却塔的响应分布规律，软件可视化程度高，可用性好，计算结果可靠。

9.3.1　动力特性测试

表 9.3 给出了前 50 阶频率随振型阶数变化的列表。图 9.25 给出了冷却塔结构前 50 阶典型阶振型示意图。由图可知，冷却塔结构基频为 0.5811Hz，前 100 阶自振频率随振型阶数呈线性增长，结构振型复杂且伴随子午向和环向同时振动，具有明显的三维特征。

表 9.3　前 50 阶结构频率列表（三位）

振型阶数	频率/Hz	振型阶数	频率/Hz
1～2	0.581	9～10	0.864
3～4	0.648	11～12	0.881
5～6	0.653	13～14	0.885
7～8	0.782	15～16	0.997

续表

振型阶数	频率/Hz	振型阶数	频率/Hz
17～18	1.020	35～36	1.446
19～20	1.025	37～38	1.490
21～22	1.202	39～40	1.498
23～24	1.234	41～42	1.499
25～26	1.238	43～44	1.513
27～28	1.244	45～46	1.645
29～30	1.271	47～48	1.704
31～32	1.342	49～50	1.763
33～34	1.400		

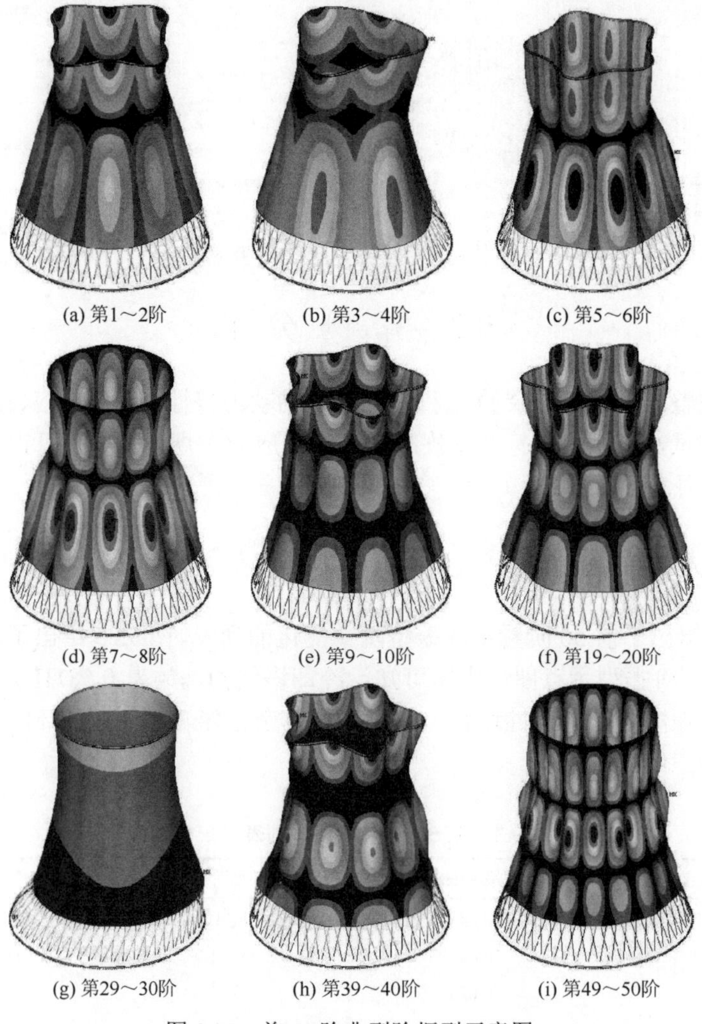

(a) 第1～2阶　(b) 第3～4阶　(c) 第5～6阶

(d) 第7～8阶　(e) 第9～10阶　(f) 第19～20阶

(g) 第29～30阶　(h) 第39～40阶　(i) 第49～50阶

图 9.25　前 50 阶典型阶振型示意图

9.3.2　风致响应测试

基于软件分别采用规范光滑塔风压曲线及考虑双塔干扰作用风洞试验获取的非对称风压进行静风响应分析，并将计算结果进行对比，图 9.26～图 9.29 分别给

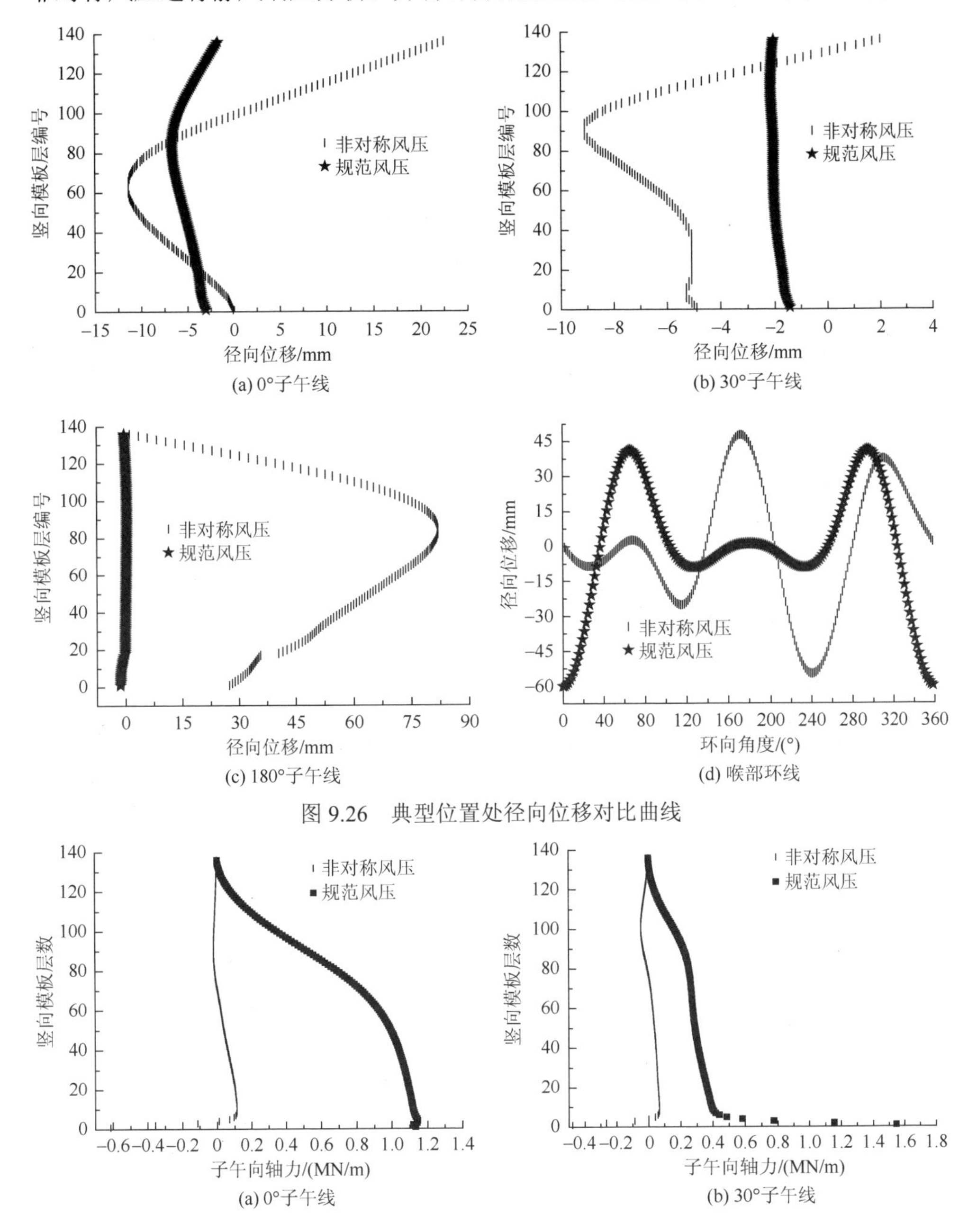

图 9.26　典型位置处径向位移对比曲线

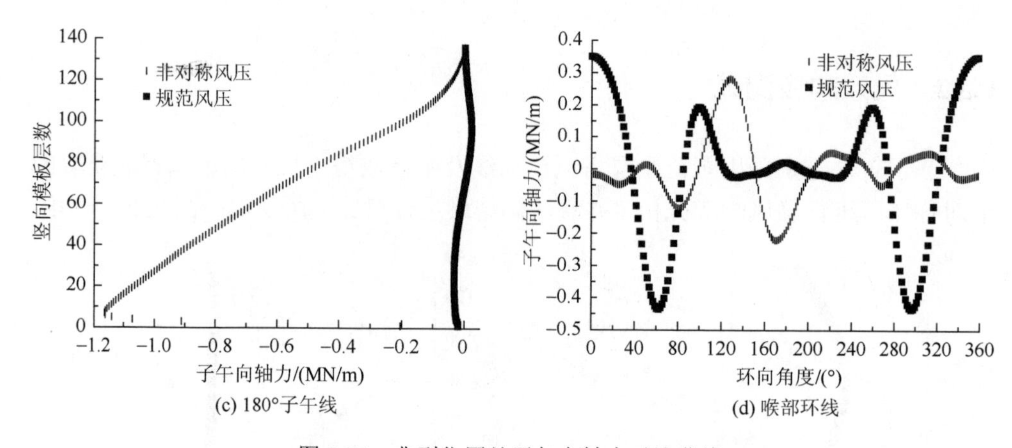

图 9.27　典型位置处子午向轴力对比曲线

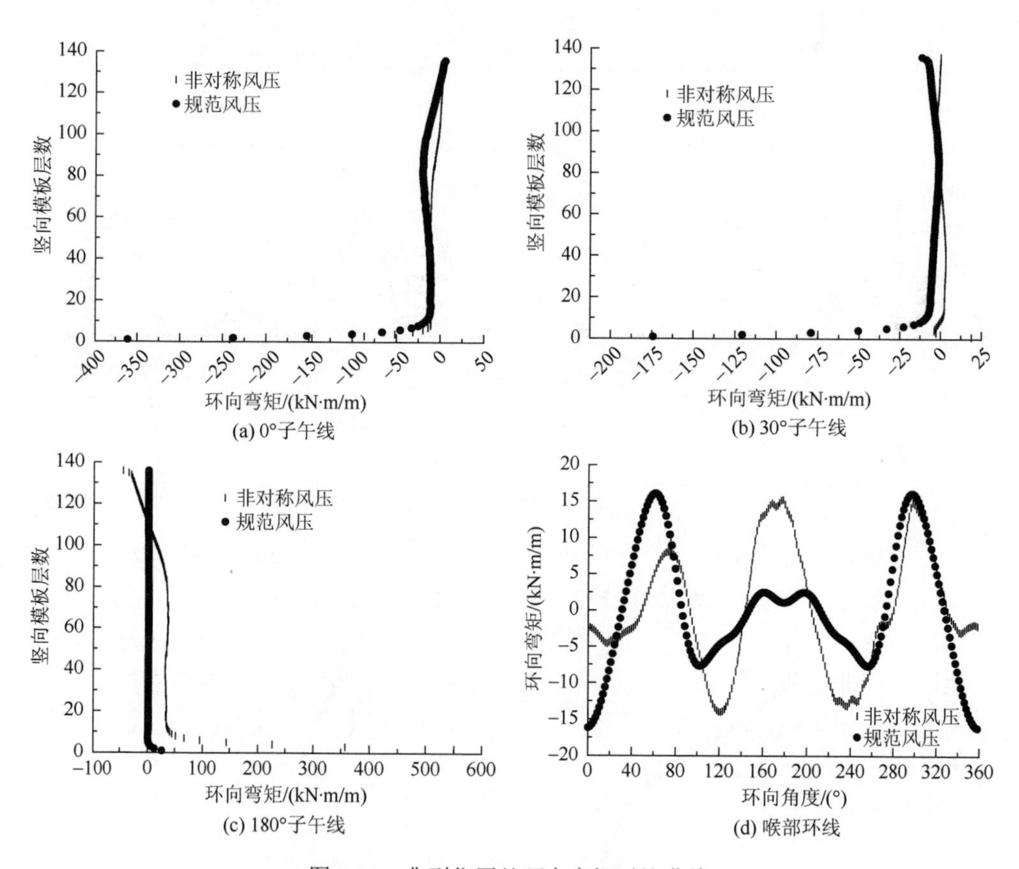

图 9.28　典型位置处环向弯矩对比曲线

出了典型位置（0°子午线、30°子午线、180°子午线以及喉部环线）处径向位移、子午向轴力、环向弯矩和 Mises 应力四种目标响应的对比曲线。

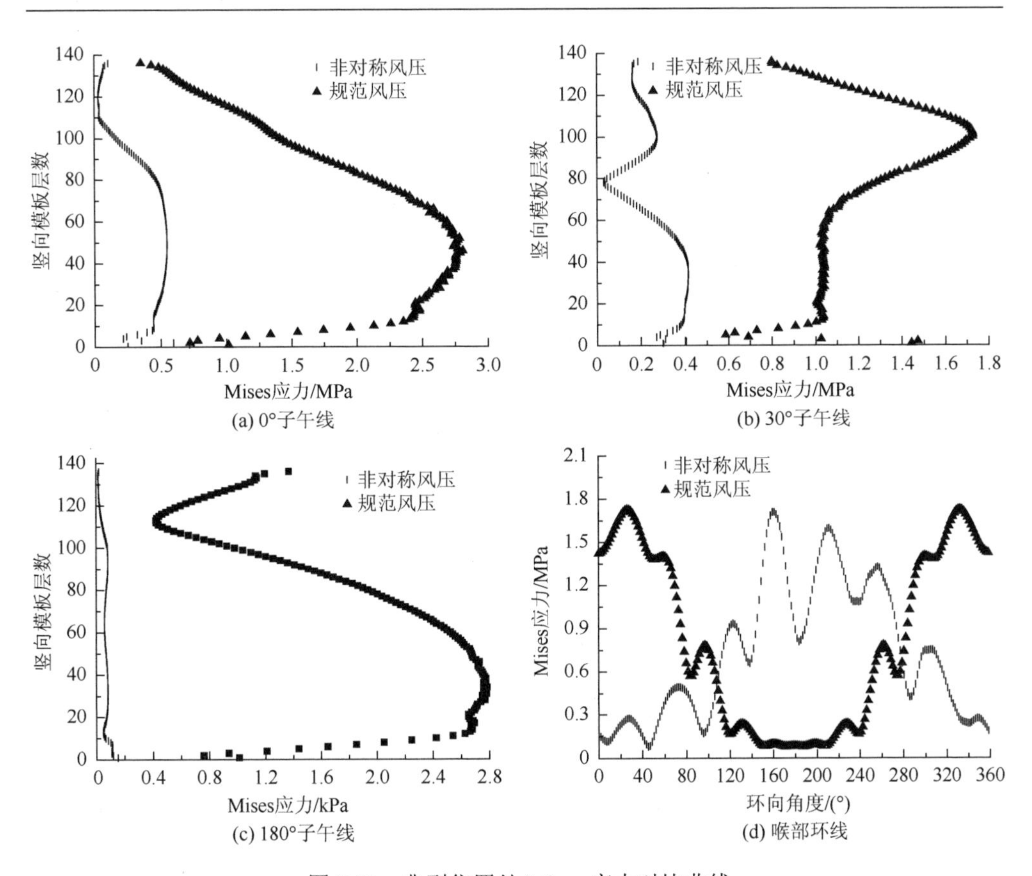

图 9.29　典型位置处 Mises 应力对比曲线

9.3.3　风致稳定测试

进行整体稳定性计算，可得整体稳定因子为 6.57（大于最小安全稳定系数 5.0），临界风速为 60.11m/s，大于当地基本风速 31m/s。

屈曲稳定计算时以–0.5 内压系数计入内吸力效应，表 9.4 给出了该冷却塔在规范风压和非对称风压作用下的屈曲稳定性对比。由表可知，冷却塔在规范风压作用下的屈曲稳定性相对于试验测得的非对称风压下的屈曲稳定性较小，但二者临界风速均大于设计风速。

表 9.4　屈曲稳定性对比

类别	规范风压下		非对称风压	
	稳定因子	临界风速	稳定因子	临界风速
屈曲稳定性	21.73	110.47m/s	28.73	127.03m/s

表 9.5 给出了塔体最小局部稳定因子对比。图 9.30 给出了规范风压和非对称风压作用下的层最小局部稳定因子对比。由图、表可知，在规范风压作用下塔筒下部和喉部局部稳定性优于非对称风压，塔筒中部和顶部局部稳定性与非对称风压作用下相比较小。

表 9.5 局部稳定性对比

类别	规范风压下		非对称风压	
	稳定因子	发生位置	稳定因子	发生位置
局部稳定性	5.47	第 72 层/62.31°	6.45	第 51 层/185.19°

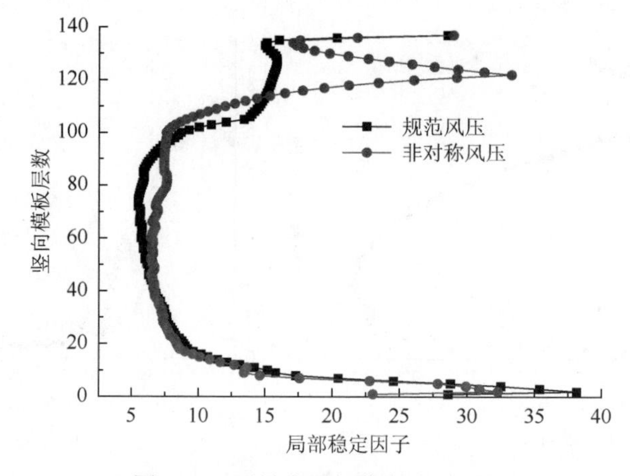

图 9.30 层最小局部稳定因子对比

施工期屈曲稳定性计算时以–0.5 内压系数计入内吸力效应，将施工期划分为 6 段，对比计入和不计入混凝土龄期变化和施工荷载两种工况，图 9.31 给出了规

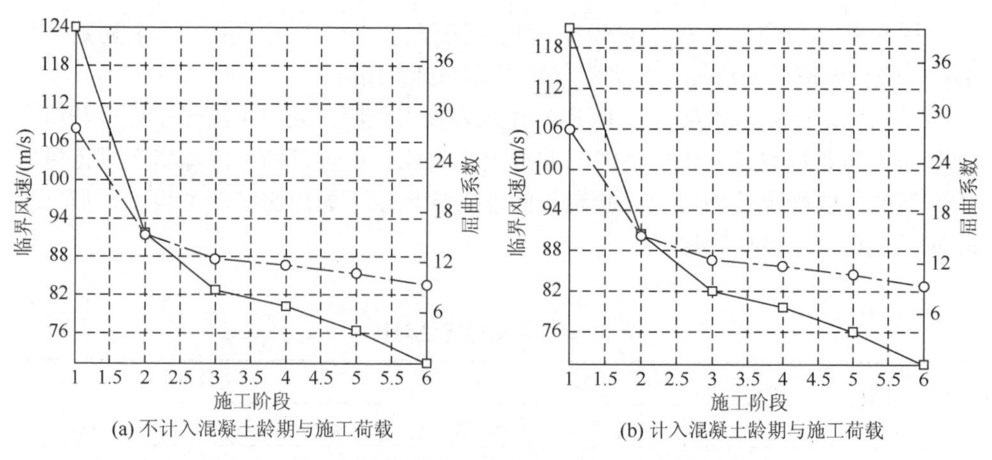

图 9.31 施工期屈曲系数与临界风速随施工阶段变化曲线

范风压作用下两种工况的施工期屈曲系数及临界风速变化曲线。由图可知，计入混凝土龄期变化和施工荷载后，屈曲系数和临界风速减小；随着施工高度的增加，冷却塔的屈曲系数与临界风速迅速降低，但在第 5 施工阶段临界风速出现较小的增幅，而后继续降低。

9.3.4　风振动力测试

基于软件分别采用频域法和时域法进行不同等效目标下的风振系数计算，分别给出整体风振系数推荐取值。以如下三类层风振系数组合等效目标为例，基于频域法和时域法两种方法进行风振系数计算：

A 类：以 0°子午线节点位移风振系数为目标；

B 类：以 0°子午线单元子午向轴力风振系数为目标；

C 类：以 0°子午线单元环向弯矩风振系数为目标。

表 9.6 和表 9.7 分别给出采用频域法和时域法计算的上述三类等效目标下层风振系数对比列表。图 9.32 给出了采用两种计算方法不同等效目标下层风振系数沿塔高的变化曲线。由表和图可知，风振系数在塔顶方向较大，两种计算方法得到的风振系数有一定差别，以等效目标 B 下的风振系数最为接近；以 B 类等效目标下的层风振系数均值作为整体风振系数推荐取值，频域法与时域法分别为 1.830 和 1.788。

表 9.6　冷却塔频域法计算不同等效目标下各层风振系数对比

断面编号	等效目标种类		
	A	B	C
1	1.684	1.698	1.725
2	1.730	1.643	1.716
3	1.753	1.762	1.760
4	1.760	1.791	1.798
5	1.752	1.74	1.529
6	1.724	1.868	1.548
7	1.680	1.889	1.602
8	1.674	1.927	2.103
9	1.861	2.145	1.760
10	2.541	1.673	1.653
各层均值	1.816	1.830	1.719
推荐风振系数		1.830	

表 9.7　冷却塔时域法计算不同等效目标下各层风振系数对比

断面编号	等效目标种类		
	A	B	C
1	1.934	1.590	1.688
2	1.925	1.684	1.786
3	1.910	1.679	1.679
4	1.893	1.665	1.665
5	1.880	1.654	1.654
6	1.868	1.647	1.647
7	1.855	1.646	1.646
8	1.839	1.650	1.650
9	1.819	1.650	1.650
10	1.818	1.635	1.635
11	1.822	1.611	1.611
12	1.823	1.596	1.498
13	1.823	1.599	1.502
14	1.819	1.604	1.604
15	1.828	1.602	1.602
16	1.854	1.582	1.582
17	1.874	1.567	1.567
18	1.895	1.570	1.570
19	1.776	1.586	1.660
20	1.762	1.614	1.656
21	1.745	1.652	1.667
22	1.719	1.694	1.688
23	1.690	1.736	1.686
24	1.657	1.779	1.680
25	1.616	1.833	1.675
26	1.578	1.901	1.673
27	1.544	1.993	1.675
28	1.532	2.065	1.737
29	1.596	2.076	1.730
30	1.834	2.126	1.730
31	2.267	2.617	1.743
32	2.285	2.107	1.672
33	2.288	1.982	1.573
各层均值	1.829	1.788	1.651
推荐风振系数		1.788	

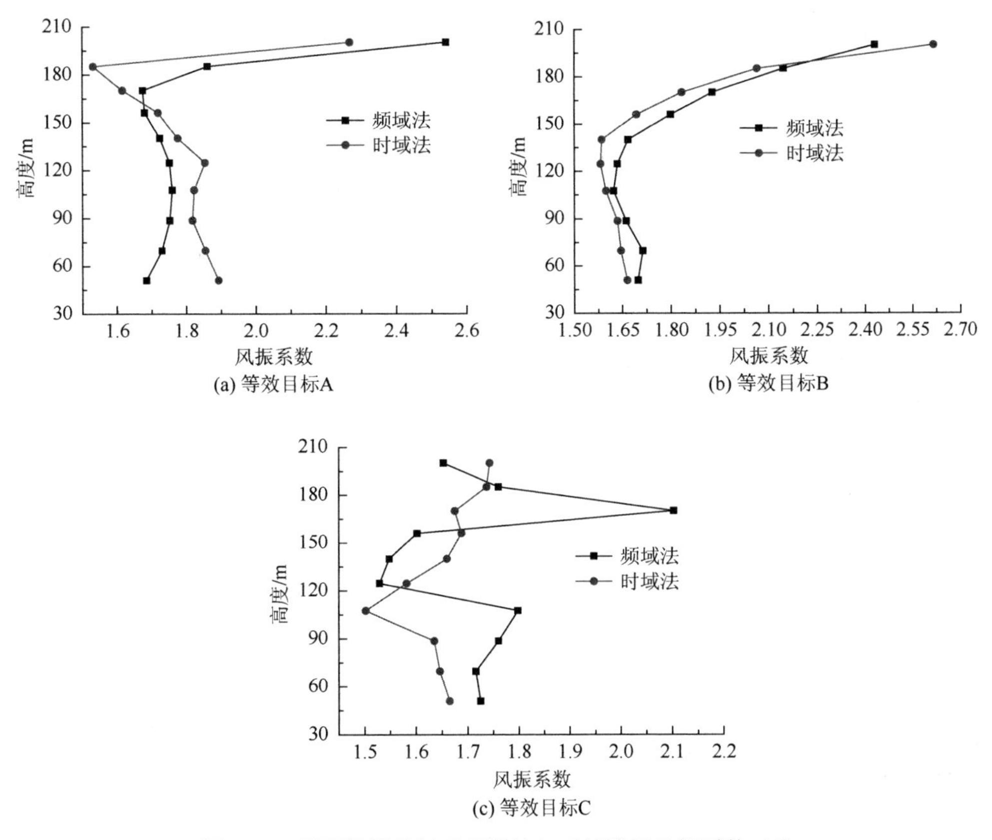

图 9.32　不同等效目标下频域法与时域法层风振系数对比

9.4　小　　结

本章首先对 ANSYS 和 MATLAB 二次开发语言进行简介，然后基于两种语言进行了冷却塔智能化有限元模块和风致静动力计算软件的开发，并给出了开发界面成果，实现了冷却塔风致静动力计算的界面化，有效提高了冷却塔参数化建模和分析的效率，最后采用开发软件进行了实际工程算例分析。

参 考 文 献

[1]　邢静忠. ANSYS 应用实例与分析[M]. 北京：科学出版社，2006.

[2]　周品. MATLAB 图像处理与图形用户界面设计[M]. 北京：清华大学出版社，2013.

[3]　丁毓峰. 精通 MATLAB 混合编程[M]. 北京：电子工业出版社，2012.

[4]　秦文科，陈明祥，周剑波. 基于有限元的双曲线型冷却塔结构强度及稳定性分析[J]. 武汉大学学报（工学版），2012，45（7）：209-212.

[5]　杜凌云，柯世堂. 基于 ANSYS 二次开发冷却塔施工全过程风致极限承载性能研究[J]. 振动与冲击，2016，35（16）：170-175.

[6] 董霖. MATLAB 使用详解[M]. 北京：科学出版社，2008.

[7] 刘志俭. MATLAB 应用程序接口用户指南[M]. 北京：科学出版社，2000.

[8] 李晖，林志阳. Matlab/Simulink 应用基础与提高[M]. 北京：科学出版社，2016.

[9] 柯世堂，王法武，周奇，等. 等效静力风荷载背景和共振之间的耦合效应[J]. 土木建筑与环境工程，2013，35（6）：112-117.

[10] 柯世堂，陈少林，赵林，等. 超大型冷却塔等效静力风荷载精细化计算及应用[J]. 振动、测试与诊断，2013，33（5）：824-830.

[11] 柯世堂，葛耀君，赵林，等. 大型冷却塔结构的等效静力风荷载[J]. 同济大学学报（自然科学版），2011，39（8）：1132-1137.

[12] Ke S，Ge Y，Zhao L. Wind-induced vibration characteristics and parametric analysis of large hyperbolic cooling towers with different feature sizes[J]. Structural Engineering and Mechanics，2015，54（5）：891-908.

[13] 柯世堂，侯宪安，姚友成，等. 强风作用下大型双曲冷却塔风致振动参数分析[J]. 湖南大学学报（自然科学版），2013，40（10）：32-37.

[14] 柯世堂，葛耀君. 基于一致耦合法某大型博物馆结构风致响应精细化研究[J]. 建筑结构学报，2012，33（3）：111-117.

[15] 柯世堂，葛耀君，赵林，等. 一致耦合方法的提出及其在大跨空间结构风振分析中的应用[J]. 中南大学学报（自然科学版），2012，43（11）：4457-4463.

[16] GB/T 50102—2014. 工业循环水冷却设计规范[S]. 北京：中国计划出版社，2014.

[17] DL/T 5339—2006. 火力发电厂水工设计规范[S]. 北京：中国电力出版社，2006.

附录 A　风洞试验方法介绍

冷却塔风荷载的风洞试验研究手段主要有刚体测力、测压和气弹测振试验三种。其中，刚体测力试验可以直接获取结构整体的气动力信息，是群塔干扰效应研究最常用的试验手段。气弹模型测振试验可以直接获取冷却塔结构的风振响应，但由于连续壳体气弹模型设计方法复杂，制作加工困难，实际效果并不理想。刚性测压模型风洞试验是目前冷却塔表面风荷载研究最常用的分析手段，其制作较为简单，不需要考虑材料的强度和模型的动力特性，按照一定的缩尺比对表面风压分布进行测定。实施较实测方便快捷，且理论和技术都比较成熟，通过风洞试验测得的数据较为全面，可以整体把握结构风压分布特征，对各个位置的时域和频域特性进行分析，极大地弥补了实测获得信息量小的不足。本附录以刚性测压模型风洞试验为例进行介绍，具体步骤如下。

1. 模型加工与准备

考虑到风洞实验室尺寸以及冷却塔的规模，在满足规范阻塞率要求（宜小于5%，应小于 8%）和模型距壁要求（模型与风洞边壁和顶壁的最短距离不应小于试验段宽度和高度的 15%）下按照一定缩尺比加工制作冷却塔模型，其中内压试验模型内表面在外形上要保持几何相似，且如果工程需要，可进行周边房屋烟囱等干扰模型设计。制作模型的材料要具有足够的强度和刚度，且在试验风速下不发生变形和明显的振动现象。试验时可将模型放置在转盘中心，通过旋转转盘模拟不同风向。工程示例风洞中冷却塔模型布置如图 A.1 所示。

2. 测点布置

根据工程需要进行冷却塔模型测点的布置，在塔筒内外表面、展宽平台和散热器上均可布置相应测点。工程示例具体测压点编号及布置如图 A.2 所示。

3. 风场模拟

风洞试验中按工程参数进行相应地貌流场模拟，把模拟相应风场的平均风剖面和紊流强度与规范进行对比，同时可将实测的脉动风谱进行拟合，并和 Davenport 谱、Harris 谱及 Karman 谱的曲线进行对比，验证风场模拟的脉动风谱是否满足工程要求。工程示例风洞试验模拟参数如图 A.3 所示。

图 A.1　风洞中冷却塔模型布置图

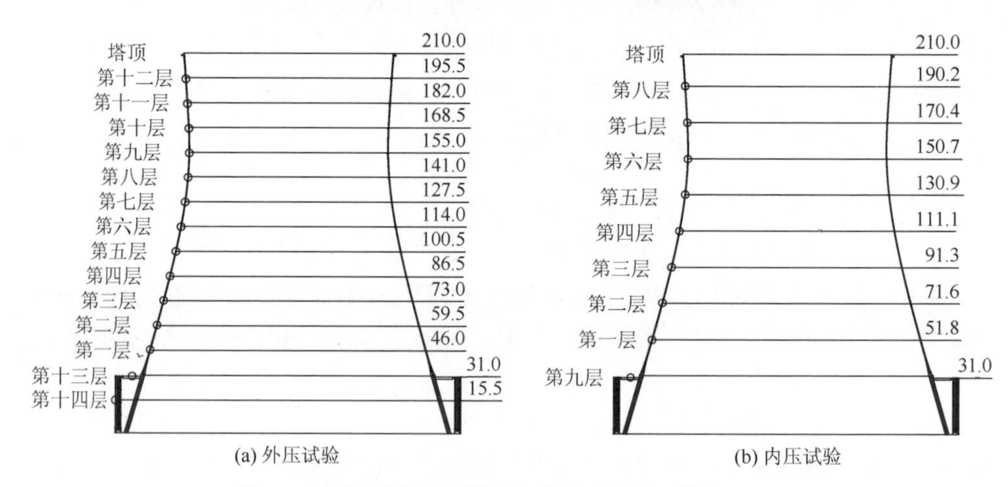

(a) 外压试验　　(b) 内压试验

图 A.2　风洞试验冷却塔测点布置示意图（单位：m）

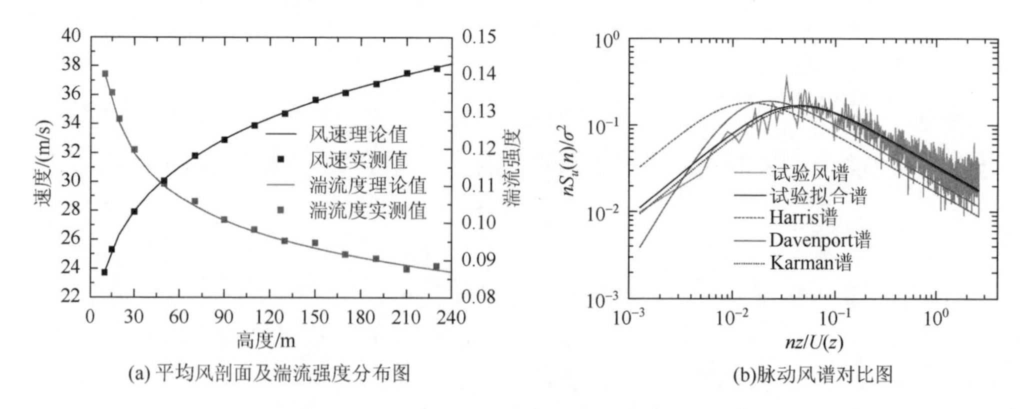

(a) 平均风剖面及湍流强度分布图　　(b)脉动风谱对比图

图 A.3　B 类风场风洞试验模拟参数示意图

4. 雷诺数效应模拟

大型冷却塔原型结构在设计风速时雷诺数范围可达到 $4\times10^8\sim6\times10^8$。由于物理风洞本身的局限性，难于简单通过提高试验风速或增大结构模型几何尺寸再现这种高雷诺数下的表面绕流形态。类圆柱结构绕流特性不仅与雷诺数有关，而且与表面粗糙度等因素有密切的关系。已有大量研究资料和实践证明，通过适当改变模型表面粗糙度可近似模拟高雷诺数时的绕流特性，因此可采用适当调整风速和在冷却塔表面均匀粘贴不等宽度的粗糙纸带的方法进行有效雷诺数模拟，雷诺数效应模拟时可将实验结果与国内外冷却塔设计规范或者实测曲线进行对比。图 A.4 给出了工程示例风洞试验单塔雷诺数效应模拟布置图。图 A.5 给出了不同

图 A.4　单塔雷诺数效应模拟措施

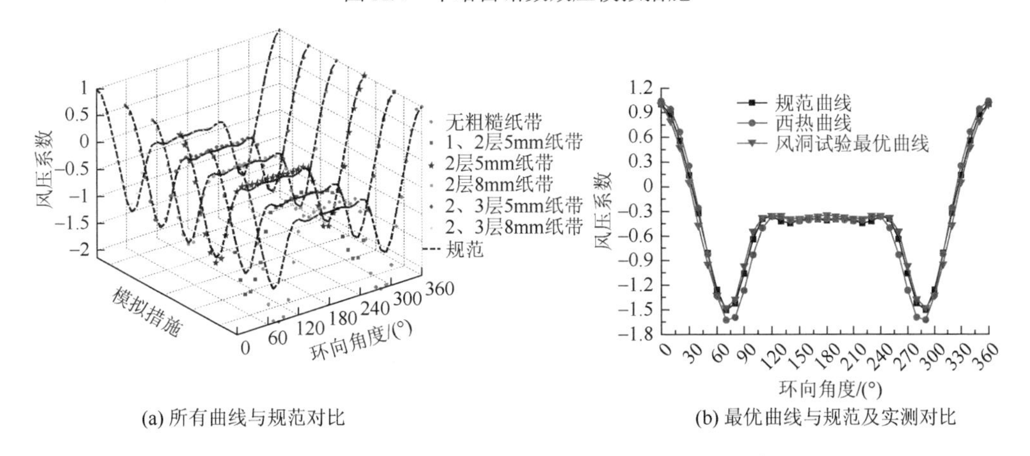

(a) 所有曲线与规范对比　　(b) 最优曲线与规范及实测对比

图 A.5　单塔喉部断面平均风压分布结果及对比示意图

模拟措施下单个冷却塔喉部断面平均压力系数分布及最优模拟结果与《工业循环水冷却设计规范》推荐曲线（无肋塔）、实测曲线对比示意图。

5. 工况布置与试验实施

可根据工程实际情况进行相应的工况布置，如工程需要也可进行单塔、二塔、多塔以及与周边干扰等模型的风洞试验。图 A.6 给出了工程示例单塔和四塔及周边干扰的风洞试验模型布置示意图。

(a) 单塔

(b) 四塔及周边干扰

图 A.6　单塔和四塔及周边干扰风洞试验模型布置示意图

6. 数据处理

进行风洞试验时要选取一个不受建筑模型影响，且离风洞洞壁边界层足够远的位置作为试验参考点，常见参考点选取为塔顶正前方。因此试验时常在参考点设置一个皮托管以测量参考点风压，用于计算各个测点上与试验风速无关的无量纲风压系数，在实际应用时，将各点的风压系数统一与参考风压相乘即为该点对应的实际风压。

在空气动力学中，物体表面的压力通常用无量纲压力系数 C_{Pi} 表示为

$$C_{Pi}=\frac{P_i-P_\infty}{P_0-P_\infty} \tag{A-1}$$

式中，C_{Pi} 为测点 i 处的压力系数；P_i 为作用在测点 i 处的压力；P_0 和 P_∞ 分别为试验时参考高度处的总压和静压。对应测点的体型系数可由压力系数换算得到：

$$\mu_{i,\theta}=\frac{\bar{C}_{Pi,\theta}}{(Z_i/h)^{2\alpha}} \tag{A-2}$$

式中，$\mu_{i,\theta}$ 为测点 i 处的体型系数；Z_i 为测点 i 所处的高度；h 为参考点高度；α 为地貌粗糙度指数。

附录 B 数值模拟方法介绍

计算风工程（CWE）是一门崭新的交叉学科，它的核心内容是 CFD。CFD 对计算机的内存和 CPU 要求较高，其发展主要得益于计算方法的改进和计算机硬件技术的发展。CFD 通过计算机进行数值模拟，将计算方法和数据可视化技术实现有机结合，对流动等相关物理现象进行模拟分析，是当今除理论分析、实验测量之外，解决流体运动问题的一种常用技术手段。

CFD 较传统的风洞试验有以下优点：成本低，速度快，周期短，可任意改变试验中的各参数，方便地进行参数分析；具有模拟真实和理想条件的能力，可进行足尺模拟，不受"缩尺效应"的影响，克服了风洞试验难以同时满足相似准则的缺点；可得到整个计算域内任意位置的流场信息，且获得流线图、矢量图及各种云图；后处理可视化且形象直观，便于设计人员参考。

目前湍流数值模拟方法分为直接数值模拟（DNS）和非直接数值模拟，直接数值模拟方法是指直接用瞬时的 Navier-Stokes（N-S）方程对湍流进行求解，无需对湍流流动作任何简化和近似；非直接数值模拟是不直接计算湍流的非脉动特性，而是设法对湍流进行某种程度的近似和简化处理。根据采用的近似方法和简化方法不同，非直接数值模拟又可以分为大涡模拟（LES）、统计平均方法、Reynolds 方法。图 B.1

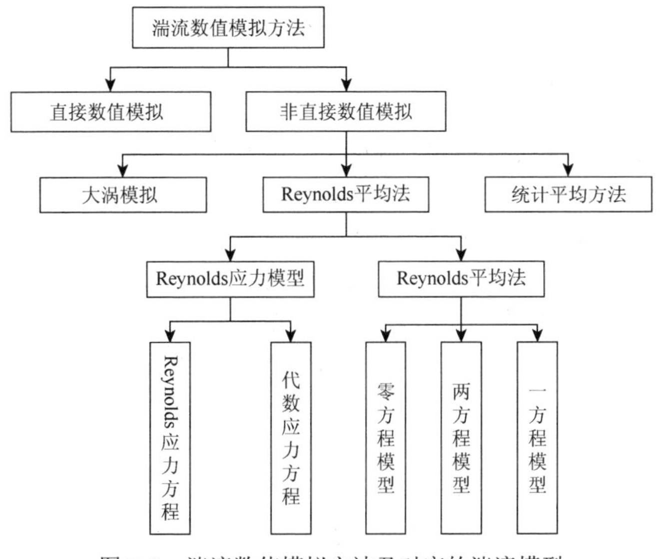

图 B.1 湍流数值模拟方法及对应的湍流模型

给出了湍流数值模拟方法的分类图。CFD 的计算流程可参见图 B.2。

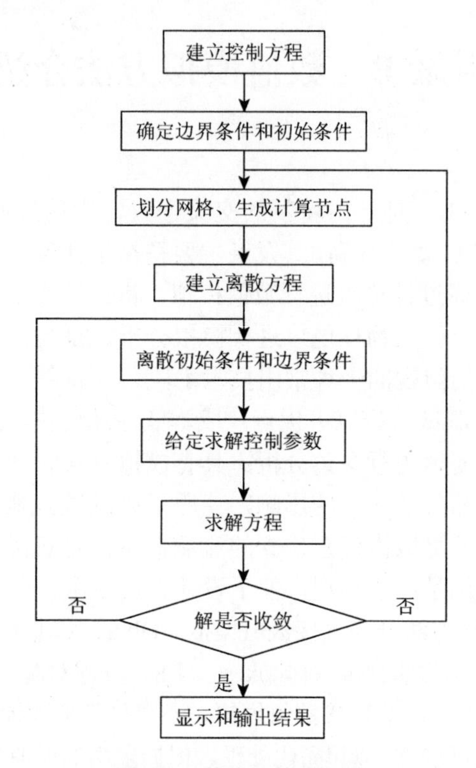

图 B.2　数值计算流程图

本附录基于具体工程示例给出数值模拟步骤如下。

1. 计算域及网格划分

数值模拟实验对象为复杂的三维模型，需要绘制精确的网格以及设定准确的边界条件。采用 ICEM 建立计算域和进行网格处理。为保证雷诺数相似，模拟采用的工程示例冷却塔及干扰模型按照实际尺寸建立。

设定数值模拟计算域时，设冷却塔的高度为 H，零米直径为 D，建议计算域入口距建筑物(6～10)D，侧面距边界宜大于 6D，顶面距边界宜大于 3H，计算域出口距建筑物宜为(10～18)D，同时应满足阻塞率小于 5%。

划分网格时采用不同的网格会带来不同的计算效果，计算域宜采用四面体和六面体网格，遵循点线面体的原则逐步绘制。兼顾到计算条件和计算精度，整个过程选择合适的网格间距，同时应使多尺度计算的数据具有较好的连续性。由于网格尺寸跨度大，将规则的计算区域和复杂区域分块分割绘制，规则部分采用六面体，复杂区域使用四面体网格。工程示例计算域网格划分及冷却塔表面加密网格如图 B.3 所示。

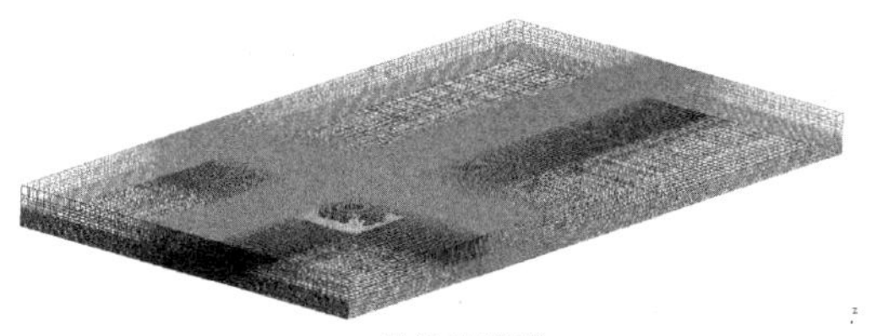
(a) 整体计算域

(b) 局部加密区域立体图

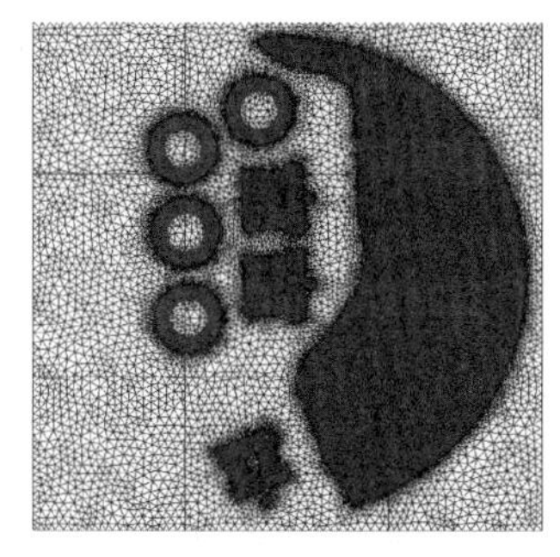
(c) 流体计算域俯视图

图 B.3　流体计算域及网格划分区域示意图

2. 边界条件设置

将计算域设置为速度入口，依据《建筑结构荷载规范》设置相应地貌地面粗糙度系数，入口处速度剖面和湍流度采用指数率形式，其表达式如下：

$$U_Z = U_0\left(\frac{Z}{Z_0}\right)^{\alpha} \tag{B-1}$$

$$I_Z(Z) = I_{10}\bar{I}_Z(Z) \tag{B-2}$$

$$\bar{I}_Z(Z) = \left(\frac{Z}{10}\right)^{-\alpha} \tag{B-3}$$

式中，U_0 为冷却塔所在地区 Z_0=10m 高度处一定重现期内 10min 最大平均风速；Z 为计算高度距地面的距离；I_{10} 为 10m 高度处名义湍流度。通过用户自定义函数（UDF）实现上述入流边界条件与 FLUENT 的连接。

计算域采用压力边界出口，顶部和侧面采用自由滑移壁面的对称边界，地面及建筑物表面采用无滑移壁面边界，通过 UDF 文件定义脉动风场，并设置相应地貌大气边界层指数风剖面和湍流度剖面。

3. 湍流模型选取

RNG k-ε 模型是从瞬态 N-S 方程中推导出的，使用了一种称为“renormalization group”的数学方法。考虑到在空冷单元中的流动具有强烈的旋转涡流，故采用 RNG k-ε 模型。

1）RNG k-ε 模型控制方程

$$\frac{\partial}{\partial t}(\rho k)+\frac{\partial}{\partial x_i}(\rho k u_i)=\frac{\partial}{\partial x_i}\left(\alpha_k \mu_{\text{eff}}\frac{\partial k}{\partial x_i}\right)+G_k+G_b-\rho e-Y_M+S_k \tag{B-4}$$

$$\begin{aligned}\frac{\partial}{\partial t}(\rho e)+\frac{\partial}{\partial x_i}(\rho e u_i)=&\frac{\partial}{\partial x_i}\left(\alpha_\varepsilon \mu_{\text{eff}}\frac{\partial e}{\partial x_i}\right)+C_{1e}\frac{e}{k}(G_k+C_{3e}G_b)\\&-C_{2e}\rho\frac{e^2}{k}-R_e+S_\varepsilon\end{aligned} \tag{B-5}$$

式中，G_k 是由层流速度梯度而产生的湍流动能；G_b 是由浮力而产生的湍流动能；Y_M 是在可压缩湍流中过渡扩散产生的波动；C_1、C_2、C_3 是常量；α_k 和 α_ε 是 k 方程和 ε 方程的湍流普朗特数；S_k 和 S_ε 是用户定义的。

2）有效速度模型

在 RNG 中消除尺度的过程由以下方程确定：

$$\mathrm{d}\left(\frac{\rho^2 k}{\sqrt{e\mu}}\right)=1.72\frac{\hat{v}}{\sqrt{\hat{v}^3-1+C_v}}\mathrm{d}\hat{v} \tag{B-6}$$

式中，$\hat{v}=\frac{\mu_{\text{eff}}}{\mu}$；$C_v\approx 100$。

式（B-4）是一个完整的方程，从中可以得到湍流变量影响雷诺数的过程，因此该模型对低雷诺数和近壁流有更好的适用性。

3）RNG 模型的涡旋修正

湍流在层流中受到涡旋的影响，因此 FLUENT 通过修改湍流黏度来修正这些影响。主要有以下形式：

$$\mu_t=\mu_{t0}f\left(\alpha_s,\Omega,\frac{k}{e}\right) \tag{B-7}$$

式中，Ω 是在 FLUENT 中考虑涡旋而估计的一个量；α_s 是一个常量，取决于流动主要是何种涡旋。在选择 RNG 模型时这些修正主要用于轴对称、涡旋流和三维流动中。对于适度的涡旋流动，α_s=0.05 为常数且不能修改，但对于强涡旋流动可以选择更大的值。

4）k-ε 方程中的 R_e

RNG 和标准 k-ε 模型的区别在于：

$$R_e = \frac{C_\mu \rho \eta^3 (1-\eta/\eta_0)}{1+\beta\eta^3}\frac{e^2}{k} \tag{B-8}$$

式中，$\eta=S_k/e$；$\eta_0=4.38$；$\beta=0.012$。

利用式（B-4），式（B-5）的三、四项可以合并，并写成如下形式：

$$\frac{\partial}{\partial t}(\rho e)+\frac{\partial}{\partial x_i}(\rho e \mu_i)=\frac{\partial}{\partial x_i}\left(\alpha_e \mu_{\text{eff}}\frac{\partial e}{\partial x_i}\right)+C_{1e}\frac{e}{k}(G_k+C_{3e}G_b)-C_{2e}^*\rho\frac{e^2}{k} \tag{B-9}$$

式中，C_{2e}^*由式（B-10）给出：

$$C_{2e}^* \equiv C_{2e}+\frac{C_\mu \rho \eta^3(1-\eta/\eta_0)}{1+\beta\eta^3} \tag{B-10}$$

当$\eta<\eta_0$时，R项为正，$C_{2e}^*>C_{2e}$。按照对数时$\eta\approx3.0$，给定$C_{2e}^*\approx2.0$，这和标准k-ε模型中的C_{2e}十分接近。对于适度的应力流，RNG模型算出的结果要大于标准k-ε模型。

当$\eta>\eta_0$时，R项为负，$C_{2e}^*<C_{2e}$。与标准k-ε模型相比较，ε变大而k变小，最终影响到黏性。在快速剪切流中，RNG模型产生的湍流黏度要低于标准k-ε模型，因此相比于标准k-ε模型，RNG模型对瞬变流和流线弯曲的影响可做出更好的反应。

4. 建立控制方程

控制方程包括质量守恒方程、动量守恒方程和能量守恒方程，具体表示如下。

质量守恒定律即单位时间内流体微元体中质量的增加等于同一时间间隔内流入该微元体的净质量，任何流动问题都满足该定律。质量守恒方程为

$$\frac{\partial \rho}{\partial t}+\frac{\partial \rho u}{\partial x}+\frac{\partial \rho v}{\partial y}+\frac{\partial \rho \omega}{\partial y}=0 \tag{B-11}$$

引入矢量符号$\text{div}a=\frac{\partial a_x}{\partial x}+\frac{\partial a_y}{\partial y}+\frac{\partial a_z}{\partial y}$，式（B-11）可写为

$$\frac{\partial \rho}{\partial t}+\text{div}(\rho u)=0 \tag{B-12}$$

式中，ρ为密度；t为时间；u、v、ω为速度。式（B-12）给出的是瞬态三维可压流体的连续性方程，若流体为不可压，密度ρ为常数，则质量守恒方程变为如下形式：

$$\frac{\partial u}{\partial x}+\frac{\partial v}{\partial y}+\frac{\partial \omega}{\partial y}=0 \tag{B-13}$$

动量守恒定律即微元体中流体动量对时间的变化率等于外界作用在该微元体上的各种力之和，该定律是任何流动系统都必须满足的基本定律，实质上是牛顿

第二定律。由此可写出 x、y 和 z 三个方向的各种动量守恒方程，即

$$\frac{\partial \rho u}{\partial t}+\mathrm{div}(puu)=\frac{\partial p}{\partial x}+\frac{\partial \tau_{xx}}{\partial x}+\frac{\partial \tau_{yx}}{\partial y}+\frac{\partial \tau_{zx}}{\partial z}+F_x \tag{B-14}$$

$$\frac{\partial \rho v}{\partial t}+\mathrm{div}(pvu)=\frac{\partial p}{\partial y}+\frac{\partial \tau_{xy}}{\partial x}+\frac{\partial \tau_{yy}}{\partial y}+\frac{\partial \tau_{yz}}{\partial z}+F_y \tag{B-15}$$

$$\frac{\partial \rho \omega}{\partial t}+\mathrm{div}(p\omega u)=\frac{\partial p}{\partial z}+\frac{\partial \tau_{xz}}{\partial x}+\frac{\partial \tau_{yz}}{\partial y}+\frac{\partial \tau_{zz}}{\partial z}+F_z \tag{B-16}$$

式中，p 为流体微元体上的压力；τ_{xx}、τ_{xy} 和 τ_{xz} 等为因分子黏性作用而产生的作用在微元体表面上的黏性应力 τ 的分量；F_x、F_y 和 F_z 为微元体上的体积力。

对于牛顿流体，黏性应力 τ 与流体的变形率成比例，则有

$$\frac{\partial(\rho u)}{\partial t}+\mathrm{div}(\rho uu)=\mathrm{div}(\mu\cdot \mathrm{grad}u)-\frac{\partial p}{\partial x}+S_x \tag{B-17}$$

$$\frac{\partial(\rho v)}{\partial t}+\mathrm{div}(\rho vu)=\mathrm{div}(\mu\cdot \mathrm{grad}v)-\frac{\partial p}{\partial y}+S_y \tag{B-18}$$

$$\frac{\partial(\rho \omega)}{\partial t}+\mathrm{div}(\rho \omega u)=\mathrm{div}(\mu\cdot \mathrm{grad}\omega)-\frac{\partial p}{\partial z}+S_z \tag{B-19}$$

式中，S_x、S_y 和 S_z 为动量方程广义源项，$S_x=F_x+s_x$，$S_y=F_y+s_y$，$S_z=F_z+s_z$，其中 s_x、s_y、s_z 的表达式为

$$s_x=\frac{\partial}{\partial x}\left(\mu\frac{\partial u}{\partial x}\right)+\frac{\partial}{\partial y}\left(\mu\frac{\partial u}{\partial x}\right)+\frac{\partial}{\partial z}\left(\mu\frac{\partial u}{\partial x}\right)+\frac{\partial}{\partial x}(\lambda \mathrm{div}u) \tag{B-20}$$

$$s_y=\frac{\partial}{\partial x}\left(\mu\frac{\partial u}{\partial y}\right)+\frac{\partial}{\partial y}\left(\mu\frac{\partial u}{\partial y}\right)+\frac{\partial}{\partial z}\left(\mu\frac{\partial u}{\partial y}\right)+\frac{\partial}{\partial y}(\lambda \mathrm{div}u) \tag{B-21}$$

$$s_z=\frac{\partial}{\partial x}\left(\mu\frac{\partial u}{\partial z}\right)+\frac{\partial}{\partial y}\left(\mu\frac{\partial u}{\partial z}\right)+\frac{\partial}{\partial z}\left(\mu\frac{\partial u}{\partial z}\right)+\frac{\partial}{\partial z}(\lambda \mathrm{div}u) \tag{B-22}$$

式（B-20）～式（B-22）即 N-S 方程，该方程反映了黏性流体流动的基本力学规律，在流体力学中具有十分重要的意义。N-S 方程是一个非线性偏微分方程，求解非常困难和复杂，采用计算机进行数值模拟实际上是对该方程在某些条件下进行简化后的求解。

能量守恒定律即微元体中能量的增加率等于进入微元体的净热流量加上体积力与面积力对微元体所做的功，是具有热交换的流动系统必须满足的定律，其能量方程为

$$\frac{\partial(\rho T)}{\partial t}+\mathrm{div}(\rho uT)=\mathrm{div}\left(\frac{k}{c_p}\cdot \mathrm{grad}T\right)+S_T \tag{B-23}$$

式中，c_p 为比定压热容；T 为热力学温度；k 为流体的传热系数；S_T 为流体的内热源及由于黏性作用流体机械能转换为热能的部分。

5. 有效性验证

数值模拟中按工程参数进行相应地貌流场模拟，并可将模拟风压结果与规范或实测曲线进行对比，验证数值模拟是否具有有效性。图 B.4 给出了工程示例数值模拟冷却塔表面平均风压分布与规范风压对比的曲线示意图。

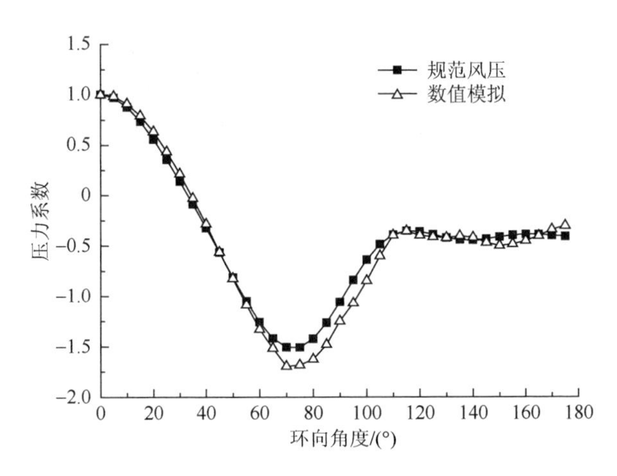

图 B.4　数值模拟平均风压与规范风压曲线对比示意图

6. 计算结果分析

在验证数值模拟有效性的基础上进行冷却塔流场机理分析，可获取不同来流风向角的压力系数、速度流线图、湍动能图和压力云图等。图 B.5 给出了工程示例冷却塔数值模拟结果示意图。

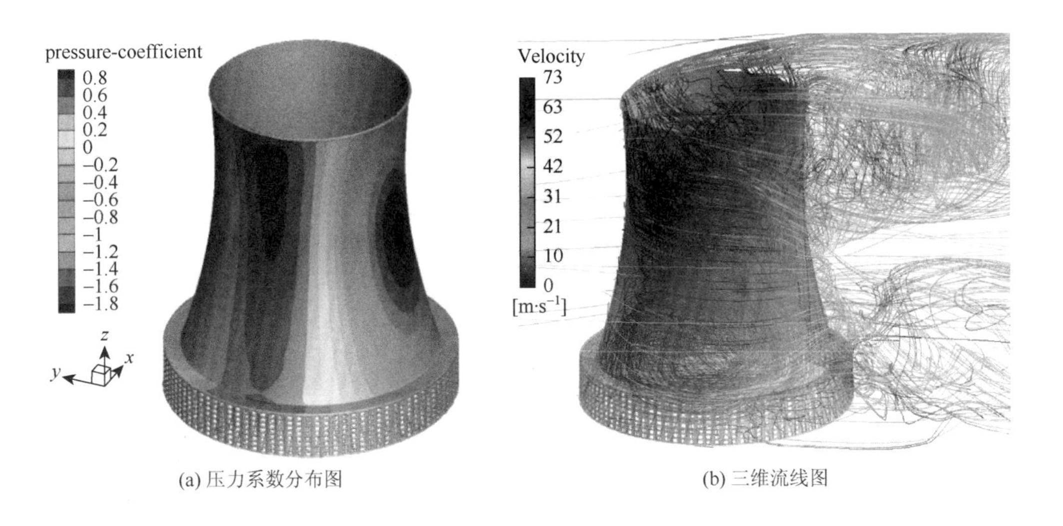

(a) 压力系数分布图　　(b) 三维流线图

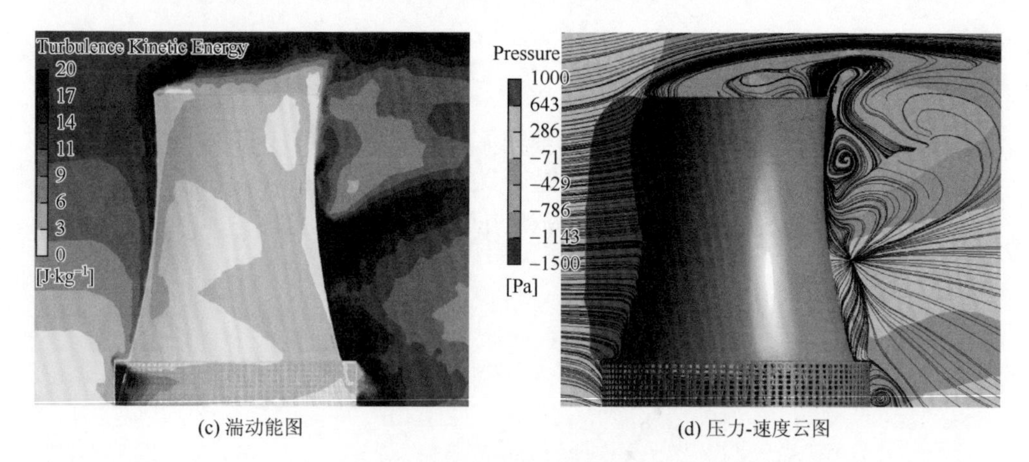

(c) 湍动能图　　(d) 压力-速度云图

图 B.5　冷却塔数值模拟结果示意图

附录C　国内外大型冷却塔抗风设计规范介绍

我国的冷却塔设计与研究起始于20世纪70年代，其中关于风荷载的相关规范条款多采用80年代北京大学和西安热工所实测结果，鉴于当时塔高和测量仪器的限制，并不能完全考虑结构自身动力特性和表面风荷载的脉动特性。

为保证结构设计安全，有必要对我国冷却塔结构设计规范中对于风荷载的规定与其他国家规范进行对比。同时，随着国内外建筑市场的开放以及工程设计国际化趋势的发展，了解其他国家规范所使用的荷载参数取值原则和计算方法十分必要，对我国规范改进有着重要借鉴意义。

本附录分别采用中（DL/T 5339—2006）（GB/T 50102—2014）、英（BS4485-4：1996）、德（VGB-R 610Ue：2010）三国冷却塔设计规范（以下分别简称中国规范、英国规范和德国规范）对比各自的风荷载参数标准，如表C.1所示。

表C.1　三国冷却塔设计规范条款对比

比较内容	中国规范	中国规范	英国规范	德国规范
规范编号及出版时间	《火力发电厂水工设计规范》（DL/T 5339—2006）	《工业循环水冷却设计规范》（GB/T 50102—2014）	Water Cooling Towers—Part 4：Code of Practice for Structural Design and Construction（BS4485-4：1996）	Structural Design of Cooling Tower-Technical Guideline for the Structural Design，Computation and Execution of Cooling Towers（VGB-R 610Ue：2010）
适用塔高	≤165m	≤190m	≤170m	无明确限制
基本风压	空旷平坦地面10m高、重现期50年的10min平均最大风速	空旷平坦地貌离地面10m高、重现期50年的10min平均最大风速	空旷平坦地面10m高、重现期50年的1h平均最大风速；同时考虑平均风速和阵风风速	空旷平坦地面10m高、重现期50年10min平均最大风速；同时考虑平均风速和阵风风速
风剖面	四类场地 A类：0.12；B类：0.15 C类：0.22；D类：0.30	四类场地 A类：0.12；B类：0.15 C类：0.22；D类：0.30	没有明确的场地类别划分和风速剖面函数，而是根据距离来流风向距海洋的距离给出了开阔场地和城镇场地下风速高度变化系数	两类，括号中是阵风风剖面 A类：0.12（0.085） B类：0.16（0.11）

续表

比较内容	中国规范	中国规范	英国规范	德国规范
外压曲线	$C_P(\theta)=\sum_{k=0}^{m}\alpha_k\cos(k\theta)$	$C_P(\theta)=\sum_{k=0}^{m}a_k\cos k\theta$	包含内压，内压也计入风剖面	按表面粗糙度给出了多条曲线
内压取值	无	$\omega_i=C_{Pi}q(H)$ $q(H)=\mu_H\beta C_g\omega_0$ 内吸力系数 C_{Pi}，可取值−0.5		0.5
多塔比例系数	无	通过风洞试验确定	只给出了 1.5 倍塔距时的多塔比例系数	L/d_m≥4：IF=1.0 L/d_m=2.5：IF=1.1 L/d_m=1.6：IF=1.3 L/d_m<1.6：风洞试验
风振系数	按地面粗糙度类别划分： A 类：1.6 B 类：1.9 C 类：2.3	按地面粗糙度类别划分： A 类：1.6 B 类：1.9 C 类：2.3	分别考虑平均风压和阵风风压	由结构基频和特征尺寸确定

从表中可以发现如下几点。

（1）三国规范对风荷载标准值的取值原则基本一致，但所涉及各参数如基本风速统计时距、场地类别划分、风压剖面、外压环向分布、内压以及脉动效应系数和干扰效应系数的取值均不相同，但作为多参数表达的计算式，其内部参数之间是相互联系的，单个参数的差异并不能反映荷载标准值的差异。另外，英、德两国冷却塔规范对风荷载取值原则与其各自的荷载规范均有一定差异，英国规范对场地类别和风剖面的规定较中、德两国规范要复杂，参阅时需要特别注意。

（2）对于冷却塔结构，中、德两国规范对风压高度分布均直接使用其平均风和阵风剖面，英国规范的分布模式与其荷载规范一致。

（3）中、英、德三国规范的脉动效应系数所考虑的效应各不相同：中国规范计入阵风效应和共振效应；英国规范把干扰效应也包含其中，取值也随位置改变而变化；德国规范因使用阵风风压其脉动效应系数只有共振效应。

（4）对设计参考风压计入脉动效应系数后得到的荷载剖面，中、德两国规范基本接近而英国规范最大，相比中国规范，德国规范风荷载因风剖面幂指数不同而下部偏大上部偏小。

值得注意的是，工程设计时应采用统一的规范体系，即荷载、材料、结构分析、工程验收、可靠度控制水准等要相互适应。

以下详细给出了中国规范风荷载相关条例。

1.《火力发电厂水工设计规范》(DL/T 5339—2006)

9.4.3 作用在双曲线冷却塔表面上的等效风荷载标准值按式(C-1)计算:

$$w(Z,\theta)=\beta C_p(\theta)\mu_z w_0 \tag{C-1}$$

式中,$w(Z,\theta)$为作用在塔表面上的等效风荷载标准值(kN/m^2);w_0为基本风压(kPa);$C_p(\theta)$为平均风压分布系数;β为风振系数;μ_z为风压高度变化系数。

(1)基本风压w_0应以当地较为空旷平坦地貌离地面10m高、重现期为50年的10min平均最大风速v(m/s)计算;一般$w_0=v^2/1600$,但不得小于$0.3kN/m^2$。冷却塔建在不同地形处,其基本风压值应按GB 50009中有关规定调整。

(2)风压沿高度变化,其变化规律与地貌有关,应根据地面粗糙类别,按GB 50009规定确定。

(3)双曲线冷却塔平均风压分布系数可按式(C-2)计算:

$$C_p(\theta)=\sum_{k=0}^{m}a_k\cos(k\theta) \tag{C-2}$$

式中,a_k为系数,见表C.2;m为项数,一般取$m=7$。

表C.2 系数a_k

a_k	无肋双曲线	有肋双曲线
a_0	−0.4426	−0.3923
a_1	0.2451	0.2602
a_2	0.6752	0.6024
a_3	0.5356	0.5046
a_4	0.0615	0.1064
a_5	−0.1384	−0.0948
a_6	0.0014	−0.0186
a_7	0.0650	0.0468

(4)塔高H在165m以下的双曲线冷却塔,在不同地面粗糙度类别条件下的风振系数β值,一般按表C.3规定取值。

表C.3 风振系数β(一)

地面粗糙度类别	A	B	C
风振系数	1.6	1.9	2.3

2.《工业循环水冷却设计规范》(GB/T 50102—2014)

3.5.3　作用在双曲线冷却塔表面上的等效风荷载标准值按式（C-3）计算：

$$w_{(Z,\theta)} = \beta C_g C_p(\theta)\mu_Z w_0 \tag{C-3}$$

式中，$w_{(Z,\theta)}$为作用在塔表面上的等效风荷载标准值（kPa）；β 为风振系数；C_g 为塔间干扰系数，大于或等于 1.0；$C_P(\theta)$为平均风压分布系数；μ_Z 为风压高度变化系数；w_0 为基本风压（kPa）。

3.5.4　冷却塔风荷载计算时相关参数的选用应符合下列规定：

（1）基本风压 w_0 应以当地较为空旷平坦地貌离地面 10m 高、重现期为 50 年的 10min 平均最大风速 v（m/s）计算（式（C-4））。对于大、中、小型冷却塔不得小于 0.3kPa，对于超大型冷却塔不得小于 0.35kPa。

$$w_0 = \frac{1}{2}\rho {v_0}^2 \tag{C-4}$$

式中，ρ 为空气密度（t/m^3）；v_0 为基本风速（m/s）。

（2）当冷却塔建在不同地形处，其基本风压值应按现行国家标准《建筑结构荷载规范》（GB 50009—2012）的有关规定执行。

（3）风压高度变化系数应按现行国家标准《建筑结构荷载规范》（GB 50009—2012）的有关规定执行。

（4）双曲线冷却塔平均风压分布系数可按式（C-5）计算：

$$C_p(\theta) = \sum_{k=0}^{m} a_k \cos k\theta \tag{C-5}$$

式中，a_k 为系数，外表面无肋条的双曲线冷却塔可按表 C.4 规定取值，外表面有肋条的双曲线冷却塔可按表 C.5 和表 C.6 规定取值；m 为项数。

表 C.4　无肋塔系数 a_k

a_k	无肋双曲线
a_0	−0.4426
a_1	0.2451
a_2	0.6752
a_3	0.5356
a_4	0.0615
a_5	−0.1384
a_6	0.0014
a_7	0.0650

注：未包括内吸力。

表 C.5　有肋塔曲线选用表

塔筒外表面粗糙度系数 h_R/a_R	0.025～0.1	0.016～0.025	0.010～0.016
曲线编号	K1.0	K1.1	K1.2

注：h_R 和 a_R 为 1/3 塔筒高度处的平均肋高和平均肋间距（图 C.1）。a_R 不应大于塔筒平均周长的 1/50，塔筒平均周长可取 1/3 塔筒高度处的周长。

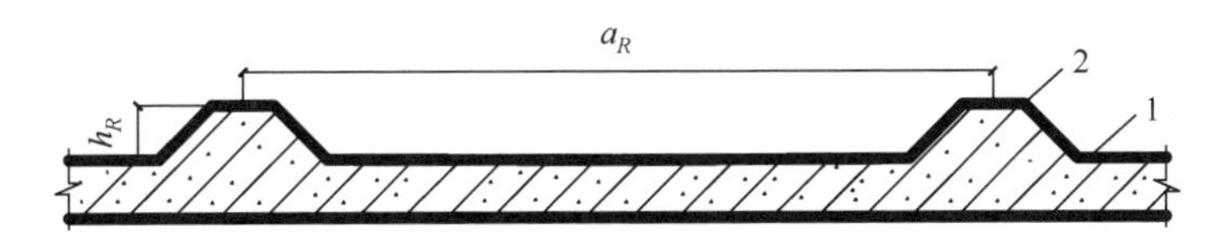

图 C.1　h_R 和 a_R
1-筒壁；2-肋条

表 C.6　有肋塔不同曲线系数 a_k

曲线系数	曲线编号 K1.0	曲线编号 K1.1	曲线编号 K1.2
a_0	–0.31816	–0.34387	–0.37142
a_1	0.42197	0.40025	0.37801
a_2	0.48519	0.51139	0.54039
a_3	0.38374	0.41500	0.44613
a_4	0.13956	0.13856	0.13427
a_5	–0.05178	–0.06904	–0.08635
a_6	–0.07171	–0.07317	–0.07074
a_7	0.00106	0.01357	0.02727
a_8	0.03127	0.03466	0.03500
a_9	–0.00025	–0.00851	–0.01798

注：未包括内吸力。

（5）塔高为 190m 及以下的双曲线冷却塔，在不同地面粗糙度类别条件下的风振系数 β 值可按表 C.7 规定取值；对于超大型冷却塔必要时可进行研究论证。

表 C.7　风振系数 β（二）

地面粗糙度类别	A	B	C
风振系数	1.6	1.9	2.3

（6）冷却塔塔间干扰系数可通过风洞试验确定。

3.5.5　内吸力标准值可按下列公式计算：

$$\omega_i = C_{pi} q(H) \tag{C-6}$$

$$q(H) = \mu_H \beta C_g \omega_0 \tag{C-7}$$

式中，$q(H)$为塔顶处的风压设计值；μ_H为塔顶标高处风压高度变化系数；C_{pi}为内吸力系数，可取值–0.5。

附录D　工程参数介绍

工程1：江西彭泽

序号	基本参数	特征尺寸	结构示意图
1	冷却塔类型	湿冷塔	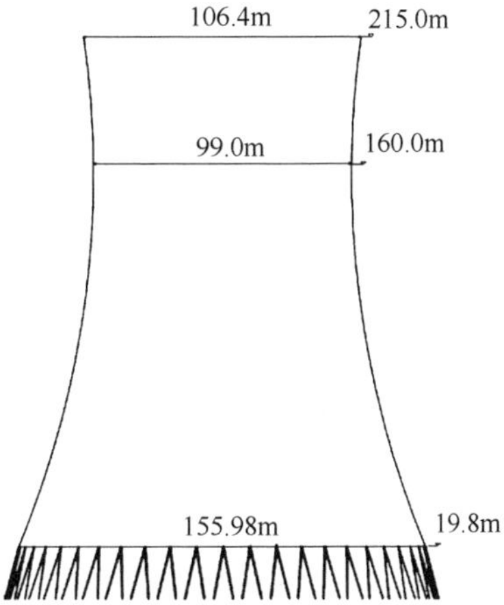
2	筒壁形式	光滑塔	
3	塔高	215m	
4	塔顶出口直径（内模）	106.4m	
5	喉部标高	160m	
6	喉部直径（内模）	99m	
7	进风口标高	19.8m	
8	进风口直径（内模）	155.98m	
9	支柱类型	I形	
10	支柱对数	46对	
11	支柱截面类型	矩形	
12	地貌类型	B类	
13	基本风压	$0.35kN/m^2$	
14	塔筒测点布置（环向×竖向）	36个×12个	

工程2：山西潞安

序号	基本参数	特征尺寸	结构示意图
1	冷却塔类型	间冷塔	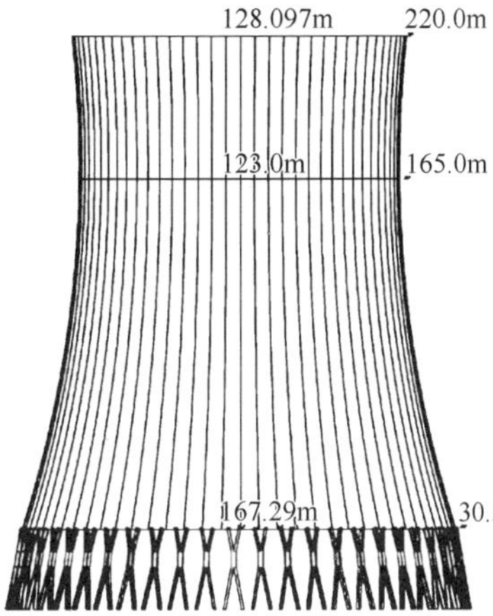
2	筒壁形式	加肋塔	
3	塔高	220m	
4	塔顶出口直径（内模）	128.097m	
5	喉部标高	165m	
6	喉部直径（内模）	123m	
7	进风口标高	30.5m	
8	进风口直径（内模）	167.29m	
9	支柱类型	X形	
10	支柱对数	64对	
11	支柱截面类型	矩形	
12	地貌类型	B类	
13	基本风压	$0.50kN/m^2$	
14	塔筒测点布置（环向×竖向）	36个×12个	

工程 3：京能盛乐

序号	基本参数	特征尺寸	结构示意图
1	冷却塔类型	间冷塔	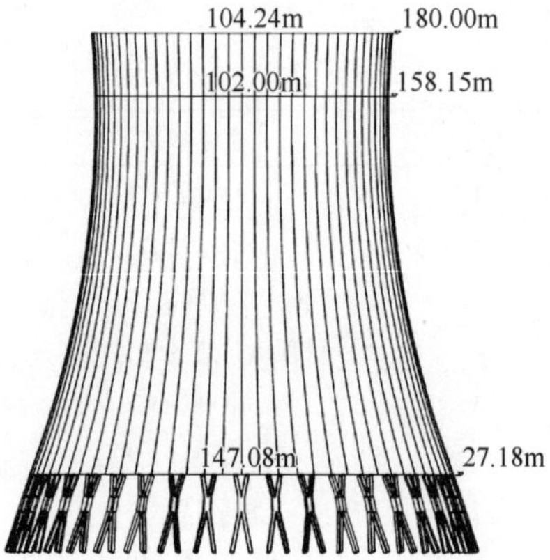
2	筒壁形式	加肋塔	
3	塔高	180m	
4	塔顶出口直径（内模）	104.24m	
5	喉部标高	158.15m	
6	喉部直径（内模）	102m	
7	进风口标高	27.18m	
8	进风口直径（内模）	147.08m	
9	支柱类型	X 形	
10	支柱对数	40 对	
11	支柱截面类型	矩形	
12	地貌类型	B 类	
13	基本风压	0.55kN/m^2	
14	塔筒测点布置（环向×竖向）	36 个×12 个	

工程 4：陕西彬长

序号	基本参数	特征尺寸	结构示意图
1	冷却塔类型	间冷塔	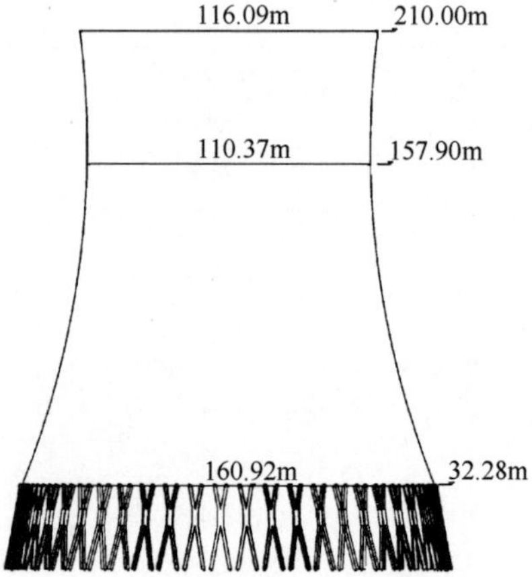
2	筒壁形式	光滑塔	
3	塔高	210m	
4	塔顶出口直径（内模）	116.09m	
5	喉部标高	157.9m	
6	喉部直径（内模）	110.37m	
7	进风口标高	32.28m	
8	进风口直径（内模）	160.92m	
9	支柱类型	X 形	
10	支柱对数	52 对	
11	支柱截面类型	矩形	
12	地貌类型	B 类	
13	基本风压	0.35kN/m^2	
14	塔筒测点布置（环向×竖向）	36 个×12 个	

工程5：浙江宁海

序号	基本参数	特征尺寸	结构示意图
1	冷却塔类型	海水塔	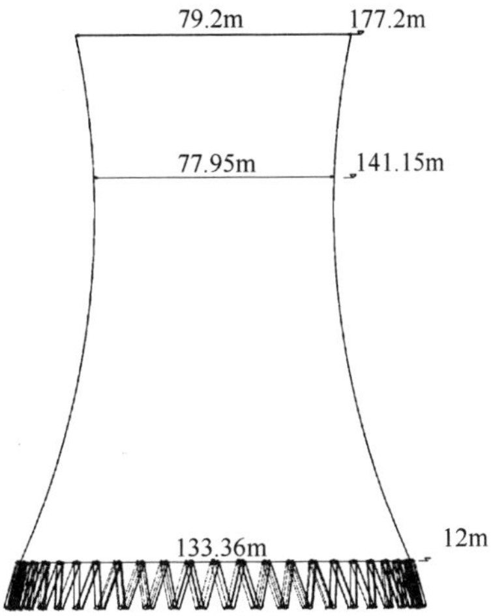
2	筒壁形式	光滑塔	
3	塔高	177.2m	
4	塔顶出口直径（内模）	79.2m	
5	喉部标高	141.15m	
6	喉部直径（内模）	77.95m	
7	进风口标高	12m	
8	进风口直径（内模）	133.36m	
9	支柱类型	人形	
10	支柱对数	48对	
11	支柱截面类型	圆形	
12	地貌类型	A类	
13	基本风压	0.5kN/m^2	
14	塔筒测点布置（环向×竖向）	36个×12个	

工程6：印度塔

序号	基本参数	特征尺寸	结构示意图
1	冷却塔类型	湿冷塔	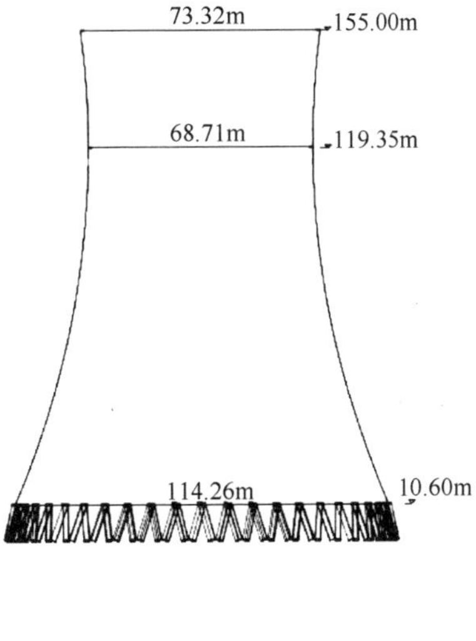
2	筒壁形式	光滑塔	
3	塔高	155m	
4	塔顶出口直径（内模）	73.32m	
5	喉部标高	119.35m	
6	喉部直径（内模）	68.71m	
7	进风口标高	10.6m	
8	进风口直径（内模）	114.26m	
9	支柱类型	人形	
10	支柱对数	46对	
11	支柱截面类型	圆形	
12	地貌类型	B类	
13	基本风压	0.71kN/m^2	
14	塔筒测点布置（环向×竖向）	36个×12个	

工程 7：徐州彭城

序号	基本参数	特征尺寸	结构示意图
1	冷却塔类型	湿冷塔	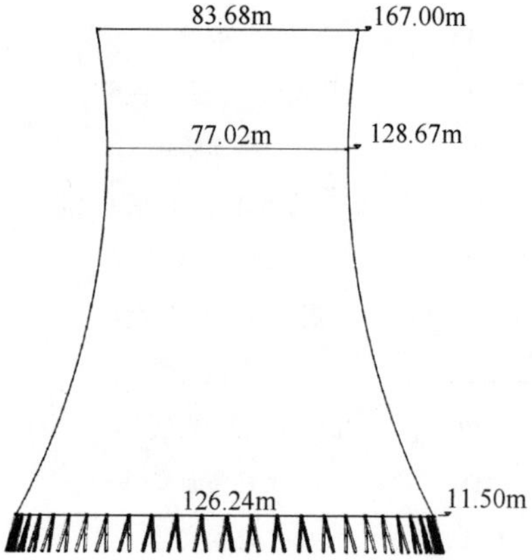
2	筒壁形式	光滑塔	
3	塔高	167m	
4	塔顶出口直径（内模）	83.68m	
5	喉部标高	128.67m	
6	喉部直径（内模）	77.02m	
7	进风口标高	11.5m	
8	进风口直径（内模）	126.24m	
9	支柱类型	人形	
10	支柱对数	52 对	
11	支柱截面类型	圆形	
12	地貌类型	B 类	
13	基本风压	0.35kN/m^2	
14	塔筒测点布置（环向×竖向）	36 个×12 个	

工程 8：山西介休

序号	基本参数	特征尺寸	结构示意图
1	冷却塔类型	间冷塔	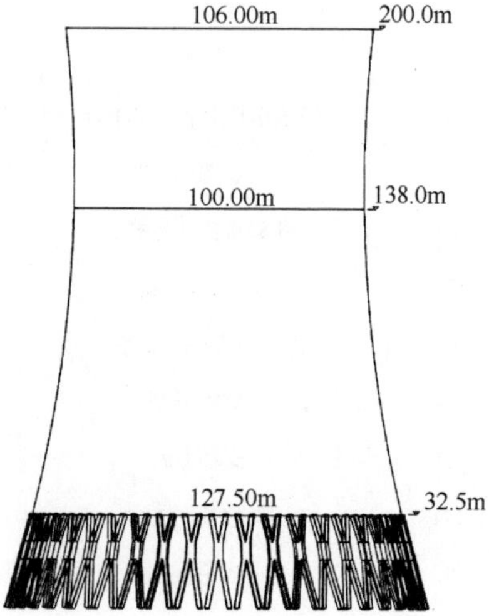
2	筒壁形式	光滑塔	
3	塔高	200m	
4	塔顶出口直径（内模）	106m	
5	喉部标高	138m	
6	喉部直径（内模）	100m	
7	进风口标高	32.5m	
8	进风口直径（内模）	127.5m	
9	支柱类型	X 形	
10	支柱对数	44 对	
11	支柱截面类型	矩形	
12	地貌类型	B 类	
13	基本风压	0.40kN/m^2	
14	塔筒测点布置（环向×竖向）	36 个×12 个	

工程9：山东寿光

序号	基本参数	特征尺寸	结构示意图
1	冷却塔类型	湿冷塔	
2	筒壁形式	光滑塔	
3	塔高	190m	
4	塔顶出口直径（内模）	86.88m	
5	喉部标高	142.5m	
6	喉部直径（内模）	84.04m	
7	进风口标高	14.85m	
8	进风口直径（内模）	131.88m	
9	支柱类型	人形	
10	支柱对数	48 对	
11	支柱截面类型	圆形	
12	地貌类型	B 类	
13	基本风压	0.4kN/m^2	
14	塔筒测点布置（环向×竖向）	36 个×12 个	

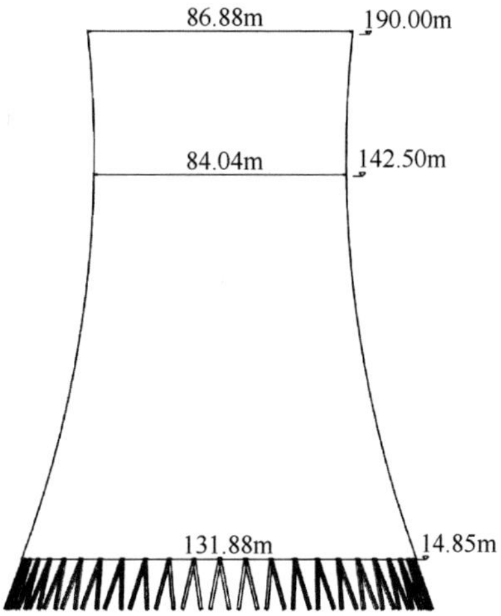

工程10：山东邹县一、二期

序号	基本参数	特征尺寸	结构示意图
1	冷却塔类型	湿冷塔	
2	筒壁形式	光滑塔	
3	塔高	125m	
4	塔顶出口直径（内模）	60.76m	
5	喉部标高	96.25m	
6	喉部直径（内模）	57m	
7	进风口标高	9.03m	
8	进风口直径（内模）	93.29m	
9	支柱类型	人形	
10	支柱对数	40 对	
11	支柱截面类型	方形	
12	地貌类型	B 类	
13	基本风压	0.4kN/m^2	
14	塔筒测点布置（环向×竖向）	36 个×12 个	

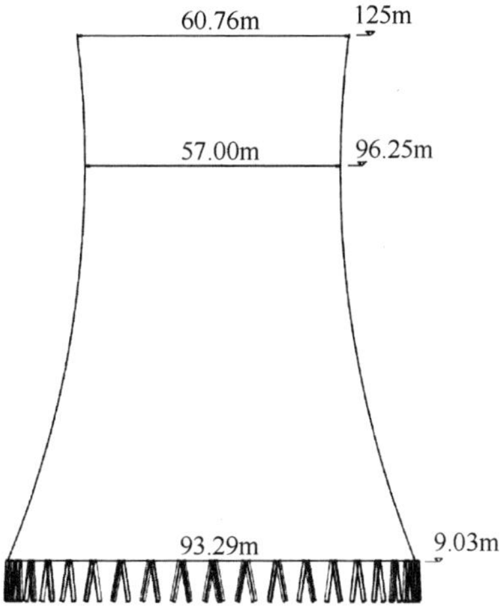

工程 11：江苏淮阴

序号	基本参数	特征尺寸	结构示意图
1	冷却塔类型	湿冷塔	
2	筒壁形式	光滑塔	
3	塔高	165m	
4	塔顶出口直径（内模）	56.17m	
5	喉部标高	127.08m	
6	喉部直径（内模）	53.28m	
7	进风口标高	8.76m	
8	进风口直径（内模）	89.23m	
9	支柱类型	人形	
10	支柱对数	42 对	
11	支柱截面类型	圆形	
12	地貌类型	B 类	
13	基本风压	0.48kN/m^2	
14	塔筒测点布置（环向×竖向）	36 个×12 个	

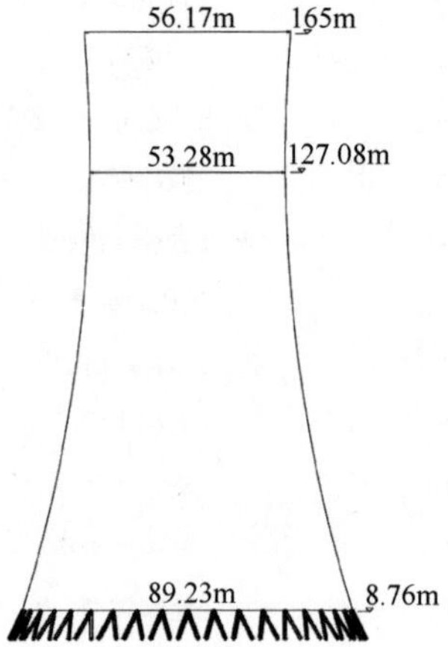

工程 12：山东邹县四期

序号	基本参数	特征尺寸	结构示意图
1	冷却塔类型	湿冷塔	
2	筒壁形式	光滑塔	
3	塔高	165m	
4	塔顶出口直径（内模）	80.08m	
5	喉部标高	127.05m	
6	喉部直径（内模）	75.21m	
7	进风口标高	11.81m	
8	进风口直径（内模）	124.79m	
9	支柱类型	人形	
10	支柱对数	48 对	
11	支柱截面类型	圆形	
12	地貌类型	B 类	
13	基本风压	0.4kN/m^2	
14	塔筒测点布置（环向×竖向）	36 个×12 个	

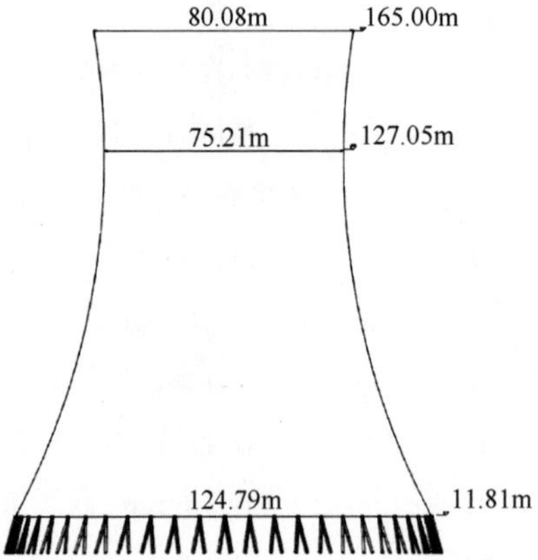

工程13：山西山阴

序号	基本参数	特征尺寸	结构示意图
1	冷却塔类型	间冷塔	
2	筒壁形式	光滑塔	
3	塔高	165m	
4	塔顶出口直径（内模）	95.13m	
5	喉部标高	150m	
6	喉部直径（内模）	94m	
7	进风口标高	28m	
8	进风口直径（内模）	137.06m	
9	支柱类型	X形	
10	支柱对数	40对	
11	支柱截面类型	矩形	
12	地貌类型	B类	
13	基本风压	$0.6kN/m^2$	
14	塔筒测点布置（环向×竖向）	36个×12个	

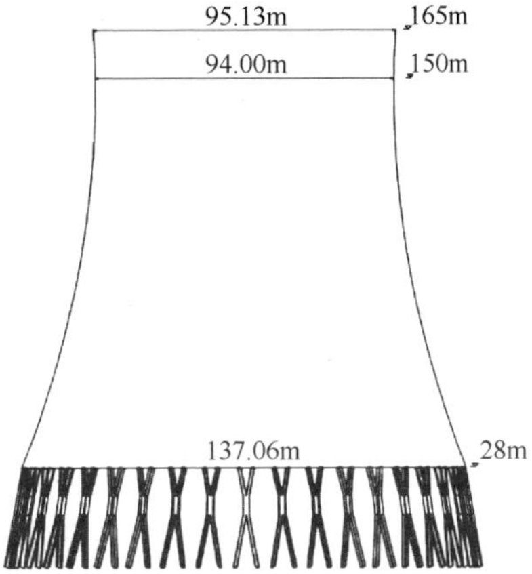

工程14：山西高河

序号	基本参数	特征尺寸	结构示意图
1	冷却塔类型	间冷塔	
2	筒壁形式	加肋塔	
3	塔高	220m	
4	塔顶出口直径（内模）	107.73m	
5	喉部标高	169.4m	
6	喉部直径（内模）	100.6m	
7	进风口标高	12.26m	
8	进风口直径（内模）	165.44m	
9	支柱类型	X形	
10	支柱对数	64对	
11	支柱截面类型	矩形	
12	地貌类型	B类	
13	基本风压	$0.5kN/m^2$	
14	塔筒测点布置（环向×竖向）	36个×12个	

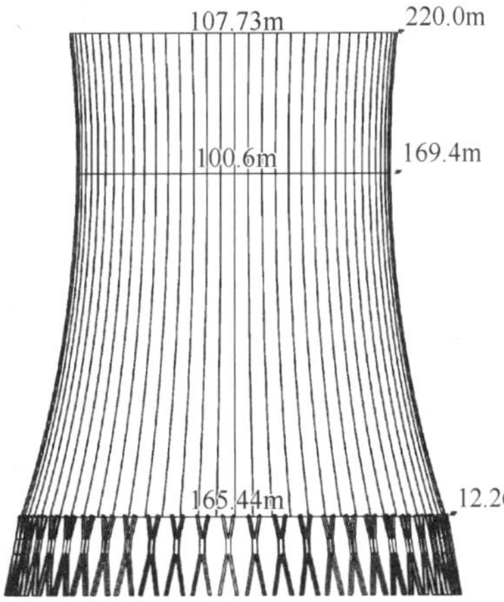

附录 E　南京航空航天大学风洞实验室简介

1. 概述

南京航空航天大学风洞实验室成立于 1977 年，是我国最早进行土木建筑抗风研究的基地之一。到目前为止，已建成大型民用工业风洞共 6 座，其结构设计、洞体制造、天平与测控系统的配套和调试等综合性技术工程均由南京航空航天大学自主完成。自 1980 年鉴定投入运行以来，经过近 40 年的不断建设，南京航空航天大学风洞试验能力逐步提高。

在民用高层建筑、大跨结构、桥梁结构、风电机械等方面取得了丰硕的研究成果，在国内外享誉盛名。风洞试验段、操作间及风洞部分钢管示意如图 E.1～图 E.3 所示。

(a) 外部

(b) 内部

图 E.1　风洞试验段示意图

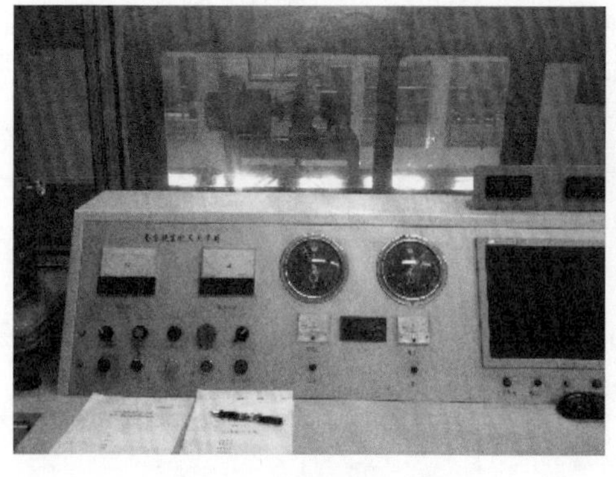

图 E.2　操作间示意图

图 E.3　风洞钢管示意图

2. 试验设备

（1）多通道电子扫描测压系统；
（2）流场校测移测架；
（3）非定常运动动态试验装置；
（4）飞机外挂物投放试验装置；
（5）进气道性能测量试验装置；
（6）尾撑大攻角测试设备；
（7）各系列动力天平设备；
（8）各种探测气流速度和方向的探头，如皮托管、五孔探头、七孔探头；
（9）数据采集与处理系统。

3. 风洞分类

（1）截面 5.1m×4.25m 与 3m×2.5m 大型双试验段低速风洞；
（2）宽 1.2m、长 12m 试验段烟雾风洞；
（3）长 1.2m 回流开口试验段低速风洞；
（4）直径 0.75m 回流开口试验段低速风洞；
（5）截面 0.6m×0.6m 亚、跨、超音速风洞；
（6）截面 0.51m×0.425m 与 0.3m×0.25m 双试验段直流低速风洞；
（7）截面 0.3m×1.2m 低紊流度直流低速风洞；
（8）截面 0.3m×0.3m 流动显示用立式水洞；
（9）截面 0.1m×0.9m 二元直流低速风洞；
（10）截面 0.08m×0.08m 回流式校正用低速风洞；
（11）截面 0.06m×0.06m 吸气式超音速风洞。

4. 研究领域

（1）高层建筑物表面的动静态测压和测振试验；
（2）悬索桥和斜拉桥的抗风稳定性试验；
（3）大型构筑物如冷却塔群和高耸烟囱等刚体测压及气弹测振研究；
（4）雷达、天线、汽车空气动力特性研究；
（5）飞机及导弹模型测力、测压、铰链力矩、颤振、抖振、声环境及其他特殊试验；
（6）大型风力机气动性能试验；
（7）体育运动项目如自行车、汽车及赛车、降落伞、标枪等气动力试验；
（8）大气环境模拟试验；

（9）风速仪校正试验；

（10）冰雹形成机理模拟试验。

图 E.4 所示为不同模型放置于风洞中的试验示意图。

(a) 高层建筑　(b) 景观结构

(c) 输电塔　(d) 赛车场

(e) 海洋公园　(f) 游泳馆

图 E.4　不同模型置于风洞中示意图

5. 主要成果和奖励

南京航空航天大学风洞实验室目前承担了863计划、973计划、国家自然科学基金、江苏省自然科学基金、国防预研基金项目、武器装备预研基金项目课题、多个国家重点型号研究项目及民用研究项目等研究课题。研究课题先后斩获国家级奖励2项、省部级奖励4项以及多项国防科学技术进步奖和相关学会科学技术进步奖。